U0574140

国家哲学社会科学成果文库

NATIONAL ACHIEVEMENTS LIBRARY
OF PHILOSOPHY AND SOCIAL SCIENCES

公理化真理论研究

李 娜 李 晟 著

北京师范大学出版集团
BEIJING NORMAL UNIVERSITY PUBLISHING GROUP
北京师范大学出版社

图书在版编目(CIP)数据

公理化真理论研究/李娜等著. —北京:北京师范大学出版社,2023.5

(国家哲学社会科学成果文库)

ISBN 978-7-303-28954-7

Ⅰ.①公… Ⅱ.①李… Ⅲ.①公理化—理论研究
Ⅳ.①G304

中国国家版本馆 CIP 数据核字(2023)第 037338 号

图书意见反馈 **gaozhifk@bnupg.com 010-58805079**
营销中心电话 010-58805385
北京师范大学出版社
主题出版与重大项目策划部 http://xueda.bnup.com

GONGLIHUA ZHENLILUN YANJIU

出版发行:北京师范大学出版社 www.bnupg.com
北京市西城区新街口外大街 12-3 号
邮政编码:100088

印 刷:北京盛通印刷股份有限公司
经 销:全国新华书店
开 本:787 mm×1092 mm 1/16
印 张:23.75
字 数:360 千字
版 次:2023 年 5 月第 1 版
印 次:2023 年 5 月第 1 次印刷
定 价:98.00 元

策划编辑:祁传华 责任编辑:岳昌庆
美术编辑:王齐云 装帧设计:王齐云
责任校对:包冀萌 王志远 责任印制:马 洁 赵 龙

版权所有 侵权必究

反盗版、侵权举报电话: 010-58800697
北京读者服务部电话:010-58808104
外埠邮购电话:010-58808083
本书如有印装质量问题,请与印制管理部联系调换。
印制管理部电话:010-58805079

《国家哲学社会科学成果文库》出版说明

为充分发挥哲学社会科学优秀成果和优秀人才的示范引领作用，促进国哲学社会科学繁荣发展，自2010年始设立《国家哲学社会科学成果文库入选成果经同行专家严格评审，反映新时代中国特色社会主义理论和实践新，代表当前相关学科领域前沿水平。按照“统一标识、统一风格、统一版统一标准”的总体要求组织出版。

全国哲学社会科学工作办公

2023年

序　言

《公理化真理论研究》一书是我们完成的2012年度国家社科基金一般项目《公理化真理论研究》（项目批准号：12BZX059）的部分成果（结项证书号：20160729，鉴定等级：优秀）。结项后，我们根据专家们的鉴定意见，对其进行了适当的修改。下面就专著《公理化真理论研究》研究的目的、意义及研究方法，专著的主要内容、重要观点、学术创新，它的应用价值以及社会影响等简单介绍如下。

一、该研究的目的、意义及所使用的研究方法

专著《公理化真理论研究》从三个方面进行：第一个方面，以寻求能够避免说谎者悖论及其变体的“理想真理论”为线索，对以一阶逻辑和皮亚诺算术为基础理论的经典公理化真理论的基本理论和研究框架进行概述。第二个方面，减弱经典公理化真理论的基础理论，将一阶逻辑减弱为直觉主义逻辑，系统地研究基于直觉主义逻辑的公理化真理论。第三个方面，加强经典公理化真理论的基础理论，将皮亚诺算术加强为集合论，系统地研究基于集合论的公理化真理论。

本书的目的是介绍、完善和丰富公理化真理论的成果。

公理化真理论是一种关于“真”概念的演绎理论。在这种理论中，“真”被看作一个不加定义的初始谓词，通过使之作用于给定语句的“名字”而获得

对自然语言中带有“真”谓词的语句的形式表达。与传统的下定义的真理论的不同之处在于，公理化真理论并不试图揭示“真”概念的本质。尽管定义“真”历来是哲学家们追求的目标，但下定义的方法始终有其无法摆脱的困境：一方面，无论怎样定义“真”，都不能避免导致说谎者悖论；另一方面，定义“真”不得不面临语言层次上的无穷倒退。公理化真理论克服了下定义的真理论的不足，它立足于研究真之规律，并用公理和规则对其进行规定，以避免说谎者悖论及其各种变体为目标。自 20 世纪 80 年代始，公理化真理论逐渐在数理逻辑的证明论分支中兴起，进而成为了一个专门的领域。人们对不同的真之公理和规则进行了系统的研究，并讨论了它们的一些性质，如可靠性、保守性（conservativeness）、数学强度等，取得了十分丰硕的研究成果，形成了公理化真理论的基本理论和研究框架。而目前在我国学术界，公理化真理论尚属于比较新的课题，把公理化真理论的最新成果系统地介绍到国内，也是本书研究的目的之一。

本书研究的另一个目的是完善和丰富公理化真理论的成果。公理化真理论三十年的研究虽然取得了十分丰硕的成果，但是也产生了新的问题。比如，公理化真理论的性质，特别是一些诸如不相容性、不保守性等不令人满意的性质，究竟是因为其经典逻辑基础太强导致，还是真之公理和规则本身导致；公理化真理论的现有成果是否能在比皮亚诺算术更强的基础理论中进行推广，毕竟哲学家所要思考的是自然语言中的“真”概念。针对前一个问题，本书通过减弱经典公理化真理论的基础理论，研究了基于直觉主义逻辑的公理化真理论，其目的是对比基于两种不同逻辑基础的公理化真理论的主要性质；而针对后一个问题，本书通过扩大经典公理化真理论的基础理论，研究了基于集合论的公理化真理论,其目的正是在集合论中进一步完善和丰富公理化真理论的现有成果。与此同时，将逻辑学的各分支理论与真理论相互渗透和相互融合，这个可能会在最基础的层面上，促进逻辑学和哲学的发展。

本书采用的主要研究方法是现代逻辑的公理化和形式化的方法。在研究时并不首先考虑“真”是什么，而是直接以一个一元的初始谓词来表示“真”，真之公理和规则也只是从语形的方面来规定，不涉及其具体含义。在把公理化真理论本身作为研究对象的基础上，再运用形式化的各种具体方法来讨论其性质。相容性和演绎力等性质，主要是采用模型论的方法来研究；而保守性和数学强度等性质，主要采用证明论的方法来研究。

综上，本书研究公理化真理论的意义主要在于两个方面。第一，国内对以揭示真之本质的下定义的真理论的研究由来已久，但是对以探索真之规律的公理化真理论的研究尚显陌生。本书将这些新领域和新成果介绍到国内，这对于紧跟国际学术前沿、开拓我们的研究视野是有着重要意义的。第二，真理论历来是哲学的核心课题之一，本书在前人已有工作的基础上，取得了基于直觉主义逻辑和基于集合论的公理化真理论研究的新成果，这不仅完善和丰富了公理化真理论的现有成果，而且对于思考什么是“真”和了解真之规律都有重要的理论意义。

总之，本书是国内首部从基本理论和形式化的角度系统探讨公理化真理论的专著，为我国公理化真理论的研究提供了一种独特的阐释和建构路径。

二、专著的主要内容、重要观点或对策建议

专著《公理化真理论研究》的主要内容包括：

第 1 编　经典的公理化真理论

第 2 编　基于直觉主义逻辑的公理化真理论

第 3 编　基于集合论的公理化真理论

在第 1 编的研究中，我们以寻求能够避免说谎者悖论及其变体的“理想真

理论”为线索，对以一阶逻辑和皮亚诺算术为基础理论的经典公理化真理论的基本理论和研究框架进行了概述。我们的主要工作包括以下七个方面。

第一，简要讨论了真理论的公理化研究路径的必要性。我们从对说谎者悖论的讨论出发，说明了传统的下定义的真理论主要面临的三个问题：其一，定义项并不比被定义项更具清晰性的问题；其二，预设“真”有本质但缺少对该预设合理性说明的问题；其三，任何真之定义都无法避免说谎者悖论的问题。同时，语义真理论的模型论方法需要依赖“模型的论域是集合”这一条件。由于公理化进路可以克服上述不足，从而引出了真理论的公理化进路及其主要目标。

第二，简要讨论了朴素的公理化真理论，即以所有塔尔斯基双条件句为真之公理的公理化真理论，我们主要以此展示构建公理化真理论的基本思路。但是朴素的公理化真理论并不满足相容性，它无法克服说谎者悖论，从而说明朴素的公理化真理论并不是理想的真理论，由此我们形成了寻找理想真理论的目标，并指出了对直观的真之公理进行限制的原因和主要方式（即：限制语言和限制真之规律）。

第三，围绕第一种限制方式（限制语言），我们讨论了类型的公理化真理论，这类真理论是通过禁止真谓词的自由迭代而实现相容性的。我们的讨论主要包括：去引号理论 **DT**（disquotational theory），塔尔斯基组合理论 **CT**（compositional theory）及弱组合理论 **UDT**。除了建立这三种公理化真理论的形式系统，我们还分别讨论了它们的相容性、去引号性、组合性等元理论性质，特别是重点考察了保守性这一同真之紧缩论最密切相关的性质。

第四，围绕第二种限制方式（限制真之规律），我们讨论了无类型的公理化真理论，这类真理论虽然允许真谓词自由迭代，但是限制了真谓词的推理能力，因而同样能够实现相容性。我们的讨论主要包括：Friedman-Sheard 理论（**FS**），无类型的去引号理论，以及 Kripke-Feferman 理论（**KF**）。对于每一种公理化真理论，我们都从语形和语义两个方面进行了评述，并证明了它们的相容性和其他一些性质。

第五，讨论了公理化真理论的应用。我们分别建立了基于 **FS** 和 **KF** 的模态谓词理论，证明了它们可以通过翻译保持标准模态逻辑 **S5** 系统的定理。我们还研究了把标准模态逻辑的可能世界语义学和语义真理论相结合的模态修正语义学和模态固定点语义学，并证明了它们与模态谓词理论的关系。我们认为，把模态逻辑建立在真理论的基础上，不仅能体现真概念的基础地位，而且有可能真正揭示出模态概念与真概念的逻辑关系，这对哲学问题的讨论意义重大。

第六，简要讨论了经典的公理化真理论的数学强度。数学强度是公理化真理论的一个特殊性质，由于公理化真理论是在对数学理论的扩充的基础上建立的，而公理化真理论对数学基础的扩充主要是非保守扩充，因而是对其数学基础的实质性加强。我们重点讨论了 **CT** 的数学强度等价于二阶算术 **ACA**，同时也介绍了研究公理化真理论数学强度的一般性工具。

第七，反思了经典的公理化真理论的特点与不足。我们把公理化真理论的特点主要总结为三点：第一，公理化真理论以语言为基础；第二，公理化真理论能够克服说谎者悖论; 第三, 公理化真理论以真之规律为研究对象。关于不足，我们提出了两点：一是以皮亚诺算术语言为基本的形式语言在表达力上具有局限性；二是公理化真理论具有较强的数学色彩，总体还缺乏系统的哲学反思和评价，未能很好地说明其数学基础与真之公理和规则的关系问题。

在第 2 编的研究中，我们第一次比较系统地研究了基于直觉主义逻辑的公理化真理论。这部分研究可以看成是对第 1 编中我们对经典的公理化真理论的第二点不足所做出的回应。我们的想法是通过直接减弱经典公理化真理论的逻辑基础，将经典公理化真理论的数学基础由皮亚诺算术减弱为海廷算术（Heyting arithmetic，简记为 HA），然后在此基础上重新建立公理化真理论的主要系统并探讨它们的元理论性质，从而致力于探讨数学基础与真之公理和规则的关系。我们的主要工作包括以下四个方面。

第一，在直觉主义逻辑和海廷算术上重新研究了四种最主要的经典公理化真理论。我们建立了直觉主义的去引号理论 **IDT**、塔尔斯基组合理论 **SICT**、Friedman-Sheard 理论（**IFS**），以及 Kripke-Feferman 理论（**IKF**），并且证明了关于这些理论的相容性、保守性、演绎力等定理。此外，我们还讨论了直觉主义的无类型去引号理论 **IPUDT**。这些理论与它们所对应的经典理论相比，只在逻辑公理上有差别。

第二，在直觉主义逻辑和海廷算术上研究了修正语义学和固定点语义学，并证明了它们与直觉主义的公理化真理论的关系。因为直觉主义公理化真理论是对经典公理化真理论的直接弱化，所以如果只从语形的角度看，直觉主义公理化真理论的相容性定理是十分平凡的结论。我们主要在模态修正语义学和模态固定点语义学的启发下，将直觉主义的语义学分别与标准的修正语义学和标准的固定点语义学相结合，得到了修正语义学和固定点语义学在直觉主义语义学上的推广。我们证明了 **IFS** 理论可将直觉主义修正语义学公理化至第一个极限序数ω，并且证明了对 **IKF** 理论的真谓词的解释是直觉主义跳跃算子的固定点。这说明经典的 **FS** 理论和 **KF** 理论的主要性质是由真之公理和规则决定的，而与数学基础无关。

第三，给出了一种无类型的弱公理化真理论。我们认为，如果要使弱公理化真理论兼具简洁性和弱组合性，并且坚持以塔尔斯基双条件模式作为简洁性的标准，那么无类型弱公理化真理论的真公理就不可能不受限制。我们将无类型的塔尔斯基双条件模式的作用范围限制在正真公式上，从而证明了经典的无类型去引号正真理论 **PUDT** 是一种无类型弱公理化真理论，但是其直觉主义版本 **IPUDT** 并不满足无类型正真弱组合性。这是与经典的公理化真理论不同的结论，这说明弱组合性会受到数学基础理论特别是逻辑基础的影响。

第四，我们还对公理化真理论的性质和特征进行了探讨，特别是研究了分别以 **PUDT** 和 **IPUDT** 为基础的扩充理论 **CST** 和 **IST**，我们证明了 **IST** 可以对

NEC 规则和 CONEC 规则封闭，而 **CST** 不可以。这说明确实存在直觉主义逻辑上相容而经典逻辑上不相容的公理化真理论。但是由于 **IST** 的真公理不满足组合性，故而并非理想的公理化真理论。所以我们认为，任何公理化真理论都不能以牺牲组合充分性作为相容性的代价，组合性应当是理想公理化真理论的必备条件。

在第 3 编的研究中，我们比较详细地讨论了基于集合论的公理化真理论。我们的研究可以看作对第 1 编中我们对经典的公理化真理论的第一点不足所做的回应。我们的想法是通过将经典公理化真理论的数学基础由皮亚诺算术直接加强为公理化集合论，然后在此基础上重新建立公理化真理论的主要系统并探讨它们的元理论性质，从而致力于探讨经典公理化真理论的主要结论在集合论上的推广，并结合第 2 编的研究同时考察相应的推广是否也能在直觉主义集合论上实现。我们主要做了两个方面的工作：

一方面，我们介绍了藤本（K. Fujimoto）2012 年的工作《集合论上的类与真》（*Classes and Truths in Set Theory*），即：藤本以 Zermelo-Fraenkel 公理化集合论为基础，来刻画已有的公理化真理论的各种系统。具体来说，我们首先介绍了在集合论上研究公理化真理论的必要性与可能性，然后介绍了可能带选择公理 AC 和整体选择公理 GC 的 **ZF** 集合论之上的塔尔斯基组合理论、迭代的塔尔斯基理论、Kripke-Feferman 理论，以及它们的子系统，并把它们与 Morse-Kelley 的类理论 **MK** 的子系统联系起来。此外，我们还介绍了类理论方面取得的一些新成果，如保守性、力迫法，以及反射原理的一些形式。

另一方面，我们在藤本工作的基础上，并结合第 2 编的研究，在直觉主义的 von Neumann-Bernays-Gödel 类理论的一个版本 **INBG** 上，给出了直觉主义集合论上公理化真理论的四个结论，它们是关于公理化真理论与直觉主义公理集合论之间的一个等价性结论。我们发现，当经典的公理化真理论的数学基础由皮亚诺算术加强为集合论后，其主要真理论性质可以得到推广；而当逻辑基础减弱为直觉主义逻辑，也即将数学基础减弱为直觉主义集合论后，原有的真理论结论也能基本得到保留。于是结合本成果三编的工作我们可以得出一个结论，那就是公理化真理论的主要性质是由其真之公理和规则决定的，数学基础的确只充当了句法理论的角色，不会对公理化真理论的研究制造混淆和麻烦。

总之，本成果三个方面的工作虽然形式上各成一体、相对独立，但实际上并不是彼此孤立、毫不相干的，三者在研究内容和研究意义上相互支持、相互补充，共同构成了我们对公理化真理论研究工作的认识，形成了我们自己的学术成果和学术创新。

三、成果的学术创新、应用价值以及社会影响和效益

（一）成果的学术创新

第 1 编以介绍、评述前人已有成果为主，但包含了以下一些新的工作。

第一，我们在将经典的公理化真理论的各个主要系统组织起来的时候，采用了与已有成果不同的思路。目前，与第 1 编相似的工作主要是哈尔巴赫（V. Halbach）的著作《公理化真理论》（*Axiomatic Theories of Truth*）和霍斯顿（L. Horsten）的著作《塔尔斯基转向：紧缩论与公理化真》（*The Tarskian Turn: Deflationism and Axiomatic Truth*）。然而，尽管哈尔巴赫的著作收录的公理化真理论十分全面，并进行了分类，但是各个系统之间的相互关系显得比较零散，主要在于这是一部手册式的专著。霍斯顿则以紧缩论（deflationism）和保守性为主要线索，将经典公理化真理论的去引号理论，塔尔斯基组合理论，Friedman-Sheard 理论及 Kripke-Feferman 理论，这四种最主要的公理化真理论穿了起来。我们则始终以说谎者悖论为线索，围绕如何才能获得一种既能避免说谎者悖论，又能更多地具备好的性质的公理化真理论，我们将各个主要的真

理论穿了起来，使得各理论间的关系比哈尔巴赫的更紧密，而又包含了比霍斯顿更多的理论。

第二，在评述的时候吸收了新的材料。已有的同类工作，其材料主要是限制在 2011 年以前，而我们的工作还吸收了近年来的新成果，这主要体现在两个方面：一是对弱组合理论的引入，并且我们是把弱组合理论放在了如何获得一种更理想的真理论的背景下，并讨论了它的性质；二是对基于公理化真理论的模态逻辑的引入，我们研究了模态谓词理论的主要性质，并且我们也是从理想真理论的角度，由模态谓词理论反思了公理化真理论的差异性，以及它们的理论价值。

第三，对公理化真理论的特点的反思也是比较新的工作。霍斯顿提出了真理论的塔尔斯基转向，即：从研究“什么是真”或“什么是真之本质”，到研究“如何使用真”“真有什么规律”，以及“如何描述真之规律”等问题的转向。我们在此基础上，从研究的基础、研究的目标、研究的对象三个方面做了更进一步的分析，并且分析了经典的公理化真理论存在的不足。

第 2 编是我们的原创性工作，其中的学术创新主要包括以下四个方面。

第一，在公理化真理论的形式系统构建方面，我们首次在直觉主义逻辑上系统地研究了四大经典理论，并且证明了关于这些理论的一些重要性质和定理，对比了它们和经典的公理化真理论之间的异同。

第二，在公理化真理论的语义理论方面，我们分别提出了直觉主义修正语义学和直觉主义固定点语义学，并证明了它们与直觉主义公理化真理论之间的重要结论。将直觉主义的语义学与标准的修正语义学和标准的固定点语义学相结合。

第三，我们在前人已有工作的基础上，第一次比较全面地讨论了无类型的弱公理化真理论，以及它们的语义理论。

第四，我们确实找到了一个能在直觉主义逻辑上相容而在经典逻辑上不相容的公理化真理论，但我们也说明了为什么它并非理想的公理化真理论，由此我们提出一个主张：任何公理化真理论都不能以牺牲组合充分性作为相容性的代价。

第 3 编也以介绍、评述前人已有成果为主，但还给出了以下一些新的结论。

第一，直觉主义公理化集合论系统 $\mathbf{INBG}_{<E_0}$ 与迭代的类型塔尔斯基系统 $\mathbf{RT}_{<E_0}$ 等价。

第二，直觉主义公理化集合论系统 $\mathbf{INBG}_{\omega}$ 与 Friedman-Sheard 理论 **FS** 等价。

第三，直觉主义公理化集合论系统 $\mathbf{INBG}+\sum_{\infty}^{1}$-Sep$+\sum_{\infty}^{1}$-Repl 与集合论上的塔尔斯基组合理论 **TC** 等价。其中对语言 $\mathcal{L}_{\in}^{\infty}$ 来说，**TC** 的真以 Tarski- 条款类型的真为特征。其算术部分 **TC[PA]** 等值于熟悉的证明论的算术概括系统 **ACA**。

第四，直觉主义公理化集合论系统 **INBG** 与类 *tc* 上的 Kripke-Feferman 理论 $\mathbf{KF}_{tc}$ 等价。

（二）应用价值以及社会影响和效益

近年来，公理化真理论的发展主要是对已有理论的完善、推广和反思。其中，在直觉主义逻辑和集合论上重新考察经典的公理化真理论是比较重要的两个新方向。基于直觉主义逻辑的公理化真理论是对经典公理化真理论的变异，其目的是探索说谎者悖论及其变体与经典逻辑的关系，以及反思经典逻辑在真理论中的作用。基于集合论的公理化真理论是对经典公理化真理论的扩展，其目的是探索经典公理化真理论的结论与数学理论的关系。本书的思路是：立足于经典的真概念及其规律，以经典公理化真理论为基本框架，分别在直觉主义逻辑基础和集合论上重新建立经典公理化真理论的基本理论。本书试图在技术上为经典公理化真理论的研究提供一个参照，以探索在经典公理化真理论中，哪些问题是基于经典逻辑，哪些问题是基于算术基础，哪些问题是基于真概念本身。

通过该成果的研究，现在一共有三种不同的公理化真理论：经典的公理化真理论、直觉主义逻辑上的公理化真理论、集合论上的公理化真理论。这三种公理化真理论的关系可以用一种比较形象的方式来描述。如果把经典的公理化真理论看作标准，那么它好比一幢大厦，其地基分为两层：逻辑基础和数学基础；真理论则是其上层建筑。直觉主义的公理化真理论保持了数学基础，却削弱了逻辑基础，总体上缩小了真理论大厦的地基。建立直觉主义逻辑上的公理化真理论说明经典的公理化真理论的主要结论即使在一种更弱的基础理论上也能够成立，从而说明真理论大厦的基本框架相对于其地基而言具有一定的独立性和稳定性；进而可以辨别出在经典的公理化真理论中，哪些问题是源于基础理论，而哪些问题是源自人们对真概念的理解。集合论上的公理化真理论保持了逻辑基础，但扩充了数学基础，总体上扩大了真理论大厦的地基。建立集合论上的公理化真理论说明经典的公理化真理论的主要结论能够在更具包容性的基础理论上继续成立，从而说明真理论大厦可以建造得比以往更庞大。

该成果是多领域互相融合、协同发展的结果。在该成果所包含的研究中，真理论本身是哲学的重要课题，以公理化进路研究真理论的动机又与数理逻辑的发展密切相关；不仅直觉主义逻辑是重要的非经典逻辑分支，而且直觉主义是 20 世纪数学的哲学基础的三大流派之一；集合论更是有着作为整个现代数学基础的理论意义。因此，该成果不仅进一步完善和丰富了公理化真理论的研究内容，而且促进了逻辑学、数学和哲学的相互融合和发展。

目　录

第1编　经典的公理化真理论

第 2 编　基于直觉主义逻辑的公理化真理论

第 3 编　基于集合论的公理化真理论

CONTENTS

PART 3 AXIOMATIC THEORIES OF TRUTH ON SET THEORY

第 1 编

经典的公理化真理论

引　言

公理化真理论的思想最早可以追溯到著名逻辑学家塔尔斯基(A. Tarski)的工作。塔尔斯基在《形式化语言中的真概念》[①]这篇文章中，为“真语句”下了一个实质上充分且形式上正确的递归定义。这一定义与以往的真之定义有很大不同，由于它把“真”看作初始的语义谓词，因而事实上缺少了对“真”的含义的确切说明。戴维森(D. Davidson)说：“我们对真这个概念的一般特征仍然缺少一种令人满意的说明，而我们在塔尔斯基的工作中并不能发现这种说明。”[②]随后戴维森进一步提出：“如果我们发现‘定义’这个词与谓词是初始的东西这个思想不协调，我们可以抛弃这个词，这不会改变这个系统。但是为了允许承认语义谓词是初始的东西，我们可以放弃那对于塔尔斯基来说把递归说明变为明确定义的最后一步，而且我们可以把这些结果看作是关于真的公理化理论。”[③]

塔尔斯基虽然并未明确提出“公理化真理论”，但是他也注意到了真理论的公理化进路的可能性，不过他本人对此心存疑虑。一方面，塔尔斯基认为无论怎样选择真之公理都不可能避免“随意性”和“偶然性”；另一方面，他认为只有明确的定义才能保证所形成的系统不会出现语义悖论。[④]对此，戴维森认为，如果我们把公理限制在说明满足特征所需要的递归条款上，就能避免随意性和偶

---

① A. Tarski. The Concept of Truth in Formalized Languages, in *Logic, Semantics, Metamathematics,* translated by J. H. Woodger, Oxford: Clarendon Press, 1956, pp. 152-278.

② 〔美〕戴维森:《真与谓述》，王路译，上海译文出版社，2007，第 32 页。

③ 〔美〕戴维森:《真与谓述》，王路译，上海译文出版社，2007，第 33 页。

④ A. Tarski. The Establishment of Scientific Semantics, in *Logic, Semantics, Metamathematics,* translated by J. H. Woodger, Oxford: Clarendon Press, 1956, pp. 401-408.

然性；而且只要不引入已知产生悖论的方法，就能避免语义悖论。[①]的确，类型的公理化真理论中的塔尔斯基组合理论 **CT**(参见 § 3.2)正是按照戴维森的建议，从塔尔斯基的真之递归条款发展而来的。

虽然塔尔斯基的工作和戴维森的提议被看作公理化真理论思想的一个重要来源，但公理化真理论的技术工作却主要发源于对数理逻辑的证明论研究。尽管哥德尔不完全性定理宣布了“希尔伯特纲领”的破产，但数学理论的相容性如何证明，数学理论中的真谓词如何定义，这些问题的研究仍然在继续。而这些工作最终促使公理化真理论成为一个专门的研究领域。费弗曼(S. Feferman)在《反思不完全性》[②]这篇文章中，第一次比较详尽地探讨了以 **PA** 为基础理论的公理化真理论的系统，并且他的研究基本上奠定了此后公理化真理论的研究框架。弗里德曼(H. Friedman)和希尔德(M. Sheard)在《自指真的公理化方法》[③]一文中则首次明确提出，他们要在哲学上保持中立，不去讨论真之直观理解的哲学意义与合理性，只去考察哪些真之直观理解的集合是相容的，而哪些不是。

哈尔巴赫和霍斯顿是公理化真理论的核心代表人。哈尔巴赫在《完全真和相容真的一个系统》[④]一文中，正式建立了无类型的塔尔斯基组合理论，也即 Friedman-Sheard 理论 **FS**(参见 § 4.1)；随后又在多篇文章中讨论了基于塔尔斯基双条件模式的各种去引号理论。[⑤]而哈尔巴赫和霍斯顿在 2006 年合作的《克里普克真理论的公理化》[⑥]一文中，系统地研究了基于克里普克语义理论的公理化

---

① 〔美〕戴维森:《真与谓述》，王路译，上海译文出版社，2007，第 33 页。

② S. Feferman. Reflecting on Incompleteness. *The Journal of Symbolic Logic*, 1991, 56(1):1-49.

③ H. Friedman and M. Sheard. An Axiomatic Approach to Self-referential Truth. *Annals of Pure and Applied Logic*, 1987, 33: 1-21.

④ V. Halbach. A System of Complete and Consistent Truth. *Notre Dame Journal of Formal Logic*, 1994, 35: 311-327.

⑤ V. Halbach. Disquotational Truth and Analyticity. *The Journal of Symbolic Logic*, 2001, 66: 959-1973; V. Halbach. Reducing Compositional to Disquotational Truth. *The Review of Symbolic Logic*, 2009, 2(4): 786-798.

⑥ V. Halbach and L. Horsten. Axiomatizing Kripke's Theory of Truth. *The Journal of Symbolic Logic*, 2006, 2(71): 677-712.

真理论，即 Kripke-Feferman 理论 **KF**(参见 §4.3)。事实上，这些文章所做的工作已经包含了经典的公理化真理论的所有基本理论。但是，由于这一时期的文章内容过于专业，且分散于逻辑学与哲学的各种期刊中，因而还未像后来那样获得充分的交流和系统的哲学思考。

2011 年是公理化真理论发展过程中具有里程碑意义的一年。这一年里，哈尔巴赫的专著《公理化真理论》①出版。在这部手册式的专著中，哈尔巴赫全面地收集、讨论了公理化真理论的所有系统及其性质，并首次把公理化真理论放置在真理论这一重大哲学课题的大背景下来考察，使公理化真理论的全貌得以在人们的面前呈现。同年，霍斯顿在其新出版的专著《塔尔斯基转向：紧缩论与公理化真》②中，讨论了紧缩论与公理化真理论的形式结论方面的紧密联系，并从"塔尔斯基转向"的角度思考了公理化真理论与以往的真理论之间的区别。霍斯顿试图通过这部专著架设一座能够跨越真概念的哲学文献和逻辑学文献之间的鸿沟的桥梁，以谋求哲学家和逻辑学家对此课题更广泛的相互交流。

2011 年以后，公理化真理论的发展步入了新的阶段。在经典的公理化真理论的基础上，形成了以下四个重要的研究方向：

第一，基础理论从 **PA** 到集合论的推广。藤本在《集合论上的类与真》③一文中，重新建立了基于 **ZF** 集合论的经典理论。但是藤本并没有取得多少全新的结论，他主要是把过去以 **PA** 为基础的结论移植、推广到了 **ZF** 集合论上，总体没有超出在 **PA** 上已有的结果。但是，藤本工作的意义在于说明了以集合论为基础理论的可能性，并且迈出了在集合论上研究公理化真理论的第一步。从真理论的发展来看，这样的一步是非常必要的，因为哲学家求"真"的最终目标是要弄清自然语言的真概念，而公理化真理论需要在比 **PA** 语言更具包容性的语言中接受考验。本书的第 3 编正是对这一方向的专门研究。

---

① V. Halbach. *Axiomatic Theories of Truth*. Cambridge：Cambridge University Press，2014.

② L. Horsten. *The Tarskian Turn：Deflationism and Axiomatic Truth*. Cambridge：MIT Press，2011.

③ K. Fujimoto. *Classes and Truths in Set Theory*. *Annals of Pure and Applied Logic*，2012，163：1 484-1 523.

第二，组合性原则[①]的弱化处理。组合性原则对于真概念的日常语言实践是十分重要的，莱特戈布(H. Leitgeb)在《真理论应该是(却无法是)什么样》[②]一文中，把组合性作为令人满意的真理论所应当具备的八个标准之一。经典理论**CT**，**FS**和**KF**的真公理满足组合性的要求，但是都不如**DT**简洁。**DT**虽然直观和自然，却因为弱演绎力而无法满足组合性。对此，在《组合性与弱公理化真理论评论》[③]一文中，埃德尔(G. Eder)提出了削弱组合性原则的想法，并建议研究弱公理化真理论。根据埃德尔所写论文可知，弱公理化真理论并不是单纯通过从技术上把强组合理论(**CT**，**FS**，**KF**)的公理进行弱化处理而获得，它是要寻找一种能够在某种程度上兼具弱组合性和简洁性的理论。所以从这种意义上说，弱公理化真理论是值得研究的。但埃德尔只是研究了类型理论，从真理论的发展来看，无类型理论才更有研究的价值。这一方向的内容，将在§3.3和§12.3中分别加以讨论。

第三，直觉主义逻辑上的新尝试。弗里德曼和希尔德所讨论的是基于经典逻辑的真之规律，并形成了关于这些规律的九个极大相容组合。但是对于不相容的组合，利(G. E. Leigh)和拉特延(M. Rathjen)认为，其不相容性大多是因为依赖经典逻辑，而不是因为真之规律本身，所以不应急于将不相容的组合抛弃。因此，在《直觉主义逻辑上的Friedman-Sheard方案》[④]一文里，利和拉特延在新的逻辑背景下，重新考察了真之规律的各种可能组合。他们以海廷算术[⑤]为基础，一共得到15个互不等价的极大相容组合。从真理论的发展来看，基于直觉

---

① 组合性（compositionality）是一条基本的语义原则，意思是：在某个语言中，复杂表达式的语义值是由其句法组成模式和组成成分的语义值决定的。比如，就真概念来说，当人们不清楚语句 $A \wedge B$ 的真假时，便可设法通过确定其成分语句A和B的真值，以及通过合取联结词的逻辑含义来间接地确定 $A \wedge B$ 的真值。

② H. Leitgeb. What Theories of Truth Should be Like (but Cannot be). *Philosophy Compass*, 2007, 2(2): 276-290.

③ G. Eder. Remarks on Compositionality and Weak Axiomatic Theories of Truth. *Journal of Philosophical Logic*, 2014, 43: 541-547.

④ G. E. Leigh and M. Rathjen. The Friedman-Sheard Programme in Intuitionistic Logic. *The Journal of Symbolic Logic*, 2012, 77(3): 777-806.

⑤ 海廷算术是一种基于直觉主义逻辑的形式算术理论。它与皮亚诺算术（PA）仅在逻辑公理方面相区别，算术公理则是完全一致。

主义逻辑上的研究是很有意义的。虽然经典逻辑始终是真理论研究的首选，但直觉主义逻辑却能提供思考真概念的另一种视角。这有利于弄清哪些问题是源于人们对真之直观把握的漏洞，而哪些问题却是源自真概念之外。本书的第 2 编正是对这一方向的专门研究。

第四，基于公理化真理论的模态理论构建。斯特恩(J. Stern)在《模态与公理化真理论》[①]一文中向人们展示了公理化真理论的一个实际应用。他提出了一种用谓词方法构造模态理论的一般性策略，并分别以 **FS** 和 **KF** 为基础，建立了不弱于标准模态算子逻辑 **S5** 的模态理论。但斯特恩所构造的模态理论太过于复杂，并不利于更进一步的研究。不过斯特恩的工作仍然具有重要的理论意义。因为它们很好地说明，真概念为什么能称得上是西方哲学的基本概念，而追求一种精确严格且无矛盾的真概念又是何等的重要。关于这一方向的内容，将在第 5 章中加以讨论。

总的来看，公理化真理论在新阶段的研究已经不再局限于公理体系本身的构建，而是开始向多个方面扩展。虽然在这个过程中也有新系统诞生，但它们背后的哲学动因却更值得人们留意。基础理论向集合论的推广，这是哲学家们求“真”的最终目标使然；弱化组合性原则，其实是希望真理论的形态能够更加贴近直观；直觉主义逻辑上的新探，归根结底是对每一条可接受的真之规律保持审慎的态度；而基于真理论的模态理论设计，则是为了彰显“真”作为基本哲学概念的理论地位。[②]

正是出于对公理化真理论的不同发展阶段的考虑，故本编把 2011 年以前的公理化真理论统称为“经典的公理化真理论”。而本编的工作则是对经典的公理化真理论的基本理论和研究框架进行概述。与已有的同类工作的区别在于，本编将始终围绕寻找能够避免说谎者悖论及其变体的“理想真理论”的线索而展开。

---

① 包括两篇文章：J. Stern. Modality and Axiomatic Theories of Truth I：Friedman-Sheard. *The Review of Symbolic Logic*，2014，7(2)：273-298；J. Stern. Modality and Axiomatic Theories of Truth II：Kripke-Feferman. *The Review of Symbolic Logic*，2014，7(2)：299-318。

② 关于公理化真理论第二阶段四个方面的更多详细内容，可参见李娜、李晟：《公理化真理论研究新进展》，《哲学动态》2014 年第 9 期，第 91-95 页。

第 1 章
真理论的公理化进路

公元前 6 世纪，古希腊哲学家埃庇米尼得斯(Epimenides)曾提出过一个著名的谜题：如果某人说他自己正在说谎，那么他说的这句话究竟是真是假？如果这是一句真话，那么此人就在说谎，因而这句话应该是一句假话；但如果是一句假话，那就印证了此人在说谎，它就又应该是一句真话。很明显，无论假设这句话是真是假，都将陷入自相矛盾的境地。这个谜题就是为后世哲学家所熟知的“说谎者悖论”(Liar paradox)，也称“埃庇米尼得斯悖论”。

说谎者悖论的出现显示出人们对于“真”这个概念的直观理解的不足。尽管直到现代数理逻辑产生之后，说谎者悖论才真正成为一个专门的研究课题，但人们对“真”的思考却始终没有停止。两千多年来，真理论(theory of truth)逐渐发展成为西方哲学历史上的一个重大课题。本章将对这些理论做一些简述，并由此引出真理论的公理化进路。

§1.1 下定义的方法及其不足

哲学家们一直尝试给出“真”的定义，以揭示“真”的本质。通常用于定义“真”的概念主要有：符合(correspondence)、融贯(coherence)、效用(utility)等等。比如，符合论认为，如果人们的所言与事物的实际情况相符合，那么所言为真，否则为假。应该说，符合论对“真”的解释是非常直观的。正因为如此，符合论是历史最悠久、也最为人们所普遍接受的一种真理论。但是，在关于“符合该怎样理解”“怎样才算符合”等问题上，符合论的支持者们却面临分歧。这就使得符合论实际上并不是一种统一的真理论，它也因此并不能提供一个已经完全达成共识的、确切的真之定义。[①]所以，尽管符合论在真理论中始终占据着主要地位，但是它并没能真正实现自己的意图。而更加意外的是，符合论遇到的这些麻烦，在它的竞争者那里也没能取得实质性突破。比如，融贯论同样面临“融贯该怎样理解”“怎样才算融贯”等问题。这些问题迫使一些原本对真之定义持有乐观态度的哲学家不得不开始反思：“真”是一个能够被定义的概念吗？正如知识论(epistemology)长期以来也是致力于以“信念”“证成”“真”，以及其他一些附加条件定义“知识”，但盖梯尔反例及其各种变体却不断挑战和质疑着对知识的定义。如今，不少哲学家倾向于认为知识具有基始性(primeness)，是不可定义的。比如威廉姆森(T. Williamson)在《知识及其限度》[②]一书中就明确地提出了“知识优先”(knowledge first)的主张。

如果要给出“真”的定义，那么至少会面临以下几个问题：首先，用于定义“真”的概念并不比“真”概念本身更具有清晰性。如前所述，当人们试图以“符合”“融贯”等概念来定义“真”时，围绕这些充当定义项的概念的争论从没有结束。不同符合论之间的分歧恰在于对“符合”概念本身的分歧，而其他的真理论也是如此。这就说明定义项本身的含义还远远不够清晰，用这些概念来定义“真”，使得“真”越来越复杂、越来越深奥，与人们在日常语言中使用“真”概念时的那种简单的状况形成了比较明显的反差。其次，以定义揭示“真”的本质，实际上已经预设了“真”是一个有本质的概念，但这样的预设是否恰当，很少有哲学家对此进行讨论。最后，也是最为重要的一点，那就是无论以何种概念来定义“真”，说谎者悖论都将不可避免地出现。说谎者悖论的出现其实并不是因

① 通常来说，任何一种真理论，除了必须给出真之定义（definition of truth）之外，还应该包括对真之承载者（truth-bearer）、真之制造者（truth-maker）等重要理论问题的回答。但限于本文的目的，这些问题将不在此进一步讨论。

② T. Williamson. *Knowledge and its Limits.* Oxford：Oxford University Press，2000.

为“真”的本质，而是对“真”的某种特殊使用，即：使“真”出现在一种特殊的自指的(self-referential)语句中。那么，我们究竟应该怎样使用“真”这个概念呢？过去那些探讨真之本质的哲学家没有对此作出说明，但这表明在真之定义之外，其实还有很多问题值得我们思考。

对于下定义的方法，塔尔斯基更为深刻地指出，我们不能在一种给定的语言中直接定义它的“真”概念，而是要在另一种比给定的语言更丰富的元语言中才能定义。塔尔斯基由此提出了著名的语言分层理论，并形成了研究“真”概念的模型论方法，即“语义真理论”(semantic theory of truth)。

§1.2 模型论的方法及其不足

塔尔斯基在《形式化语言中的真概念》[①]这篇文章中，通过“模型”这一概念为一种给定的形式语言定义了“真”。不过，塔尔斯基的真之定义不同于下定义的真理论。虽然也是叫“定义”，但一方面，塔尔斯基并不是通过“模型”来揭示真之本质，而是意在说明什么叫作形式语言的语句“在模型中为真”(true in a model)，他实际上是希望通过“模型”来规定“真”应当满足的条件；另一方面，塔尔斯基在他的真理论中提出了一条关于“真”的实质充分性原则，他称之为“约定 T”(Convention T)，即：“φ”是真的当且仅当φ。“约定 T”通常也叫塔尔斯基双条件句(Tarski-biconditionals)。相比下定义的真理论，“约定 T”体现了人们关于“真”的去引号直觉(disquotational intuition)：如果你承认“φ”这句话是真的，那你就是在承认φ；反之亦然。这令塔尔斯基的真理论显得更为简单直观。此外，还有更重要的一点，塔尔斯基还提出了形式正确性原则，也即在他的双条件句中，不允许“真”再出现在语句φ里，从而有效地避免了说谎者悖论。能

① A. Tarski. The Concept of Truth in Formalized Languages, in *Logic, Semantics, Metamathematics*, translated by J. H. Woodger, Oxford: Clarendon Press, 1956, pp. 152-278.

够避免说谎者悖论，这是塔尔斯基的真理论区别于下定义的真理论的一个显著特征。

然而，尽管塔尔斯基的真理论取得了以上进步，但它仍有自身的不足。第一，通过元语言为对象语言作语义解释，所定义的“真”概念不是属于对象语言的，而是关于对象语言的。而对于元语言来说也面临同样的问题，我们不能在元语言中直接定义属于元语言的“真”概念，而只能在比元语言更丰富的元元语言中定义关于元语言的“真”概念。这就使得我们在语言的层次上陷入无穷倒退的困境。第二，塔尔斯基所定义的“真”概念只是自然语言某一个特殊片段的“真”概念，这就意味着在我们的自然语言中存在多个不同的“真”概念，而这与我们在自然语言中只有一个“真”概念的直觉是相悖的。

当代一些主要的语义真理论都试图克服塔尔斯基真理论的上述不足，其中比较重要的有固定点真理论(fixed-point theory of truth)和修正真理论(revision theory of truth)。这些语义真理论在构造模型时所针对的是已经包含了真谓词[①]的形式语言，并且它们处理的真谓词是唯一的，在层次上没有区别。但是，这些克服了塔尔斯基不足的真理论，却又面临着所有模型论方法都无法回避的一个技术问题：模型的论域通常必须是集合。但是自然语言的论域显然并不是集合，这就意味着模型论的方法实际上无法最终为哲学家们提供自然语言的“真”概念。当然，随着模型论的发展，其论域也可以是一个真类(proper class)，但至少就目前来看，以集合作为论域仍是模型论方法的一个局限。而公理化的进路则恰好能够避免论域是否为集合的问题。

公理化真理论将“真”视为初始的，从而无须预设“真”是有本质的，也无须讨论“真”能否被定义，更不用关心定义项是否清晰。这就避免了下定义方法的不足。另外，公理化真理论把“真”处理为属于给定形式语言的初始谓词 T，从而在形式系统中直接讨论包含谓词 T 的公式，即讨论真之规律(law of truth)。

---

① 在这些语义真理论中，“真”被处理为真谓词，即形式语言的一元谓词 T。

其好处在于，即使谓词 T 不能等同于自然语言的“真”概念，也至少可以让我们实现用对象语言来讨论对象语言的“真”，而不会在语言的层次上陷入无穷倒退。此外，公理化进路为真理论建立了形式系统，进而可以运用形式化的各种方法和技术将真理论本身作为研究的对象，而这些都是以往的真理论所无法做到的。

§1.3　公理化进路的技术准备

在本节中，我们将为研究公理化真理论提供必要的技术准备。其主要包括皮亚诺算术 **PA** 和算术化的一些基本概念、基本定理，并对一些符号的记法进行约定或简化。

1.3.1　皮亚诺算术

定义 1.1（$\mathcal{L}_{PA}$）　**PA** 的形式语言$\mathcal{L}_{PA}$是带等词的标准一阶语言。其初始逻辑符号包括：¬，→，∀，=；其初始算术符号包括：**0**，S，+，×。此外，$\mathcal{L}_{PA}$还包含一个无穷序列x_1，x_2，x_3，…。

在定义 1.1 中，¬和→是逻辑联结词符号，∀是量词符号，二元谓词符号=是$\mathcal{L}_{PA}$唯一的谓词符号，**0** 是$\mathcal{L}_{PA}$唯一的个体常元，S 是一元函数符号，+和×是二元函数符号，x_1，x_2，x_3，…是个体变元的无穷序列。为使记法简便，今后我们将以元语言符号x，y，z，…直接表示任意个体变元，而其余的逻辑联结词符号∧，∨，↔，以及量词符号∃，均按照通常的方式来定义。

$\mathcal{L}_{PA}$的项与公式同样按照通常的方式定义。以下我们将以元语言符号r，s，t，…表示任意项，称不含个体变元的项为闭项；元语言符号φ，ψ，χ，…表示任意公式，称不含自由个体变元的公式为闭公式或语句；元语言符号Γ，Δ，Φ，…表示任意公式集。在 **PA** 中，只有形如$s=t$的公式才是原子公式。

定义 1.2（**PA** 的公理）　**PA** 的公理除标准一阶逻辑的公理外，还包括如下

的算术公理

PA1：$\forall x(\mathrm{S}(x)\neq\mathbf{0})$；

PA2：$\forall x\forall y(\mathrm{S}(x)=\mathrm{S}(y)\rightarrow x=y)$；

PA3：$\forall x(x+\mathbf{0}=x)$；

PA4：$\forall x\forall y(x+\mathrm{S}(y)=\mathrm{S}(x+y))$；

PA5：$\forall x(x\times\mathbf{0}=\mathbf{0})$；

PA6：$\forall x\forall y(x\times\mathrm{S}(y)=(x\times y)+x)$；

PA7：$\varphi(\mathbf{0})\wedge\forall x(\varphi(x)\rightarrow\varphi(\mathrm{S}(x)))\rightarrow\forall x\varphi(x)$，$\varphi(x)$是$\mathcal{L}_{\mathrm{PA}}$公式。

在定义 1.2 中，公理 PA7 的具体内容将取决于$\varphi(x)$的具体形式，因而这是一条可以代表无穷多条具体公理的模式，通常称为 **PA** 的归纳公理模式。

PA 有一个算术标准模型$\mathcal{N}$，其论域是自然数集$\mathbb{N}$。通过$\mathcal{N}$，我们将$\mathcal{L}_{\mathrm{PA}}$的个体常元符号 **0** 解释为$\mathbb{N}$中的自然数 0，等词符号＝解释为$\mathbb{N}$上的二元等于关系，函数符号 S 解释为$\mathbb{N}$上的一元后继函数，函数符号＋解释为$\mathbb{N}$上的二元加法函数，函数符号×解释为$\mathbb{N}$上的二元乘法函数。

根据解释，闭项 $\mathrm{S}(\mathbf{0})$，$\mathrm{S}(\mathrm{S}(\mathbf{0}))$，$\mathrm{S}(\mathrm{S}(\mathrm{S}(\mathbf{0})))$，…就可以分别解释为$\mathbb{N}$中的自然数 1，2，3，…，并将它们连同 **0** 统称为数字。为使记法简洁，我们今后直接以$\overline{n}$来表示自然数n的数字。

以上我们简要地给出了 **PA** 的形式系统及其算术标准模型。

1.3.2　算术化

之所以选择 **PA** 作为研究公理化真理论的基础，主要是因为 **PA** 具有算术化这一强有力的研究手段。

根据算术化，我们可以通过哥德尔编码技术对$\mathcal{L}_{\mathrm{PA}}$的表达式进行编码，从而使之获得唯一的自然数代码。而自然数在$\mathcal{L}_{\mathrm{PA}}$中又可以表示为特定的闭项，比如对于$\mathcal{L}_{\mathrm{PA}}$的表达式$e$而言，其哥德尔编码就是$\ulcorner e\urcorner$，而它在$\mathcal{L}_{\mathrm{PA}}$中的数字表示就是

$\overline{\ulcorner e \urcorner}$。我们讨论数字$\overline{\ulcorner e \urcorner}$，其实就可以看作在间接地讨论表达式$e$。这就使得**PA**实际上能够讨论的对象不仅是自然数本身，而且还包括了以自然数编码的$\mathcal{L}_{PA}$的表达式。所以，**PA**一方面是算术理论，另一方面又是句法理论。而更为重要的是，哥德尔编码技术对于**PA**的扩充理论同样适用。

除了$\mathcal{L}_{PA}$的表达式能以数字表示外，算术化还可以将**PA**中的某些函数和关系也通过数字来表示，即：

定义 1.3(数字可表示函数)　k元函数f是在**PA**中数字可表示的，当且仅当存在含$k+1$个自由变元的公式$\varphi(x_1, x_2, \cdots, x_k, y)$，$\forall n_1, n_2, \cdots, n_k, m \in \mathbb{N}$，

1. 如果$f(n_1, n_2, \cdots, n_k)=m$，那么$\mathbf{PA} \vdash \varphi(\overline{n_1}, \overline{n_2}, \cdots, \overline{n_k}, \overline{m})$；

2. 如果$f(n_1, n_2, \cdots, n_k) \neq m$，那么$\mathbf{PA} \vdash \neg\varphi(\overline{n_1}, \overline{n_2}, \cdots, \overline{n_k}, \overline{m})$；

3. $\mathbf{PA} \vdash \varphi(\overline{n_1}, \overline{n_2}, \cdots, \overline{n_k}, t) \to t=\overline{f(n_1, n_2, \cdots, n_k)}$，其中项$t$对$\varphi(x_1, x_2, \cdots, x_k, y)$中的$x_i(i=1, 2, \cdots, k)$是自由的。

定义 1.4(数字可表示关系)　k元关系R是在**PA**中数字可表示的，当且仅当存在含k个自由变元的公式$\varphi(x_1, x_2, \cdots, x_k)$，$\forall n_1, n_2, \cdots, n_k \in \mathbb{N}$，

1. 如果$(n_1, n_2, \cdots, n_k) \in R$，那么$\mathbf{PA} \vdash \varphi(\overline{n_1}, \overline{n_2}, \cdots, \overline{n_k})$；

2. 如果$(n_1, n_2, \cdots, n_k) \notin R$，那么$\mathbf{PA} \vdash \neg\varphi(\overline{n_1}, \overline{n_2}, \cdots, \overline{n_k})$。

事实上，我们可以证明，所有的递归函数和递归关系都是在**PA**中数字可表示的。①于是，由于$\mathcal{L}_{PA}$表达式的集合与$\mathcal{L}_{PA}$表达式上的运算也都是递归的，②所以它们都是在**PA**中数字可表示的。现在，我们将**PA**所有项的哥德尔编码构成的集合，用$\mathrm{Term}_{PA}(x)$表示；将**PA**所有原子语句的哥德尔编码构成的集合，用$\mathrm{AtSent}_{PA}(x)$表示；将**PA**的所有语句的哥德尔编码构成的集合，用$\mathrm{Sent}_{PA}(x)$表示；将**PA**所有可证公式的哥德尔编码构成的集合，用$\mathrm{Bew}_{PA}(x)$表示。

---

① 关于原始递归函数、递归函数与递归关系的定义，以及本命题的详细证明可参见文献[5]。

② 一个集合是递归集合，当且仅当它的特征函数是递归函数。

由于哥德尔编码技术，$\mathcal{L}_{\mathrm{PA}}$表达式的句法运算就可以自然地转变为关于自然数的函数运算，并且也是递归函数。因此，它们也是在 **PA** 中数字可表示的。例如，否定运算可以表示为含两个自由变元的公式 Negation(x，y)，其中x的取值是$\mathcal{L}_{\mathrm{PA}}$某个公式的哥德尔编码，而$y$的取值是该公式的否定式的哥德尔编码。同样地，我们还可以定义出表示其余逻辑联结词和量词的$\mathcal{L}_{\mathrm{PA}}$公式。为了方便，以下我们将以在联结词和量词的下方加着重号的方式来表示它们在$\mathcal{L}_{\mathrm{PA}}$中相应的函数符号。比如，$\underset{\cdot}{\neg}$ 是一个一元函数符号，当它作用于某个公式φ的哥德尔编码时，得到该公式的否定公式$\neg\varphi$的哥德尔编码。即：$\underset{\cdot}{\neg}\,\overline{\ulcorner\varphi\urcorner}=\overline{\ulcorner\neg\varphi\urcorner}$。

其余联结词、量词以及等词也能在$\mathcal{L}_{\mathrm{PA}}$中表达为相应的二元函数符号：

$\overline{\ulcorner\varphi\urcorner}\underset{\cdot}{\wedge}\overline{\ulcorner\psi\urcorner}=\overline{\ulcorner\varphi\wedge\psi\urcorner}$；

$\overline{\ulcorner\varphi\urcorner}\underset{\cdot}{\vee}\overline{\ulcorner\psi\urcorner}=\overline{\ulcorner\varphi\vee\psi\urcorner}$；

$\overline{\ulcorner\varphi\urcorner}\underset{\cdot}{\rightarrow}\overline{\ulcorner\psi\urcorner}=\overline{\ulcorner\varphi\rightarrow\psi\urcorner}$；

$\underset{\cdot}{\forall}\,\overline{\ulcorner x\urcorner}\cdot\overline{\ulcorner\varphi(x)\urcorner}=\overline{\ulcorner\forall x\varphi(x)\urcorner}$；①

$\underset{\cdot}{\exists}\,\overline{\ulcorner x\urcorner}\cdot\overline{\ulcorner\varphi(x)\urcorner}=\overline{\ulcorner\exists x\varphi(x)\urcorner}$；

$\overline{\ulcorner t\urcorner}\underset{\cdot}{=}\overline{\ulcorner s\urcorner}=\overline{\ulcorner t=s\urcorner}$。

有时我们需要通过一个哥德尔编码去求出它所编码的内容，也就是通过一个闭项t去求出它的值，这时我们所借助的是一个原始递归函数，它在$\mathcal{L}_{\mathrm{PA}}$中可以表示为 $\mathrm{val}(\overline{\ulcorner(\overline{n})\urcorner})=\overline{n}$。在此基础上，我们就可以定义关于谓词的运算。令 P 是一个谓词，$\underset{\cdot}{\mathrm{P}}$ 就可以表示这样一个运算，当该运算作用于闭项的编码时，将得到以谓词作用于该闭项所得语句的编码，也即 $\underset{\cdot}{\mathrm{P}}(t)=\overline{\ulcorner\mathrm{P}(\mathrm{val}(t))\urcorner}$。于是对于等词也就有：$(t\underset{\cdot}{=}s)=\overline{\ulcorner\mathrm{val}(t)=\mathrm{val}(s)\urcorner}$。

还有一个原始递归函数其作用效果刚好相反，它使得我们可以从一个项去得到对该项的编码，在$\mathcal{L}_{\mathrm{PA}}$中可以表示为 $\mathrm{num}(\overline{n})=\overline{\ulcorner\overline{n}\urcorner}$。有时我们也会以$\dot{x}$作

① 函数$\underset{\cdot}{\forall}$和$\underset{\cdot}{\exists}$的两个自变量之间的“·”只是用于区别两个自变量，并无其他的含义。

为对 num(x)的简记。如果$\varphi(x)$包含自由变元x，我们就用$\overline{\ulcorner \varphi(\dot{x}) \urcorner}$表示以$x$的取值的编码替换$\varphi(x)$中的变元$x$所得结果的编码。例如，我们可以据此把$\overline{n}$代入$\psi(x, \overline{\ulcorner \varphi(\dot{x}) \urcorner})$而得到$\psi(\overline{n}, \overline{\ulcorner \varphi(\ulcorner \overline{n} \urcorner) \urcorner})$。

此外，Sub(x，y，z)是一个三元替换函数，它表示用哥德尔编码为z的项替换哥德尔编码为x的公式中哥德尔编码为y的变元，替换后所得公式的哥德尔编码为函数的值。它在$\mathcal{L}_{\mathrm{PA}}$中可表示为 sub($x$，$y$，$z$)，或直接简记为$x(z/y)$。为使记法进一步简洁，今后在不致混淆的前提下，我们将直接以$\ulcorner e \urcorner$来表示e的哥德尔编码的数字。

最后，我们还需要定义一个$\mathcal{L}_{\mathrm{PA}}$公式 $\mathrm{Val}^{+}(x)$，用于表示所有在 **PA** 中能够成立的$\mathcal{L}_{\mathrm{PA}}$原子公式的哥德尔编码的集合。首先定义指称公式 den(t，n)：

$\mathrm{den}(t, n) :\equiv \mathrm{Term}_{\mathrm{PA}}(t) \wedge [(t = \ulcorner \mathbf{0} \urcorner \wedge n = \mathbf{0}) \vee$

$(\exists t'(\mathrm{Term}_{\mathrm{PA}}(t') \wedge t = \ulcorner \mathrm{S}(t') \urcorner) \wedge n = \mathrm{S}(t'))]$。

该公式的直观含义是：项t指称数字n，当且仅当

(1)t是数字 **0** 的哥德尔编码时，n是数字 **0**；

(2)t是后继数字 S(t')的哥德尔编码时，n是t'所指称的数字的后继数字。

于是，$\mathrm{Val}^{+}(x)$可定义如下：

$$\mathrm{Val}^{+}(x) :\equiv \exists t \exists t'[\mathrm{Term}_{\mathrm{PA}}(t) \wedge \mathrm{Term}_{\mathrm{PA}}(t') \wedge x = \ulcorner t = t' \urcorner \wedge$$
$$\exists m \exists n(\mathrm{den}(t, m) \wedge \mathrm{den}(t', n) \wedge m = n)]。$$

该公式的含义是：由x所编码的原子公式，其等号两端的项指称的自然数相同。例如，“2=2”是在 **PA** 中成立的$\mathcal{L}_{\mathrm{PA}}$原子公式，而“2=3”不是，于是我们有：$\ulcorner 2=2 \urcorner \in \mathrm{Val}^{+}(x)$，而$\ulcorner 2=3 \urcorner \notin \mathrm{Val}^{+}(x)$。

类似地，还可以定义 $\mathrm{Val}^{-}(x)$：由x所编码的原子公式，其等号两端的项指称的自然数不相同。也即有$\ulcorner 2=3 \urcorner \in \mathrm{Val}^{-}(x)$。

此外，根据以上定义不难验证，对于任意的项s和项t，$\mathrm{Val}^{+}(s \underset{\cdot}{=} t)$当且仅当 val($s$)=val($t$)。

1.3.3　对角线引理

能够充当句法理论，这是我们选择 **PA** 的第一个原因。而选择它的第二个原因则是：在 **PA** 中，我们可以利用对角线引理很方便地构造出自指语句。

定义 1.5(对角线函数)　存在原始递归的对角线函数 diag(x)，当它作用于$\mathcal{L}_{PA}$的某个公式$\varphi(x)$的哥德尔编码时，得到的是一个$\mathcal{L}_{PA}$语句的哥德尔编码，该语句是由$\varphi(x)$的哥德尔编码替换自由变元x所得。即

$$\text{diag}(\ulcorner\varphi(x)\urcorner)=\ulcorner\varphi(\ulcorner\varphi(x)\urcorner)\urcorner。$$

定理 1.6(对角线引理)　对任意$\mathcal{L}_{PA}$公式$\varphi(x)$，存在一个$\mathcal{L}_{PA}$语句λ，使得

$$\mathbf{PA}\vdash\lambda\leftrightarrow\varphi(\ulcorner\lambda\urcorner)。$$

证明　由于 diag 是递归函数，因而是在 **PA** 中可为某个公式 Diag(x，y)数字可表示的。于是，对任意$\mathcal{L}_{PA}$公式$\xi(x)$都有

$$\mathbf{PA}\vdash\forall y(\text{Diag}(\ulcorner\xi(x)\urcorner,\ y)\leftrightarrow y=\ulcorner\xi(\ulcorner\xi(x)\urcorner)\urcorner)。\tag{1-1}$$

现在定义公式：$\psi(x):\equiv\exists y(\text{Diag}(x,\ y)\wedge\varphi(y))$，于是可以证明

$$\mathbf{PA}\vdash\psi(\ulcorner\xi(x)\urcorner)\leftrightarrow\varphi(\ulcorner\xi(\ulcorner\xi(x)\urcorner)\urcorner)。\tag{1-2}$$

首先，从左向右

$\psi(\ulcorner\xi(x)\urcorner)$

$\Rightarrow\exists y(\text{Diag}(\ulcorner\xi(x)\urcorner,\ y)\wedge\varphi(y))$　　($\psi(x)$的定义)

$\Rightarrow\text{Diag}(\ulcorner\xi(x)\urcorner,\ulcorner\xi(\ulcorner\xi(x)\urcorner)\urcorner)\wedge\varphi(\ulcorner\xi(\ulcorner\xi(x)\urcorner)\urcorner)$　　(由式(1-1))

$\Rightarrow\varphi(\ulcorner\xi(\ulcorner\xi(x)\urcorner)\urcorner)$。　　(经典有效式)

所以，由演绎定理可得：$\mathbf{PA}\vdash\psi(\ulcorner\xi(x)\urcorner)\rightarrow\varphi(\ulcorner\xi(\ulcorner\xi(x)\urcorner)\urcorner)$；其次，从右向左

$\varphi(\ulcorner\xi(\ulcorner\xi(x)\urcorner)\urcorner)$

$\Rightarrow\text{Diag}(\ulcorner\xi(x)\urcorner,\ulcorner\xi(\ulcorner\xi(x)\urcorner)\urcorner)$　　(由式(1-1))

$\Rightarrow\text{Diag}(\ulcorner\xi(x)\urcorner,\ulcorner\xi(\ulcorner\xi(x)\urcorner)\urcorner)\wedge\varphi(\ulcorner\xi(\ulcorner\xi(x)\urcorner)\urcorner)$　　(经典有效式)

$\Rightarrow \exists y(\mathrm{Diag}(\ulcorner \xi(x) \urcorner, y) \wedge \varphi(y))$ （经典有效式）

$\Rightarrow \psi(\ulcorner \xi(x) \urcorner)$。 （$\psi(x)$的定义）

所以，根据演绎定理可得：$\mathbf{PA} \vdash \varphi(\ulcorner \xi(\ulcorner \xi(x) \urcorner) \urcorner) \rightarrow \psi(\ulcorner \xi(x) \urcorner)$。于是式(1-2)得证。

由$\xi(x)$的任意性，此时若将$\xi(x)$取为$\psi(x)$，则有

$$\mathbf{PA} \vdash \psi(\ulcorner \psi(x) \urcorner) \leftrightarrow \varphi(\ulcorner \psi(\ulcorner \psi(x) \urcorner) \urcorner)。$$

显然，语句$\psi(\ulcorner \psi(x) \urcorner)$即为所求之$\lambda$。故而，$\mathbf{PA} \vdash \lambda \leftrightarrow \varphi(\ulcorner \lambda \urcorner)$。证毕。

1.3.4 不可定义性定理

利用对角线引理，塔尔斯基证明了著名的不可定义性定理：**PA** 的真概念不能在$\mathcal{L}_{\mathrm{PA}}$中被定义。也即：

定理 1.7(不可定义性定理) 如果 **PA** 是相容的，不存在$\mathcal{L}_{\mathrm{PA}}$公式 Artrue($x$)，使得对任意$\mathcal{L}_{\mathrm{PA}}$语句$\varphi$，都有 $\mathbf{PA} \vdash \mathrm{Artrue}(\ulcorner \varphi \urcorner) \leftrightarrow \varphi$。

证明 假设存在这样的$\mathcal{L}_{\mathrm{PA}}$公式 Artrue($x$)，于是根据对角线引理便可以很容易知道，存在$\mathcal{L}_{\mathrm{PA}}$语句$\lambda$使得 $\mathbf{PA} \vdash \lambda \leftrightarrow \neg \mathrm{Artrue}(\ulcorner \lambda \urcorner)$。

同时，根据 Artrue(x)的特征可以知道：$\mathbf{PA} \vdash \mathrm{Artrue}(\ulcorner \lambda \urcorner) \leftrightarrow \lambda$。将二者结合即：$\mathbf{PA} \vdash \mathrm{Artrue}(\ulcorner \lambda \urcorner) \leftrightarrow \neg \mathrm{Artrue}(\ulcorner \lambda \urcorner)$。故而不存在 Artrue($x$)。证毕。

在对定理 1.7 的证明中，我们构造了一个特殊的自指语句λ。而λ说：我不是算术真语句，即：$\neg \mathrm{Artrue}(\ulcorner \lambda \urcorner)$。很明显，这个$\lambda$与我们在本编的一开始提到的那个说谎者语句很相似，而且证明的过程与导出说谎者悖论的过程也是类似的。实际上，这个λ就是说谎者语句在我们的形式语言$\mathcal{L}_{\mathrm{PA}}$中的特殊表达。所以尽管说谎者悖论是公认的语义悖论，但是我们仍然可以在形式系统中对它进行纯语法的讨论，这也是我们选择 **PA** 的一个原因。而且说谎者语句的这种特殊表达在我们随后的公理化真理论研究中也将起到十分重要的作用。需要注意的是，我们用来表示“算术真谓词”的公式 Artrue(x)并不是在 **PA** 中可以定义的，定理 1.7 正是通过假设它可以定义而导出了矛盾。

第 2 章
朴素的公理化真理论

在上一章的最后，我们证明了 **PA** 的真概念(真谓词)不能从 **PA** 内部直接产生。从本章起，我们将把 **PA** 的“真”作为初始的谓词引入 **PA**，并由此构建基于 **PA** 的公理化真理论。但是在开始这一工作之前，我们还需要对 **PA** 进行适当的扩充。

§2.1　PA 的扩充

定义 2.1($\mathcal{L}_{\mathrm{T}}$)　形式语言$\mathcal{L}_{\mathrm{T}}$是通过向$\mathcal{L}_{\mathrm{PA}}$中添加一个用于表示“真”的一元初始谓词 T 所得。也即$\mathcal{L}_{\mathrm{T}}=\mathcal{L}_{\mathrm{PA}}\cup\{\mathrm{T}\}$。

定义 2.2(PAT)　以形式语言$\mathcal{L}_{\mathrm{T}}$重新表达 **PA**，也即允许 **PA** 的公理模式中出现包含谓词 T 的公式，所得理论记为 **PAT**。

当我们把 **PA** 扩充到 **PAT** 之后，上一章中算术化的重要结论与哥德尔编码技术并不会失效。我们仍然可以获得关于$\mathcal{L}_{\mathrm{T}}$的表达式的哥德尔编码，并且可以得到 **PAT** 所有语句的哥德尔编码构成的集合，用 $\mathrm{Sent}_{\mathrm{T}}(x)$表示；等等。

PAT 的模型可以通过对 **PA** 的模型进行适当扩充而得到。因为$\mathcal{L}_{\mathrm{T}}$与$\mathcal{L}_{\mathrm{PA}}$的不同之处仅在于前者增加了新的一元谓词 T，所以我们只需在 **PA** 的模型的基础上增加对谓词 T 的解释即可。如果令$\mathcal{E}\subseteq\mathbb{N}$是对谓词 T 的解释，那么我们可以证明：$\mathfrak{M}=\langle\mathcal{N},\mathcal{E}\rangle$是 **PAT** 的模型，并且我们也将其称为算术标准模型。此外，我们还可以证明：

定理 2.3(广义对角线引理) 对任意$\mathcal{L}_T$公式$\varphi(x)$，存在一个$\mathcal{L}_T$语句λ，使得

$$\mathbf{PAT}\vdash\lambda\leftrightarrow\varphi(\ulcorner\lambda\urcorner)。$$

证明 由于在对定理 1.6 的证明过程中并不需要使用谓词 T，所以我们可以把对定理 1.6 的证明直接转变成对本定理的证明。证毕。

接下来，我们将在 **PAT** 的基础上逐步构建公理化真理论。其思路是：以刻画谓词 T 的基本规律的公式作为初始公理扩充 **PAT**。而在那些关于谓词 T 的规律中，塔尔斯基双条件句当属最基本且最易为直观所接受的。我们将看到，在研究公理化真理论的过程中，塔尔斯基双条件句将起到重要作用。

§2.2 朴素的公理化真理论 NT

定义 2.4(**NT**) 朴素的公理化真理论 **NT** 是以$\mathcal{L}_T$为形式语言，在 **PAT** 的基础上增添如下公理模式 NT 所得：

NT：$T\ulcorner\varphi\urcorner\leftrightarrow\varphi$，其中$\varphi$是$\mathcal{L}_T$语句。

很明显，公理模式 NT 就是塔尔斯基双条件模式。根据φ的不同，NT 可以代表无穷多条具体的塔尔斯基双条件句。NT 是 **NT** 唯一的真之公理模式。从直观上看，**NT** 就是把所有的塔尔斯基双条件句直接收集起来作为真之公理的公理化真理论。所以，我们称之为朴素的公理化真理论。但遗憾的是，并不是所有的塔尔斯基双条件句都是正确的，把它们不加区别地全部放在一起会导致理论的不相容。

定理 2.5(广义不可定义性定理) 不存在 **PAT** 的相容扩充 **S**，使得在 **S** 中能够证明：$T\ulcorner\varphi\urcorner\leftrightarrow\varphi$，其中$\varphi$是$\mathcal{L}_T$语句。

证明 根据定理 2.3 可知，因为$\neg T(x)$是$\mathcal{L}_T$公式，所以存在$\mathcal{L}_T$语句λ使得：$\mathbf{PAT}\vdash\lambda\leftrightarrow\neg T(\ulcorner\lambda\urcorner)$。进而有：$\mathbf{S}\vdash\lambda\leftrightarrow\neg T(\ulcorner\lambda\urcorner)$。此时如果假设能够有：$\mathbf{S}\vdash T(\ulcorner\lambda\urcorner)\leftrightarrow\lambda$，那么很明显将构成矛盾：$\mathbf{S}\vdash T(\ulcorner\lambda\urcorner)\leftrightarrow\neg T(\ulcorner\lambda\urcorner)$。从而说明这

样的 **S** 并不存在。证毕。

定理 2.5 表明，作为对 **PAT** 的直接扩充，朴素的公理化真理论 **NT** 是不相容的。然而，我们要求公理化真理论必须是相容的。所以，**NT** 并不是一种理想的公理化真理论。但是 **NT** 确实又是能被人们直观所接受的，它的真之公理不仅体现了人们关于“真”的去引号直觉，而且还被塔尔斯基视为理想真理论的实质充分性条件。因此，我们若想得到比 **NT** 更好的公理化真理论，就不得不一方面对公理模式 NT 进行必要的限制，以避免不相容；而另一方面又要将那些能够相容的塔尔斯基双条件句尽可能多地收集在一起，以满足实质充分性。

我们可以通过两种不同的途径来达到上述目标。其一，通过限制语言，即限制谓词 T 所能作用的语言，或是将谓词 T 本身区分为不同的层次，这一方式类似于塔尔斯基的语言分层；其二，通过限制真之规律，以使所得公理化真理论的真之规律不会蕴涵不相容的情形。两种不同的途径带给我们两类不同的公理化真理论：类型的(typed)和无类型的(type-free)。

§2.3　类型和无类型

对公理化真理论进行类型和无类型的区分，我们还需要对“类型”这一概念作进一步的说明。

所谓类型，其实就是要求对语言进行分层，也即要在一定程度上将语言分为对象语言和元语言。尽管从形式化研究的角度来看，整个形式语言$\mathcal{L}_T$都是我们的对象语言，但是就具体的类型真理论而言，由于其谓词 T 不能作用于本身已经包含谓词 T 的语句，故谓词 T 属于“元语言”层次，而谓词 T 所能作用的语句则属于“对象语言”层次。用符号表示就是：$\forall x(\mathrm{T}(x)\rightarrow \mathrm{Sent}_O(x))$。其中，$\mathrm{Sent}_O(x)$表示$x$是“对象语言”的语句的哥德尔编码，且谓词 T 不在该“对象语言”中。满足这一条件的公理化真理论都是类型的。

无类型的公理化真理论与之相反。无类型的公理化真理论在语言上没有层次的区别，它的谓词 T 可以作用于本身已经包含了该谓词 T 的语句。所以，无类型的真理论通常也叫自指的真理论。无类型的公理化真理论主要是通过对真之规律进行限制来避免不相容。

事实上，类型与无类型之别在语义真理论的研究中已经存在。比如，塔尔斯基的语义真理论就是一种典型的类型真理论，而修正真理论和固定点真理论则是无类型真理论。在接下来的两章中，我们将从类型和无类型两个方向分别构建公理化真理论。其中，第 3 章讨论类型的公理化真理论，主要包括去引号理论和塔尔斯基组合理论；第 4 章讨论无类型的公理化真理论，包括 Friead-man-Sheard 理论和 Kripke-Feferman 理论。

第 3 章
类型的公理化真理论

在上一章中，我们得到了一个公理化真理论 **NT**。根据建立 **NT** 的过程，我们可以将公理化真理论的研究思路概括如下：首先，以皮亚诺算术 **PA** 作为基底理论；其次，通过增加新的初始谓词 T，使$\mathcal{L}_{PA}$扩充为$\mathcal{L}_{T}$，**PA** 扩充为 **PAT**；最后，将刻画谓词 T 基本规律的$\mathcal{L}_{T}$公式添加到 **PAT** 中，从而得到公理化真理论的形式系统。**NT** 就是这样产生的。但同时我们也指出了 **NT** 的不相容性，**NT** 是需要改进的。

NT 的不相容性表明，我们不能把所有的$\mathcal{L}_{T}$的塔尔斯基双条件句都作为真之公理，必须对谓词 T 的作用范围进行限制。按照塔尔斯基的方案，我们需要把形式语言$\mathcal{L}_{T}$区分为“对象语言”和“元语言”：谓词 T 属于元语言层次，$\mathcal{L}_{PA}$属于对象语言层次。谓词 T 只能作用于属于对象语言层次的语句，也即只能作用于$\mathcal{L}_{PA}$语句，而不能作用于本身已包含谓词 T 的语句。由此形成的公理化真理论无疑是类型的，而本章就将讨论这样的类型公理化真理论。

§3.1　去引号理论 DT

3.1.1　DT 的构成

定义 3.1（DT）　去引号理论 **DT** 是以$\mathcal{L}_{T}$为形式语言，在 **PAT** 的基础上增加公理模式 DT 所得

DT：$T\ulcorner\varphi\urcorner\leftrightarrow\varphi$，其中$\varphi$是$\mathcal{L}_{PA}$语句。

对比定义 3.1 和定义 2.4 不难看出，公理模式 DT 是将 NT 的谓词 T 的作用范围从$\mathcal{L}_{T}$语句限制到$\mathcal{L}_{PA}$语句所得。很明显，**DT** 只能说明$\mathcal{L}_{PA}$语句是真的，所以是一种类型理论。下面考察 **DT** 的性质，以说明它克服了 **NT** 的不足。

3.1.2 DT 的基本性质

定理 3.2 **DT** 具有算术标准模型。

证明 考虑结构$\mathfrak{M}=\langle\mathcal{N},\mathcal{E}\rangle$，$\mathcal{N}$即为 **PA** 的算术标准模型，$\mathcal{E}$是一个哥德尔编码的集合，具体为：$\mathcal{E}=\{\ulcorner\varphi\urcorner\mid\mathcal{N}\vDash\varphi\}$，用于解释谓词 T。下面证明$\mathfrak{M}$是 **DT** 的模型。由此前的论述可知，$\mathfrak{M}$就是 **PAT** 的算术标准模型。所以，我们只需再验证$\mathfrak{M}\vDash$DT 即可

$$\begin{aligned}\mathfrak{M}\vDash T\ulcorner\varphi\urcorner &\Leftrightarrow\ulcorner\varphi\urcorner\in\mathcal{E} && \text{（对谓词 T 的解释）}\\ &\Leftrightarrow\mathcal{N}\vDash\varphi && \text{（}\mathcal{E}\text{的定义）}\\ &\Leftrightarrow\mathfrak{M}\vDash\varphi\text{。} && \text{（}\varphi\text{不含谓词 T）}\end{aligned}$$

以上便证明了$\mathfrak{M}\vDash$DT，结合$\mathfrak{M}\vDash$**PAT** 可知：$\mathfrak{M}\vDash$**DT**。这就证明了$\mathfrak{M}$是 **DT** 的模型，并且还是基于$\mathcal{N}$的算术标准模型。证毕。

定理 3.2 表明，**DT** 是相容的，这就说明 **DT** 确实能够克服 **NT** 的不足。尽管 **DT** 取得了进步，但我们还是要问，**DT** 是理想的真理论吗？作为一种类型的真理论，**DT** 不得不面临这样的挑战

在现实生活中，我们经常可以听见下面的对话。

甲对乙说：“‘0=0’是真的。”

乙回答道：“没错，你说得对，‘0=0’是真的。”

这两句话显然都是成立的。如果翻译成$\mathcal{L}_{T}$语言，第一句就是 $T\ulcorner\mathbf{0}=\mathbf{0}\urcorner$，第二句则是 $T\ulcorner T\ulcorner\mathbf{0}=\mathbf{0}\urcorner\urcorner$。但是根据公理模式 DT 我们有：**DT**$\vdash T\ulcorner\mathbf{0}=\mathbf{0}\urcorner$，但同时也有：**DT**$\nvdash T\ulcorner T\ulcorner\mathbf{0}=\mathbf{0}\urcorner\urcorner$。显然成立的句子却得不到 **DT** 的承认，不得不说

这是 **DT** 的一大不足。如果要让 **DT** 的谓词 T 能够处理本身已含有谓词 T 的语句，同时又要避免导致不相容，我们只能在$\mathcal{L}_T$的基础上再增加新的真谓词，而且这个新的真谓词必须与原有的真谓词有区别。即

定义 3.3（$\mathcal{L}_{T_1}$）　形式语言$\mathcal{L}_{T_1}$是通过向$\mathcal{L}_T$中添加一个用于表示“真”的新的一元初始谓词 T_1 所得，也即$\mathcal{L}_{T_1}=\mathcal{L}_T\cup\{T_1\}$。

然后，按照与此前同样的方式，我们可以重新对 **PA** 进行扩充，并进而得到新的去引号理论 $\mathbf{DT_1}$。

定义 3.4（$\mathbf{PAT_1}$）　以形式语言$\mathcal{L}_{T_1}$重新表达 **PA**，也即允许 **PA** 的公理模式中出现包含谓词 T 和谓词 T_1 的公式，所得理论记为 $\mathbf{PAT_1}$。

定义 3.5（$\mathbf{DT_1}$）　去引号理论 $\mathbf{DT_1}$ 是以 $\mathcal{L}_{T_1}$ 为形式语言，在 $\mathbf{PAT_1}$ 的基础上增加公理模式 DT 和 DT_1 所得

DT：$T\ulcorner\varphi\urcorner\leftrightarrow\varphi$，其中$\varphi$是$\mathcal{L}_{PA}$语句。

DT_1：$T_1\ulcorner\varphi\urcorner\leftrightarrow\varphi$，其中$\varphi$是$\mathcal{L}_T$语句。

由定义 3.5 可以看到，$\mathbf{DT_1}$ 是 **DT** 的直接扩充，并且与 **DT** 一样，也是类型的公理化真理论。此外，我们还能证明 $\mathbf{DT_1}$ 的相容性。令$\mathfrak{M}_1=\langle\mathcal{N}, \mathcal{E}, \mathcal{E}_1\rangle$，其中，$\mathcal{E}=\{\ulcorner\varphi\urcorner\mid\mathcal{N}\vDash\varphi\}$，$\mathcal{E}_1=\{\ulcorner\varphi\urcorner\mid\mathfrak{M}\vDash\varphi\}$。根据定理 3.2 的证明思路，我们不难验证：$\mathfrak{M}_1\vDash\mathbf{DT_1}$。

现在，$\mathbf{DT_1}$ 虽然可以承认真谓词的迭代使用，比如承认 $T_1\ulcorner T\ulcorner\mathbf{0}=\mathbf{0}\urcorner\urcorner$，但若是涉及更多重的迭代，我们所需要的不同的真谓词就会更多。而又因为 T_1 和 T 毕竟不是同一个真谓词，所以 $\mathbf{DT_1}$ 实际上还是不承认 $T\ulcorner T\ulcorner\mathbf{0}=\mathbf{0}\urcorner\urcorner$，而且也不承认 $T_1\ulcorner T_1\ulcorner\mathbf{0}=\mathbf{0}\urcorner\urcorner$。当然，作为类型的真理论，在处理真谓词迭代时与日常语言的使用情况有所差异是无可厚非的。但 **DT** 之所以仍然是一种有待进一步发展的公理化真理论，主要原因是在于它的弱演绎力。

定理 3.6　$\mathbf{DT}\vdash T\ulcorner\varphi\wedge\psi\urcorner\leftrightarrow T\ulcorner\varphi\urcorner\wedge T\ulcorner\psi\urcorner$，其中$\varphi$和$\psi$是$\mathcal{L}_{PA}$语句。

证明　对任意的$\mathcal{L}_{PA}$语句φ和ψ：首先，$\varphi\wedge\psi\leftrightarrow\varphi\wedge\psi$是 **DT** 中显然成立的；

其次，由公理模式 DT 知：$T\ulcorner\varphi\wedge\psi\urcorner\leftrightarrow\varphi\wedge\psi$，$T\ulcorner\varphi\urcorner\leftrightarrow\varphi$，$T\ulcorner\psi\urcorner\leftrightarrow\psi$；最后，将四者结合即得：$T\ulcorner\varphi\wedge\psi\urcorner\leftrightarrow T\ulcorner\varphi\urcorner\wedge T\ulcorner\psi\urcorner$。证毕。

定理 3.6 说明了谓词 T 对∧联结词的分配性，它所体现的是真概念在日常语言使用中的一个重要性质——组合性，即：复杂表达式的语义值是由其句法组成模式和组成成分的语义值所决定的。组合性直觉同去引号直觉一样，也是我们对理想真理论的一个要求。但是在一般情况下，组合性并不是像定理 3.6 所表示的那样，而是要表达成如下形式的全称量化语句：

$$\forall x\,\forall y(\mathrm{Sent}_{\mathrm{PA}}(x\dot{\wedge}y)\rightarrow(\mathrm{T}(x\dot{\wedge}y)\leftrightarrow\mathrm{T}(x)\wedge\mathrm{T}(y)))。$$

但是这个全称量化语句并不能在 **DT** 中证明。

定理 3.7 **DT** $\nvdash\forall x\,\forall y(\mathrm{Sent}_{\mathrm{PA}}(x\dot{\wedge}y)\rightarrow(\mathrm{T}(x\dot{\wedge}y)\leftrightarrow\mathrm{T}(x)\wedge\mathrm{T}(y)))$。

证明 如果该全称量化语句在 **DT** 中可证，那么必定存在一个有穷长的非空公式序列$\mathcal{P}$，$\mathcal{P}$是 **DT** 的一个形式证明，并且该全称量化语句是$\mathcal{P}$中最后一个公式。因为$\mathcal{P}$是有穷的，所以$\mathcal{P}$中最多只能包含有穷多条 DT 的代入实例。可列举如下：$T\ulcorner\varphi_1\urcorner\leftrightarrow\varphi_1$，…，$T\ulcorner\varphi_n\urcorner\leftrightarrow\varphi_n$。

现在定义一个模型$\mathfrak{M}=\langle\mathcal{N},\mathcal{E}\rangle$，使得$\mathcal{E}$中恰好包括这样一些元素：对于上述出现在$\mathcal{P}$中的$n$个$\mathcal{L}_{\mathrm{PA}}$语句$\varphi_i(1\leqslant i\leqslant n)$，如果有$\mathcal{N}\vDash\varphi_i$，则$\ulcorner\varphi_i\urcorner\in\mathcal{E}$，而如果有$\mathcal{N}\vDash\neg\varphi_i$，则$\ulcorner\neg\varphi_i\urcorner\in\mathcal{E}$。不难验证，$\mathfrak{M}$能够满足$\mathcal{P}$中的所有塔尔斯基双条件句。又因为$\mathfrak{M}$是基于$\mathcal{N}$的模型，所以它自然满足 **DT** 的算术公理。因此，这个$\mathfrak{M}$就是恰含有上述n个塔尔斯基双条件句的 **DT** 的子系统的模型。

但是，如果对任意的$\mathcal{L}_{\mathrm{PA}}$语句$\varphi$和$\psi$，$\mathcal{N}\vDash\varphi$且$\mathcal{N}\vDash\psi$，并且$\ulcorner\varphi\urcorner$和$\ulcorner\psi\urcorner$都在$\mathcal{E}$中，而只要使得$\ulcorner\varphi\wedge\psi\urcorner$恰好不在$\mathcal{E}$中，那么这时显然有

$$\mathfrak{M}\nvDash\forall x\,\forall y(\mathrm{Sent}_{\mathrm{PA}}(x\dot{\wedge}y)\rightarrow(\mathrm{T}(x\dot{\wedge}y)\leftrightarrow\mathrm{T}(x)\wedge\mathrm{T}(y)))。$$

这就与我们的假设相矛盾。由此，定理得证。证毕。

类似地，我们还可以验证，关于其余逻辑联结词和量词的组合性的陈述也是无法在 **DT** 中证明的。这说明 **DT** 并不满足理想真理论对组合性的要求。出于

对组合性的考虑，我们需要对 **DT** 进行适当的扩充。

塔尔斯基在他的语义真理论中给出了一个“真之定义”，而他用以下定义所使用的递归条款恰好能够体现真概念的组合性。戴维森认为，如果我们放弃那对于塔尔斯基来说把递归说明变为明确定义的最后一步，我们就能把所得结果看成是关于“真”的公理化理论。①接下来，我们将按照戴维森的建议，构造被称为塔尔斯基组合理论的新的公理化真理论。

§3.2　塔尔斯基组合理论 CT

3.2.1　CT 的构成

借助哥德尔编码，$\mathcal{L}_{\mathrm{PA}}$中的真语句集可以转变成数集，如果令$\mathcal{E}$表示这样的真语句数集，那么按照塔尔斯基的真之定义，$\mathcal{E}$需满足如下递归条款：

$n\in\mathcal{E}$，当且仅当

(1)对于$\mathcal{L}_{\mathrm{PA}}$闭项$s$和$t$使得$n$为$\ulcorner s=t\urcorner$，有$s$和$t$的取值相同；

(2)对于$\mathcal{L}_{\mathrm{PA}}$语句$\varphi$使得$n$为$\ulcorner\neg\varphi\urcorner$，有$\ulcorner\varphi\urcorner\notin\mathcal{E}$；

(3)对于$\mathcal{L}_{\mathrm{PA}}$语句$\varphi$和$\psi$使得$n$为$\ulcorner\varphi\wedge\psi\urcorner$，有$\ulcorner\varphi\urcorner\in\mathcal{E}$且$\ulcorner\psi\urcorner\in\mathcal{E}$；

(4)对于$\mathcal{L}_{\mathrm{PA}}$语句$\varphi$和$\psi$使得$n$为$\ulcorner\varphi\vee\psi\urcorner$，有$\ulcorner\varphi\urcorner\in\mathcal{E}$或$\ulcorner\psi\urcorner\in\mathcal{E}$；

(5)对于$\mathcal{L}_{\mathrm{PA}}$语句$\forall v\varphi$使得$n$为$\ulcorner\forall v\varphi\urcorner$，有对任意闭项$t$，$\ulcorner\varphi(t/v)\urcorner\in\mathcal{E}$；

(6)对于$\mathcal{L}_{\mathrm{PA}}$语句$\exists v\varphi$使得$n$为$\ulcorner\exists v\varphi\urcorner$，有闭项$t$，$\ulcorner\varphi(t/v)\urcorner\in\mathcal{E}$。

塔尔斯基的真之定义递归条款恰好体现了组合性的特征，它把复杂语句的真归结为简单语句的真。由上述条款转变而成的真之公理称为组合公理，所形成的真理论就叫作塔尔斯基组合理论。

定义 3.8(CT)　塔尔斯基组合理论 **CT** 是以$\mathcal{L}_{\mathrm{T}}$为形式语言，在 **PAT** 的基础

---

① 〔美〕戴维森:《真与谓述》，王路译，上海译文出版社，2007，第 33 页。

上增加下列真之公理而得到

CT1：$\forall x(\mathrm{AtSent}_{\mathrm{PA}}(x)\to(\mathrm{T}(x)\leftrightarrow \mathrm{Val}^{+}(x)))$；

CT2：$\forall x(\mathrm{Sent}_{\mathrm{PA}}(x)\to(\mathrm{T}(\underset{\cdot}{\neg} x)\leftrightarrow\neg \mathrm{T}(x)))$；

CT3：$\forall x\forall y(\mathrm{Sent}_{\mathrm{PA}}(x\underset{\cdot}{\wedge} y)\to(\mathrm{T}(x\underset{\cdot}{\wedge} y)\leftrightarrow \mathrm{T}(x)\wedge \mathrm{T}(y)))$；

CT4：$\forall x\forall y(\mathrm{Sent}_{\mathrm{PA}}(x\underset{\cdot}{\vee} y)\to(\mathrm{T}(x\underset{\cdot}{\vee} y)\leftrightarrow \mathrm{T}(x)\vee \mathrm{T}(y)))$；

CT5：$\forall v\forall x(\mathrm{Sent}_{\mathrm{PA}}(\underset{\cdot}{\forall} vx)\to(\mathrm{T}(\underset{\cdot}{\forall} vx)\leftrightarrow \forall t\mathrm{T}(x(t/v))))$；

CT6：$\forall v\forall x(\mathrm{Sent}_{\mathrm{PA}}(\underset{\cdot}{\exists} vx)\to(\mathrm{T}(\underset{\cdot}{\exists} vx)\leftrightarrow \exists t\mathrm{T}(x(t/v))))$。

CT 的真之公理的含义是很明显的，它将原子语句的“真”归结为 **PA** 中的可证公式，又将复杂语句的“真”归结为简单语句的“真”。所以，其真之公理显然满足了组合性的要求。

3.2.2 CT 的基本性质

定理 3.9 **DT** $\subseteq$ **CT**。

证明 只需证明 **CT** $\vdash$ DT 即可。施归纳于$\mathcal{L}_{\mathrm{PA}}$语句$\varphi$的复杂度

当φ是原子语句时，我们有 $\mathrm{T}\ulcorner\varphi\urcorner\Leftrightarrow \mathrm{Val}^{+}(\ulcorner\varphi\urcorner)\Leftrightarrow\varphi$。

当φ是$\neg\psi$时，由公理 CT2 知 $\mathrm{T}\ulcorner\neg\psi\urcorner\leftrightarrow\neg\mathrm{T}\ulcorner\psi\urcorner$；又因为 $\mathrm{T}\ulcorner\psi\urcorner\leftrightarrow\psi$是归纳假设，所以有$\neg\mathrm{T}\ulcorner\psi\urcorner\leftrightarrow\neg\psi$；从而得到 $\mathrm{T}\ulcorner\neg\psi\urcorner\leftrightarrow\neg\psi$。

当φ是 $\forall x\psi(x)$时，由公理 CT5 知：$\mathrm{T}\ulcorner\forall x\psi(x)\urcorner\leftrightarrow\forall x\mathrm{T}\ulcorner\psi(\dot{x})\urcorner$；根据归纳假设，对任意$d\in\mathbb{N}$，都有：$\mathrm{T}\ulcorner\psi(\overline{d}/x)\urcorner\leftrightarrow\psi(\overline{d})$，而这实际上也就是说明了我们有 $\forall x\mathrm{T}\ulcorner\psi(\dot{x})\urcorner\leftrightarrow\forall x\psi(x)$；从而得到

$$\mathrm{T}\ulcorner\forall x\psi(x)\urcorner\leftrightarrow\forall x\psi(x)。$$

其余的逻辑联结词和量词的情形同理可证。证毕。

定理 3.9 说明 **CT** 满足了去引号直觉，所以至少从语法的角度来看，**CT** 是比 **DT** 更好的公理化真理论。

定理 3.10 **CT** 具有算术标准模型。

证明　考虑 **DT** 的算术标准模型$\mathfrak{M}=\langle\mathcal{N},\ \mathcal{E}\rangle$。施归纳于 **CT** 中的证明的长度，我们只需验证$\mathfrak{M}\vDash \mathrm{CT1}\wedge\cdots\wedge\mathrm{CT6}$。

验证 CT1，其证明与定理 3.2 相同，故而从略。

验证 CT2，我们有

$\langle\mathcal{N},\ \mathcal{E}\rangle\vDash \mathrm{T}\ulcorner\neg\varphi\urcorner$

$\Leftrightarrow\ulcorner\neg\varphi\urcorner\in\mathcal{E}$　（对谓词 T 的解释）

$\Leftrightarrow\mathcal{N}\vDash\neg\varphi$　（$\mathcal{E}$的定义）

$\Leftrightarrow\mathcal{N}\nvDash\varphi$　（$\neg$的定义）

$\Leftrightarrow\ulcorner\varphi\urcorner\notin\mathcal{E}$　（$\mathcal{E}$的定义）

$\Leftrightarrow\langle\mathcal{N},\ \mathcal{E}\rangle\nvDash \mathrm{T}\ulcorner\varphi\urcorner$　（对谓词 T 的解释）

$\Leftrightarrow\langle\mathcal{N},\ \mathcal{E}\rangle\vDash\neg \mathrm{T}\ulcorner\varphi\urcorner$。　（$\neg$的定义）

CT3 和 CT4 可类似验证。下面验证 CT5

$\langle\mathcal{N},\ \mathcal{E}\rangle\vDash \mathrm{T}(\underset{\cdot}{\forall}\ulcorner x\urcorner\cdot\ulcorner\varphi(x)\urcorner)$

$\Leftrightarrow\underset{\cdot}{\forall}\ulcorner x\urcorner\cdot\ulcorner\varphi(x)\urcorner\in\mathcal{E}$　（对谓词 T 的解释）

$\Leftrightarrow\ulcorner\forall x\varphi(x)\urcorner\in\mathcal{E}$　（$\underset{\cdot}{\forall}$运算的定义）

$\Leftrightarrow\mathcal{N}\vDash\forall x\varphi(x)$　（$\mathcal{E}$的定义）

$\Leftrightarrow\forall d\in\mathbb{N}:\mathcal{N}\vDash\varphi(\overline{d})$　（$\forall$的定义）

$\Leftrightarrow\forall d\in\mathbb{N}:\ulcorner\varphi(\overline{d})\urcorner\in\mathcal{E}$　（$\mathcal{E}$的定义）

$\Leftrightarrow\forall d\in\mathbb{N}:\langle\mathcal{N},\ \mathcal{E}\rangle\vDash \mathrm{T}\ulcorner\varphi(\overline{d})\urcorner$　（对谓词 T 的解释）

$\Leftrightarrow\langle\mathcal{N},\ \mathcal{E}\rangle\vDash\forall x\mathrm{T}\ulcorner\varphi(\dot{x})\urcorner$。　（$\forall$的定义）

CT6 亦可类似验证。

以上便证明了$\mathfrak{M}\vDash\mathrm{CT1}\wedge\cdots\wedge\mathrm{CT6}$，结合$\mathfrak{M}\vDash$**PAT** 可知：$\mathfrak{M}\vDash$**CT**。这样就证明了$\mathfrak{M}$是 **CT** 的模型，并且是基于$\mathcal{N}$的算术标准模型。证毕。

应该说，就目前来看，除了由于 **CT** 是类型理论而不能处理谓词 T 的迭代情形这一不足外，**CT** 基本上满足了人们对理想真理论在去引号直觉和组合性直觉方面的要求。但是，**CT** 的真之公理无论是其数目还是其复杂度，都不及 **DT** 直观简单。可是 **DT** 并不满足组合性。我们已经验证，由 **DT** 虽不能推出 CT3，但是可以推出 CT3 的模式版本(即定理 3.6)。那么，如果我们用公理模式而不是全称量化语句的形式来表达组合性，**DT** 是否就能够具备这种较弱一些的组合性了呢?

§3.3 弱组合理论 UDT

首先，我们以公理模式的形式重新表达组合性如下。

定义 3.11(弱组合性) 如果一种真理论能够同时证明以下 6 条真之规律，那么就称这种真理论满足弱组合性：

WCT1：$\mathrm{T}\ulcorner\varphi\urcorner \leftrightarrow \mathrm{Val}^{+}(\ulcorner\varphi\urcorner)$，其中$\varphi$是$\mathcal{L}_{\mathrm{PA}}$原子语句；

WCT2：$\mathrm{T}\ulcorner\neg\varphi\urcorner \leftrightarrow \neg\mathrm{T}\ulcorner\varphi\urcorner$，其中$\varphi$是$\mathcal{L}_{\mathrm{PA}}$语句；

WCT3：$\mathrm{T}\ulcorner\varphi\wedge\psi\urcorner \leftrightarrow \mathrm{T}\ulcorner\varphi\urcorner\wedge\mathrm{T}\ulcorner\psi\urcorner$，其中$\varphi$和$\psi$是$\mathcal{L}_{\mathrm{PA}}$语句；

WCT4：$\mathrm{T}\ulcorner\varphi\vee\psi\urcorner \leftrightarrow \mathrm{T}\ulcorner\varphi\urcorner\vee\mathrm{T}\ulcorner\psi\urcorner$，其中$\varphi$和$\psi$是$\mathcal{L}_{\mathrm{PA}}$语句；

WCT5：$\mathrm{T}\ulcorner\forall x\varphi(x)\urcorner \leftrightarrow \forall x\mathrm{T}\ulcorner\varphi(\dot{x})\urcorner$，其中$\varphi(x)$是$\mathcal{L}_{\mathrm{PA}}$公式；

WCT6：$\mathrm{T}\ulcorner\exists x\varphi(x)\urcorner \leftrightarrow \exists x\mathrm{T}\ulcorner\varphi(\dot{x})\urcorner$，其中$\varphi(x)$是$\mathcal{L}_{\mathrm{PA}}$公式。

由定义，**CT** 当然满足弱组合性，这是一个十分平凡的结果，而我们更加关心的是 **DT**。根据定理 3.6 的证明，我们可以很容易验证 WCT1，WCT2，WCT4 以及 WCT6 都能够在 **DT** 中证明。但是 WCT5 却不行：

定理 3.12 **DT** $\nvdash$ WCT5。

证明 假如 **DT** 可以证明 WCT5，那么一定存在 **DT** 的子系统 **DT**$'$ 能够证明 WCT5。不妨设 **DT**$'$中只有n个不同的 DT 实例：$\mathrm{T}\ulcorner\varphi_1\urcorner\leftrightarrow\varphi_1$，$\mathrm{T}\ulcorner\varphi_2\urcorner\leftrightarrow\varphi_2$，…，$\mathrm{T}\ulcorner\varphi_n\urcorner\leftrightarrow\varphi_n$。

现在定义一个模型$\mathfrak{M}=\langle\mathcal{N},\ \mathcal{E}\rangle$，使得$\mathcal{E}$中恰好包含这样一些元素：对于上

述 DT 实例中的n个$\mathcal{L}_{\mathrm{PA}}$语句$\varphi_i(1\leqslant i\leqslant n)$，如果有$\mathcal{N}\vDash\varphi_i$，则$\ulcorner\varphi_i\urcorner\in\mathcal{E}$，如果有$\mathcal{N}\vDash\neg\varphi_i$，则$\ulcorner\neg\varphi_i\urcorner\in\mathcal{E}$，且$\ulcorner\forall x\varphi(x)\urcorner\in\mathcal{E}$。不难验证，$\mathfrak{M}$能够满足 **DT′**。

令$\forall x\varphi(x)$是某个$\mathcal{L}_{\mathrm{PA}}$公式使得$\mathcal{N}\vDash\forall x\varphi(x)$，于是对任意$d\in\mathbb{N}$，一定都有$\mathcal{N}\vDash\varphi(\overline{d})$。但是根据$\mathfrak{M}$的构造可知，$\mathcal{E}$至多只有$n$个不同的$\varphi(\overline{d})$，因而可以得到$\mathfrak{M}\nvDash\forall x\mathrm{T}\ulcorner\varphi(\dot{x})\urcorner$。但是$\ulcorner\forall x\varphi(x)\urcorner\in\mathcal{E}$，所以有$\mathfrak{M}\vDash\mathrm{T}\ulcorner\forall x\varphi(x)\urcorner$。这就说明$\mathfrak{M}\nvDash$**DT′**，故而假设不成立。证毕。

因此，**DT** 不具有弱组合性，这表明确实存在介于 **DT** 和 **CT** 之间的弱组合理论。如果我们所想要的弱组合理论并不是对 **CT** 的直接弱化，而是要能够继承 **DT** 的真之公理的直观简单的优点，那么我们必须对 **DT** 进行适当的扩充。

定义 3.13(UDT)　去引号理论 **UDT** 是以$\mathcal{L}_{\mathrm{T}}$为形式语言，在 **PAT** 的基础上增加公理模式 UDT 所得

UDT：$\forall x(\mathrm{T}\ulcorner\varphi(\dot{x})\urcorner\leftrightarrow\varphi(x))$，其中$\varphi(x)$是$\mathcal{L}_{\mathrm{PA}}$公式。

公理模式 UDT 包含了 DT 的所有情形，所以 **DT** 是 **UDT** 的子理论。按照定理 3.12 不难证明由 **DT** 不能推出 UDT，故而 **DT** 是 **UDT** 的真子理论。而另外，**CT** 显然包含 **UDT**，按照定理 3.7 可以证明 **UDT** 推不出 **CT** 的真之公理，所以 **UDT** 又是 **CT** 的真子理论。因此，三者实际的关系为：**DT** $\subset$**UDT** $\subset$**CT**。由定理 3.10 自然可以知道，**UDT** 也具有算术标准模型。接下来证明 **UDT** 可以满足弱组合性。因为 **UDT** 真包含 **DT**，所以只需再证明 **UDT** 能推出 WCT5 即可。

定理 3.14　**UDT**$\vdash$WCT5。

证明　首先，由公理模式 UDT 可以有：$\forall x\mathrm{T}\ulcorner\varphi(\dot{x})\urcorner\leftrightarrow\forall x\varphi(x)$；然后根据公理模式 DT 可以知道，$\mathrm{T}\ulcorner\forall x\varphi(x)\urcorner\leftrightarrow\forall x\varphi(x)$；最后将二者结合起来即证明了 **UDT** 可以推出 WCT5。证毕。

弱组合理论确实存在着，并且不是平凡的结论。**UDT** 不仅具备 **DT** 在真之公理方面的简单直观的优点，满足去引号直觉；而且具有足够的演绎力，使得弱组合性能够在其中得到承认，从而满足组合性直觉。应该说，**UDT** 兼具了

DT 和 **CT** 二者的优点。从这个角度来看，**UDT** 是三者中最好的类型真理论。事实上，**UDT** 的优点还在保守性问题上得到了体现。

§3.4 紧缩论和保守性

保守性问题是公理化真理论的一个很重要的问题。因为公理化真理论把真概念视为初始概念，虽然可以避免对“真”是否有含义、“真”的含义是否可以被定义等问题的讨论，但也由此带来新问题：把“真”视为初始概念，其哲学依据在哪里？否则公理化真理论可能变成符号游戏。所幸紧缩论为公理化真理论提供了哲学支持。

紧缩论是一种很特别的真理论，它不是关于真之本质的理论，也不是关于真之规律的理论，而是体现了对待“真”的一种态度。紧缩论的观点在当今十分流行，它认为：“真”是没有本质的概念，断言一个句子是真的与断言这个句子本身没有区别，“真”不会为人类的知识增加新的内容。于是按照紧缩论的主张，公理化真理论的合理性除了有研究真之规律而暂时搁置真之本质外，还包括“真”本身没有含义，因而可以作为不加定义的初始概念。

所以，根据紧缩论对公理化真理论的支持，人们自然希望公理化真理论也能支持紧缩论的主张，也即支持“真”不会为人类的知识增加新的内容。具体说来就是，当真概念被作为初始谓词 T 添加到$\mathcal{L}_{\mathrm{PA}}$之后，**PA** 的数学结论并不会因此而增加。这样的真理论就具有保守性。

定义 3.15(保守性)　令 **S** 是基于 **PA** 的真理论。如果对任意$\mathcal{L}_{\mathrm{PA}}$语句$\varphi$，只要有 **S**$\vdash\varphi$，就有 **PA**$\vdash\varphi$，那么就称 **S** 是 **PA** 之上保守的。

定理 3.16　**UDT** 是 **PA** 之上保守的。

证明　只需证明，任何$\mathcal{L}_{\mathrm{PA}}$语句$\varphi$的 **UDT** 证明都可以转变为 **PA** 证明。

对任意$\mathcal{L}_{\mathrm{PA}}$语句$\varphi$，如果已经给出了$\varphi$的 **UDT** 证明$\mathcal{P}$，那么由于$\mathcal{P}$中包含的公式数是有穷的，所以$\mathcal{P}$中使用的 UDT 实例也是有穷的。假设共有$n$个 UDT

的实例，即

$\forall x(\mathrm{T}\ulcorner\varphi_1(\dot{x})\urcorner\leftrightarrow\varphi_1(x))$，$\forall x(\mathrm{T}\ulcorner\varphi_2(\dot{x})\urcorner\leftrightarrow\varphi_2(x))$，…，$\forall x(\mathrm{T}\ulcorner\varphi_n(\dot{x})\urcorner\leftrightarrow\varphi_n(x))$。

现在定义一个新的$\mathcal{L}_{\mathrm{PA}}$公式$\psi(y)$：

$$\exists x(y=\ulcorner\varphi_1(\dot{x})\urcorner\wedge\varphi_1(x))\vee\cdots\vee\exists x(y=\ulcorner\varphi_n(\dot{x})\urcorner\wedge\varphi_n(x))。$$

如果用$\psi(x)$去替换真谓词 $\mathrm{T}(x)$在$\mathcal{P}$中的每一次出现，那么 UDT 的实例就全都变为：$\forall x(\psi(\ulcorner\varphi_1(\dot{x})\urcorner)\leftrightarrow\varphi_1(x))$，…，$\forall x(\psi(\ulcorner\varphi_n(\dot{x})\urcorner)\leftrightarrow\varphi_n(x))$。而且这$n$个语句都能够在 **PA** 中证明。于是，对$\varphi$的证明$\mathcal{P}$就变成了不含任何谓词 T 的新证明$\mathcal{P}'$。而$\varphi$本身并不含谓词 T，所以从$\mathcal{P}$到$\mathcal{P}'$的转变并不会改变作为证明结果的$\varphi$。证毕。

推论 3.17　**DT** 是 **PA** 之上保守的。

证明　因为 **DT** 是 **UDT** 的子理论，所以 **DT** 的保守性是显然的。证毕。

以上简要证明了 **DT** 与 **UDT** 的保守性，下面讨论 **CT** 的保守性。我们需要首先证明以下引理：

引理 3.18　**CT** $\vdash\forall x(\mathrm{Sent}_{\mathrm{PA}}(x)\wedge\mathrm{Bew}_{\mathrm{PA}}(x)\rightarrow\mathrm{T}(x))$。

证明　对任意$\mathcal{L}_{\mathrm{PA}}$语句$\varphi$，显然有 $\mathrm{Sent}_{\mathrm{PA}}(\ulcorner\varphi\urcorner)$。如果$\varphi$是 **PA** 可证的，也即有 $\mathrm{Bew}_{\mathrm{PA}}(\ulcorner\varphi\urcorner)$，那么也就存在 **PA** 的有穷公式序列是$\varphi$的证明。所以，要证明 $\mathrm{T}\ulcorner\varphi\urcorner$，只需在 **CT** 中施归纳于证明序列的长度$n$。

归纳基始：当$n=1$时，φ必为 **PA** 的一条公理，分为两种情形。

情形一：φ是 **PA** 的算术公理。

如果φ是 PA1，即$\forall x(\mathrm{S}(x)\neq\mathbf{0})$，那么根据定理 3.9 可知

$$\mathbf{CT}\vdash\mathrm{T}\ulcorner\forall x(\mathrm{S}(x)\neq\mathbf{0})\urcorner\leftrightarrow\forall x(\mathrm{S}(x)\neq\mathbf{0})。$$

于是有 $\mathbf{CT}\vdash\mathrm{T}\ulcorner\forall x(\mathrm{S}(x)\neq\mathbf{0})\urcorner$。PA2～PA6 可类似证明。现在讨论$\varphi$是 PA7 的情形。

对任意$\mathcal{L}_{\mathrm{PA}}$公式$\psi(x)$，$\psi(\mathbf{0})\wedge\forall x(\psi(x)\rightarrow\psi(\mathrm{S}(x)))\rightarrow\forall x\psi(x)$都是归纳公理模式的实例。$\mathrm{T}(x)$虽然是$\mathcal{L}_{\mathrm{T}}$公式，但是由于 **CT** 允许谓词 T 出现在归纳公理

模式，所以下面这个公式也是 **CT** 归纳公理模式的一个实例

$$T\ulcorner\psi\urcorner(\mathbf{0}/\ulcorner x\urcorner)\wedge$$
$$\forall x(T\ulcorner\psi\urcorner(\dot{x}/\ulcorner x\urcorner)\rightarrow T\ulcorner\psi\urcorner(\underset{\cdot}{S}(\dot{x})/\ulcorner x\urcorner))\rightarrow\forall xT\ulcorner\psi\urcorner(\dot{x}/\ulcorner x\urcorner)。$$

如果将记法简化，则上述公式也可以更简单地表示为

$$T\ulcorner\psi(\mathbf{0})\urcorner\wedge\forall x(T\ulcorner\psi(\dot{x})\urcorner\rightarrow T\ulcorner\psi(S(\dot{x}))\urcorner)\rightarrow\forall xT\ulcorner\psi(\dot{x})\urcorner。\quad(3\text{-}1)$$

通过 **CT** 的真之公理可将式(3-1)变形为

$$T\ulcorner\psi(\mathbf{0})\wedge\forall x(\psi(x)\rightarrow\psi(S(x)))\rightarrow\forall x\psi(x)\urcorner。\quad(3\text{-}2)$$

很明显，在式(3-2)中，谓词 T 所作用的正是归纳公理模式的实例的哥德尔编码。即，式(3-2)表明，对任意$\mathcal{L}_{PA}$公式$\psi(x)$，**PA** 的归纳公理模式的实例都是真的。

情形二：φ是 **PA** 的逻辑公理。

我们只需证明 **PA** 逻辑公理的全称闭包成立。对于只含一个自由变元x的逻辑公理 $\mathrm{Ax}(x)$来说，$\forall x\mathrm{Ax}(x)$显然是在 **PA** 中可证的。根据定理 3.9 有

$$\mathbf{CT}\vdash T\ulcorner\forall x\mathrm{Ax}(x)\urcorner\leftrightarrow\forall x\mathrm{Ax}(x)。\quad(3\text{-}3)$$

于是由式(3-3)不难得到，$T\ulcorner\forall x\mathrm{Ax}(x)\urcorner$ 在 **CT** 中也是可证的。对于更一般的 $\mathrm{Ax}(x_1, x_2, \cdots, x_n)$的情形亦可归纳证明。

归纳步骤：假设当$n\leqslant k$时结论成立，那么当$n=k+1$ 时，有三种情形。

情形一：φ是 **PA** 的算术公理。

情形二：φ是 **PA** 的逻辑公理。

这两种情形的证明同归纳基始。

情形三：φ是由证明序列中在前的两个公式$\psi\rightarrow\varphi$和ψ依据分离规则所得到的直接后承。此时显然已经有 $\mathrm{Bew}_{PA}(\ulcorner\psi\rightarrow\varphi\urcorner)$和 $\mathrm{Bew}_{PA}(\ulcorner\psi\urcorner)$，根据归纳假设可以得到 $T\ulcorner\psi\rightarrow\varphi\urcorner$ 和 $T\ulcorner\psi\urcorner$。再根据 **CT** 的真之公理，从 $T\ulcorner\psi\rightarrow\varphi\urcorner$ 可以推出 $T\ulcorner\psi\urcorner\rightarrow T\ulcorner\varphi\urcorner$，由此得到 $T\ulcorner\varphi\urcorner$。也即有 $\mathrm{Bew}_{PA}(\ulcorner\varphi\urcorner)\rightarrow T\ulcorner\varphi\urcorner$。证毕。

推论 3.19 $\mathbf{CT}\vdash\neg\mathrm{Bew}_{PA}(\ulcorner\mathbf{0}=S(\mathbf{0})\urcorner)$。

证明 令φ是$\mathcal{L}_{PA}$语句 $\mathbf{0}=S(\mathbf{0})$，由引理 3.18 可知

$$\mathbf{CT}\vdash \mathrm{Bew}_{PA}(\ulcorner \mathbf{0}=S(\mathbf{0})\urcorner)\rightarrow T\ulcorner \mathbf{0}=S(\mathbf{0})\urcorner。$$

又由定理 3.9 可得

$$\mathbf{CT}\vdash T\ulcorner \mathbf{0}=S(\mathbf{0})\urcorner \leftrightarrow \mathbf{0}=S(\mathbf{0})。$$

所以将二者结合即得

$$\mathbf{CT}\vdash \mathrm{Bew}_{PA}(\ulcorner \mathbf{0}=S(\mathbf{0})\urcorner)\rightarrow \mathbf{0}=S(\mathbf{0})。$$

但是因为在 **CT** 中可以证明$\neg(\mathbf{0}=S(\mathbf{0}))$，所以我们能由此推出

$$\mathbf{CT}\vdash \neg \mathrm{Bew}_{PA}(\ulcorner \mathbf{0}=S(\mathbf{0})\urcorner)。$$

于是推论 3.19 得证。证毕。

定理 3.20　**CT** 不是 **PA** 之上保守的。

证明　$\neg \mathrm{Bew}_{PA}(\ulcorner \mathbf{0}=S(\mathbf{0})\urcorner)$的含义是：在 **PA** 中 $\mathbf{0}=S(\mathbf{0})$是不可证的。而根据哥德尔不完全性定理，$\mathbf{PA}\nvdash \neg \mathrm{Bew}_{PA}(\ulcorner \mathbf{0}=S(\mathbf{0})\urcorner)$。但是推论 3.19 成立。这说明 **CT** 能够证明的$\mathcal{L}_{PA}$语句比 **PA** 更多，从而不具有保守性。证毕。

基于以上的讨论，我们现在就可以将 **DT**，**UDT**，**CT** 的主要性质总结为表 3.1 所示。

表 3.1　类型公理化真理论的性质比较

理论	性质		
	去引号性	(弱)组合性	保守性
DT	具有	不具有	具有
UDT	具有	具有	具有
CT	具有	具有	不具有

据此表所示，**DT** 的不足在于因缺乏演绎力而不具有组合性，**CT** 的不足在于不具有保守性。只有 **UDT** 能同时具有上述三个性质，因而是一种比较令人满意的真理论。但如前所述，类型理论总有自身无法克服的局限。所以，我们还需要对无类型的公理化真理论加以研究。

第 4 章
无类型的公理化真理论

本章讨论无类型的公理化真理论，也即不再对语言$\mathcal{L}_T$进行分层。在无类型理论中，谓词 T 只有一个，并且允许谓词 T 所能作用的语句包含谓词 T。根据上一章，**UDT** 是最理想的公理化真理论，但是 **NT** 的不相容性说明，我们不能直接取消对 **DT** 真之公理的层次限制，因而也就不能直接取消对 **UDT** 真之公理的层次限制。因此，本章将首先在 **CT** 真之公理的基础上讨论无类型理论。

§4.1 Friedman-Sheard 理论 FS

FS 理论是由弗里德曼和希尔德于 1984 年在《自指真的公理化方法》①一文中首次提出的。后来，哈尔巴赫构造了与之等价的新系统，并正式命名为 **FS**。②本节所讨论的 Friedman-Sheard 理论将采用哈尔巴赫的版本，这是因为 **FS** 的真之公理正是对 **CT** 真之公理的无类型化推广。

4.1.1 FS 的构成

定义 4.1(FSN) 无类型组合理论 **FSN** 是以$\mathcal{L}_T$为形式语言，在 **PAT** 的基础上增加下列真之公理而得到

① H. Friedman and M. Sheard. An Axiomatic Approach to Self-Referential Truth. *Annals of Pure and Applied Logic,* 1987, 33: 1-21.

② V. Halbach. A System of Complete and Consistent Truth. *Notre Dame Journal of Formal Logic,* 1994, 35: 311-327.

FS1：$\forall x(\mathrm{AtSent_{PA}}(x)\rightarrow(\mathrm{T}(x)\leftrightarrow \mathrm{Val}^{+}(x)))$；

FS2：$\forall x(\mathrm{Sent_T}(x)\rightarrow(\mathrm{T}(\underset{\bullet}{\neg} x)\leftrightarrow\neg \mathrm{T}(x)))$；

FS3：$\forall x\forall y(\mathrm{Sent_T}(x\underset{\bullet}{\wedge} y)\rightarrow(\mathrm{T}(x\underset{\bullet}{\wedge} y)\leftrightarrow \mathrm{T}(x)\wedge \mathrm{T}(y)))$；

FS4：$\forall x\forall y(\mathrm{Sent_T}(x\underset{\bullet}{\vee} y)\rightarrow(\mathrm{T}(x\underset{\bullet}{\vee} y)\leftrightarrow \mathrm{T}(x)\vee \mathrm{T}(y)))$；

FS5：$\forall v\forall x(\mathrm{Sent_T}(\underset{\bullet}{\forall} vx)\rightarrow(\mathrm{T}(\underset{\bullet}{\forall} vx)\leftrightarrow \forall t\mathrm{T}(x(t/v))))$；

FS6：$\forall v\forall x(\mathrm{Sent_T}(\underset{\bullet}{\exists} vx)\rightarrow(\mathrm{T}(\underset{\bullet}{\exists} vx)\leftrightarrow \exists t\mathrm{T}(x(t/v))))$。

很明显，真之公理 FS2～FS6 就是对 CT2～CT6 的直接推广。而且不难证明，**UDT** 和 **CT** 皆为 **FSN** 的子理论。但是 FS1 与 CT1 相同。这说明在 **FSN** 中谓词 T 对$\mathcal{L}_{\mathrm{T}}$原子语句的迭代应用并不完全，这是由于缺少对谓词 T 原子语句 Tt 的处理方案。比如，$\mathrm{T}\ulcorner\mathrm{T}\ulcorner\mathbf{0}=\mathbf{0}\urcorner\urcorner$ 是一个 Tt型原子语句，但在 **FSN** 中并不能由真之公理证明 $\mathrm{T}\ulcorner\mathrm{T}\ulcorner\mathbf{0}=\mathbf{0}\urcorner\urcorner$。然而以 $\forall t(\mathrm{T}\ulcorner\mathrm{T}t\urcorner\leftrightarrow\mathrm{T}t)$作为新的初始公理直接扩充 **FSN** 也不可行。

定理 4.2　**FSN** $\cup\{\forall t(\mathrm{T}\ulcorner\mathrm{T}t\urcorner\leftrightarrow\mathrm{T}t)\}\vdash\mathrm{NT}$。

证明　由 FS1 和 $\forall t(\mathrm{T}\ulcorner\mathrm{T}t\urcorner\leftrightarrow\mathrm{T}t)$可直接证明，当$\varphi$是$\mathcal{L}_{\mathrm{T}}$原子语句时，公理模式 NT 成立。逻辑联结词和量词的情形可根据定理 3.9 类似证明。证毕。

虽然目前尚未证明 **FSN** 的相容性，但我们不妨假设它是相容的。而定理 4.2 已经证明了 **FSN** $\cup\{\forall t(\mathrm{T}\ulcorner\mathrm{T}t\urcorner\leftrightarrow\mathrm{T}t)\}$是不相容的，所以要保持相容性，我们必须对 NT 进行削弱。通常是将其减弱为两条推理规则：

定义 4.3(NEC 规则)　对任意$\mathcal{L}_{\mathrm{T}}$语句φ，如果能给出φ的证明，那么就能给出 $\mathrm{T}\ulcorner\varphi\urcorner$ 的证明。

定义 4.4(CONEC 规则)　对任意$\mathcal{L}_{\mathrm{T}}$语句φ，如果能给出 $\mathrm{T}\ulcorner\varphi\urcorner$ 的证明，那么就能给出φ的证明。

定义 4.5(**FS**)　Friedman-Sheard 理论 **FS** 是 **FSN** 对 NEC 规则和 CONEC 规则封闭所得。

现在的问题是，**FS** 究竟是否相容？我们可以通过考察 **FS** 与修正语义学的关系来回答这一问题。

4.1.2 FS 与修正语义学

修正语义学（revision semantics）是由古谱塔（A. Gupta）和赫兹伯格（H. Herzberger）分别独立提出，并由贝尔纳普（N. Belnap）和古谱塔进一步发展和推广的语义真理论。①概括地说，修正语义学的基本思想是：在 **PA** 的算术标准模型$\mathcal{N}$的基础上，以自然数集$\mathbb{N}$的任意子集S作为对谓词 T 的解释，通过一个恰当的修正过程得到对谓词 T 越来越好的解释。这个“恰当的修正过程”可利用修正算子（revision operator）来定义。

定义 4.6（修正算子） 令$S\subseteq\mathbb{N}$，修正算子Γ定义为

$$\Gamma(S)=\{\ulcorner\varphi\urcorner \mid \langle\mathcal{N}, S\rangle\models\varphi\text{，其中}\varphi\text{是}\mathcal{L}_{\mathrm{T}}\text{语句}\}。$$

根据这一定义，集合S可视为对 T 谓词的起始解释，而$\Gamma(S)$是修正后的解释，并且Γ是$\mathbb{N}$的幂集$\wp(\mathbb{N})$上的运算。

引理 4.7 对任意$\mathcal{L}_{\mathrm{T}}$语句φ，如下等值式成立

$$\langle\mathcal{N}, \Gamma(S)\rangle\models\mathrm{T}\ulcorner\varphi\urcorner\Leftrightarrow\langle\mathcal{N}, S\rangle\models\varphi。$$

证明 首先证明“$\Leftarrow$”：因为$\langle\mathcal{N}, S\rangle\models\varphi$，由定义 4.6 有$\ulcorner\varphi\urcorner\in\Gamma(S)$，从而得到$\langle\mathcal{N}, \Gamma(S)\rangle\models\mathrm{T}\ulcorner\varphi\urcorner$。

然后证明“$\Rightarrow$”：因为$\langle\mathcal{N}, \Gamma(S)\rangle\models\mathrm{T}\ulcorner\varphi\urcorner$，由定义 4.6 有$\ulcorner\varphi\urcorner\in\Gamma(S)$。因此有$\langle\mathcal{N}, S\rangle\models\varphi$。证毕。

定义 4.8（Γ的有穷迭代） 修正算子Γ的有穷迭代如下

$$\Gamma^0(S)=S;$$

$$\Gamma^{n+1}(S)=\Gamma(\Gamma^n(S))。$$

---

① P. Kremer. The Revision Theory of Truth. *Stanford Encyclopedia of Philosophy*, 2015: http://plato.stanford.edu/entries/truth-revision/.（访问日期：2023-03-12）

为使记法简洁，下面将以 $\mathrm{T}^1\ulcorner\varphi\urcorner$ 表示 $\mathrm{T}\ulcorner\varphi\urcorner$，$\mathrm{T}^{n+1}\ulcorner\varphi\urcorner$ 表示 $\mathrm{T}\ulcorner\mathrm{T}^n\ulcorner\varphi\urcorner\urcorner$。

关于Γ，我们可以证明以下三个引理成立：

引理 4.9　$\forall S_1$，$S_2\subseteq\mathbb{N}$，如果$\Gamma(S_1)=\Gamma(S_2)$，那么$S_1=S_2$。

证明　假设$S_1\neq S_2$，因而存在$\mathcal{L}_{\mathrm{T}}$语句φ，使得$\ulcorner\varphi\urcorner\in S_1$，但$\ulcorner\varphi\urcorner\notin S_2$。也就是说，$\mathrm{T}\ulcorner\varphi\urcorner\in\Gamma(S_1)$，但 $\mathrm{T}\ulcorner\varphi\urcorner\notin\Gamma(S_2)$。即：$\Gamma(S_1)\neq\Gamma(S_2)$。证毕。

引理 4.10　对任意$\mathcal{L}_{\mathrm{T}}$语句φ，并且对任意$n\geqslant 1$，都有

$$\langle\mathcal{N},\ \Gamma^n(S)\rangle\vDash\mathrm{T}^n\ulcorner\varphi\urcorner\Leftrightarrow\langle\mathcal{N},\ S\rangle\vDash\varphi。$$

证明　对引理 4.7 施归纳可得。证毕。

推论 4.11　对任意$\mathcal{L}_{\mathrm{T}}$语句φ，并且对任意$n\geqslant 1$，都有

$$\langle\mathcal{N},\ \Gamma^n(S)\rangle\vDash\neg\mathrm{T}^n\ulcorner\varphi\urcorner\Leftrightarrow\langle\mathcal{N},\ S\rangle\vDash\neg\varphi。$$

证明　由引理 4.10 和公理 FS2 施归纳可证。证毕。

引理 4.12　$\forall n\in\mathbb{N}^*$且$S\subseteq\mathbb{N}$，$\Gamma^n(S)\neq S$。

证明　因为$\neg\mathrm{T}^n(x)$是一个$\mathcal{L}_{\mathrm{T}}$公式，所以由广义对角线引理(定理 2.3)可知

$$\mathbf{PAT}\vdash\lambda\leftrightarrow\neg\mathrm{T}^n\ulcorner\lambda\urcorner。\tag{4-1}$$

根据引理 4.10 可以得到如下等值式

$$\langle\mathcal{N},\ \Gamma^n(S)\rangle\vDash\mathrm{T}^n\ulcorner\lambda\urcorner\Leftrightarrow\langle\mathcal{N},\ S\rangle\vDash\lambda。$$

将式(4-1)代入右端，即得

$$\langle\mathcal{N},\ \Gamma^n(S)\rangle\vDash\mathrm{T}^n\ulcorner\lambda\urcorner\Leftrightarrow\langle\mathcal{N},\ S\rangle\vDash\neg\mathrm{T}^n\ulcorner\lambda\urcorner。$$

所以，根据对谓词 T 的解释可知，集合$\Gamma^n(S)$与S是不同的。证毕。

上述修正过程的含义是直观的，但是它预设了对谓词 T 的初始解释必须是一种“好”的解释，然后才能有“越来越好”的解释。然而在定义 4.6 中，用以解释谓词 T 而给出的集合S，仅仅是$\mathbb{N}$的一个普通子集，并不能说明S就是一种“好”的解释。事实上，根据定义 4.6，$\mathbb{N}$的任何子集S都可以是对谓词 T 的解释，因而修正算子Γ可以作用于$\wp(\mathbb{N})$中的任何集合。也即

$$\Gamma[\wp(\mathbb{N})]=\{\Gamma(S)\mid S\subseteq\mathbb{N}\}。$$

所以，这种新的修正过程是对谓词 T 的所有可能解释同时进行修正。同理可定义Γ的有穷迭代$\Gamma^n[\wp(\mathbb{N})]$。由定义 4.6 对$\Gamma(S)$的说明可知，$\Gamma[\wp(\mathbb{N})]$也是$\wp(\mathbb{N})$的子集，而我们将在接下来的定理中证明$\Gamma[\wp(\mathbb{N})]$是$\wp(\mathbb{N})$的真子集。

定理 4.13（Γ的反序性） $\forall m$，$n\in\mathbb{N}$，如果$m\leqslant n$，那么有

$$\Gamma^n[\wp(\mathbb{N})]\subseteq\Gamma^m[\wp(\mathbb{N})]。$$

证明 施归纳于Γ的迭代次数k。

归纳基始：当$k=1$时，结论显然成立。因为$\Gamma^0[\wp(\mathbb{N})]=\wp(\mathbb{N})$，所以很明显有$\Gamma^1[\wp(\mathbb{N})]\subseteq\Gamma^0[\wp(\mathbb{N})]$。

归纳步骤：假设当$k\leqslant l+1$时结论都成立，现在证明$k=l+2$，即证明

$$\Gamma^{l+2}[\wp(\mathbb{N})]\subseteq\Gamma^{l+1}[\wp(\mathbb{N})]。$$

假设S_{l+2}是$\Gamma^{l+2}[\wp(\mathbb{N})]$中的任意集合，于是存在$S_{l+1}\in\Gamma^{l+1}[\wp(\mathbb{N})]$，使得$\Gamma(S_{l+1})=S_{l+2}$。由归纳假设$\Gamma^{l+1}[\wp(\mathbb{N})]\subseteq\Gamma^{l}[\wp(\mathbb{N})]$，所以$S_{l+1}\in\Gamma^{l}[\wp(\mathbb{N})]$。于是有$\Gamma(S_{l+1})\in\Gamma^{l+1}[\wp(\mathbb{N})]$，也即$S_{l+2}\in\Gamma^{l+1}[\wp(\mathbb{N})]$。证毕。

反序性表明，随着对Γ的迭代应用，$\Gamma^n[\wp(\mathbb{N})]$中的集合越来越少了，也即随着修正过程的继续，能够作为对谓词 T 的解释越来越少了。而每次迭代减少的都是不恰当的解释。比如，包含$\varnothing$的解释在第一次迭代应用后被排除，而包含诸如⌜T⌜**0**=S(**0**)⌝⌝的解释在第二次迭代应用后被排除。因此，这种新的修正过程的直观含义就是：从对 T 谓词的所有可能解释(无论好坏)出发，通过不断地排除不恰当的解释，从而得到对谓词 T 的好的解释。现在可在定义 4.6 的基础上将这种新的修正过程更一般地定义为

定义 4.14 令$M\subseteq\wp(\mathbb{N})$，并且$\Gamma$是修正算子，于是

$$\Gamma[M]=\{\Gamma(S)\mid S\in M\}。$$

同样地，Γ的有穷迭代应用为$\Gamma^0[M]=M$；$\Gamma^{n+1}[M]=\Gamma[\Gamma^n[M]]$。

引理 4.15 不存在无穷序列S_0，S_1，S_2，…，使得$\forall n\in\mathbb{N}$，都有

$$\Gamma(S_{n+1})=S_n。$$

证明　假设存在这样的无穷序列。现在定义一个二元原始递归函数f，使得$\forall n\in\mathbb{N}^*$，以及对任意$\mathcal{L}_T$语句φ，f满足

$$f(n,\ \varphi):\equiv \mathrm{T}\,\underbrace{\underset{\cdot}{\mathrm{T}}\cdots\underset{\cdot}{\mathrm{T}}}_{(n-1)\text{个}}\ulcorner\varphi\urcorner。$$

特别地，当$n=0$时，$f(0,\ \varphi):\equiv\varphi$。

f在$\mathcal{L}_T$中用符号$\underset{\cdot}{f}$表示。令$\mathcal{L}_T$公式$\psi(y)$为$\exists x\neg \mathrm{T}\,\underset{\cdot}{f}(x,\ y)$，根据广义对角线引理(定理 2.3)，

$$\mathbf{PAT}\vdash\lambda\leftrightarrow\exists x\neg \mathrm{T}\underset{\cdot}{f}(x,\ulcorner\lambda\urcorner)。\qquad(4\text{-}2)$$

因为在 **PAT** 中，谓词 T 不受任何真之公理的制约，所以无论对谓词 T 进行怎样的解释，式(4-2)都可以成立。也即$\forall a\in\mathbb{N}$，都有

$$\langle\mathcal{N},\ S_a\rangle\vDash\lambda\leftrightarrow\exists x\neg \mathrm{T}\underset{\cdot}{f}(x,\ulcorner\lambda\urcorner)。\qquad(4\text{-}3)$$

假设$\langle\mathcal{N},\ S_a\rangle\vDash\neg\lambda$，那么有如下推理

$\langle\mathcal{N},\ S_a\rangle\vDash\neg\lambda$

$\Rightarrow\langle\mathcal{N},\ S_a\rangle\vDash\neg\exists x\neg \mathrm{T}\,\underset{\cdot}{f}(x,\ulcorner\lambda\urcorner)$　　(根据式(4-3))

$\Rightarrow\langle\mathcal{N},\ S_a\rangle\vDash\forall x \mathrm{T}\,\underset{\cdot}{f}(x,\ulcorner\lambda\urcorner)$　　(由上一步)

$\Rightarrow\forall m\in\mathbb{N},\ \langle\mathcal{N},\ S_a\rangle\vDash \mathrm{T}\,\underset{\cdot}{f}(\overline{m},\ulcorner\lambda\urcorner)$　　(由上一步)

$\Rightarrow\forall m\in\mathbb{N},\ \langle\mathcal{N},\ S_a\rangle\vDash \mathrm{T}^{m+1}\ulcorner\lambda\urcorner$　　(f的定义)

$\Rightarrow\forall m\in\mathbb{N},\ \langle\mathcal{N},\ \Gamma^{m+1}(S_{a+m+1})\rangle\vDash \mathrm{T}^{m+1}\ulcorner\lambda\urcorner$　　(由上一步)

$\Rightarrow\forall m\in\mathbb{N},\ \langle\mathcal{N},\ S_{a+m+1}\rangle\vDash\lambda$　　(引理 4.10)

$\Rightarrow\forall n>a,\ \langle\mathcal{N},\ S_n\rangle\vDash\lambda$　　(由上一步并记为①)

$\Rightarrow\forall n>a,\ \langle\mathcal{N},\ S_n\rangle\vDash\exists x\neg \mathrm{T}\,\underset{\cdot}{f}(x,\ulcorner\lambda\urcorner)$　　(根据式(4-3))

$\Rightarrow\forall n>a,\ \exists l\in\mathbb{N},\ \langle\mathcal{N},\ S_n\rangle\vDash\neg \mathrm{T}\,\underset{\cdot}{f}(\overline{l},\ulcorner\lambda\urcorner)$　　(由上一步)

$\Rightarrow\forall n>a,\ \exists l\in\mathbb{N},\ \langle\mathcal{N},\ S_n\rangle\vDash\neg \mathrm{T}^{l+1}\ulcorner\lambda\urcorner$　　(由上一步)

$\Rightarrow\forall n>a,\ \exists l\in\mathbb{N},\ \langle\mathcal{N},\ S_{n+l+1}\rangle\vDash\neg\lambda$　　(推论 4.11)

$\Rightarrow\exists n>a,\ \langle\mathcal{N},\ S_n\rangle\vDash\neg\lambda$。　　(由上一步并记为②)

很明显，上述推理中的①和②两步是矛盾的。若假设$\langle\mathcal{N}, S_a\rangle\models\lambda$，同样可建立自相矛盾的推理。因此，$S$的该无穷序列不存在。证毕。

对于Γ的无穷迭代，当进行到第一个极限序数ω次迭代时，Γ^{ω}记为：

$$\Gamma^{\omega}[\wp(\mathbb{N})]=\bigcap_{n\in\omega}\Gamma^{n}[\wp(\mathbb{N})]。$$

但是根据Γ的反序性，ω次迭代后将没有谓词 T 的合适解释。

定理 4.16 $\Gamma^{\omega}[\wp(\mathbb{N})]=\emptyset$。

证明 假设$\Gamma^{\omega}[\wp(\mathbb{N})]\neq\emptyset$，也即存在$S_0\in\Gamma^{\omega}[\wp(\mathbb{N})]$。根据$\Gamma$的迭代可以知道，存在无穷序列$S_0$，$S_1$，$S_2$，…，使得$\forall n\in\mathbb{N}$，都有$\Gamma(S_{n+1})=S_n$。这就与引理 4.15 的结论相矛盾，所以假设不成立。证毕。

定义 4.17(FS 的子理论) **FS** 的子理论 $\mathbf{FS}_n$ 定义如下：

$\mathbf{FS}_0=\mathbf{PAT}$;

$\mathbf{FS}_1$ 是由 **FS** 的所有公理及 **PAT** 的整体反射原理组成；

$\mathbf{FS}_{n+1}$ 的公理与规则与 **FS** 相同，但在证明中只允许 NEC 规则和 CONEC 规则最多应用于n个不同的语句。

其中，**PAT** 的整体反射原理为：$\forall x(\mathrm{Sent_T}(x)\wedge\mathrm{Bew_{PAT}}(x)\rightarrow\mathrm{T}(x))$。

定理 4.18 $\forall n\in\mathbb{N}$及$\forall S\subseteq\mathbb{N}$，都有

$$S\in\Gamma^{n}[\wp(\mathbb{N})]\Leftrightarrow\langle\mathcal{N}, S\rangle\models\mathbf{FS}_n。$$

证明 可通过施归纳于n来证明。

归纳基始有两种子情形：

子情形一：当$n=0$ 时。$\Gamma^{0}[\wp(\mathbb{N})]=\wp(\mathbb{N})$，$\mathbf{FS}_0=\mathbf{PAT}$。在 **PAT** 中，谓词 T 不受任何真之公理的制约，因而$\wp(\mathbb{N})$中的任何S都是对 **PAT** 的谓词 T 的恰当解释；反之亦然。

子情形二：当$n=1$ 时。先证明从左到右：$\forall S\in\Gamma^{1}[\wp(\mathbb{N})]$，需验证$\langle\mathcal{N}, S\rangle$ 满足 $\mathbf{FS}_1$ 的真公理和 **PAT** 的整体反射原理。此外，对于$S\in\Gamma^{1}[\wp(\mathbb{N})]$，存在$S'\in\Gamma^{0}[\wp(\mathbb{N})]$，使得$\Gamma(S')=S$。

FS1 的验证可参见定理 3.2，此处从略。下面验证 FS2

$\langle\mathcal{N}, S\rangle\models T\ulcorner\neg\varphi\urcorner$

$\Leftrightarrow\ulcorner\neg\varphi\urcorner\in\Gamma(S')$ （对谓词 T 的解释）

$\Leftrightarrow\langle\mathcal{N}, S'\rangle\models\neg\varphi$ （定义 4.6）

$\Leftrightarrow\langle\mathcal{N}, S'\rangle\not\models\varphi$ （$\neg$的定义）

$\Leftrightarrow\ulcorner\varphi\urcorner\notin\Gamma(S')$ （定义 4.6）

$\Leftrightarrow\langle\mathcal{N}, S\rangle\not\models T\ulcorner\varphi\urcorner$ （对谓词 T 的解释）

$\Leftrightarrow\langle\mathcal{N}, S\rangle\models\neg T\ulcorner\varphi\urcorner$。 （$\neg$的定义）

其余联结词和量词真之公理可类似验证。现在说明$\langle\mathcal{N}, S\rangle$满足 **PAT** 的整体反射原理。因为$\langle\mathcal{N}, S'\rangle\models$**PAT**，所以根据定义 4.6 不难证明，**PAT** 的所有可证语句的哥德尔编码都在$\Gamma(S')$中，因而都能为谓词 T 作用。

再证明从右到左：也即要证明存在$S'\in\Gamma^0[\wp(\mathbb{N})]$，使得$\Gamma(S')=S$。下面定义一个集合$S'$，使得

$$S'=\{\ulcorner\varphi\urcorner\mid\ulcorner T\ulcorner\varphi\urcorner\urcorner\in S\}\text{，其中}\varphi\text{是}\mathcal{L}_T\text{语句。}$$

因为S'是$\mathbb{N}$的一个子集，所以很明显有$S'\in\Gamma^0[\wp(\mathbb{N})]$。现在通过对语句的复杂度进行归纳来证明$\Gamma(S')=S$。

对于原子语句 $T\ulcorner\varphi\urcorner$ 的情形

$\ulcorner T\ulcorner\varphi\urcorner\urcorner\in S$

$\Leftrightarrow\ulcorner\varphi\urcorner\in S'$ （S'的定义）

$\Leftrightarrow\langle\mathcal{N}, S'\rangle\models T\ulcorner\varphi\urcorner$ （对谓词 T 的解释）

$\Leftrightarrow\ulcorner T\ulcorner\varphi\urcorner\urcorner\in\Gamma(S')$。 （定义 4.6）

对于复合语句$\neg\varphi$的情形

$\ulcorner\neg\varphi\urcorner\in S$

$\Leftrightarrow\langle\mathcal{N}, S\rangle\models T\ulcorner\neg\varphi\urcorner$ （对谓词 T 的解释）

$\Leftrightarrow\langle\mathcal{N}, S\rangle\models\neg T\ulcorner\varphi\urcorner$ （公理 FS2）

$\Leftrightarrow\langle\mathcal{N}, S\rangle\not\models T\ulcorner\varphi\urcorner$ （$\neg$的定义）

$\Leftrightarrow \ulcorner\varphi\urcorner \notin S$ （对谓词 T 的解释）

$\Leftrightarrow \ulcorner\varphi\urcorner \notin \Gamma(S')$ （归纳假设）

$\Leftrightarrow \langle\mathcal{N}, \Gamma(S')\rangle \nvDash \mathrm{T}\ulcorner\varphi\urcorner$ （对谓词 T 的解释）

$\Leftrightarrow \langle\mathcal{N}, \Gamma(S')\rangle \vDash \neg\mathrm{T}\ulcorner\varphi\urcorner$ （¬的定义）

$\Leftrightarrow \langle\mathcal{N}, \Gamma(S')\rangle \vDash \mathrm{T}\ulcorner\neg\varphi\urcorner$ （公理 FS2）

$\Leftrightarrow \ulcorner\neg\varphi\urcorner \in \Gamma(S')$。 （对谓词 T 的解释）

其余联结词和量词的情形类似可证，从而证明了$\Gamma(S')=S$。

归纳步骤：假设当$n\leqslant k$时都成立，现证明$n=k+1$。分为两个方向：

先证明从左到右：也即假设$S\in\Gamma^{k+1}[\wp(\mathbb{N})]$，证明$\langle\mathcal{N}, S\rangle\vDash\mathbf{FS}_{k+1}$。由$\Gamma$的反序性可知，$S\in\Gamma^{k}[\wp(\mathbb{N})]$。根据归纳假设，$\langle\mathcal{N}, S\rangle$是 $\mathbf{FS}_k$ 的模型，故而只需证明在 $\mathbf{FS}_k$ 中多使用一次 NEC 规则或 CONEC 规则还能保持$\langle\mathcal{N}, S\rangle$是模型。又因为$S\in\Gamma^{k+1}[\wp(\mathbb{N})]$，所以存在某个$S'\in\Gamma^{k}[\wp(\mathbb{N})]$，使得$\Gamma(S')=S$。

假设多使用一次 NEC 规则

$\mathbf{FS}_k \vdash \varphi$

$\Rightarrow S'\in\Gamma^{k}[\wp(\mathbb{N})], \langle\mathcal{N}, S'\rangle\vDash\varphi$ （归纳假设）

$\Rightarrow S'\in\Gamma^{k}[\wp(\mathbb{N})], \langle\mathcal{N}, \Gamma(S')\rangle\vDash\mathrm{T}\ulcorner\varphi\urcorner$ （引理 4.7）

$\Rightarrow \langle\mathcal{N}, S\rangle\vDash\mathrm{T}\ulcorner\varphi\urcorner$。 （$\Gamma(S')=S$）

假设多使用一次 CONEC 规则

$\mathbf{FS}_k \vdash \mathrm{T}\ulcorner\varphi\urcorner$

$\Rightarrow S'\in\Gamma^{k}[\wp(\mathbb{N})], \langle\mathcal{N}, S'\rangle\vDash\mathrm{T}\ulcorner\varphi\urcorner$ （归纳假设）

$\Rightarrow S'\in\Gamma^{k-1}[\wp(\mathbb{N})], \langle\mathcal{N}, S'\rangle\vDash\mathrm{T}\ulcorner\varphi\urcorner$ （Γ的反序性）

$\Rightarrow \Gamma(S')\in\Gamma^{k}[\wp(\mathbb{N})], \langle\mathcal{N}, \Gamma(S')\rangle\vDash\mathrm{T}\ulcorner\varphi\urcorner$ （归纳假设）

$\Rightarrow S'\in\Gamma^{k-1}[\wp(\mathbb{N})], \langle\mathcal{N}, S'\rangle\vDash\varphi$ （引理 4.7）

$\Rightarrow \Gamma(S')\in\Gamma^{k}[\wp(\mathbb{N})], \langle\mathcal{N}, \Gamma(S')\rangle\vDash\varphi$ （由上一步及归纳假设）

$\Rightarrow \langle\mathcal{N}, S\rangle\vDash\varphi$。 （由上一步）

再证明从右到左：假设$\langle\mathcal{N}, S\rangle\vDash\mathbf{FS}_{k+1}$，现在定义一个集合$S'$，使得

$$S'=\{\ulcorner\varphi\urcorner \mid \ulcorner T\ulcorner\varphi\urcorner\urcorner\in\Gamma(S'), \text{其中}\varphi\text{是}\mathcal{L}_T\text{语句}\}。$$

由情形$n=1$的证明可知$\Gamma(S')=S$。现在只需证明$S'\in\Gamma^k[\wp(\mathbb{N})]$，根据归纳假设也就是要证明$\langle\mathcal{N}, S'\rangle\vDash\mathbf{FS}_k$。

不难知道，对任意$\mathcal{L}_T$语句φ，如果$\mathbf{FS}_k\vdash\varphi$，那么只需对$\varphi$再使用一次 NEC 规则即可推出$T\ulcorner\varphi\urcorner$，也即$\mathbf{FS}_{k+1}\vdash T\ulcorner\varphi\urcorner$。现已假设$\langle\mathcal{N}, S\rangle\vDash T\ulcorner\varphi\urcorner$。又因为已经证明$\Gamma(S')=S$，所以$\langle\mathcal{N}, \Gamma(S')\rangle\vDash T\ulcorner\varphi\urcorner$。由引理 4.7，$\langle\mathcal{N}, S'\rangle\vDash\varphi$。从而证明了$\langle\mathcal{N}, S'\rangle\vDash\mathbf{FS}_k$。证毕。

推论 4.19　**FS** 是相容的。

证明　对任意$\mathcal{L}_T$语句φ，如果$\mathbf{FS}\vdash\varphi$，那么在对φ的证明中必定只包含有穷多次使用 NEC 规则和 CONEC 规则，也即存在 **FS** 的子理论$\mathbf{FS}_n\vdash\varphi$。而根据定理 4.18 可知，任意$\mathbf{FS}_n$都是相容的。因此，**FS** 是相容的。证毕。

FS 是相容的，这说明 **FS** 能避免说谎者悖论。事实上，我们可以证明说谎者语句在 **FS** 中是不可判定的。根据广义对角线引理(定理 2.3)，我们可以构造一个特殊的$\mathcal{L}_T$语句γ，使得γ等值于$\neg T\ulcorner\gamma\urcorner$。也即$\gamma$的含义为：语句$\gamma$不是真的。这个语句$\gamma$显然是一个“说谎者语句”。我们将证明，$\gamma$和$\neg\gamma$都不能在 **FS** 中证明。

定理 4.20　$\mathbf{FS}\nvdash\gamma$，并且$\mathbf{FS}\nvdash\neg\gamma$。

证明　假设$\mathbf{FS}\vdash\gamma$，由 NEC 规则可得，$\mathbf{FS}\vdash T\ulcorner\gamma\urcorner$。但根据$\gamma$的定义，即根据$\gamma\leftrightarrow\neg T\ulcorner\gamma\urcorner$，$\mathbf{FS}\vdash\neg T\ulcorner\gamma\urcorner$。矛盾。所以，$\mathbf{FS}\nvdash\gamma$。同理可以证明$\mathbf{FS}\nvdash\neg\gamma$。证毕。

但是如果把 **FS** 的 NEC 规则和 CONEC 规则分别替换为公理模式$\varphi\rightarrow T\ulcorner\varphi\urcorner$和$T\ulcorner\varphi\urcorner\rightarrow\varphi$，其中$\varphi$仍然是$\mathcal{L}_T$语句，那么根据广义不可定义性定理(定理 2.5)可知，这样的 **FS** 将陷入自相矛盾的境地。采用规则的形式，其优点不仅在于能够避免悖论，而且还在于能够使 **FS** 的外逻辑和内逻辑①一致。这种内、外逻辑一致的

---

①　外逻辑，英文 outer logic，指构建 FS 所使用的逻辑，即本文所使用的经典逻辑。内逻辑，英文 inner logic，即谓词 T 作用的语句所遵循的逻辑。根据 NEC 规划和 CONEC 规划，FS 的内逻辑显然也是经典逻辑。

真理论通常被称为对称理论(symmetric theory)。对称理论意味着，凡是系统能够证明的语句都是真的，并且反之亦然。这是真理论的一条非常好的性质。

然而，**FS** 却有一块“硬伤”。正如定理 4.16 所表明，当Γ第ω次迭代应用之后，并不存在对谓词 T 的合适解释。也就是说，虽然 **FS** 有模型，但并不是基于$\mathcal{N}$的算术标准模型。事实上，**FS** 是ω-不相容的。

定义 4.21(ω-不相容性)　理论 **S** 是ω-不相容的，当且仅当存在公式$\varphi(x)$使得

(1)$\mathbf{S}\vdash\neg\forall x\varphi(x)$；

(2)$\forall n\in\mathbb{N}$，都有 $\mathbf{S}\vdash\varphi(\overline{n})$。

定理 4.22　**FS** 是ω-不相容的。

证明　首先定义一个二元原始递归函数f，使得$\forall n\in\mathbb{N}^*$，以及对任意$\mathcal{L}_\mathrm{T}$语句φ，f满足

$$f(n,\ \varphi):\equiv \mathrm{T}\underbrace{\dot{\mathrm{T}}\cdots\dot{\mathrm{T}}}_{(n-1)个}\ulcorner\varphi\urcorner。$$

特别地，当$n=0$时，$f(0,\ \varphi):\equiv\varphi$。

f在$\mathcal{L}_\mathrm{T}$中用符号$\dot{f}$表示。令$\mathcal{L}_\mathrm{T}$公式$\psi(y)$为$\neg\forall x\mathrm{T}\,\dot{f}(x,\ y)$，根据广义对角线引理(定理 2.3)，

$$\mathbf{PAT}\vdash\lambda\leftrightarrow\neg\forall x\mathrm{T}\dot{f}(x,\ulcorner\lambda\urcorner)。\tag{4-4}$$

接下来，我们可以先建立如下推理

$\neg\lambda$

$\Rightarrow\forall x\mathrm{T}\,\dot{f}(x,\ulcorner\lambda\urcorner)$　　(根据式(4-4))

$\Rightarrow\forall x\mathrm{T}^{x+1}\ulcorner\lambda\urcorner$　　(函数f的定义)

$\Rightarrow\mathrm{T}\ulcorner\lambda\urcorner$。　　(令$x=0$)

由式(4-4)出发，运用 NEC 规则及 **FS** 的真之公理可得

$$\mathbf{FS}\vdash\mathrm{T}\ulcorner\lambda\urcorner\leftrightarrow\mathrm{T}\ulcorner\neg\forall x\mathrm{T}\dot{f}(x,\ulcorner\lambda\urcorner)\urcorner。\tag{4-5}$$

于是，我们可以再建立如下推理

$$\begin{aligned}
&\mathrm{T}\ulcorner\lambda\urcorner \\
&\Rightarrow \mathrm{T}\ulcorner\neg\forall x\mathrm{T}\,\underset{\cdot}{f}(x,\ulcorner\lambda\urcorner)\urcorner && \text{（根据式(4-5)）} \\
&\Rightarrow \neg\mathrm{T}\ulcorner\forall x\mathrm{T}\,\underset{\cdot}{f}(x,\ulcorner\lambda\urcorner)\urcorner && \text{（根据公理 FS2）} \\
&\Rightarrow \neg\forall x\mathrm{T}\ulcorner\mathrm{T}\,\underset{\cdot}{f}(x,\ulcorner\lambda\urcorner)\urcorner && \text{（根据公理 FS5）} \\
&\Rightarrow \neg\forall x\mathrm{T}\ulcorner\underset{\cdot}{f}(x+1,\ulcorner\lambda\urcorner)\urcorner && \text{（函数} f \text{的定义）} \\
&\Rightarrow \neg\forall x\mathrm{T}\ulcorner\underset{\cdot}{f}(x,\ulcorner\lambda\urcorner)\urcorner && \text{（由上一步）} \\
&\Rightarrow \lambda。 && \text{（根据式(4-4)）}
\end{aligned}$$

结合上述两个推理，可得到 **FS**$\vdash\lambda$，也即 **FS**$\vdash\neg\forall x\mathrm{T}\,\underset{\cdot}{f}(x,\ulcorner\lambda\urcorner)$。但是如果对 **FS**$\vdash\lambda$应用 NEC 规则，便可依次得到 **FS**$\vdash\mathrm{T}^0\ulcorner\lambda\urcorner$，**FS**$\vdash\mathrm{T}^1\ulcorner\lambda\urcorner$……也即得到 **FS**$\vdash\mathrm{T}\,\underset{\cdot}{f}(\mathbf{0},\ulcorner\lambda\urcorner)$，**FS**$\vdash\mathrm{T}\,\underset{\cdot}{f}(\overline{1},\ulcorner\lambda\urcorner)$……从而说明$\forall n\in\mathbb{N}$，都有 **FS**$\vdash\mathrm{T}\,\underset{\cdot}{f}(\overline{n},\ulcorner\lambda\urcorner)$。所以，**FS** 是$\omega$-不相容的。证毕。

FS 的ω-不相容性使 **FS** 在距离我们的理想的公理化真理论仅一步之遥的地方“止步不前”。因为作为一种无类型的真理论，**FS** 只能允许谓词 T 进行有穷次的迭代，这显然并不能实现无类型理论的“类型自由”的目标。但若是想要追求一种ω-相容而又不弱于 **FS** 的理论，就不得不改变 **FS** 的真之公理，因为 **FS** 已经是对 **CT** 组合公理的最大化的无类型扩充。

§4.2　无类型的去引号理论

根据 **NT** 的启示，无类型的塔尔斯基双条件模式 NT 会导致矛盾，而 **FS** 事实上是对 NT 进行了限制。在 **FS** 中，FS1 是关于基底理论的原子语句的塔尔斯基双条件公理，但 **FS** 没有关于含谓词 T 的原子语句的公理，取而代之的是推理规则 NEC 和 CONEC，因为以$\forall t(\mathrm{T}\ulcorner\mathrm{T}t\urcorner\leftrightarrow\mathrm{T}t)$作为新的初始公理的方案已经被定理 4.2 所否定。

事实上，我们可以对定理 4.2 作进一步说明，即$\forall t(\mathrm{T}\ulcorner\mathrm{T}t\urcorner\leftrightarrow\mathrm{T}t)$与 FS2

是不相容的。不难给出如下证明：说谎者语句γ是$\neg T\ulcorner\gamma\urcorner$，因而$T\ulcorner\gamma\urcorner$是含谓词T的原子语句，那么$T\ulcorner T\ulcorner\gamma\urcorner\urcorner \leftrightarrow T\ulcorner\gamma\urcorner$是可证的。而根据定义，该等值式的右端即为$T\ulcorner\neg T\ulcorner\gamma\urcorner\urcorner$。于是，由FS2可以证得$T\ulcorner T\ulcorner\gamma\urcorner\urcorner \leftrightarrow \neg T\ulcorner T\ulcorner\gamma\urcorner\urcorner$。矛盾。

直观地看，FS2的功能是允许谓词T和否定词$\neg$直接交换。如果限制这种交换，不允许谓词T位于奇数个$\neg$的辖域中，那么我们就能得到一类新的公理化真理论，无类型的去引号理论，也称为正(positive)真理论，或正的去引号理论。

定义4.23(正真谓词)　前缀偶数个否定词的谓词T。

根据定义，T，$\neg\neg$T，$\neg\neg\neg\neg$T等都是正真谓词，而$\neg$T，$\neg\neg\neg$T，$\neg\neg\neg\neg\neg$T等都不是正真谓词。显然，说谎者语句γ的谓词T也不是正真谓词，而证明广义不可定义性定理(定理2.5)的关键步骤也涉及非正真谓词。为避免谓词T与否定词进行不恰当的交换，我们可以在正真谓词的基础上定义正真公式和正真语句，从而建立正的去引号理论**PDT**和**PUDT**。

定义4.24(正真公式)　$\mathcal{L}_T$公式φ被称为正真公式，当且仅当φ中不包含非正真谓词。当φ是闭公式时，称其为正真语句。

定义4.25(PDT)　正的去引号理论**PDT**是以$\mathcal{L}_T$为形式语言，在**PAT**的基础上增加公理模式PDT所得

PDT：$T\ulcorner\varphi\urcorner \leftrightarrow \varphi$，其中$\varphi$是$\mathcal{L}_T$正真语句。

可见，PDT与NT的区别在于将谓词T所能作用的语句限制为正真语句，而它与DT的区别则在于允许谓词T迭代。因为所有$\mathcal{L}_{PA}$语句都是$\mathcal{L}_T$正真语句，因而**PDT**是对**DT**的无类型化扩充。

定义4.26(PUDT)　正的去引号理论**PUDT**是以$\mathcal{L}_T$为形式语言，在**PAT**的基础上增加公理模式PUDT所得

PUDT：$\forall x(T\ulcorner\varphi(\dot{x})\urcorner \leftrightarrow \varphi(x))$，其中$\varphi(x)$是$\mathcal{L}_T$正真公式。

很明显，**PUDT**是**UDT**的无类型化扩充，并且**PDT**是**PUDT**的子理论。所

以接下来我们只需考虑 **PUDT** 即可。为表述方便，下面将以 PTS 表示$\mathcal{L}_T$正真语句，以 PTF 表示$\mathcal{L}_T$正真公式。但需要说明的是，在研究 PTS 和 PTF 时，逻辑联结词应限制为完备集$\{\neg, \wedge, \vee\}$，以避免出现诸如 $T\ulcorner\varphi\urcorner\rightarrow\mathbf{0}=S(\mathbf{0})$的“伪正真语句”和“伪正真公式”。

定义 4.27(Ψ算子)　令$S\subseteq\mathbb{N}$，Ψ算子定义为

$$\Psi(S)=\{\ulcorner\varphi\urcorner\mid\varphi\in\mathrm{PTS}\wedge\langle\mathcal{N}, S\rangle\vDash\varphi\}\cup\{\ulcorner\varphi\urcorner\mid\varphi\notin\mathrm{PTS}\wedge\ulcorner\varphi\urcorner\in S\}。$$

所以，$\Psi(S)$实际上是由两部分组成：一是$\mathcal{L}_T$的所有非正真语句，二是能够为谓词 T 已给定的解释S所满足的$\mathcal{L}_T$的正真语句。

定理 4.28(Ψ的单调性)　$\forall S_1, S_2\subseteq\mathbb{N}$，如果$S_1\subseteq S_2$，那么

$$\Psi(S_1)\subseteq\Psi(S_2)。$$

证明　对于否定词的辖域中不含任何谓词 T 的$\mathcal{L}_T$语句而言，可以通过对语句的复杂度施归纳来证明。

因为已知$S_1\subseteq S_2$，所以对任意闭项$\ulcorner\varphi\urcorner\in S_1$，如果有$\langle\mathcal{N}, S_1\rangle\vDash T\ulcorner\varphi\urcorner$，则必有$\langle\mathcal{N}, S_2\rangle\vDash T\ulcorner\varphi\urcorner$。这是归纳基始的情形，归纳步骤按照联结词和量词进行分情况讨论易证。

如果语句φ的谓词 T 位于否定词的辖域中，那么又有两种子情形：当φ是正真语句时，我们可以通过公式的变形规则，把所有的谓词 T 移动到原子语句的前面。由于是正真语句，所以谓词 T 必定是偶数个。于是消去谓词 T 之后的语句便等值于一个在否定词的辖域中不含任何谓词 T 的语句，如此得证；而当φ是非正真语句时，根据$\Psi(S)$的定义可知，一定有$\Psi(S_1)\subseteq\Psi(S_2)$。证毕。

因为根据定义 4.27，显然有$S\subseteq\Psi(S)$，所以由定理 4.28 可知，一定会存在一种比较特殊的情况，使得$S=\Psi(S)$。于是我们可以证明

定理 4.29　$\forall S\subseteq\mathbb{N}$，都有

$$S=\Psi(S)\Leftrightarrow\langle\mathcal{N}, S\rangle\vDash\mathbf{PUDT}。$$

证明　先证明从左向右。可通过施归纳于 **PUDT** 中证明序列的长度，只需

证明$\langle\mathcal{N}, S\rangle$满足 **PUDT** 的真之公理。

$\langle\mathcal{N}, S\rangle\models \mathrm{T}\ulcorner\varphi\urcorner$

$\Leftrightarrow\ulcorner\varphi\urcorner\in S$　（对谓词 T 的解释）

$\Leftrightarrow\ulcorner\varphi\urcorner\in\Psi(S)$　（根据$S=\Psi(S)$）

$\Leftrightarrow\langle\mathcal{N}, S\rangle\models\varphi$。　（定义 4.27）

以上推理表明，$\forall\varphi\in$PTS，PUDT 的代入实例都成立，从而$\langle\mathcal{N}, S\rangle$满足公理模式 PUDT。

再证明从右向左。假设$\langle\mathcal{N}, S\rangle$是 **PUDT** 的模型，需证明$S=\Psi(S)$，分为两种情形：

情形一：如果$\varphi\in$PTS，那么可建立如下推理

$\ulcorner\varphi\urcorner\in S$

$\Leftrightarrow\langle\mathcal{N}, S\rangle\models \mathrm{T}\ulcorner\varphi\urcorner$　（对谓词 T 的解释）

$\Leftrightarrow\langle\mathcal{N}, S\rangle\models\varphi$　（公理 PUDT）

$\Leftrightarrow\ulcorner\varphi\urcorner\in\Psi(S)$。　（定义 4.27）

情形二：如果$\varphi\notin$PTS，那么根据定义 4.27 不难知道，$\ulcorner\varphi\urcorner\in S$当且仅当$\ulcorner\varphi\urcorner\in\Psi(S)$。证毕。

定理 4.29 表明，正的去引号理论 **PUDT** 是相容的。这就意味着，虽然不受限制的塔尔斯基双条件句会导致说谎者悖论，但是正真的塔尔斯基双条件句却是可以相容的。这说明正真谓词的确是一种可行的限制方案。但是由定理 3.7 的证明已经知道，去引号理论由于其演绎力的局限性而无法证明任何全称量化语句，因而也就不具备组合性。而且由于 **PDT** 和 **PUDT** 的真之公理是在限制 FS2 的基础上得到的，所以它们事实上也不可能满足无类型的塔尔斯基组合原则。

如果把 FS2 的双条件分解为两个方向，则可以分别等值于：

T-Cons：　$\forall x(\mathrm{Sent_T}(x)\rightarrow\neg(\mathrm{T}(x)\wedge \mathrm{T}(\underset{\bullet}{\neg}x)))$，

T-Comp：　$\forall x(\mathrm{Sent_T}(x)\rightarrow \mathrm{T}(x)\vee \mathrm{T}(\underset{\bullet}{\neg}x))$，

其中，T-Cons 体现了“真之相容性原则”，它表明真值不存在重叠；T-Comp 则体现了“真之完全性原则”，它表明真值不存在间隙。如果一个谓词 T 能够同时满足 T-Cons 和 T-Comp，就表明它是经典二值的，这样的语句我们就称为“完全且相容的”(total and consistent)。

由此可见，放弃公理 FS2，实际上就是放弃了谓词 T 的经典二值性。所以如果要使正真谓词满足某种组合性，就只能考虑非经典二值的语义模式。

§4.3　Kripke-Feferman 理论 KF

Kripke-Feferman 理论是由费弗曼提出的，它是一种基于克里普克固定点结构的公理化真理论，而克里普克固定点结构通常所采用的赋值模式是强克林三值赋值模式。令$\mathcal{E}$表示$\mathcal{L}_{PA}$的真语句数集，那么按照强克林赋值模式的定义，$\mathcal{E}$将满足如下递归条款：

$n\in\mathcal{E}$，当且仅当

(1)对于$\mathcal{L}_{PA}$闭项s和t使得n为$\ulcorner s=t\urcorner$，有s和t的取值相同；

(2)对于$\mathcal{L}_{PA}$闭项s和t使得n为$\ulcorner\neg(s=t)\urcorner$，有$s$和$t$的取值不同；

(3)对于$\mathcal{L}_{PA}$语句φ使得n为$\ulcorner\neg\neg\varphi\urcorner$，有$\ulcorner\varphi\urcorner\in\mathcal{E}$；

(4)对于$\mathcal{L}_{PA}$语句φ和ψ使得n为$\ulcorner\varphi\wedge\psi\urcorner$，有$\ulcorner\varphi\urcorner\in\mathcal{E}$且$\ulcorner\psi\urcorner\in\mathcal{E}$；

(5)对于$\mathcal{L}_{PA}$语句φ和ψ使得n为$\ulcorner\neg(\varphi\wedge\psi)\urcorner$，有$\ulcorner\neg\varphi\urcorner\in\mathcal{E}$或$\ulcorner\neg\psi\urcorner\in\mathcal{E}$；

(6)对于$\mathcal{L}_{PA}$语句φ和ψ使得n为$\ulcorner\varphi\vee\psi\urcorner$，有$\ulcorner\varphi\urcorner\in\mathcal{E}$或$\ulcorner\psi\urcorner\in\mathcal{E}$；

(7)对于$\mathcal{L}_{PA}$语句φ和ψ使得n为$\ulcorner\neg(\varphi\vee\psi)\urcorner$，有$\ulcorner\neg\varphi\urcorner\in\mathcal{E}$且$\ulcorner\neg\psi\urcorner\in\mathcal{E}$；

(8)对于$\mathcal{L}_{PA}$语句$\forall v\varphi$使得n为$\ulcorner\forall v\varphi\urcorner$，对任意闭项$t$，$\ulcorner\varphi(t/v)\urcorner\in\mathcal{E}$；

(9)对于$\mathcal{L}_{PA}$语句$\forall v\varphi$使得n为$\ulcorner\neg\forall v\varphi\urcorner$，存在闭项$t$，$\ulcorner\neg\varphi(t/v)\urcorner\in\mathcal{E}$；

(10)对于$\mathcal{L}_{PA}$语句$\exists v\varphi$使得n为$\ulcorner\exists v\varphi\urcorner$，存在闭项$t$，$\ulcorner\varphi(t/v)\urcorner\in\mathcal{E}$；

(11)对于$\mathcal{L}_{PA}$语句$\exists v\varphi$使得n为$\ulcorner\neg\exists v\varphi\urcorner$，对任意闭项$t$，$\ulcorner\neg\varphi(t/v)\urcorner\in\mathcal{E}$。

上述条款也是把复杂语句的“真”归结为其组成成分的“真”，因而是组合的。并且由于它只考虑$n \in \mathcal{E}$，所以称为正组合的。于是，只要同样按照戴维森的提议，依据上述递归条款就可以很容易地得到一个新的公理化真理论。

4.3.1 类型的正组合理论 PT

定义 4.30(PT) 类型的正组合理论 **PT** 是以$\mathcal{L}_{\mathrm{T}}$为形式语言，在 **PAT** 的基础上增加下列真之公理而得到：

PT1：$\forall x(\mathrm{AtSent}_{\mathrm{PA}}(x) \to (\mathrm{T}(x) \leftrightarrow \mathrm{Val}^{+}(x)))$；

PT2：$\forall x(\mathrm{AtSent}_{\mathrm{PA}}(x) \to (\mathrm{T}(\underset{\cdot}{\neg} x) \leftrightarrow \mathrm{Val}^{-}(x)))$；

PT3：$\forall x(\mathrm{Sent}_{\mathrm{PA}}(x) \to (\mathrm{T}(\underset{\cdot}{\neg}\underset{\cdot}{\neg} x) \leftrightarrow \mathrm{T}(x)))$；

PT4：$\forall x \forall y(\mathrm{Sent}_{\mathrm{PA}}(x \underset{\cdot}{\wedge} y) \to (\mathrm{T}(x \underset{\cdot}{\wedge} y) \leftrightarrow \mathrm{T}(x) \wedge \mathrm{T}(y)))$；

PT5：$\forall x \forall y(\mathrm{Sent}_{\mathrm{PA}}(x \underset{\cdot}{\wedge} y) \to (\mathrm{T} \underset{\cdot}{\neg}(x \underset{\cdot}{\wedge} y) \leftrightarrow \mathrm{T}(\underset{\cdot}{\neg} x) \vee \mathrm{T}(\underset{\cdot}{\neg} y)))$；

PT6：$\forall x \forall y(\mathrm{Sent}_{\mathrm{PA}}(x \underset{\cdot}{\vee} y) \to (\mathrm{T}(x \underset{\cdot}{\vee} y) \leftrightarrow \mathrm{T}(x) \vee \mathrm{T}(y)))$；

PT7：$\forall x \forall y(\mathrm{Sent}_{\mathrm{PA}}(x \underset{\cdot}{\vee} y) \to (\mathrm{T} \underset{\cdot}{\neg}(x \underset{\cdot}{\vee} y) \leftrightarrow \mathrm{T}(\underset{\cdot}{\neg} x) \wedge \mathrm{T}(\underset{\cdot}{\neg} y)))$；

PT8：$\forall v \forall x(\mathrm{Sent}_{\mathrm{PA}}(\underset{\cdot}{\forall} v x) \to (\mathrm{T}(\underset{\cdot}{\forall} v x) \leftrightarrow \forall t \mathrm{T}(x(t/v))))$；

PT9：$\forall v \forall x(\mathrm{Sent}_{\mathrm{PA}}(\underset{\cdot}{\forall} v x) \to (\mathrm{T}(\underset{\cdot}{\neg} \underset{\cdot}{\forall} v x) \leftrightarrow \exists t \mathrm{T}(\underset{\cdot}{\neg} x(t/v))))$；

PT10：$\forall v \forall x(\mathrm{Sent}_{\mathrm{PA}}(\underset{\cdot}{\exists} v x) \to (\mathrm{T}(\underset{\cdot}{\exists} v x) \leftrightarrow \exists t \mathrm{T}(x(t/v))))$；

PT11：$\forall v \forall x(\mathrm{Sent}_{\mathrm{PA}}(\underset{\cdot}{\exists} v x) \to (\mathrm{T}(\underset{\cdot}{\neg} \underset{\cdot}{\exists} v x) \leftrightarrow \forall t \mathrm{T}(\underset{\cdot}{\neg} x(t/v))))$。

很明显，在上述真之公理的谓词 T 之前没有否定词出现，因而它们都是正真谓词，并且也体现了组合性，其中 PT1，PT4，PT6，PT8，PT10 与 **CT** 的真之公理完全相同。事实上，我们可以证明

定理 4.31 **PT** 与 **CT** 等价。

证明 首先证明 **PT** $\subseteq$ **CT**。对于 PT2，由 CT1 可知 $\mathrm{T}(x) \leftrightarrow \mathrm{Val}^{+}(x)$，也即有$\neg \mathrm{T}(x) \leftrightarrow \neg \mathrm{Val}^{+}(x)$，再根据 CT2 和 $\mathrm{Val}^{-}(x)$的定义便可以推出 $\mathrm{T}(\underset{\cdot}{\neg} x) \leftrightarrow \mathrm{Val}^{-}(x)$，即 PT2。**PT** 的其余真之公理可以类似证明。

然后证明 **CT** ⊆**PT**。只需证明 **PT**$\vdash$CT2。我们可以施归纳于$\mathcal{L}_{\mathrm{PA}}$语句的复杂度来证明。当$\varphi$是原子语句时，根据 PT2 有 $\mathrm{T}(\underset{\cdot}{\neg}\ulcorner\varphi\urcorner)\leftrightarrow\mathrm{Val}^{-}(\ulcorner\varphi\urcorner)$，又根据 PT1 有 $\mathrm{T}(\ulcorner\varphi\urcorner)\leftrightarrow\mathrm{Val}^{+}(\ulcorner\varphi\urcorner)$，即有$\neg\mathrm{T}(\ulcorner\varphi\urcorner)\leftrightarrow\neg\mathrm{Val}^{+}(\ulcorner\varphi\urcorner)$，于是二者结合便可推出 $\mathrm{T}(\underset{\cdot}{\neg}\ulcorner\varphi\urcorner)\leftrightarrow\neg\mathrm{T}(\ulcorner\varphi\urcorner)$。

当φ是$\neg\psi$时，由 PT3 可得 $\mathrm{T}(\underset{\cdot}{\neg}\underset{\cdot}{\neg}\ulcorner\psi\urcorner)\leftrightarrow\mathrm{T}(\ulcorner\psi\urcorner)$，而根据归纳假设又可以得到 $\mathrm{T}(\underset{\cdot}{\neg}\ulcorner\psi\urcorner)\leftrightarrow\neg\mathrm{T}(\ulcorner\psi\urcorner)$，也即$\neg\mathrm{T}(\underset{\cdot}{\neg}\ulcorner\psi\urcorner)\leftrightarrow\mathrm{T}(\ulcorner\psi\urcorner)$，于是二者结合便可推出 $\mathrm{T}(\underset{\cdot}{\neg}\underset{\cdot}{\neg}\ulcorner\psi\urcorner)\leftrightarrow\neg\mathrm{T}(\underset{\cdot}{\neg}\ulcorner\psi\urcorner)$，即 $\mathrm{T}(\underset{\cdot}{\neg}\ulcorner\varphi\urcorner)\leftrightarrow\neg\mathrm{T}(\ulcorner\varphi\urcorner)$。其余逻辑联结词和量词的情形可以类似地予以证明。证毕。

因为 **PT** 与 **CT** 等价，所以由 **PT** 也能够推出公理模式 DT，即推出$\mathcal{L}_{\mathrm{PA}}$的全部塔尔斯基双条件句。那么从演绎力的角度来看，**PT** 就与 **CT** 是相同的。也就是说，真谓词的塔尔斯基组合性与正组合性是相同的。对于类型真理论来说尽管的确如此，但是对于无类型真理论来说，情况就完全不同了。

4.3.2　KF 的构成

定义 4.32（KF）　无类型的正组合理论 **KF** 是以$\mathcal{L}_{\mathrm{T}}$为形式语言，在 **PAT** 的基础上增加下列真之公理而得到：

KF1：$\forall x(\mathrm{AtSent}_{\mathrm{PA}}(x)\rightarrow(\mathrm{T}(x)\leftrightarrow\mathrm{Val}^{+}(x)))$；

KF2：$\forall x(\mathrm{AtSent}_{\mathrm{PA}}(x)\rightarrow(\mathrm{T}(\underset{\cdot}{\neg}x)\leftrightarrow\mathrm{Val}^{-}(x)))$；

KF3：$\forall x(\mathrm{Sent}_{\mathrm{T}}(x)\rightarrow(\mathrm{T}(\underset{\cdot}{\neg}\underset{\cdot}{\neg}x)\leftrightarrow\mathrm{T}(x)))$；

KF4：$\forall x\forall y(\mathrm{Sent}_{\mathrm{T}}(x\underset{\cdot}{\wedge}y)\rightarrow(\mathrm{T}(x\underset{\cdot}{\wedge}y)\leftrightarrow\mathrm{T}(x)\wedge\mathrm{T}(y)))$；

KF5：$\forall x\forall y(\mathrm{Sent}_{\mathrm{T}}(x\underset{\cdot}{\wedge}y)\rightarrow(\mathrm{T}\,\underset{\cdot}{\neg}(x\underset{\cdot}{\wedge}y)\leftrightarrow\mathrm{T}(\underset{\cdot}{\neg}x)\vee\mathrm{T}(\underset{\cdot}{\neg}y)))$；

KF6：$\forall x\forall y(\mathrm{Sent}_{\mathrm{T}}(x\underset{\cdot}{\vee}y)\rightarrow(\mathrm{T}(x\underset{\cdot}{\vee}y)\leftrightarrow\mathrm{T}(x)\vee\mathrm{T}(y)))$；

KF7：$\forall x\forall y(\mathrm{Sent}_{\mathrm{T}}(x\underset{\cdot}{\vee}y)\rightarrow(\mathrm{T}\,\underset{\cdot}{\neg}(x\underset{\cdot}{\vee}y)\leftrightarrow\mathrm{T}(\underset{\cdot}{\neg}x)\wedge\mathrm{T}(\underset{\cdot}{\neg}y)))$；

KF8：$\forall v\forall x(\mathrm{Sent}_{\mathrm{T}}(\underset{\cdot}{\forall}vx)\rightarrow(\mathrm{T}(\underset{\cdot}{\forall}vx)\leftrightarrow\forall t\mathrm{T}(x(t/v))))$；

KF9：$\forall v\forall x(\mathrm{Sent}_{\mathrm{T}}(\underset{\cdot}{\forall}vx)\rightarrow(\mathrm{T}(\underset{\cdot}{\neg}\underset{\cdot}{\forall}vx)\leftrightarrow\exists t\mathrm{T}(\underset{\cdot}{\neg}x(t/v))))$；

KF10：$\forall v\forall x(\mathrm{Sent_T}(\underset{\cdot}{\exists}vx)\rightarrow(\mathrm{T}(\underset{\cdot}{\exists}vx)\leftrightarrow\exists t\mathrm{T}(x(t/v))))$；

KF11：$\forall v\forall x(\mathrm{Sent_T}(\underset{\cdot}{\exists}vx)\rightarrow(\mathrm{T}(\underset{\cdot}{\neg}\underset{\cdot}{\exists}vx)\leftrightarrow\forall t\mathrm{T}(\underset{\cdot}{\neg}x(t/v))))$；

KF12：$\forall t(\mathrm{T}\ulcorner\mathrm{T}t\urcorner\leftrightarrow\mathrm{T}t)$；

KF13：$\forall t(\mathrm{T}\ulcorner\neg\mathrm{T}t\urcorner\leftrightarrow\mathrm{T}\underset{\cdot}{\neg}t\vee\neg\mathrm{Sent_T}(t))$。

上述公理 KF3～KF11 是对 PT3～PT11 的直接推广，KF12 和 KF13 则是作为对$\mathcal{L}_\mathrm{T}$的含谓词 T 的原子语句情形的补充。从 **KF** 的构成来看，就如同 **FS** 是对 **CT** 的无类型化扩充一样，**KF** 是对 **PT** 的无类型化扩充。

由于 **KF** 所处理的都是正真谓词，所以我们还需要对公式的复杂度按照正真重新定义如下：

定义 4.33(正复杂度) 原子公式及原子公式的否定式的正复杂度为 0；复合公式$\neg\neg\varphi$，$\forall x\varphi(x)$，$\neg\forall x\varphi(x)$，$\exists x\varphi(x)$，$\neg\exists x\varphi(x)$的正复杂度比φ的正复杂度加 1；复合公式$\varphi\wedge\psi$，$\neg(\varphi\wedge\psi)$，$\varphi\vee\psi$，$\neg(\varphi\vee\psi)$的正复杂度是φ和ψ的正复杂度的最大值加 1。

定理 4.34 PUDT $\subseteq$KF。

证明 该证明类似于对定理 3.9 的证明，只需证明 **KF**$\vdash$PUDT 即可。所不同的是，我们需要施归纳于$\mathcal{L}_\mathrm{T}$正真公式φ的正复杂度。证毕。

4.3.3 KF 与固定点语义学

固定点语义学(fixed-point semantics)是由克里普克(S. A. Kripke)设计的一种可以允许真谓词进行自由迭代的语义真理论。克里普克以对真谓词的某种尝试性解释作为起点，通过由适当的赋值模式而定义的跳跃运算反复作用于这种解释，使得这种尝试性解释逐步得到扩充，并最终获得所需要的真谓词。

定义 4.35(强克林满足关系) 令$\mathfrak{M}=\langle\mathcal{N},S\rangle$是语言$\mathcal{L}_\mathrm{T}$的模型，强克林满足关系$\vDash_{\mathrm{SK}}$定义如下

(1)$\mathfrak{M}\vDash_{\mathrm{SK}}s=t$当且仅当$s^{\mathbb{N}}=t^{\mathbb{N}}$成立；

(2)$\mathfrak{M}\vDash_{\mathrm{SK}} s\neq t$当且仅当$s^{\mathbb{N}}\neq t^{\mathbb{N}}$成立；

(3)$\mathfrak{M}\vDash_{\mathrm{SK}} \mathrm{T}t$当且仅当$t^{\mathbb{N}}\in S$且$t^{\mathbb{N}}\in \mathrm{Sent}_{\mathrm{T}}$；

(4)$\mathfrak{M}\vDash_{\mathrm{SK}} \neg\mathrm{T}t$当且仅当$(\dot{\neg}t)^{\mathbb{N}}\in S$或$t^{\mathbb{N}}\notin \mathrm{Sent}_{\mathrm{T}}$；

(5)$\mathfrak{M}\vDash_{\mathrm{SK}} \neg\neg\varphi$当且仅当$\mathfrak{M}\vDash_{\mathrm{SK}}\varphi$；

(6)$\mathfrak{M}\vDash_{\mathrm{SK}} \varphi\wedge\psi$当且仅当$\mathfrak{M}\vDash_{\mathrm{SK}}\varphi$且$\mathfrak{M}\vDash_{\mathrm{SK}}\psi$；

(7)$\mathfrak{M}\vDash_{\mathrm{SK}} \neg(\varphi\wedge\psi)$当且仅当$\mathfrak{M}\vDash_{\mathrm{SK}}\neg\varphi$或$\mathfrak{M}\vDash_{\mathrm{SK}}\neg\psi$；

(8)$\mathfrak{M}\vDash_{\mathrm{SK}} \varphi\vee\psi$当且仅当$\mathfrak{M}\vDash_{\mathrm{SK}}\varphi$或$\mathfrak{M}\vDash_{\mathrm{SK}}\psi$；

(9)$\mathfrak{M}\vDash_{\mathrm{SK}} \neg(\varphi\vee\psi)$当且仅当$\mathfrak{M}\vDash_{\mathrm{SK}}\neg\varphi$且$\mathfrak{M}\vDash_{\mathrm{SK}}\neg\psi$；

(10)$\mathfrak{M}\vDash_{\mathrm{SK}} \forall x\varphi(x)$当且仅当$\forall d\in\mathbb{N}$，都有$\mathfrak{M}\vDash_{\mathrm{SK}}\varphi(\overline{d})$；

(11)$\mathfrak{M}\vDash_{\mathrm{SK}} \neg\forall x\varphi(x)$当且仅当$\exists d\in\mathbb{N}$，使得$\mathfrak{M}\vDash_{\mathrm{SK}}\neg\varphi(\overline{d})$；

(12)$\mathfrak{M}\vDash_{\mathrm{SK}} \exists x\varphi(x)$当且仅当$\exists d\in\mathbb{N}$，$\mathfrak{M}\vDash_{\mathrm{SK}}\varphi(\overline{d})$；

(13)$\mathfrak{M}\vDash_{\mathrm{SK}} \neg\exists x\varphi(x)$当且仅当$\forall d\in\mathbb{N}$，$\mathfrak{M}\vDash_{\mathrm{SK}}\neg\varphi(\overline{d})$。

在定义 4.35 中，$s^{\mathbb{N}}$表示对项s在$\mathcal{N}$中的解释，其值为自然数。$\mathrm{Sent}_{\mathrm{T}}$ 是$\mathcal{L}_{\mathrm{T}}$语句的哥德尔编码的集合。

定义 4.36(跳跃算子)　令$\langle\mathcal{N}, S\rangle$是语言$\mathcal{L}_{\mathrm{T}}$的模型，其中$\mathcal{N}$是 **PA** 的算术标准模型，$S$是$\mathbb{N}$的一个子集，用以表示对谓词 T 的某种尝试性解释。跳跃算子Θ是一个从$\wp(\mathbb{N})$到$\wp(\mathbb{N})$的运算，定义为

$$\Theta(S)=\{\ulcorner\varphi\urcorner \mid \langle\mathcal{N}, S\rangle\vDash_{\mathrm{SK}}\varphi，其中\varphi是\mathcal{L}_{\mathrm{T}}语句\}。$$

定理 4.37(Θ的单调性)　令$\mathcal{N}$是 **PA** 的标准模型，$\forall S_1, S_2\subseteq\mathbb{N}$，都有

$$S_1\subseteq S_2\Rightarrow\Theta(S_1)\subseteq\Theta(S_2)。$$

证明　对任意$\mathcal{L}_{\mathrm{T}}$语句φ，假设$\ulcorner\varphi\urcorner\in\Theta(S_1)$，由定义 4.36 可知，$\langle\mathcal{N}, S_1\rangle\vDash_{\mathrm{SK}}\varphi$。若能证明$\langle\mathcal{N}, S_2\rangle\vDash_{\mathrm{SK}}\varphi$，则该引理成立。这可以通过施归纳于语句$\varphi$的正复杂度$n$来证明。

归纳基始：当$n=0$时，即φ是原子语句时，有两种情形。

情形一：φ是纯算术原子语句。对于这样的φ，如果有$\langle\mathcal{N}, S_1\rangle\models_{\mathrm{SK}}\varphi$，那么一定有$\mathcal{N}\models_{\mathrm{SK}}\varphi$。于是可直接推出$\langle\mathcal{N}, S_2\rangle\models_{\mathrm{SK}}\varphi$；

情形二：φ是含谓词 T 的原子语句 Tt。若$\langle\mathcal{N}, S_1\rangle\models_{\mathrm{SK}}\mathrm{T}t$，则$t^{\mathbb{N}}\in S_1$，于是可得$t^{\mathbb{N}}\in S_2(t)$，即$\langle\mathcal{N}, S_2\rangle\models_{\mathrm{SK}}\mathrm{T}t$，故而$\langle\mathcal{N}, S_2\rangle\models_{\mathrm{SK}}\varphi$。

原子语句的否定情形类似可证。

归纳步骤：假设当$n\leqslant k$时都成立，现在证明$n=k+1$。

当φ是$\neg\neg\psi$时，如果有$\langle\mathcal{N}, S_1\rangle\models_{\mathrm{SK}}\neg\neg\psi$，根据定义 4.35 条款(5)，也就有$\langle\mathcal{N}, S_1\rangle\models_{\mathrm{SK}}\psi$。根据归纳假设，从$\langle\mathcal{N}, S_1\rangle\models_{\mathrm{SK}}\psi$可以推出$\langle\mathcal{N}, S_2\rangle\models_{\mathrm{SK}}\psi$，从而可以得到$\langle\mathcal{N}, S_2\rangle\models_{\mathrm{SK}}\neg\neg\psi$。

其余情形类似可证。证毕。

定理 4.38(固定点的存在性)　对$\wp(\mathbb{N})$上的跳跃算子Θ，如果Θ是单调的且满足条件$S\subseteq\Theta(S)$，那么Θ的固定点存在。

证明　给定$S\subseteq\mathbb{N}$，对任意序数α，定义S_α如下

$$S_\alpha=\begin{cases}S, & \alpha=0,\\ \Theta(S_\beta), & \alpha=\beta+1,\\ \bigcup_{\beta<\alpha}S_\beta, & \alpha\text{是极限序数。}\end{cases}$$

第一步，用超穷归纳法证明：对任意序数α，均满足$S_\alpha\subseteq\Theta(S_\alpha)$。

当$\alpha=0$时，根据定义，$S_0=S$，很明显$S_0\subseteq\Theta(S_0)$；

当$\alpha=\beta+1$时，假设$S_\beta\subseteq\Theta(S_\beta)$，即假设$S_\beta\subseteq S_{\beta+1}$，由定理 4.37 可知，$\Theta(S_\beta)\subseteq\Theta(S_{\beta+1})$，也即$S_{\beta+1}\subseteq\Theta(S_{\beta+1})$；

当α是极限序数时，对任意$\beta<\alpha$，由S_α的定义可知$S_\beta\subseteq S_\alpha$。根据$\Theta$的单调性，$\Theta(S_\beta)\subseteq\Theta(S_\alpha)$，即$S_{\beta+1}\subseteq S_{\alpha+1}$。从而得到，$\bigcup_{\beta<\alpha}S_{\beta+1}\subseteq S_{\alpha+1}$，也即$S_\alpha\subseteq\Theta(S_\alpha)$。

第二步，证明存在序数α，使得$S_\alpha=\Theta(S_\alpha)$。假设不存在这样的序数，那

么按照S_α的构造，必有无穷递增序列S_0，S_1，…，S_α，$S_{\alpha+1}$，…。因为任何S_α都是$\mathbb{N}$的子集，所以如果存在这种序列，那么也就存在从全体序数的类 On 到$\mathbb{N}$的幂集$\wp(\mathbb{N})$上的一一对应。但是这样的一一对应是不存在的。因此，必定存在某个序数α，使得$S_\alpha=S_{\alpha+1}$，也即使得$S_\alpha=\Theta(S_\alpha)$。那么这个$S_\alpha$即为跳跃算子$\Theta$的固定点。证毕。

定理 4.39　如果$S\subseteq\mathbb{N}$是跳跃算子Θ的固定点，那么对任意$\mathcal{L}_{\mathrm{T}}$语句φ，如下等值式都成立：

$$\langle\mathcal{N}, S\rangle\vDash_{\mathrm{SK}}\mathrm{T}\ulcorner\varphi\urcorner\Leftrightarrow\langle\mathcal{N}, S\rangle\vDash_{\mathrm{SK}}\varphi。$$

证明　不难建立如下的等值推理

$\langle\mathcal{N}, S\rangle\vDash_{\mathrm{SK}}\mathrm{T}\ulcorner\varphi\urcorner$

$\Leftrightarrow\ulcorner\varphi\urcorner\in S$　　（对谓词 T 的解释）

$\Leftrightarrow\ulcorner\varphi\urcorner\in\Theta(S)$　　（$S=\Theta(S)$）

$\Leftrightarrow\langle\mathcal{N}, \Theta(S)\rangle\vDash_{\mathrm{SK}}\mathrm{T}\ulcorner\varphi\urcorner$　　（对谓词 T 的解释）

$\Leftrightarrow\langle\mathcal{N}, S\rangle\vDash_{\mathrm{SK}}\varphi$。　　（由上一步）

上述推理的最后一步可以通过施归纳于φ的正复杂度来证明。证毕。

定理 4.39 表明，当S是Θ的固定点时，以S作为对谓词 T 的解释，可以使谓词 T 具备去引号的功能，而这就是我们所需要的真谓词。

定理 4.40　对任意$S\subseteq\mathbb{N}$，都有

$$S=\Theta(S)\Leftrightarrow\langle\mathcal{N}, S\rangle\vDash\mathbf{KF}。$$

证明　首先证明从左向右。只需证明$\langle\mathcal{N}, S\rangle$满足 **KF** 的所有真之公理。

对于 KF1 有推理

$\langle\mathcal{N}, S\rangle\vDash\mathrm{T}\ulcorner s=t\urcorner$

$\Leftrightarrow\ulcorner s=t\urcorner\in S$　　（对谓词 T 的解释）

$\Leftrightarrow\ulcorner s=t\urcorner\in\Theta(S)$　　（$S=\Theta(S)$）

$\Leftrightarrow\langle\mathcal{N}, S\rangle\vDash_{\mathrm{SK}}s=t$　　（定义 4.36）

$\Leftrightarrow s^{\mathbb{N}}=t^{\mathbb{N}}$ （定义 4.35）

$\Leftrightarrow \mathcal{N}\models \mathrm{Val}^{+}(\ulcorner s=t\urcorner)$ （$\mathrm{Val}^{+}(x)$的定义）

$\Leftrightarrow \langle \mathcal{N}, S\rangle \models \mathrm{Val}^{+}(\ulcorner s=t\urcorner)$。 （由上一步）

对于 KF2 有推理

$\langle \mathcal{N}, S\rangle \models \mathrm{T}\,\underset{\cdot}{\neg}\ulcorner s=t\urcorner$

$\Leftrightarrow \underset{\cdot}{\neg}\ulcorner s=t\urcorner \in S$ （对谓词 T 的解释）

$\Leftrightarrow \underset{\cdot}{\neg}\ulcorner s=t\urcorner \in \Theta(S)$ （$S=\Theta(S)$）

$\Leftrightarrow \langle \mathcal{N}, S\rangle \models_{\mathrm{SK}} s\neq t$ （定义 4.36）

$\Leftrightarrow s^{\mathbb{N}}\neq t^{\mathbb{N}}$ （定义 4.35）

$\Leftrightarrow \mathcal{N}\models \mathrm{Val}^{-}(\ulcorner s=t\urcorner)$ （$\mathrm{Val}^{-}(x)$的定义）

$\Leftrightarrow \langle \mathcal{N}, S\rangle \models \mathrm{Val}^{-}(\ulcorner s=t\urcorner)$。 （由上一步）

对于 KF3 有推理

$\langle \mathcal{N}, S\rangle \models \mathrm{T}\ulcorner \neg\neg\varphi\urcorner$

$\Leftrightarrow \ulcorner \neg\neg\varphi\urcorner \in S$ （对谓词 T 的解释）

$\Leftrightarrow \ulcorner \neg\neg\varphi\urcorner \in \Theta(S)$ （$S=\Theta(S)$）

$\Leftrightarrow \langle \mathcal{N}, S\rangle \models_{\mathrm{SK}} \neg\neg\varphi$ （定义 4.36）

$\Leftrightarrow \langle \mathcal{N}, S\rangle \models_{\mathrm{SK}} \varphi$ （定义 4.35）

$\Leftrightarrow \ulcorner \varphi\urcorner \in \Theta(S)$ （定义 4.36）

$\Leftrightarrow \ulcorner \varphi\urcorner \in S$ （$S=\Theta(S)$）

$\Leftrightarrow \langle \mathcal{N}, S\rangle \models \mathrm{T}\ulcorner \varphi\urcorner$。 （对谓词 T 的解释）

对于 KF9 有推理

$\langle \mathcal{N}, S\rangle \models \mathrm{T}\ulcorner \neg\forall x\varphi(x)\urcorner$

$\Leftrightarrow \ulcorner \neg\forall x\varphi(x)\urcorner \in S$ （对谓词 T 的解释）

$\Leftrightarrow \ulcorner \neg\forall x\varphi(x)\urcorner \in \Theta(S)$ （$S=\Theta(S)$）

$\Leftrightarrow \langle \mathcal{N}, S\rangle \models_{\mathrm{SK}} \neg\forall x\varphi(x)$ （定义 4.36）

$\Leftrightarrow \exists d \in \mathbb{N}, \langle \mathcal{N}, S\rangle \models_{SK} \neg\varphi(\overline{d})$　（定义 4.35）

$\Leftrightarrow \exists d \in \mathbb{N}, \ulcorner \neg\varphi(\overline{d}) \urcorner \in \Theta(S)$　（定义 4.36）

$\Leftrightarrow \exists d \in \mathbb{N}, \ulcorner \neg\varphi(\overline{d}) \urcorner \in S$　（$S=\Theta(S)$）

$\Leftrightarrow \exists d \in \mathbb{N}, \langle \mathcal{N}, S\rangle \models \mathrm{T}\ulcorner \neg\varphi(\overline{d}) \urcorner$　（对谓词 T 的解释）

$\Leftrightarrow \langle \mathcal{N}, S\rangle \models \exists x \mathrm{T}\ulcorner \neg\varphi(\dot{x}) \urcorner$。　（∃的定义）

其余公理可以类似地验证。

然后证明从右向左。假设$\langle \mathcal{N}, S\rangle$是 **KF** 的模型，只需证明$S$是跳跃算子$\Theta$的固定点。可通过施归纳于语句$\varphi$的正复杂度$n$。

对于原子语句及其否定的情形可以有如下推理

$\ulcorner s=t \urcorner \in S$

$\Leftrightarrow \langle \mathcal{N}, S\rangle \models \mathrm{T}\ulcorner s=t \urcorner$　（对谓词 T 的解释）

$\Leftrightarrow \langle \mathcal{N}, S\rangle \models \mathrm{Val}^{+}(\ulcorner s=t \urcorner)$　（KF1）

$\Leftrightarrow \langle \mathcal{N}, S\rangle \models s=t$　（Val^{+}的定义）

$\Leftrightarrow s^{\mathbb{N}}=t^{\mathbb{N}}$　（**PA** 的标准模型）

$\Leftrightarrow \langle \mathcal{N}, S\rangle \models_{SK} s=t$　（定义 4.35）

$\Leftrightarrow \ulcorner s=t \urcorner \in \Theta(S)$。　（定义 4.36）

这是$s=t$的情形，$s\neq t$的情形可类似证明。现在建立

$\ulcorner \mathrm{T}t \urcorner \in S$

$\Leftrightarrow \langle \mathcal{N}, S\rangle \models \mathrm{T}\ulcorner \mathrm{T}t \urcorner$　（对谓词 T 的解释）

$\Leftrightarrow \langle \mathcal{N}, S\rangle \models \mathrm{T}t$　（KF12）

$\Leftrightarrow t^{\mathbb{N}} \in S$且$t^{\mathbb{N}} \in \mathrm{Sent}_{\mathrm{T}}$　（对谓词 T 的解释）

$\Leftrightarrow \langle \mathcal{N}, S\rangle \models_{SK} \mathrm{T}t$　（定义 4.35）

$\Leftrightarrow \ulcorner \mathrm{T}t \urcorner \in \Theta(S)$。　（定义 4.36）

同样地，$\neg\mathrm{T}t$的情形也可以类似证明。下面证明复合语句的情形

$\ulcorner \neg\neg\varphi \urcorner \in S$

$\Leftrightarrow\langle\mathcal{N}, S\rangle\vDash T\ulcorner\neg\neg\varphi\urcorner$ （对谓词 T 的解释）

$\Leftrightarrow\langle\mathcal{N}, S\rangle\vDash T\ulcorner\varphi\urcorner$ （KF3）

$\Leftrightarrow\ulcorner\varphi\urcorner\in S$ （对谓词 T 的解释）

$\Leftrightarrow\ulcorner\varphi\urcorner\in\Theta(S)$ （归纳假设）

$\Leftrightarrow\langle\mathcal{N}, S\rangle\vDash_{SK}\varphi$ （定义 4.36）

$\Leftrightarrow\langle\mathcal{N}, S\rangle\vDash_{SK}\neg\neg\varphi$ （定义 4.35）

$\Leftrightarrow\ulcorner\neg\neg\varphi\urcorner\in\Theta(S)$。 （定义 4.36）

其余逻辑联结词和量词的情形都可以类似证明。证毕。

定理 4.40 表明 **KF** 是相容的，并且其模型是基于$\mathcal{N}$的算术标准模型。而这也就表明，**KF** 不仅是相容的，而且是ω-相容的。另外，**KF** 的内逻辑与外逻辑不一致，前者是强克林三值的，而后者却是经典二值的。可见，尽管 **CT** 与 **PT** 是等价的，但 **KF** 与 **FS** 在主要性质方面却相去甚远。现在，我们可以把从 **NT** 开始发展的所有公理化真理论总结为图 4.1 所示。

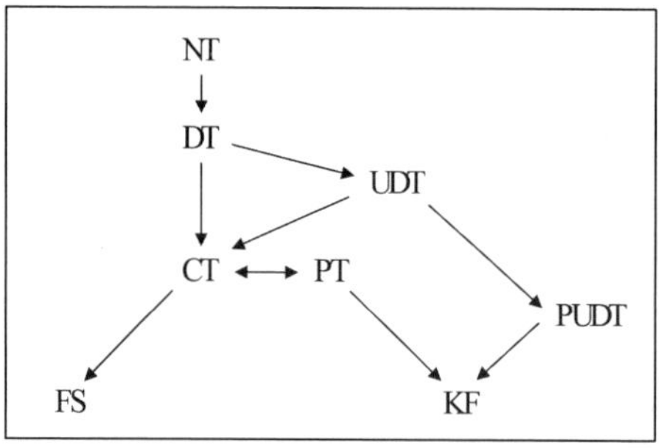

图 4.1 公理化真理论的发展

我们把$\mathcal{L}_T$中的所有塔尔斯基双条件句收集在一起作为真之公理，得到了朴素的公理化真理论 **NT**，但 **NT** 是不相容的，即无法避免导致说谎者悖论，因而必须对 **NT** 进行限制。通过将塔尔斯基双条件句的适用语句限制到$\mathcal{L}_{PA}$，便得到去引号理论 **DT**。**DT** 克服了 **NT** 的不足，但是又因为不能满足组合性原则而存在缺点。通过以组合性原则作为真之公理，我们得到了塔尔斯基组合理论 **CT**。

CT 虽然克服了 **DT** 在演绎力方面的不足，但是不具备保守性。弱化组合性原则，并同时将 **DT** 的真之公理由$\mathcal{L}_{PA}$语句扩充至$\mathcal{L}_{PA}$公式，就得到弱组合理论 **UDT**。**UDT** 可以同时满足保守性和弱组合性。但是 **UDT** 和 **CT** 都是类型理论，不能处理真谓词的迭代。对 **CT** 直接进行无类型化扩充，可以得到 **FS**。**FS** 克服说谎者悖论的方法仍是限制去引号原则，即只允许真谓词的有穷次迭代，但 **FS** 保持了真谓词的经典二值性。如果放弃二值性，但允许真谓词的无穷次迭代，就可以得到正的公理化真理论。在类型理论方面，我们得到与 **CT** 等价的正的组合理论 **PT**。从 **PT** 出发，对其进行无类型化扩充，可以得到 **KF**。**KF** 的主要性质与 **FS** 相比，恰好完全相反：**KF** 的内、外逻辑不一致，而 **FS** 一致；**KF** 是ω-相容的，但 **FS** 却是ω-不相容的。此外，对 **UDT** 进行正的无类型化扩充，可以得到 **PUDT**，而 **PUDT** 恰好是 **KF** 的子理论。

莱特戈布提出了理想真理论的八条标准：

(1)应把真处理成谓词；

(2)如果把真理论添加到数学理论或经验理论中，那么真理论应能够证明数学理论或经验理论为真；

(3)真谓词不应受到类型的限制；

(4)“T-模式”应不受限制地推出；

(5)真应是组合的；

(6)真理论应适合于标准解释；

(7)外逻辑和内逻辑应保持同一；

(8)外逻辑应是经典逻辑。①

但是在上述给出的这些公理化真理论中，却没有任何一个能够完全满足这八条标准。事实上，今后也不会有新的理论能够完全满足。因为根据塔尔斯基不可定义性定理，标准(4)和其余七条不相容，所以我们只能设法尽可能多地满

---

① H. Leitgeb. What Theories of Truth Should be Like (but Cannot be). *Philosophy Compass*, 2007, 2(2): 277-283.

足这些标准。由于类型理论全都不满足条件(3)，而无类型理论满足，因而我们可以由此断定无类型理论必定优于类型理论。另外，由于去引号理论都不满足条件(5)，而组合理论满足，所以我们又能断定组合理论必定优于去引号理论。但是在 **FS** 和 **KF** 之间无法再做进一步比较。一方面，**FS** 和 **KF** 都满足条件(1)(2)(3)(5)(8)；但另一方面，由于 **FS** 有(7)无(6)，**KF** 有(6)无(7)，并且(6)与(7)在 **FS** 和 **KF** 之间是不可兼得的。因此，无论是从可满足的标准的数量上，还是从不满足的标准的重要性上，我们都必须承认 **FS** 和 **KF** 都有很好的性质，也都各有不足，但是孰优孰劣，却只能取决于研究者个人的目的。哈尔巴赫认为，如果我们透过公理化真理论更倾向于关注的是基底理论的性质，那么我们应当首选 **KF**，而如果是更倾向于关注真概念的性质，则应当首选 **FS**。①

然而，当把公理化真理论应用于构建模态逻辑时，**FS** 和 **KF** 就表现出几乎完全相同的功能了。

① V. Halbach. *Axiomatic Theories of Truth*. Cambridge：Cambridge University Press，2014，p. 211.

第 5 章
基于公理化真理论的模态逻辑

本章将分别讨论基于 **FS** 和 **KF** 的模态逻辑。但是与通常的模态逻辑把模态概念处理成算子不同，本章是把模态概念处理成模态谓词。因此，本章所建立的是关于模态谓词的形式理论，可称为“模态谓词理论”。这项研究是斯特恩在他 2014 年的两篇文章①中给出的，而他的这一研究也被认为是“迄今为止以谓词表达模态并同时保持模态算子的所有原则的最好的工作”②。

本章将介绍斯特恩的研究成果。其主要内容包括：建立基于 **FS** 和 **KF** 的模态逻辑的形式系统；讨论模态修正语义学和模态固定点语义学，并证明基本的模态对应定理；以及模态谓词理论与标准模态逻辑的关系。

§ 5.1　模态谓词与蒙塔古悖论

公理化真理论提供了保持谓词 T 相容性的方法和结论。这些方法不仅适用于谓词 T，对于其他谓词，只要它们遵循着类似于真之原则的规律，那么这些方法对这些新的谓词就都是适用的。因此，公理化真理论关于谓词 T 的结论也都可以自然地推广到新的谓词上。

---

① 这两篇文章分别是：J. Stern. Modality and Axiomatic Theories of Truth I：Friedman-Sheard. *The Review of Symbolic Logic*，2014，7(2)：273-298；J. Stern. Modality and Axiomatic Theories of Trut II：Kripke-Feferman. *The Review of Symbolic Logic*，2014，7(2)：299-318.

② L. Horsten. “One Hundred Years of Semantic Paradox”，*Journal of Philosophical Logic*，2015，44(6)：694.

如果我们向形式语言$\mathcal{L}_{PA}$中添加一个新的一元谓词符号 N，就得到了形式语言$\mathcal{L}_N$，也即$\mathcal{L}_N=\mathcal{L}_{PA}\cup\{N\}$。若以$\mathcal{L}_N$重新表达 **PA**，特别是允许包含谓词 N 的公式出现在 **PA** 的归纳公理模式中，所得理论就记为 **PAN**。算术化问题完全适合于 **PAN**，比如，我们将用 $Sent_N(x)$ 表示x是$\mathcal{L}_N$语句。**PAN** 的模型可以通过对 **PA** 的模型进行适当扩充而得到。令$\mathcal{S}\subseteq\mathbb{N}$是对谓词 N 的解释，$\mathcal{N}$是 **PA** 的算术标准模型。不难证明$\langle\mathcal{N},\mathcal{S}\rangle$即为 **PAN** 的模型。

但蒙塔古(R. Montague)提出了一个关于模态谓词的著名悖论，通常可称之为"知道者悖论"(paradox of the knower)。[①]这个悖论与说谎者悖论很相似，它是在 PAN 的基础上添加下面几条模态原则：

K：　$N\ulcorner\varphi\rightarrow\psi\urcorner\rightarrow(N\ulcorner\varphi\urcorner\rightarrow N\ulcorner\psi\urcorner)$；

T：　$N\ulcorner\varphi\urcorner\rightarrow\varphi$；

Nec：由φ可以推出 $N\ulcorner\varphi\urcorner$。

其中，φ和ψ都是$\mathcal{L}_N$语句。很明显，这个系统正是标准模态逻辑 **T** 系统的谓词版本。然而在这个系统中我们可以推出如下矛盾：

(1)　$\lambda\leftrightarrow\neg N\ulcorner\lambda\urcorner$；　　　　(定理 2.3)

(2)　$N\ulcorner\lambda\urcorner\rightarrow\lambda$；　　　　(公理 T 的代入特例)

(3)　$\neg N\ulcorner\lambda\urcorner$；　　　　(由(1)和(2)，根据经典逻辑)

(4)　λ；　　　　(由(1)和(3)可得)

(5)　$N\ulcorner\lambda\urcorner$。　　　　(由(4)，根据 Nec 规则)

这就是蒙塔古悖论。而由此也可以知道，标准模态逻辑的 **S4**，**B**，**S5** 系统都将是不相容的。所以若要实现以谓词表达模态，就必须首先克服蒙塔古悖论。

尽管从结论来看，蒙塔古悖论是消极的，但这并不意味着我们对此将束手无策。正如塔尔斯基关于真谓词的不可定义性定理(定理 1.7)不仅没有阻止真

---

① R. Montague. Syntactical Treatments of Modality, with Corollaries on Reflexion Principles and Finite Axiomatizability. *Acta Philosophica Fennica*, 1963, 16: 135-142.

理论的发展，反而成为真理论发展史上的一座里程碑。蒙塔古悖论同样给我们以启示，那就是我们必须对模态谓词进行必要的限制。斯特恩采取的方法是限制模态谓词的去引号功能，也即不能规定任何能够使 $N\ulcorner\varphi\urcorner$ 和 φ 发生转换的模态公理或推理规则，也就是说，位于模态语句 $N\ulcorner\varphi\urcorner$ 中的引号形式 $\ulcorner\varphi\urcorner$ 和 φ 本身之间的变换只能通过谓词 T 迂回地实现。[1]其具体做法可分为两步：

第一步，还原出隐含在模态原则中的真谓词；

第二步，以真理论的相容性担保模态逻辑的相容性。

§5.2　基于 FS 的模态逻辑 MFS

5.2.1　MFS 的构成

定义 5.1($\mathcal{L}_{TN}$)　形式语言 $\mathcal{L}_{TN}$ 是把用于表示“真”的一元谓词 T 和用于表示“必然”的一元谓词 N 同时添加到 $\mathcal{L}_{PA}$ 中所得，即 $\mathcal{L}_{TN}=\mathcal{L}_{PA}\cup\{T, N\}$。

定义 5.2(PATN)　以形式语言 $\mathcal{L}_{TN}$ 重新表达 **PA**，特别是允许在 **PA** 的归纳公理模式中出现包含谓词 T 和谓词 N 的公式，所得理论记为 **PATN**。

当我们以 **PATN** 为基础，并向其中添加前几章中的那些真之公理和规则，我们同样可以得到相应的公理化真理论，只不过这时的公理化真理论是以 $\mathcal{L}_{TN}$ 为形式语言。在本章构建模态谓词理论的过程中，我们所使用的公理化真理论，均是指以 $\mathcal{L}_{TN}$ 重新表达的公理化真理论。

在 $\mathcal{L}_{TN}$ 中，我们虽然只引入了一个表示“必然”的模态谓词，但正如在算子背景下，表示“可能”的算子 $\Diamond$ 可以通过必然算子 $\Box$ 而被定义为 $\neg\Box\neg$，我们也可以把用于表示“可能”的谓词 P 定义为：$\neg N(\underset{\bullet}{\neg}(x))$。

定义 5.3(MFS)　模态谓词理论 **MFS** 是以 $\mathcal{L}_{TN}$ 为形式语言，在 **FS** 的基础上

---

① J. Stern. Modality and Axiomatic Theories of Truth I：Friedman-Sheard. *The Review of Symbolic Logic*, 2014，7(2)：277.

增加如下公理和规则而得到：

1. 公理

$\mathrm{Reg_N}$：$\forall v \forall x \forall s \forall t(\mathrm{Sent_{TN}}(\underset{\cdot}{\forall} vx) \to (\mathrm{val}(s)=\mathrm{val}(t) \to (\mathrm{N}(x(s/v)) \leftrightarrow \mathrm{N}(x(t/v)))))$；

ND：$\forall s \forall t(\mathrm{val}(s) \neq \mathrm{val}(t) \to \mathrm{N}(s \underset{\cdot}{\neq} t))$；

BF：$\forall v \forall x(\mathrm{Sent_{TN}}(\underset{\cdot}{\forall} vx) \to (\forall y \mathrm{N}(x(\dot{y}/v)) \to \mathrm{N}(\underset{\cdot}{\forall} vx)))$；

IA：$\forall x(\mathrm{Sent_{TN}}(x) \to (\mathrm{N}(\ulcorner \mathrm{T}(\dot{x}) \urcorner) \leftrightarrow \mathrm{T}(\ulcorner \mathrm{N}(\dot{x}) \urcorner)))$；

$\mathrm{K_N}$：$\forall x \forall y(\mathrm{Sent_{TN}}(x \underset{\cdot}{\to} y) \to (\mathrm{N}(x \underset{\cdot}{\to} y) \to (\mathrm{N}(x) \to \mathrm{N}(y))))$；

$\mathrm{T_N}$：$\forall x(\mathrm{Sent_{TN}}(x) \to (\mathrm{N}(x) \to \mathrm{T}(x)))$；

4_N：$\forall x(\mathrm{Sent_{TN}}(x) \to (\mathrm{T}(\ulcorner \mathrm{N}(\dot{x}) \urcorner) \to \mathrm{N}(\ulcorner \mathrm{N}(\dot{x}) \urcorner)))$；

$\mathrm{E_N}$：$\forall x(\mathrm{Sent_{TN}}(x) \to (\mathrm{T}(\ulcorner \neg \mathrm{N}(\dot{x}) \urcorner) \to \mathrm{N}(\ulcorner \neg \mathrm{N}(\dot{x}) \urcorner)))$。

2. 规则

$\mathrm{Nec_N}$：由 $\mathrm{T}\ulcorner \varphi \urcorner$ 可以推出 $\mathrm{N}\ulcorner \varphi \urcorner$，其中$\varphi \in \mathcal{L}_{\mathrm{TN}}$。

不难看出，公理 $\mathrm{K_N}$，$\mathrm{T_N}$，4_N，$\mathrm{E_N}$ 及规则 $\mathrm{Nec_N}$ 正是标准模态逻辑的特征公理 K，T，4，E 和必然化规则 Nec 按照我们以谓词表达模态的基本策略改述过后的谓词版本，我们用下标“$_\mathrm{N}$”示以区别。由此可见，模态谓词理论 **MFS** 所要试图重建的乃是标准模态逻辑的 **S5** 系统。

其余四条公理的引入主要是出于某些技术方面的考虑。其中，$\mathrm{Reg_N}$ 是替换原则的形式化的表示，这是为了确保模态语境是外延的；ND 的含义是，如果两个项的取值不同，那么这两个项就必然不同，这是表明了差异的必然性；BF 是对ω-规则的形式化表示，它允许我们从对全称量化语句每个实例的必然性，推导出该全称量化语句自身的必然性。

以上公理和规则是斯特恩用以构造模态理论的一般性原则，他称之为“理论非特设原则”(theory-unspecific principle)，它们是任何模态理论都需要的。但根据真理论的不同，还有一些原则是“理论特设”的。

在 **MFS** 中，公理 IA 就是理论特设的。直观上看，公理 IA 的含义是：若一个真语句是必然的，则它的必然性就是真的；反之，若一个语句真的具有必然性，则它必然是一个真语句。IA 体现了谓词 T 与谓词 N 的相互作用，也将是讨论 **MFS** 的语义学不可或缺的技术工具。更重要的还在于，**FS** 保持经典二值性并同时免于悖论的方法是避免在真之公理中直接引入或消去谓词 T，而 IA 恰是遵循了这样的原则。相反，违反这一原则就将导致矛盾。斯特恩证明：

定理 5.4　令 **S** 是 **MFS** 的扩张理论，在其中若能证明如下原则之一

(S1)　$\forall x(\mathrm{Sent}_{\mathrm{TN}}(x)\rightarrow(\mathrm{T}(\ulcorner \mathrm{N}(\dot{x})\urcorner)\rightarrow\neg\mathrm{N}(\underset{\cdot}{\neg}x)))$；

(S2)　$\forall x(\mathrm{Sent}_{\mathrm{TN}}(x)\rightarrow(\mathrm{N}(x)\rightarrow\mathrm{N}(\underset{\cdot}{\neg}\underset{\cdot}{\mathrm{N}}(\mathrm{num}(\underset{\cdot}{\neg}x)))))$；

(S3)　$\forall x(\mathrm{Sent}_{\mathrm{TN}}(x)\rightarrow(\mathrm{N}(x)\rightarrow\mathrm{T}(\ulcorner \mathrm{T}(\dot{x})\urcorner)))$；

(S4)　$\forall x(\mathrm{Sent}_{\mathrm{TN}}(x)\rightarrow(\mathrm{N}(\ulcorner \mathrm{N}(\dot{x})\urcorner)\rightarrow\mathrm{T}(x)))$。

则 **S** 是不相容的。

证明　这里只给出 **MFS**＋S1 的不相容性证明。

(1)$\lambda\leftrightarrow\neg\mathrm{N}(\ulcorner\lambda\urcorner)$；　(定理 2.3)

(2)$\neg\lambda\leftrightarrow\mathrm{N}(\ulcorner\lambda\urcorner)$；　((1)，根据经典逻辑)

(3)$\mathrm{T}(\ulcorner\neg\lambda\leftrightarrow\mathrm{N}(\ulcorner\lambda\urcorner)\urcorner)$；　((2)，根据 NEC 规则)

(4)$\mathrm{N}(\ulcorner\neg\lambda\leftrightarrow\mathrm{N}(\ulcorner\lambda\urcorner)\urcorner)$；　((3)，根据 $\mathrm{Nec}_{\mathrm{N}}$ 规则)

(5)$\mathrm{N}(\ulcorner\mathrm{N}(\ulcorner\lambda\urcorner)\urcorner)\leftrightarrow\mathrm{N}(\ulcorner\neg\lambda\urcorner)$；　((4)，根据公理 K_{N})

(6)$\mathrm{T}(\ulcorner\mathrm{N}(\ulcorner\lambda\urcorner)\urcorner)\rightarrow\mathrm{N}(\ulcorner\mathrm{N}(\ulcorner\lambda\urcorner)\urcorner)$；　(公理 4_{N} 代入特例)

(7)$\mathrm{T}(\ulcorner\mathrm{N}(\ulcorner\lambda\urcorner)\urcorner)\rightarrow\mathrm{N}(\ulcorner\neg\lambda\urcorner)$；　((5)，(6)，根据经典逻辑)

(8)$\mathrm{T}(\ulcorner\mathrm{N}(\ulcorner\lambda\urcorner)\urcorner)\rightarrow\neg\mathrm{N}(\ulcorner\neg\lambda\urcorner)$；　(S1 代入特例)

(9)$\neg\mathrm{T}(\ulcorner\mathrm{N}(\ulcorner\lambda\urcorner)\urcorner)$；　((7)，(8)，根据经典逻辑)

(10)$\mathrm{T}(\ulcorner\neg\mathrm{N}(\ulcorner\lambda\urcorner)\urcorner)$；　((9)，根据公理 FS2)

(11)$\neg\mathrm{N}(\ulcorner\lambda\urcorner)$；　((10)，根据 CONEC 规则)

(12)λ；　((1)，(11)，根据经典逻辑)

(13)T(⌜λ⌝)；　　((12)，根据 NEC 规则)

(14)N(⌜λ⌝)。　　((13)，根据 $\mathrm{Nec_N}$ 规则)

上述推理的(11)和(14)显然矛盾。证毕。

接下来将结合语义学来讨论 **MFS** 的相容性问题。首先给出几个在语义讨论中需要的定义。

定义 5.5(BMFS)　模态谓词理论 **BMFS** 是以$\mathcal{L}_{TN}$为形式语言，在 **FS** 的基础上增加公理 $\mathrm{Reg_N}$，ND，BF，IA，$\mathrm{K_N}$ 以及规则 $\mathrm{Nec_N}$ 而得到。

由定义不难看出，**BMFS** 正是基于 **FS** 的谓词版本的模态逻辑 **K** 系统。类似地，我们还可以定义出其他系统，并记为：

谓词版本的 **T** 系统：**B**T**MFS**＝**BMFS**＋$\mathrm{T_N}$；

谓词版本的 **S4** 系统：**B**T4**MFS**＝**BMFS**＋$\mathrm{T_N}$＋$\mathrm{4_N}$；

谓词版本的 **S5** 系统：**B**TE**MFS**＝**BMFS**＋$\mathrm{T_N}$＋$\mathrm{E_N}$。

可以证明，上述 **B**TE**MFS** 就是 **MFS**。

定义 5.6(BMFS 的子系统)　**BMFS** 的子系统 $\mathbf{BMFS}_n$ 定义如下：

(1)$\mathbf{BMFS}_0$＝**PATN**；

(2)$\mathbf{BMFS}_1$ 包含了与 **BMFS** 完全相同的公理，但只保留了 $\mathrm{Nec_N}$ 规则，不含 NEC 规则和 CONEC 规则；

(3)$\mathbf{BMFS}_{n+1}$ 的公理和规则与 **BMFS** 完全相同，差别在于 NEC 规则和 CONEC 规则最多只能作用于n个不同的语句。

由定义可知，**BMFS** 的子系统也是通过限制 NEC 规则和 CONEC 规则的作用对象而得到，这与我们在第 4 章中对 **FS** 的子系统的定义完全一致。类似地，我们还可以定义 **BXMFS** 的子系统，其中 X 是添加到 **BMFS** 中的若干模态公理。

5.2.2　模态修正语义学

定义 5.7(框架)　一个框架F是一个有序对$\langle W, R\rangle$，其中W是一个非空的可能世界集，R是W上的一个二元关系，即$R\subseteq W\times W$。

定义 5.8(赋值函数)　令F是一个框架，函数$f:W\to\wp(\mathbb{N})$称为F上的赋值函数。F上的全体赋值函数的集合记为val_F。

事实上，在每个可能世界$w\in W$上对$\mathcal{L}_{PA}$的解释都是保持不变的，定义 5.8 为每个可能世界指派的$\mathbb{N}$的子集，其作用是在于：由于哥德尔编码使得语句转变为自然数，因而我们实际上可以把$\mathbb{N}$的这个子集看作一个语句集。这样赋值函数的作用就是为每个可能世界提供一个对谓词 T 的解释$\mathcal{E}$。倘若只考虑一个可能世界，其解释即为结构$\langle\mathcal{N}, \mathcal{E}\rangle$，而这恰是$\mathcal{L}_T$的模型。

定义 5.9($\mathcal{L}_{TN}$的解释)　令F是一个框架，f是框架上的赋值函数。由F和f诱导的模型$\mathfrak{M}_w=\langle w, f(w), \mathcal{Y}_w\rangle$，其中$f(w)$是在$w$上对谓词 T 的解释，$\mathcal{Y}_w$是在$w$上对谓词 N 的解释，并且满足条件

$$\mathcal{Y}_w=\bigcap_{x\in[Rw]}f(v)。$$

其中，$[Rw]$是对集合$\{x\in W|Rwx\}$的缩写。

定义给出了相对于某个可能世界w的模型，可简记为$\mathfrak{M}_w\models\varphi$，有时为了指明诱导出$\mathfrak{M}_w$的框架和赋值函数，也记为$F, w\models_f\varphi$。

根据定义，如果$\mathcal{Y}_w$中有$\ulcorner\varphi\urcorner$，并且$\varphi$是$\mathcal{L}_{TN}$语句，那么对任意$v\in W$，若有$Rwv$，则有$\ulcorner\varphi\urcorner\in f(v)$。$\ulcorner\varphi\urcorner\in\mathcal{Y}_w$说明“$\varphi$在$w$上是必然的”，$\ulcorner\varphi\urcorner\in f(v)$就说明“$\varphi$在$v$上是真的”。也就是说，$\varphi$在某个可能世界$w$上是必然的，当且仅当它在每个与$w$有可及关系的可能世界$v$上都为真。这就显然与标准模态逻辑的可能世界语义学对必然算子的理解完全相同。

但是我们知道，$f(w)$只不过是$\mathbb{N}$的任意子集，由它旨在解释谓词 T，但它未必是对谓词 T 的恰当解释。故而还需引入修正算子。

定义 5.10(模态修正算子)　令val_F是框架F上全体赋值函数的集合。模态修正算子Γ_F是val_F上的运算，使得对任意$w\in W$，都有

$$[\Gamma_F(f)](w)=\{\ulcorner\varphi\urcorner|F, w\models_f\varphi, \varphi\in\mathcal{L}_{TN}\}。$$

此外，Γ_F的有穷迭代作用为$\Gamma_F^0(f)=f$及$\Gamma_F^{n+1}(f)=\Gamma_F(\Gamma_F^n(f))$。

从直观上看，模态修正就是要对谓词 T 在每个可能世界w上的解释分别做出修正。所以，当W中只有一个可能世界时，模态修正就等同于经典修正。而且我们知道，由于$\mathbb{N}$的任何子集$\mathcal{E}$都可以作为对 T 谓词的起始解释，因而我们可以对任何赋值函数进行修正，也即$\forall M\subseteq val_F$，

$$\Gamma_F[M]=\{\Gamma_F(f)\mid f\in M\},$$

并且$\Gamma_F^0[M]=M$，以及$\Gamma_F^{n+1}[M]=\Gamma_F[\Gamma_F^n[M]]$。

定理 5.11（Γ_F的反序性） 对任意框架F及$\forall\, m$，$n\in\mathbb{N}$，如果$m\leqslant n$，则必有

$$\Gamma_F^n[val_F]\subseteq\Gamma_F^m[val_F]。$$

证明 可类似定理 4.13 证明。证毕。

由Γ_F的反序性，并结合引理 4.15 就可以证明：不存在赋值函数的无穷序列f_0，f_1，f_2，…，$\forall\, n\in\mathbb{N}$，都有$\Gamma_F(f_{n+1})=f_n$。

引理 5.12 令F是一个框架，f和g是F上的赋值函数，且$\Gamma_F(g)=f$。那么对任意闭项t，任意语句$\varphi\in\mathcal{L}_{\mathrm{TN}}$及$\forall\, w\in W$：

(1) F，$w\vDash_f \mathrm{N}(t)\Leftrightarrow\forall\, v\in W$，若$Rwv$，则$F$，$v\vDash_f \mathrm{T}(t)$；

(2) F，$w\vDash_f \mathrm{T}(\ulcorner\varphi\urcorner)\Leftrightarrow F$，$w\vDash_g\varphi$；

(3) F，$w\vDash_f \mathrm{N}(\ulcorner\varphi\urcorner)\Leftrightarrow\forall\, v\in W$，若$Rwv$，则$F$，$v\vDash_g\varphi$；

(4) F，$w\vDash^{n+1}\mathrm{T}(\ulcorner\varphi\urcorner)\Leftrightarrow F$，$w\vDash^n\varphi$。

其中，F，$w\vDash^n\varphi$表示：$\forall\, f\in\Gamma_F^n[val_F](n\in\mathbb{N})$，都有$F$，$w\vDash_f\varphi$。

证明 对于(1)

F，$w\vDash_f \mathrm{N}(t)$

$\Leftrightarrow t^{\mathbb{N}}\in\mathcal{Y}_w$ （对谓词 N 的解释）

$\Leftrightarrow\forall v\in[Rw]$，$t^{\mathbb{N}}\in f(v)$ （对$\mathcal{Y}_w$的定义）

$\Leftrightarrow\forall v\in[Rw]$，$F$，$v\vDash_f \mathrm{T}(t)$。 （对谓词 T 的解释）

其余类似可证。证毕。

以上简要地给出了模态修正语义学的基本内容。不难看出，所谓模态修正语义学，事实上就是把标准模态逻辑的可能世界语义学与修正真理论相结合。而我们已经知道了 **FS** 与修正真理论的关系（定理 4. 18），下面我们将把这种关系推广到对 **MFS** 与模态修正语义学的研究中。

定理 5. 13　令F是一个框架，Γ_F是模态修正算子，那么$\forall n\in\mathbb{N}$，

$$f\in\Gamma_F^n[val_F] \Leftrightarrow \forall w\in W,\ F,\ w\vDash_f \mathbf{BMFS}_n。$$

证明　可类似定理 4. 18 证明。这里只补充关于谓词 N 原子语句的情形：

$\ulcorner N(t)\urcorner \in f(w)$

$\Leftrightarrow F,\ w\vDash_f T(\ulcorner N(t)\urcorner)$　　（根据对 T 的解释）

$\Leftrightarrow F,\ w\vDash_f N(\ulcorner T(t)\urcorner)$　　（根据 IA）

$\Leftrightarrow \forall w'\in[Rw],\ F,\ w'\vDash_f T(t)$　　（引理 5. 12(1)）

$\Leftrightarrow \forall w'\in[Rw],\ \ulcorner T(t)\urcorner \in f(w')$　　（根据对 T 的解释）

$\Leftrightarrow \forall w'\in[Rw],\ t^{\mathbb{N}} \in g(w')$　　（根据对g的定义）

$\Leftrightarrow F,\ w\vDash_g T(t)$　　（根据对 T 的解释）

$\Leftrightarrow \ulcorner N(t)\urcorner \in[\Gamma(g)](w)$。　　（根据定义 5. 10）

其中，g和f都是赋值函数，而我们要证明对任意可能世界w，都有$[\Gamma_F(g)](w)=f(w)$。并且值得注意的是，在证明中使用了理论特设公理 IA。更加详细的证明可以参见斯特恩的论文。[①]证毕。

定理 5. 13 是关于 **BMFS** 的最核心结论。它不仅表明 **BMFS** 是相容的，从而说明这种以谓词表达模态的方法确实可以避免蒙塔古悖论，还表明 **BMFS** 可以将模态修正语义学公理化至第一个极限序数ω，这是与其真理论基础完全类似的结果。另外，值得注意的是，定理 5. 13 所证明的是对任意框架F及框架上的

① J. Stern. Modality and Axiomatic Theories of Truth I：Friedman-Sheard. *The Review of Symbolic Logic*, 2014，7(2)：290-291.

任意赋值函数$f\in\Gamma_F^n[val_F]$，如果考虑到 **BMFS** 是标准模态逻辑 **K** 系统的谓词版本，那么按照标准模态逻辑中的相关结论不难发现，定理 5.13 实际上证明了基于模态修正语义学的任意框架都是 **K**-框架。

其他系统则必须考虑框架中关系R的性质，与标准模态逻辑一样，我们可以证明模态公式与框架性质的对应定理。

定理 5.14 令F是一个框架，并且$n\in\mathbb{N}^*$，则

(1)F是自返框架$\Leftrightarrow\forall w\in W$，$F$，$w\vDash^n \mathbf{BTMFS}_n$；

(2)F是传递框架$\Leftrightarrow\forall w\in W$，$F$，$w\vDash^n \mathbf{B4MFS}_n$；

(3)F是欧性框架$\Leftrightarrow\forall w\in W$，$F$，$w\vDash^n \mathbf{BEMFS}_n$。

证明 (1)先证"$\Rightarrow$"：假设$\exists w\in W$和$f\in\Gamma_F^n[val_F]$使得F，$w\nvDash_f \mathrm{T_N}$，于是可得F，$w\vDash_f \mathrm{N}(\ulcorner\varphi\urcorner)$且$F$，$w\nvDash_f \mathrm{T}(\ulcorner\varphi\urcorner)$。由前者可知，$\forall v\in[Rw]$，必有$F$，$v\vDash_f$ $\mathrm{T}(\ulcorner\varphi\urcorner)$。若此时$w\in[Rw]$，则必然导致矛盾。因此，$\exists w\in W$使得并非$Rww$，也即$F$不是自返框架。

再证"$\Leftarrow$"：假设F不是自返框架，则$\exists w\in W$，并非Rww。令κ是一个$\mathcal{L}_{\mathrm{TN}}$语句，其形式为 $\mathrm{T}(\ulcorner\kappa\urcorner)$，这可以通过定理 2.3 而构造。于是我们可以令赋值函数f满足对任意$v\in[Rw]$都有$\ulcorner\kappa\urcorner\in f(v)$，但同时有$\ulcorner\neg\kappa\urcorner\in f(w)$。根据$\Gamma_F$的定义，对任意赋值函数$g$、任意可能世界$w$及$\forall n\in\mathbb{N}$，都有

(a)$\ulcorner\kappa\urcorner\in[\Gamma_F^n(g)](w)\Rightarrow\ulcorner\kappa\urcorner\in[\Gamma_F^{n+1}(g)](w)$；

(b)$\ulcorner\neg\kappa\urcorner\in[\Gamma_F^n(g)](w)\Rightarrow\ulcorner\neg\kappa\urcorner\in[\Gamma_F^{n+1}(g)](w)$。

所以，令$h=\Gamma_F^n(f)$，显然$h\in\Gamma_F^n[val_F]$，并且$\forall v\in[Rw]$，都有$\ulcorner\kappa\urcorner\in h(v)$，故而$F$，$w\vDash_h \mathrm{N}(\ulcorner\kappa\urcorner)$，但与此同时却有$F$，$w\nvDash_h \mathrm{T}(\ulcorner\kappa\urcorner)$，因而事实上$F$，$w\nvDash_f \mathrm{T_N}$。

其余类似可证。证毕。

最后，由于 **MFS**$=$**BTEMFS**，所以

定理 5.15 令F是一个框架，并且$n\in\mathbb{N}^*$，于是

$$F\text{是自返且欧性框架} \Leftrightarrow \forall w \in W, F, w \vDash^n \mathbf{MFS}_n\text{。}$$

证明　根据定理 5.14 可直接证明。证毕。

由此，我们就从形式系统和语义学两个角度分别说明了 **MFS** 确实可以看作算子模态逻辑 **S5** 的谓词版本。这也表明，我们借助真谓词而以谓词表达模态的策略是奏效的。但是 **FS** 作为一种公理化真理论，它本身存在许多不足，特别是它的ω-不相容性。从真理论的意义上说，这就意味着真谓词彻底改变了基底理论的含义，而这种改变是否会对模态逻辑产生影响？这是我们要在 **KF** 上重新建立模态谓词理论的一个很重要的理由。

§5.3　基于 KF 的模态逻辑 MKF

5.3.1　MKF 的构成

定义 5.16（MKF⁻）　模态谓词理论 **MKF**$^-$是以$\mathcal{L}_{\mathrm{TN}}$为形式语言，在 **KF** 的基础上增加如下公理和规则而得到：

1. 公理

$\mathrm{Reg_N}$：$\forall v \forall x \forall s \forall t(\mathrm{Sent_{TN}}(\underset{\cdot}{\forall} vx) \rightarrow (\mathrm{val}(s)=\mathrm{val}(t) \rightarrow (\mathrm{N}(x(s/v)) \leftrightarrow \mathrm{N}(x(t/v)))))$；

ND：$\forall s \forall t(\mathrm{val}(s) \neq \mathrm{val}(t) \rightarrow \mathrm{N}(s \underset{\cdot}{\neq} t))$；

BF：$\forall v \forall x(\mathrm{Sent_{TN}}(\underset{\cdot}{\forall} vx) \rightarrow (\forall y \mathrm{N}(x(\dot{y}/v)) \rightarrow \mathrm{N}(\underset{\cdot}{\forall} vx)))$；

RN：$\forall x(\mathrm{Sent_{TN}}(x) \rightarrow (\mathrm{T}(\ulcorner \mathrm{N}(\dot{x}) \urcorner) \leftrightarrow \mathrm{N}(x)))$；

$\mathrm{K_N}$：$\forall x \forall y(\mathrm{Sent_{TN}}(x \underset{\cdot}{\rightarrow} y) \rightarrow (\mathrm{N}(x \underset{\cdot}{\rightarrow} y) \rightarrow (\mathrm{N}(x) \rightarrow \mathrm{N}(y))))$；

$\mathrm{T_N}$：$\forall x(\mathrm{Sent_{TN}}(x) \rightarrow (\mathrm{N}(x) \rightarrow \mathrm{T}(x)))$；

4_N：$\forall x(\mathrm{Sent_{TN}}(x) \rightarrow (\mathrm{T}(\ulcorner \mathrm{N}(\dot{x}) \urcorner) \rightarrow \mathrm{N}(\ulcorner \mathrm{N}(\dot{x}) \urcorner)))$；

$\mathrm{E_N}$：$\forall x(\mathrm{Sent_{TN}}(x) \rightarrow (\mathrm{T}(\ulcorner \neg \mathrm{N}(\dot{x}) \urcorner) \rightarrow \mathrm{N}(\ulcorner \neg \mathrm{N}(\dot{x}) \urcorner)))$。

2. 规则

Nec_N：由 T(⌜φ⌝)可以推出 N(⌜φ⌝)，其中$\varphi \in \mathcal{L}_{TN}$；

TcR_N：由tc(⌜φ⌝)可以推出tc(⌜N(⌜φ⌝)⌝)，其中$\varphi \in \mathcal{L}_{TN}$。

与 **MFS** 一样，设置公理 Reg_N，ND，BF 的主要目的是希望我们的句法理论在算术背景下是严格的，而设置公理 K_N，T_N，4_N，E_N 及规则 Nec_N 则是希望模态谓词理论 **MKF**$^-$ 最终能够重建算子模态逻辑的 **S5** 系统。

公理 RN 是 **MKF**$^-$ 的理论特设公理，类似于 **MFS** 的公理 IA。直观上看，公理 RN 的含义是：如果一个语句真的是必然的，那么它就是必然的；反之，如果一个语句是必然的，那么它就真的是必然的。RN 所体现的谓词 T 与谓词 N 的相互作用方式与塔尔斯基双条件模式类似。RN 也是讨论 **MKF** 的语义学不可或缺的技术工具，同时它也恰好遵循了 **KF** 的设计原则，也即允许在公理中直接引入或消去谓词 T 与谓词 N。

规则 TcR_N 在**MKF**$^-$ 中也是独特的。这里的谓词$tc(x)$的含义是$\neg T(x)$当且仅当$T(\underset{\bullet}{\neg} x)$。这显然是能同时满足 T-Cons 和 T-Comp 的“完全且相容”语句。设置 TcR_N 规则的目的是希望：对于所有这样的完全且相容语句，它们的必然化也是完全且相容的。

但是相比于 **MFS**，**MKF**$^-$ 还存有缺陷。我们知道，**KF** 为实现谓词 T 的无穷迭代，是以牺牲经典二值性为代价的，那么这就使得在 **KF** 中，¬T⌜φ⌝ 并不总是等值于 T⌜¬φ⌝。所以，**KF** 的公理不仅要有对 T⌜φ⌝ 的规定，还包括对 T⌜¬φ⌝ 的说明。然而 **MKF**$^-$ 的公理只有对 T⌜N t⌝ 的规定，还缺少对 T⌜¬N t⌝ 的说明。

定理 5.17 在 **MKF**$^-$ 中添加如下原则将导致矛盾

$$\forall x(\mathrm{Sent}_{TN}(x) \to (\mathrm{T}(\ulcorner \neg \mathrm{N}(\dot{x}) \urcorner) \leftrightarrow \neg \mathrm{N}(x)))。$$

证明 根据定理 2.3，我们可以证明对于公式¬N(x)，存在语句λ，使得λ↔¬N(⌜λ⌝)，因而有⌜λ⌝:≡⌜¬N⌜λ⌝⌝，于是可推理如下：

(1) $T\ulcorner N\ulcorner\lambda\urcorner\urcorner\rightarrow N\ulcorner\lambda\urcorner$；　　(根据 RN)

(2) $T\ulcorner N\ulcorner\lambda\urcorner\urcorner\rightarrow N\ulcorner\lambda\urcorner$；　　(根据 T_N 可得)

(3) $T\ulcorner N\ulcorner\lambda\urcorner\urcorner\rightarrow T\ulcorner\neg N\ulcorner\lambda\urcorner\urcorner$；　　(以 $\neg N(\ulcorner\lambda\urcorner)$ 替换 $\ulcorner\lambda\urcorner$)

(4) $T\ulcorner N\ulcorner\lambda\urcorner\urcorner\rightarrow\neg N\ulcorner\lambda\urcorner$；　　(根据新公理可得)

(5) $\neg T\ulcorner N\ulcorner\lambda\urcorner\urcorner$；　　(由经典逻辑可得)

(6) $\neg N\ulcorner\lambda\urcorner$；　　(根据 RN 可得)

(7) $\neg N\ulcorner\neg N\ulcorner\lambda\urcorner\urcorner$；　　(以 $\neg N(\ulcorner\lambda\urcorner)$ 替换 $\ulcorner\lambda\urcorner$)

(8) $\neg T\ulcorner\neg N\ulcorner\lambda\urcorner\urcorner$；　　(根据 E_N 可得)

(9) $N\ulcorner\lambda\urcorner$。　　(根据新公理可得)

推理中的(6)和(9)矛盾。证毕。

为了弥补这一缺陷，我们必须在 $\mathcal{L}_{TN}$ 中添加一个用以表达“可能”的新的一元谓词 P。

定义 5.18($\mathcal{L}_{TNP}$)　形式语言 $\mathcal{L}_{TNP}$ 是通过向 $\mathcal{L}_{TN}$ 中添加用于表示“可能”的一元初始谓词 P 所得。也即 $\mathcal{L}_{TNP}=\mathcal{L}_{TN}\cup\{P\}$。

定义 5.19(MKF)　模态理论 **MKF** 是在以 $\mathcal{L}_{TNP}$ 重新表达 **MKF**$^-$ 的基础上，通过增加如下公理和规则而得到。

1. 公理

Reg_P：$\forall v\forall x\forall s\forall t(\mathrm{Sent}(\underset{\centerdot}{\forall}vx)\rightarrow(\mathrm{val}(s)=\mathrm{val}(t)\rightarrow(P(x(s/v))\leftrightarrow P(x(t/v)))))$；

RP：$\forall x(\mathrm{Sent}(x)\rightarrow(T(\ulcorner P(\dot{x})\urcorner)\leftrightarrow P(x)))$；

DN：$\forall x(\mathrm{Sent}(x)\rightarrow(T(\ulcorner\neg N(\dot{x})\urcorner)\leftrightarrow P(\underset{\centerdot}{\neg}x)))$；

DP：$\forall x(\mathrm{Sent}(x)\rightarrow(T(\ulcorner\neg P(\dot{x})\urcorner)\leftrightarrow N(\underset{\centerdot}{\neg}x)))$。

2. 规则

TcR_P：由 $tc(\ulcorner\varphi\urcorner)$ 可以推出 $tc(\ulcorner P(\ulcorner\varphi\urcorner)\urcorner)$，其中 $\varphi\in\mathcal{L}_{TNP}$。

另外，公理 Reg_P 也是替换原则的形式化的表示，其功能与 Reg_N 相同，主要是确保模态语境是外延的。公理 RP 是 **MKF** 的另一理论特设公理，含义是：如果一个语句真的是可能的，那么它就是可能的；反之，如果一个语句是可能的，那么它就真的是可能的。RP 所体现的谓词 T 与谓词 P 的相互作用方式也与塔尔斯基双条件模式类似。公理 DN 和 DP 分别是对 T⌜¬N t⌝ 和 T⌜¬P t⌝ 的说明，并且符合对“必然”和“可能”的直观理解。规则 $\mathrm{TcR_P}$ 的作用与规则 $\mathrm{TcR_N}$ 相同，它的目的是希望：对于所有的完全且相容语句，它们的可能化也是完全且相容的。此外，为了使记法简洁，我们以不加下标的 Sent(x)直接表示x是$\mathcal{L}_{\mathrm{TNP}}$ 语句。

定义 5.20(BMKF) 模态谓词理论 **BMKF** 是以$\mathcal{L}_{\mathrm{TNP}}$为形式语言，在 **KF** 的基础上增加公理 $\mathrm{Reg_N}$，$\mathrm{Reg_P}$，ND，BF，RN，RP，DN，DP，$\mathrm{K_N}$ 及规则 $\mathrm{Nec_N}$，$\mathrm{TcR_N}$，$\mathrm{TcR_P}$ 而得到。

由定义可以看出，**BMKF** 类似于 **BMFS**，它是基于 **KF** 的谓词版本的模态逻辑 **K** 系统。类似地，我们还可以定义出其他系统，并记为：

谓词版本的 **T** 系统：**B**T**MKF**＝**BMKF**＋$\mathrm{T_N}$；

谓词版本的 **S4** 系统：**B**T4**MKF**＝**BMKF**＋$\mathrm{T_N}$＋$\mathrm{4_N}$；

谓词版本的 **S5** 系统：**B**TE**MKF**＝**BMKF**＋$\mathrm{T_N}$＋$\mathrm{E_N}$。

5.3.2 模态固定点语义学

框架F和赋值函数f的定义与定义 5.7 和定义 5.8 相同。

定义 5.21($\mathcal{L}_{\mathrm{TNP}}$的解释) 令$F$是一个框架，$f$是框架上的赋值函数。由$F$和$f$诱导的模型$\mathfrak{M}_w=\langle w, f(w), \mathcal{Y}_w, \mathcal{Z}_w\rangle$，其中$f(w)$是在$w$上对 T 的解释，$\mathcal{Y}_w$是在$w$上对 N 的解释，$\mathcal{Z}_w$是在$w$上对 P 的解释，并且满足条件

$$\mathcal{Y}_w=\bigcap_{v\in[Rw]} f(v),$$
$$\mathcal{Z}_w=\bigcup_{v\in[Rw]} f(v),$$

其中，$[Rw]$是对集合$\{x\in W|Rwx\}$的缩写。

定义给出了相对于某个可能世界w的模型，可简记为$\mathfrak{M}_w \vDash \varphi$，有时为了指明诱导出$\mathfrak{M}_w$的框架和赋值函数，也记为$F$，$w \vDash^f \varphi$。

根据定义，如果$\ulcorner \varphi \urcorner \in \mathcal{Z}_w$，并且$\varphi$是$\mathcal{L}_{\mathrm{TNP}}$语句，那么必定存在$v \in W$，使得$Rwv$并且$\ulcorner \varphi \urcorner \in f(v)$。$\ulcorner \varphi \urcorner \in \mathcal{Z}_w$说明"$\varphi$在$w$上是可能的"，$\ulcorner \varphi \urcorner \in f(v)$说明"$\varphi$在$v$上是真的"。也就是说，$\varphi$在某个可能世界$w$上是可能的，当且仅当它在某个与$w$有可及关系的可能世界$v$上为真。这就与标准模态逻辑的语义学对可能算子的理解完全相同。接下来扩充强克林满足关系。

定义 5.22（模态强克林满足关系）　令F是一个框架，f是框架F上的赋值函数，w是F中的可能世界。模态强克林满足关系F，$w \vDash^f_{\mathrm{SK}} \varphi$可定义为：

(1)F，$w \vDash^f_{\mathrm{SK}} s = t \Leftrightarrow s^{\mathbb{N}} = t^{\mathbb{N}}$；

(2)F，$w \vDash^f_{\mathrm{SK}} s \neq t \Leftrightarrow s^{\mathbb{N}} \neq t^{\mathbb{N}}$；

(3)F，$w \vDash^f_{\mathrm{SK}} \mathrm{T}(t) \Leftrightarrow t^{\mathbb{N}} \in f(w)$且$t^{\mathbb{N}} \in \mathrm{Sent}$；

(4)F，$w \vDash^f_{\mathrm{SK}} \neg \mathrm{T}(t) \Leftrightarrow (\underset{\bullet}{\neg} t)^{\mathbb{N}} \in f(w)$或$t^{\mathbb{N}} \notin \mathrm{Sent}$；

(5)F，$w \vDash^f_{\mathrm{SK}} \mathrm{N}(t) \Leftrightarrow t^{\mathbb{N}} \in \mathcal{Y}_w$且$t^{\mathbb{N}} \in \mathrm{Sent}$；

(6)F，$w \vDash^f_{\mathrm{SK}} \neg \mathrm{N}(t) \Leftrightarrow (\underset{\bullet}{\neg} t)^{\mathbb{N}} \in \mathcal{Z}_w$或$t^{\mathbb{N}} \notin \mathrm{Sent}$；

(7)F，$w \vDash^f_{\mathrm{SK}} \mathrm{P}(t) \Leftrightarrow t^{\mathbb{N}} \in \mathcal{Z}_w$且$t^{\mathbb{N}} \in \mathrm{Sent}$；

(8)F，$w \vDash^f_{\mathrm{SK}} \neg \mathrm{P}(t) \Leftrightarrow (\underset{\bullet}{\neg} t)^{\mathbb{N}} \in \mathcal{Y}_w$或$t^{\mathbb{N}} \notin \mathrm{Sent}$；

(9)F，$w \vDash^f_{\mathrm{SK}} \neg\neg \psi \Leftrightarrow F$，$w \vDash^f_{\mathrm{SK}} \psi$；

(10)F，$w \vDash^f_{\mathrm{SK}} \psi \wedge \gamma \Leftrightarrow F$，$w \vDash^f_{\mathrm{SK}} \psi$且$F$，$w \vDash^f_{\mathrm{SK}} \gamma$；

(11)F，$w \vDash^f_{\mathrm{SK}} \neg(\psi \wedge \gamma) \Leftrightarrow F$，$w \vDash^f_{\mathrm{SK}} \neg \psi$或$F$，$w \vDash^f_{\mathrm{SK}} \neg \gamma$；

(12)F，$w \vDash^f_{\mathrm{SK}} \psi \vee \gamma \Leftrightarrow F$，$w \vDash^f_{\mathrm{SK}} \psi$或$F$，$w \vDash^f_{\mathrm{SK}} \gamma$；

(13)F，$w \vDash^f_{\mathrm{SK}} \neg(\psi \vee \gamma) \Leftrightarrow F$，$w \vDash^f_{\mathrm{SK}} \neg \psi$且$F$，$w \vDash^f_{\mathrm{SK}} \neg \gamma$；

(14)F，$w \vDash^f_{\mathrm{SK}} \forall x \psi \Leftrightarrow \forall n \in \mathbb{N}$都有$F$，$w \vDash^f_{\mathrm{SK}} \psi(\overline{n}/x)$；

(15)F，$w \vDash^f_{\mathrm{SK}} \neg \forall x \psi \Leftrightarrow \exists n \in \mathbb{N}$使得$F$，$w \vDash^f_{\mathrm{SK}} \neg \psi(\overline{n}/x)$；

(16) F，$w \vDash^f_{SK} \exists x\psi \Leftrightarrow \exists n \in \mathbb{N}$ 使得 F，$w \vDash^f_{SK} \psi(\overline{n}/x)$；

(17) F，$w \vDash^f_{SK} \neg \exists x\psi \Leftrightarrow \forall n \in \mathbb{N}$ 都有 F，$w \vDash^f_{SK} \neg\psi(\overline{n}/x)$。

定义中的"$t^{\mathbb{N}} \in \mathrm{Sent}$"是一个临时的记法，它表示$t^{\mathbb{N}}$是$\mathcal{L}_{\mathrm{TNP}}$语句的哥德尔编码，"$t^{\mathbb{N}} \notin \mathrm{Sent}$"则表示$t^{\mathbb{N}}$不是$\mathcal{L}_{\mathrm{TNP}}$语句的哥德尔编码。

于是现在就有两种不同的满足：$\vDash^f$和$\vDash^f_{SK}$，二者的关系如下：

引理 5.23 令F是一个框架，f是框架F上的赋值函数，于是对$\mathcal{L}_{\mathrm{TNP}}$的任意闭项$t$及$\forall w \in W$，都有

(1) F，$w \vDash^f_{SK} \mathrm{N}(t) \Leftrightarrow F$，$w \vDash^f \mathrm{N}(t)$；

(2) F，$w \vDash^f_{SK} \neg\mathrm{N}(t) \Leftrightarrow F$，$w \vDash^f \mathrm{P}(\dot{\neg} t)$；

(3) F，$w \vDash^f_{SK} \mathrm{P}(t) \Leftrightarrow F$，$w \vDash^f \mathrm{P}(t)$；

(4) F，$w \vDash^f_{SK} \neg\mathrm{P}(t) \Leftrightarrow F$，$w \vDash^f \mathrm{N}(\dot{\neg} t)$。

证明 对于(1)

F，$w \vDash^f_{SK} \mathrm{N}(t) \Leftrightarrow t^{\mathbb{N}} \in \mathcal{Y}_w$ （根据定义 5.22(5)）

$\Leftrightarrow F$，$w \vDash^f \mathrm{N}(t)$。 （对谓词 N 的解释）

其余三种可以类似证明。并且我们在证明过程中只需考虑$t^{\mathbb{N}} \in \mathrm{Sent}$ 的情形，因为当$t^{\mathbb{N}} \notin \mathrm{Sent}$ 时的验证是平凡的。证毕。

定义 5.24(模态跳跃算子) 令val_F是框架F上全体赋值函数的集合。模态跳跃算子Θ_F是val_F上的运算，使得$\forall w \in W$，都有

$$[\Theta_F(f)](w) = \{\ulcorner\varphi\urcorner \mid F,\ w \vDash^f_{SK} \varphi,\ \varphi \in \mathcal{L}_{\mathrm{TNP}}\}。$$

根据定理 4.37，我们同样可以证明模态跳跃算子具有单调性，并结合单调性和定理 4.38，又可以证明固定点存在，也即存在赋值函数$f \in val_F$，使得

$$\Theta_F(f) = f。$$

于是就可以建立模态固定点语义学和 **BMKF** 系统之间的核心结论了。

定理 5.25 令F是一个框架，f是F上的赋值函数，那么

$$\Theta_F(f) = f \ \Leftrightarrow\ \forall w \in W,\ F,\ w \vDash^f \mathbf{BMKF}。$$

证明　本定理的证明思路与定理 4.40 完全相同，我们只补充说明涉及模态谓词的证明。在从左到右的方向上，验证 RN

$F, w \vDash^{f} T(\ulcorner N(\ulcorner\varphi\urcorner)\urcorner)$　（假设）

$\Leftrightarrow \ulcorner N(\ulcorner\varphi\urcorner)\urcorner \in f(w)$　（对谓词 T 的解释）

$\Leftrightarrow \ulcorner N(\ulcorner\varphi\urcorner)\urcorner \in [\Theta_F(f)](w)$　（$\Theta_F(f)=f$）

$\Leftrightarrow F, w \vDash^{f}_{SK} N(\ulcorner\varphi\urcorner)$　（根据定义 5.24）

$\Leftrightarrow F, w \vDash^{f} N(\ulcorner\varphi\urcorner)$。　（根据引理 5.23(1)）

RP，DN 和 DP 也可以类似验证。下面验证规则 TcR_N 可以保持

$F, w \vDash^{f} T(\ulcorner \neg N(\ulcorner\varphi\urcorner)\urcorner)$　（假设）

$\Leftrightarrow \ulcorner \neg N(\ulcorner\varphi\urcorner)\urcorner \in f(w)$　（对谓词 T 的解释）

$\Leftrightarrow \ulcorner \neg N(\ulcorner\varphi\urcorner)\urcorner \in [\Theta_F(f)](w)$　（$\Theta_F(f)=f$）

$\Leftrightarrow F, w \vDash^{f}_{SK} \neg N(\ulcorner\varphi\urcorner)$　（根据定义 5.24）

$\Leftrightarrow \ulcorner \neg\varphi\urcorner \in \mathcal{Z}_w$　（根据定义 5.22(6)）

$\Leftrightarrow \exists v \in [Rw], \ulcorner \neg\varphi\urcorner \in f(v)$　（对 $\mathcal{Z}_w$ 的定义）

$\Leftrightarrow \exists v \in [Rw], \ulcorner \varphi\urcorner \notin f(v)$　（根据归纳假设可得）

$\Leftrightarrow \ulcorner \varphi\urcorner \notin \mathcal{Y}_w$　（对 $\mathcal{Y}_w$ 的定义）

$\Leftrightarrow F, w \nvDash^{f}_{SK} N(\ulcorner\varphi\urcorner)$　（根据定义 5.22(5)）

$\Leftrightarrow \ulcorner N(\ulcorner\varphi\urcorner)\urcorner \notin [\Theta_F(f)](w)$　（根据定义 5.24）

$\Leftrightarrow \ulcorner N(\ulcorner\varphi\urcorner)\urcorner \notin f(w)$　（$\Theta_F(f)=f$）

$\Leftrightarrow F, w \nvDash^{f} T(\ulcorner N(\ulcorner\varphi\urcorner)\urcorner)$　（对谓词 T 的解释）

$\Leftrightarrow F, w \vDash^{f} \neg T(\ulcorner N(\ulcorner\varphi\urcorner)\urcorner)$。　（由上一步可得）

其余的规则也可以类似地验证。

从右向左的方向，我们考虑 $N\ulcorner\psi\urcorner$ 的情形。

$\ulcorner N(\ulcorner\psi\urcorner)\urcorner \in f(w)$

$\Leftrightarrow F, w \vDash^{f} T(\ulcorner N(\ulcorner\psi\urcorner)\urcorner)$　（对谓词 T 的解释）

$\Leftrightarrow F$，$w \models^{f} \mathrm{N}(\ulcorner\psi\urcorner)$ （根据 RN）

$\Leftrightarrow F$，$w \models^{f}_{\mathrm{SK}} \mathrm{N}(\ulcorner\psi\urcorner)$ （引理 5.23(1)）

$\Leftrightarrow \ulcorner \mathrm{N}(\ulcorner\psi\urcorner) \urcorner \in [\Theta_F(f)](w)$。 （根据定义 5.24）

涉及模态谓词的其余情形可以类似验证。证毕。

定理 5.25 不仅表明 **BMKF** 是相容的，而且是对任意框架F及框架上的任意赋值函数f。如果把 **BMKF** 视作对标准模态逻辑 **K** 系统的谓词版本，那么不难发现，定理 5.25 实际上证明了基于模态固定点语义学的任意框架都是 **K**-框架。其他系统则必须考虑框架中关系R的性质。

定理 5.26 令F是一个框架，于是

(1)F是自返框架 $\Leftrightarrow \forall w \in W$，$F$，$w \models$**BTMKF**；

(2)F是传递框架 $\Leftrightarrow \forall w \in W$，$F$，$w \models$**B4MKF**；

(3)F是欧性框架 $\Leftrightarrow \forall w \in W$，$F$，$w \models$**BEMKF**。

证明 根据定理 5.14 可类似证明。证毕。

最后，由于 **MKF**＝**BTEMKF**，所以

定理 5.27 令F是一个框架，于是

F是自返且欧性框架 $\Leftrightarrow$ $\forall w \in W$，F，$w \models$**MKF**。

证明 根据定理 5.26 可直接证明。证毕。

§5.4 更进一步的讨论

在前面的两节中，我们分别建立了基于 **FS** 的模态逻辑 **MFS** 和基于 **KF** 的模态逻辑 **MKF**。我们证明了它们的相容性，这表明模态谓词理论是可以克服蒙塔古悖论的，因而以谓词表达模态具有可行性。在建立 **MFS** 和 **MKF** 时，我们都有意识地让它们保持了标准模态逻辑 **S5** 的形态。本节将进一步证明模态谓词

理论在演绎力上保持了标准模态逻辑 **S5** 的定理。

定义 5.28($\mathcal{L}_{PA}^{\Box\blacksquare}$)　模态语言$\mathcal{L}_{PA}^{\Box\blacksquare}$是在$\mathcal{L}_{PA}$的基础上增加模态算子$\Box$和$\blacksquare$而得到。$\mathcal{L}_{PA}^{\Box\blacksquare}$的形成规则如下

$$\varphi ::= p \mid \neg\varphi \mid (\varphi\wedge\varphi) \mid (\varphi\vee\varphi) \mid (\varphi\rightarrow\varphi) \mid \Box\varphi \mid \blacksquare\varphi,$$

其中，p是$\mathcal{L}_{PA}$语句。

如不考虑模态算子，定义 5.28 给出的正是$\mathcal{L}_{PA}$。不过在$\mathcal{L}_{PA}^{\Box\blacksquare}$中，$\forall x(x=x)$并非复合公式，而是视为原子命题。模态算子$\Box$与通常的必然算子一样，它遵循的模态原则为 K，T，E，Nec；模态算子$\blacksquare$用于表示“真”，它只遵循一条模态原则 Tr，即$\blacksquare\varphi\leftrightarrow\varphi$。我们把经由$\mathcal{L}_{PA}^{\Box\blacksquare}$重新表达并且为上述模态原则扩充过后所得理论记为 **PAS5**。

在$\mathcal{L}_{PA}^{\Box\blacksquare}$与$\mathcal{L}_{TN}$之间可以建立一种翻译。

定义 5.29　从$\mathcal{L}_{PA}^{\Box\blacksquare}$到$\mathcal{L}_{TN}$的翻译函数记为$\tau$，它在$\mathcal{L}_{PA}$上保持恒等，并且由以下条款构成：

(1)若φ是$\mathcal{L}_{PA}$语句，则$\tau(\varphi)=\varphi$；

(2)若φ是$\neg\psi$，则$\tau(\varphi)=\neg\tau(\psi)$；

(3)若φ是$(\psi\circ\gamma)$，则$\tau(\varphi)=\tau(\psi)\circ\tau(\gamma)$，其中$\circ\in\{\wedge, \vee, \rightarrow\}$；

(4)若φ是$\Box\psi$，则$\tau(\varphi)=\mathrm{N}(\ulcorner\tau(\psi)\urcorner)$；

(5)若φ是$\blacksquare\psi$，则$\tau(\varphi)=\mathrm{T}(\ulcorner\tau(\psi)\urcorner)$。

引理 5.30　令τ是从$\mathcal{L}_{PA}^{\Box\blacksquare}$到$\mathcal{L}_{TN}$的翻译，对$\mathcal{L}_{PA}^{\Box\blacksquare}$任意语句$\varphi$，都有

$$\mathbf{BMFS}\ \vdash\ \mathrm{T}(\ulcorner\tau(\varphi)\urcorner)\leftrightarrow\tau(\varphi)。$$

证明　通过施归纳于φ的结构复杂度来证明。具体的证明过程可以参见斯特恩的文章。①证毕。

定理 5.31　令τ是从$\mathcal{L}_{PA}^{\Box\blacksquare}$到$\mathcal{L}_{TN}$的转换，对$\mathcal{L}_{PA}^{\Box\blacksquare}$任意语句$\varphi$，都有

---

① J. Stern. Modality and Axiomatic Theories of Truth I：Friedman-Sheard. *The Review of Symbolic Logic*, 2014，7(2)：286-287.

$$\mathbf{PAS5} \vdash \varphi \Rightarrow \mathbf{MFS} \vdash \tau(\varphi)。$$

证明 可以通过施归纳于 **PAS5** 中证明序列的长度来证明。证毕。

定理 5.31 表明，凡是标准模态逻辑 **S5** 系统的定理，经过翻译之后也都是模态谓词理论 **MFS** 的定理。而类似地，我们还可以证明引理 5.30 和定理 5.31 对于 $\mathbf{MKF}^{-}$ 也成立。[①]因此，**MKF** 也能够保持 **S5** 系统的定理。

以上结论表明，尽管 **FS** 和 **KF** 作为两种公理化真理论，它们的差异是十分巨大的，甚至在关键性质上完全相反，但是当它们只是作为一种真理论被用于建立模态理论时，它们就表现出了几乎完全相同的功能。这似乎让我们看到了公理化真理论也存在"多样性中的统一"，说明至少在以真刻画模态的问题上，公理化真理论并不需要借助它们的哲学背景和依据，从而说明公理化真理论的确能够保持哲学上的中立。

通过模态应用，我们看到了把模态逻辑建立在真理论的基础上的可能性，即以公理化真理论和语义真理论分别作为模态逻辑的语形基础和语义基础。当然，这样的模态逻辑太过于复杂，还并不利于模态逻辑的进一步研究。不过基于公理化真理论的模态逻辑仍然具有重要的理论意义。它们很好地说明，真概念为什么是逻辑学的基本概念，而追求一种精确严格且无矛盾的真概念又是何等的重要。把模态逻辑建立在真理论的基础上，不仅体现了真概念的基础地位，而且有可能真正揭示出模态概念与真概念的逻辑关系，这对哲学问题的讨论将无疑是意义重大的。

---

① J. Stern. Modality and Axiomatic Theories of Truth II：Kripke-Feferman. *The Review of Symbolic Logic*, 2014，7(2)：305-306.

第 6 章
公理化真理论的数学强度

在第 3 章中，我们讨论了保守性的问题，并且证明了 **DT** 和 **UDT** 是 **PA** 之上保守的，而 **CT** 不是。这就意味着，**DT** 和 **UDT** 的数学强度等价于 **PA**，而 **CT** 强于 **PA**。那么 **CT** 究竟等价于什么样的数学理论？作为对 **CT** 的扩充，**FS** 与 **KF** 显然更不具备保守性，那么它们的数学强度又是怎样的？本章将对这些问题做一个简要的论述。

§6.1　CT 的数学强度

定理 3.20 证明 **CT** 能推出 **PA** 的相容性，因而不是 **PA** 之上保守的。现在考虑二阶算术的形式语言$\mathcal{L}_2$：除了$\mathcal{L}_{\mathrm{PA}}$已有的初始符号外，$\mathcal{L}_2$还包含一个二阶变元的无穷序列$X_1$，$X_2$，$X_3$，…和一个初始的二元谓词符号$\in$。$t\in X$是$\mathcal{L}_2$的一类新的原子公式，其中$t$是$\mathcal{L}_{\mathrm{PA}}$ 的项，X是$\mathcal{L}_2$的二阶变元。

定义 6.1(ACA)　二阶算术 **ACA** 以$\mathcal{L}_2$为形式语言，在 **PA** 的基础上允许归纳公理模式适用于$\mathcal{L}_2$的所有公式，并且添加如下算术概括公理模式(CA)

$$\exists X\forall y(y\in X\leftrightarrow\varphi(y))。$$

其中，$\varphi(y)$中不包含X的自由出现，并且不包含任何二阶约束变元，但允许二阶参数。

我们将证明，**CT** 的数学强度等价于 **ACA**。证明分为两个方面：一方面，证明 **ACA** 可以通过某种适当的翻译嵌入 **CT**；另一方面，证明在 **ACA** 中可以定

义出 **CT** 的谓词 T。

首先给定两个无穷序列，它们分别是一阶变元的枚举x_0，x_1，x_2，…，以及二阶变元的枚举X_0，X_1，X_2，…。公式 $\mathrm{Form}(y,\ulcorner x_0 \urcorner)$表示，在哥德尔编码为$y$的$\mathcal{L}_{\mathrm{PA}}$公式中恰有自由变元$x_0$。然后定义一个二元函数$h$，当它作用于自然数$n$和只含有第 0 号一阶变元$x_0$的自由出现的公式$\varphi(x_0)$时，就用$n$的数字来替换$\varphi(x_0)$中$x_0$的全部自由出现，如果$\varphi$不是只含$x_0$的自由出现的公式，那么所得结果就是语句$\overline{n}=\overline{n}$。$h$的符号表示是$\underset{\cdot}{h}(x, y)$。最后把翻译函数*的翻译条款定义如下

(1)$x_n{}^* = x_{2n+2}$；

(2)如果t是$\mathcal{L}_{\mathrm{PA}}$的项，那么$t^*$就是以$x^*$替换$t$中所有$x$所得；

(3)$X_n{}^* = x_{2n+1}$；

(4)$(t \in X)^* = \mathrm{T}\,\underset{\cdot}{h}(t^*, X^*)$；

(5)$(\neg\varphi)^* = \neg\varphi^*$；

(6)$(\varphi\wedge\psi)^* = \varphi^*\wedge\psi^*$；

(7)$(\varphi\vee\psi)^* = \varphi^*\vee\psi^*$；

(8)$(\forall x\varphi)^* = \forall x^*\varphi^*$；

(9)$(\forall X\varphi)^* = \forall X^*(\mathrm{Form}(X^*,\ulcorner x_0 \urcorner)\rightarrow\varphi^*)$；

(10)$(\exists x\varphi)^* = \exists x^*\varphi^*$；

(11)$(\exists X\varphi)^* = \exists X^*(\mathrm{Form}(X^*,\ulcorner x_0 \urcorner)\wedge\varphi^*)$。

定理 6.2 对任意$\mathcal{L}_2$公式φ，如果 **ACA**$\vdash\varphi$，那么 **CT**$\vdash\varphi^*$。

证明 因为 **ACA** 相比 **PA** 只是增加了一条算术概括公理模式，所以只需证明当φ是这种模式时结论成立即可。不妨令算术概括模式满足如下形式：

$$\exists X\forall y(y\in X\leftrightarrow\varphi(y, z, t\in Z))。\tag{6-1}$$

在式(6-1)中，公式$\varphi(y, z, t\in Z)$中的一阶变元z和二阶变元Z都是作为参数的。虽然z和Z也是自由的，但是在具体的概括模式的实例中，它们却具有相

对确定性，所以不会影响对y的讨论，因而公式$\varphi(y, z, t\in Z)$仍然是只含一个一阶自由变元的二阶公式。于是式(6-1)可以通过翻译函数*翻译为

$$\exists X^*(\mathrm{Form}(X^*, \ulcorner x_0 \urcorner)\wedge \forall y(\mathrm{T}\,\underset{\cdot}{h}(\dot{y}, X^*)\leftrightarrow$$

$$\varphi(y, z^*, \mathrm{T}\underset{\cdot}{h}(t^*, Z^*))))。 \tag{6-2}$$

现在证明在 **CT** 中可以推出式(6-2)。因为下式是一条逻辑定理

$$\forall x_0(\varphi(x_0, z^*, \mathrm{T}\underset{\cdot}{h}(t^*, Z^*))\leftrightarrow \varphi(x_0, z^*, \mathrm{T}\underset{\cdot}{h}(t^*, Z^*)))。$$

于是根据 **CT** 的真之公理可将公式$\varphi(x_0, z^*, \mathrm{T}\,\underset{\cdot}{h}(t^*, Z^*))$变形而得到

$$\forall x_0(\mathrm{T}\ulcorner \varphi(\dot{x}_0, z^*, \underset{\cdot}{h}\ (t^*, Z^*))\urcorner \leftrightarrow \varphi(x_0, z^*, \mathrm{T}\,\underset{\cdot}{h}(t^*, Z^*)))。 \tag{6-3}$$

因为$\varphi(x_0, z, t\in Z)$中事实上只含一个一阶自由变元x_0，所以若用X来表示则显然有 $\mathrm{Form}(X^*, \ulcorner x_0 \urcorner)$。又根据$h(x, y)$的定义可知

$$\underset{\cdot}{h}(\dot{x}_0, X^*)=\ulcorner \varphi(\dot{x}_0, z^*, \underset{\cdot}{h}\ (t^*, Z^*))\urcorner。 \tag{6-4}$$

将式(6-4)代入式(6-3)即可得到

$$\forall x_0(\mathrm{T}\underset{\cdot}{h}(\dot{x}_0, X^*)\leftrightarrow \varphi(x_0, z^*, \mathrm{T}\underset{\cdot}{h}(t^*, Z^*)))。 \tag{6-5}$$

根据约束变元易字，由(6-5)可以直接得到

$$\forall y(\mathrm{T}\underset{\cdot}{h}(\dot{y}, X^*)\leftrightarrow \varphi(y, z^*, \mathrm{T}\underset{\cdot}{h}(t^*, Z^*)))。 \tag{6-6}$$

因为 $\mathrm{Form}(X^*, \ulcorner x_0 \urcorner)$是 **CT** 可证的，所以与式(6-6)结合便可得

$$\exists X^*(\mathrm{Form}(X^*, \ulcorner x_0 \urcorner)\wedge \forall y(\mathrm{T}\underset{\cdot}{h}(\dot{y}, X^*)\leftrightarrow \varphi(y, z^*, \mathrm{T}\underset{\cdot}{h}(t^*, Z^*))))。$$

这就证明了在 **CT** 中可以推出式(6-2)。证毕。

定理 6.2 证明了 **ACA** 可以通过翻译函数*嵌入 **CT**，从而说明 **CT** 的数学强度并不弱于 **ACA**。接下来证明 **ACA** 能够定义 **CT** 的真谓词。令 $\mathrm{Tset}(X, n)$是这样一个公式，它表示X是复杂度至多为n的语句所组成的集合，$\mathrm{Tset}(X, n)$定义如下

$$\forall x(x\in X\rightarrow \mathrm{Sent}_{\mathrm{PA}}(x)\wedge lh(x)\leqslant n)\wedge$$

$$\forall x\,\forall s\,\forall t(x=(s\underset{\cdot}{=}t)\rightarrow(x\in X\leftrightarrow \mathrm{Val}^+(x))\wedge$$

$\forall x\forall y(x=\underset{\cdot}{\neg}y\wedge \mathrm{Sent}_{\mathrm{PA}}(x)\wedge lh(x)\leqslant n\rightarrow(x\in X\leftrightarrow y\notin X))\wedge$

$\forall x\forall y\forall z(x=(y\underset{\cdot}{\wedge}z)\wedge \mathrm{Sent}_{\mathrm{PA}}(x)\wedge lh(x)\leqslant n\rightarrow(x\in X\leftrightarrow y\in X\wedge z\in X))\wedge$

$\forall x\forall y\forall z(x=(y\underset{\cdot}{\vee}z)\wedge \mathrm{Sent}_{\mathrm{PA}}(x)\wedge lh(x)\leqslant n\rightarrow(x\in X\leftrightarrow y\in X\vee z\in X))\wedge$

$\forall x\forall v\forall y(x=\underset{\cdot}{\forall}vy\wedge \mathrm{Sent}_{\mathrm{PA}}(x)\wedge lh(x)\leqslant n\rightarrow(x\in X\leftrightarrow \forall t(y(t/v))\in X))\wedge$

$\forall x\forall v\forall y(x=\underset{\cdot}{\exists}vy\wedge \mathrm{Sent}_{\mathrm{PA}}(x)\wedge lh(x)\leqslant n\rightarrow(x\in X\leftrightarrow \exists t(y(t/v))\in X))$。

其中，$lh(x)$是一个函数，其变元的取值为公式，运算所得的值为该公式的复杂度。

引理 6.3 在 **ACA** 中，

$\mathrm{Tset}(X, n)\wedge \mathrm{Tset}(Y, k)\wedge n\leqslant k\rightarrow \forall x(lh(x)\leqslant n\rightarrow(x\in X\leftrightarrow x\in Y))$。

证明 令n和k是已知确定的，并且假设$n\leqslant k$和 $lh(x)\leqslant n$。那么可通过施归纳于 $lh(x)$来证明。如果φ是原子公式，那么根据 Tset 的定义，$\ulcorner\varphi\urcorner$ 在X中当且仅当φ是为真的原子句，对于Y也是如此。因此X和Y都恰好包含复杂度为 0 的算术语句，二者是相同的。对于归纳步骤：如果φ是否定句$\neg\psi$，那么根据 Tset 的定义可知，$\ulcorner\psi\urcorner$ 不在X中。而根据归纳假设又可知，$\ulcorner\psi\urcorner$ 不在Y中。于是得到$\ulcorner\varphi\urcorner$ 在X中当且仅当$\ulcorner\varphi\urcorner$ 在Y中。其余逻辑联结词和量词的情形可以类似地证明。证毕。

引理 6.4 **ACA**$\vdash\exists X\mathrm{Tset}(X, \mathbf{0})$。

证明 一方面，根据算术概括模式，在 **ACA** 中可以直接证明

$$\exists X\forall x(x\in X\leftrightarrow \exists s\exists t(x=(s\underset{\cdot}{=}t)\wedge \mathrm{Val}^{+}(s\underset{\cdot}{=}t)));$$

另一方面，在 **PA** 中又可以证明

$$\mathrm{Sent}_{\mathrm{PA}}(x)\wedge lh(x)\leqslant n\leftrightarrow \exists s\exists tx=(s\underset{\cdot}{=}t)。$$

二者结合即为 **ACA**$\vdash\exists X\mathrm{Tset}(X, \mathbf{0})$。证毕。

引理 6.5 **ACA**$\vdash\exists X\mathrm{Tset}(X, n)\rightarrow\exists X\mathrm{Tset}(X, \mathrm{S}(n))$。

证明 根据算术概括模式，在 **ACA** 中可以直接证明

$\exists X\forall x(x\in X\leftrightarrow x\in Y\vee(\mathrm{Sent}_{\mathrm{PA}}(x)\wedge lh(x)=\mathrm{S}(n)\wedge$

$(\exists y(x = \underset{\cdot}{\neg} y \wedge \mathrm{Sent}_{\mathrm{PA}}(x) \wedge y \notin Y) \vee$

$\exists y \exists z(x = (y \underset{\cdot}{\wedge} z) \wedge (y \in Y \wedge z \in Y)) \vee$

$\exists y \exists z(x = (y \underset{\cdot}{\vee} z) \wedge (y \in Y \vee z \in Y)) \vee$

$\exists y \exists v(x = \underset{\cdot}{\forall} vy \wedge \forall t(y(t/v)) \in Y) \vee$

$\exists y \exists v(x = \underset{\cdot}{\forall} vy \wedge \forall t(y(t/v)) \in Y))))$。

很明显，在上述概括模式的实例中，Y是一个自由出现的二阶参数。根据该实例，可以由假设 Tset(Y, n)而得到 Tset$(Y, \mathrm{S}(n))$。故而引理得证。证毕。

定理 6.6　**ACA**$\vdash \forall n \exists X \mathrm{Tset}(X, n)$。

证明　由引理 6.4 和引理 6.5 通过归纳公理模式可以直接证得。证毕。

定理 6.7　**CT** 的真谓词 $\mathrm{T}(x)$在 **ACA** 中可以被定义为

$$\exists X(\mathrm{Tset}(X, lh(x)) \wedge x \in X)。$$

证明　只需证明该定义能够满足 **CT** 的全部真之公理。对于公理 CT1，因为在 **ACA** 中可以直接根据 Tset(X, n)的定义证明

$$\forall x \forall X \forall n(\mathrm{Tset}(X, n) \rightarrow \forall s \forall t(x = (s \underset{\cdot}{=} t) \rightarrow (x \in X \leftrightarrow \mathrm{Val}^{+}(s \underset{\cdot}{=} t))))。$$

结合引理 6.4 可证明

$$\exists X(\mathrm{Tset}(X, lh(s \underset{\cdot}{=} t)) \wedge x \in X) \leftrightarrow \mathrm{Val}^{+}(s \underset{\cdot}{=} t)。$$

此即为公理 CT1 在 **ACA** 中的表示。下面验证公理 CT2，不难在 **ACA** 中建立如下的推理

$\forall x(\mathrm{Sent}_{\mathrm{PA}}(x) \rightarrow (\exists X(\mathrm{Tset}(X, lh(\underset{\cdot}{\neg} x)) \wedge \underset{\cdot}{\neg} x \in X)$

$\leftrightarrow \exists X(\mathrm{Tset}(X, lh(\underset{\cdot}{\neg} x)) \wedge x \notin X))$

$\leftrightarrow \exists X(\mathrm{Tset}(X, lh(x)) \wedge x \notin X))$

$\leftrightarrow \neg \exists X(\mathrm{Tset}(X, lh(x)) \wedge x \in X)))$。

上述推理的第一个等值式是根据 Tset(X, n)的定义，第二个等值式是根据引理 6.3 和定理 6.6，第三个等值式是根据引理 6.3 所得。

对于公理 CT5，同样可以在 **ACA** 中建立推理如下

$$\forall v \forall x(\mathrm{Sent}_{\mathrm{PA}}(\dot{\forall} vx) \to (\exists X(\mathrm{Tset}(X, lh(\dot{\forall} vx)) \wedge \dot{\forall} vx \in X)$$

$$\leftrightarrow \exists X(\mathrm{Tset}(X, lh(\dot{\forall} vx)) \wedge \forall t(x(t/v)) \in X)))$$

$$\leftrightarrow \exists X(\mathrm{Tset}(X, lh(x(\mathbf{0}/v))) \wedge \forall t(x(t/v)) \in X)))$$

$$\leftrightarrow \forall t \exists X(\mathrm{Tset}(X, lh(x(t/v))) \wedge x(t/v) \in X)))。$$

其余逻辑联结词和量词的情形可以类似地验证。证毕。

定理 6.7 证明在 **ACA** 中可以定义 **CT** 的真谓词，这就表明由 **ACA** 可以推出 **CT**，因而 **CT** 的数学强度并不强于 **ACA**。于是有

定理 6.8 **CT** 的数学强度与 **ACA** 等价。

证明 结合定理 6.2 和定理 6.7 即可证明。证毕。

以上给出了证明公理化真理论数学强度的一般性方法，即通过一种适当的翻译将某数学理论嵌入公理化真理论中，同时在该数学理论中定义所研究公理化真理论的真谓词，如若能够同时实现二者，则说明所研究公理化真理论的数学强度与该数学理论等价。

CT 以 **PA** 为基底理论，而 **CT** 又恰能证明 **PA** 的整体反射原理，所以这极易使人联想到二阶算术 **ACA**。但是 **FS** 和 **KF** 等价于何种数学理论，就并不十分明显了。因此，我们需要将本节的方法进行必要的推广。

§6.2 数学强度的研究工具

在§3.1 中，我们研究了 **DT** 的类型迭代。事实上，我们同样可以研究 **CT** 的类型迭代，霍斯顿将其形象地称为“攀登塔尔斯基的阶梯”。为了表述的方便，我们将把 **CT** 的谓词 T 记为 T_0，把$\mathcal{L}_{\mathrm{T}}$ 记为$\mathcal{L}_{\mathrm{T}_0}$。

定义 6.9($\mathcal{L}_{\mathrm{T}\beta}$) 对于任意序数$\beta$，形式语言$\mathcal{L}_{\mathrm{T}\beta}$是通过向$\mathcal{L}_{\mathrm{PA}}$中添加一列互不相同的一元谓词 T_0，T_1，…，T_β 所得。

定义 6.10($\mathbf{PAT}_\beta$) 以形式语言$\mathcal{L}_{\mathrm{T}\beta}$重新表达 **PA**，也即允许 **PA** 的公理模式

中出现包含 T_0，T_1，…，T_β 的公式。

定义 6.11（$\mathbf{RT}_\beta$）　迭代组合理论 $\mathbf{RT}_\beta$ 是以 $\mathcal{L}_{T\beta}$ 为形式语言，在 **PAT** 的基础上增加下列真之公理而得到

$\mathrm{RT1}_\beta$：$\forall x(\mathrm{AtSent_{PA}}(x)\to(\mathrm{T}_\beta(x)\leftrightarrow \mathrm{Val}^+(x)))$；

$\mathrm{RT2}_\beta$：$\forall x(\mathrm{Sent}_{<\beta}(x)\to(\mathrm{T}_\beta(\underset{\cdot}{\neg} x)\leftrightarrow\neg\mathrm{T}_\beta(x)))$；

$\mathrm{RT3}_\beta$：$\forall x\forall y(\mathrm{Sent}_{<\beta}(x\underset{\cdot}{\wedge} y)\to(\mathrm{T}_\beta(x\underset{\cdot}{\wedge} y)\leftrightarrow\mathrm{T}_\beta(x)\wedge\mathrm{T}_\beta(y)))$；

$\mathrm{RT4}_\beta$：$\forall x\forall y(\mathrm{Sent}_{<\beta}(x\underset{\cdot}{\vee} y)\to(\mathrm{T}_\beta(x\underset{\cdot}{\vee} y)\leftrightarrow\mathrm{T}_\beta(x)\vee\mathrm{T}_\beta(y)))$；

$\mathrm{RT5}_\beta$：$\forall v\forall x(\mathrm{Sent}_{<\beta}(\underset{\cdot}{\forall} vx)\to(\mathrm{T}_\beta(\underset{\cdot}{\forall} vx)\leftrightarrow\forall t\mathrm{T}_\beta(x(t/v))))$；

$\mathrm{RT6}_\beta$：$\forall v\forall x(\mathrm{Sent}_{<\beta}(\underset{\cdot}{\exists} vx)\to(\mathrm{T}_\beta(\underset{\cdot}{\exists} vx)\leftrightarrow\exists t\mathrm{T}_\beta(x(t/v))))$；

$\mathrm{RT7}_\beta$：$\forall t(\mathrm{Sent}_{<\alpha}(t)\to(\mathrm{T}_\beta(\underset{\cdot}{\mathrm{T}_\alpha}\, t)\leftrightarrow\mathrm{T}_\alpha\, t))$；

$\mathrm{RT8}_\beta$：$\forall t\,\forall\delta<\beta(\mathrm{Sent}_{<\delta}(t)\to(\mathrm{T}_\beta(\underset{\cdot}{\mathrm{T}_\delta}\, t)\leftrightarrow\mathrm{T}_\beta\, t))$。

很明显，上述 $\mathrm{RT1}_\beta$～$\mathrm{RT6}_\beta$ 是对 **CT** 真之公理的直接扩充，而 $\mathrm{RT7}_\beta$ 和 $\mathrm{RT8}_\beta$ 是关于真谓词的类型迭代的。其中，$\mathrm{RT7}_\beta$ 是关于位于较高层次的真谓词对位于较低层次的真谓词的去引号功能，而 $\mathrm{RT8}_\beta$ 则表明位于较高层次的真谓词承认位于较低层次的真谓词对语句真假的断定。此外，公式 $\mathrm{Sent}_{<\beta}(x)$ 是指 x 可以是任何不含 T_β 的语句的哥德尔编码。

这是对 **CT** 的迭代。另外，我们还可以对 **ACA** 进行类似的迭代。现将已有的二阶算术 **ACA** 记为 $\mathbf{ACA}_0$，于是可依次定义 $\mathbf{ACA}_1$，$\mathbf{ACA}_2$ 等。

定义 6.12（$\mathcal{L}_{A\beta}$）　对于任意序数 β，形式语言 $\mathcal{L}_{A\beta}$ 是通过向 $\mathcal{L}_{PA}$ 中添加 $\beta+1$ 列二阶变元的无穷序列：

第 1 列：X_{01}，X_{02}，X_{03}，…；

第 2 列：X_{11}，X_{12}，X_{13}，…；

……

第 $\beta+1$ 列：$X_{\beta1}$，$X_{\beta2}$，$X_{\beta3}$，…。

定义 6.13（$\mathbf{ACA}_\beta$）　二阶算术 $\mathbf{ACA}_\beta$ 以 $\mathcal{L}_{A\beta}$ 为形式语言，在 **PA** 的基础上允

许归纳公理模式适用于$\mathcal{L}_{A\beta}$的所有公式，并且添加如下算术概括公理模式

$$\exists X_\beta \forall y(y \in X_\beta \leftrightarrow \varphi(y))。$$

其中，$\varphi(y)$中不包含X_β的自由出现，并且不包含任何与X_β同层次的二阶变元的约束出现，但允许比X_β低层次的二阶变元的约束出现。

按照上一节的证明思路，我们可以类似证明位于同一β层次上的公理化真理论 $\mathbf{RT}_\beta$ 与二阶算术理论 $\mathbf{ACA}_\beta$ 具有等价的数学强度。事实上，如果令ε是序数集$\{\omega，\omega^{\omega}，\omega^{\omega^{\omega}}，\cdots\}$的上确界，那么费弗曼证明①

定理 6.14 对任意序数$\alpha<\varepsilon$，都有 $\mathbf{RT}_\alpha$ 的数学强度等价于 $\mathbf{ACA}_\alpha$。

由此可见，迭代的 **ACA** 确实是研究公理化真理论数学强度的一种有效工具。关于 **KF**，费弗曼证明②

定理 6.15 **KF** 的数学强度等价于 $\mathbf{ACA}_\varepsilon$。

而关于 **FS**，哈尔巴赫证明③

定理 6.16 **FS** 的数学强度等价于 $\mathbf{ACA}_\omega$。

---

① S. Feferman. Reflecting on Incompleteness. *The Journal of Symbolic Logic*，1991，56 (1)：1-49.

② Ibid.

③ V. Halbach. *Axiomatic Theories of Truth*. Cambridge：Cambridge University Press，2014，pp. 161-167.

第 7 章
公理化真理论简评

至此，我们比较详细地讨论了公理化真理论的产生和发展，给出了它的基本理论及其主要结论。正如在第 1 章中所提到的，公理化真理论的确取得了以往的真理论所无法比拟的丰硕成果。但是，除了在研究进路上采取公理化方法之外，公理化真理论确实相比以往的真理论还有很多不同。那么我们应该如何理解公理化真理论是作为真理论大家庭中的一员呢？霍斯顿将其总结为“塔尔斯基转向”(Tarskian turn)，即：从研究“什么是真”或“什么是真之本质”，到研究“如何使用真”“真有什么规律”，以及“如何描述真之规律”等问题的转向。具体说来，公理化真理论的特点主要体现在以下三个方面。

第一，公理化真理论是一类以语言为基础的真理论。公理化真理论把真概念处理成谓词 T，这就必须借助语言，而基底理论 **PA** 恰好满足这一需求。谓词 T 被添加到 **PA** 的语言$\mathcal{L}_{PA}$中，从而得到新的语言$\mathcal{L}_{T}$。哥德尔编码技术使得$\mathcal{L}_{PA}$ 和$\mathcal{L}_{T}$的任意语句φ都能获得一个唯一确定的编码$\ulcorner\varphi\urcorner$。谓词 T 作用于并且只能作用于这些语句编码，这就说明公理化真理论是把语句作为真之承载者。根据语言的不同，如果谓词 T 只能作用于$\mathcal{L}_{PA}$的语句编码，那么所形成的公理化真理论就是类型的；如果允许谓词 T 作用于$\mathcal{L}_{T}$的语句编码，那么这样的公理化真理论就是无类型的。对于语句“0 等于 0 是真的”(即：$T\ulcorner \mathbf{0}=\mathbf{0}\urcorner$)，它在无类型公理化真理论中可以证明为真(即：$T\ulcorner T\ulcorner \mathbf{0}=\mathbf{0}\urcorner\urcorner$)，而在类型公理化真理论中却是无意义的。所以，语言是公理化真理论的基础。

第二，公理化真理论是能够克服说谎者悖论的真理论。应该说，说谎者悖论及其各种变体不仅是公理化真理论关注的核心问题之一，也是公理化真理论自身演进的内在动力。虽然说谎者悖论是一种语义悖论，而公理化真理论是一类语形真理论，但定理 2.3 使得说谎者语句λ可以在$\mathcal{L}_T$中获得一种特殊的语形表达：$\neg T\ulcorner\lambda\urcorner$。这使公理化真理论具备了讨论说谎者语句的能力。显然，λ在所有的类型理论中都是无意义的，因而类型理论不会导致说谎者悖论。而尽管不同的无类型理论对λ的具体处理方式各有不同，但是说谎者悖论也都能够以适当的方式得到避免。

第三，公理化真理论是一类旗帜鲜明地以真之规律为对象的真理论，这是公理化真理论区别于以往一切真理论的最显著特征。下定义的真理论不以真之规律为目标；语义真理论虽然研究真之规律，但还是以给出“真之定义”为旗号。公理化真理论则完全不同。在《自指真的公理化方法》①一文中，弗里德曼和希尔德明确提出，他们要在哲学上保持中立，不去讨论真之直观理解(即真之规律)的哲学意义与合理性，只考察哪些真之直观理解的集合可以相容，而哪些不可以；并且二人明确提出了要采取公理化的方法。此后的发展只是进一步确定并完善了公理化进路的基本框架。

正是基于以上三个方面的特点，公理化真理论取得了令人瞩目的成就。但是这并不意味着公理化真理论已经完美无缺。第一，当前的公理化真理论都是以$\mathcal{L}_{PA}$作为基本的形式语言，而$\mathcal{L}_{PA}$是一种表达力十分有限的语言，这就使得公理化真理论所得到的结论具有比较明显的局限性。尽管藤本在《集合论中的类与真》②一文中，将基底理论推广到了集合论，大大扩充了公理化真理论的语言，但是集合论的语言表达力相比自然语言仍然差距甚远，还不能实现哲学家弄清自然语言真概念的最终愿望。第二，当前的公理化真理论具有浓烈的数学色彩。

---

① H. Friedman and M. Sheard. Anaxiomatic Approach to Self-Referential Truth. *Annals of Pure and Applied Logic*, 1987, 33: 1-21.

② K. Fujimoto. Classes and Truths in Set Theory. *Annals of Pure and Applied Logic*, 2012, 163: 1 484-1 523.

虽然它们在数学强度方面证明了十分严谨而漂亮的结论，但是正如霍斯顿在评价 **PA** 的功能时所强调的，**PA** 仅仅是一种用于讨论句法和进行句法推理的工具。[①]选择 **PA** 只不过是因为它简单且为人们熟知，并不是由于自然数与真理论有内在的、本质的联系。倘若是以某种非数学的句法理论作为基础，那么数学强度就不再是公理化真理论所必须要探讨的。所以，当前的公理化真理论只是真理论的公理化进程中的一种具体形态，并不是唯一形态。

公理化真理论的上述第一个缺点，在真理论的公理化进程的初期是无可厚非的。一方面，自然语言的丰富性使得其中必然包含与真理论毫不相关的复杂内容，当自然语言的分析工具尚未完全发达时，这些无关内容的存在势必会增加真理论研究的难度，甚至造成不必要的混乱；另一方面，自然语言的模糊性使得我们难免会在排除无关内容的同时，在一个并不严格的环境中使有助于真理论研究的重要结构被人为地忽视。如果改用经过精心设计的形式语言，这一切就都可以避免。当然，$\mathcal{L}_{PA}$在形式语言中确实只是个“小语种”，但它却是进一步弄清更具包容性的语言的真概念的必要前提。

对于上述第二个缺点，事实上这不得不归因于当前从事公理化真理论研究的学者大多是数学家，所以他们提出和回答的问题都紧密地围绕着数学，总体缺乏系统的哲学反思和评价。数学家对真理论感兴趣，主要是为了运用真概念来处理一些数学上或是计算机科学上亟待解决的实际问题，并不需要了解什么是“真”，所以公理化自然成为数学家们青睐的方法。而哲学家们无论采取何种手段，都要揭示真之本质。所以，从以数学理论作为基底理论的实际功能的角度看，上述第二个缺点要求我们去探究一种更为广义的公理化真理论，也即要能够运用公理化的思想完善以真之本质为目标的真理论。

公理化真理论的成就给了我们一个启示，那就是我们必须要能够厘清真理论的各个细节。公理化的研究进路并不意味着要采用完全形式化的方式，把以

---

① L. Horsten. *The Tarskian Turn: Deflationism and Axiomatic Truth*. Cambridge: MIT Press, 2011, p. 23.

往的全部真理论都建立在 **PA** 之上，而是要把一种真理论当成一个由各种哲学范畴相互联系所组成的有机系统来加以反思。反思在我们的真理论中哪些概念是相对初始的，哪些概念是由这些相对初始的概念定义的；反思我们对这些相对初始的概念的表述是否清晰而恰当；反思哪些原则在逻辑上是具有优先性的；反思我们的真理论内部是否潜藏着悖论等。对于细节，霍斯顿幽默地说："他们说上帝就在细节里，不过魔鬼也在。我们将看到，通过拟定形式真理论的细节如何使真概念哲学构想的轮廓得以浮现；我们也将看到，真概念哲学观点的缺陷将随着以形式的精确性对其内核的阐述而暴露。"①如果一种真理论能在细节上实现精确和严格，其实就已经在很大程度上与公理化的思想相吻合了。目前，这样的尝试性工作已经在开展。②借鉴公理化的思想，而不是教条式地执行公理化的方法，这对于真之本质的研究也必定是有益的。所以，真理论的公理化进路值得我们更加重视并更加深入地探索。

---

① L. Horsten. *The Tarskian Turn: Deflationism and Axiomatic Truth*. Cambridge: MIT Press, 2011, p. 19.

② I. Douven, L. Horsten and J. W. Romeijn. Probabilist Anti-Realism. *Pacific Philosophical Quarterly*, 2010, 91(3): 38-63.

参考文献

[1]ANDREW B. A New Conditional for Naive Truth Theory. *Notre Dame Journal of Formal Logic*, 2013, 54 (1): 87-104.

[2]BARRIO E. Theories of Truth without Standard Models and Yablo's Sequences. *Studia Logica*, 2010, 96 (3): 375-391.

[3]BARRIO E, PICOLLO L. Notes on ω-Inconsistent Theories of Truth in Second-Order Languages. *The Review of Symbolic Logic*, 2013, 6 (4): 733-741.

[4]BEALL J, BRADLEY A. *Deflationism and Paradox*. Oxford: Clarendon Press, 2005.

[5]BOOLOS G S, BURGESS J P, JEFFREY R C. *Computability and Logic*. Cambridge: Cambridge University Press, 5th edition, 2007.

[6]BRADLEY A. A Minimalist Theory of Truth. *Metaphilosophy*, 2013, 44 (1-2): 53-57.

[7]BRADLEY A. Challenges to Deflationary Theories of Truth. *Philosophy Compass*, 2012, 7(4): 256-266.

[8]BURGESS J P. The Truth is Never Simple. *The Journal of Symbolic Logic*, 1986, 51: 663-881.

[9]BURR W. The Intuitionistic Arithmetical Hierarchy. in EIJCK J van, OOSTROM V van, VISSER A. (eds.) *Logic Colloquium* '99 (Lecture Notes in

Logic 17)，Wellesley，MA：ASL and A. K. Peters，2004：51-59.

[10] CANTINI A. A Theory of Truth formally Equivalent to ID_1. *The Journal of Symbolic Logic*，1990，55：244-258.

[11]CANTINI A. *Logical Frameworks for Truth and Abstraction*. Amsterdam：Elsevier Science Publisher，1996.

[12]CANTINI A. Paradoxes，Self-Reference and Truth in the 20th Century. in GABBAY D M，WOODS J. *Handbook of the History of Logic*. Amsterdam：Elsevier Science Publisher，2009：875-1 013.

[13] DALEN D van. Intuitionistic Logic. in GABBAY D M，GUENTHNER F. (eds.) *Handbook of Philosophical Logic*. Vol. 5，Berlin：Springer，2002：1-114.

[14]DAVIDSON D. The Structure and Content of Truth. *The Journal of Philosophy*，1990，87(6)：279-328.

[15]DAVIDSON D. The Folly of Trying to Define Truth. *The Journal of Philosophy*，1996，93：263-278.

[16]DEVLIN K. *Constructibility*. Berlin：Springer，1984.

[17] DOUVEN I，HORSTEN L，ROMEIJN J W. Probabilist Anti-Realism. *Pacific Philosophical Quarterly*，2010，91(3)：38-63.

[18]EDER G. Remarks on Compositionality and Weak Axiomatic Theories of Truth. *Journal of Philosophical Logic*，2014，43：541-547.

[19]FEFERMAN S. Toward Useful Type-Free Theories I. *The Journal of Symbolic Logic*，1984，49(1)：75-111.

[20]FEFERMAN S. Reflecting on Incompleteness. *The Journal of Symbolic Logic*，1991，56：1-49.

[21]FEFERMAN S. Axioms for Determinateness and Truth. *The Review*

of Symbolic Logic, 2008, 1(2): 204-217.

[22] FIELD H. Disquotational Truth and Factually Defective Discourse. *Philosophical Review*, 1994, 103: 405-452.

[23] FIELD H. *Saving Truth from Paradox*. New York: Oxford University Press, 2008.

[24] FIELD H. Minimal Truth and Interpretability. *The Review of Symbolic Logic*, 2009, 2(4): 799-815.

[25] FIELD H. Naive Truth and Restricted Quantification: Saving Truth a Whole Lot Better. *The Review of Symbolic Logic*, 2014, 7(1): 147-191.

[26] FISCHER M. Truth and Speed-up. *The Review of Symbolic Logic*, 2014, 7(2): 319-340.

[27] FISCHER M, HALBACH V, KRIENER J, STERN J. Axiomatizing Semantic Theories of Truth? *The Review of Symbolic Logic*, 2015, 8(2): 257-278.

[28] FISCHER M, HORSTEN L, NICOLAI C. Hypatia's Silence: Truth, Justification, and Entailment. NOUN, 2021, 55(1): 62-85.

[29] FRIEDMAN H, SHEARD H. The Disjunction and Existence Properties for Axiomatic Systems of Truth. *Annals of Pure and Applied Logic*, 1988, 40: 1-10.

[30] FRIEDMAN H, SHEARD H. An Axiomatic Approach to Self-referential Truth. *Annals of Pure and Applied Logic*, 1987, 33: 1-21.

[31] FUJIMOTO K. Relative Truth Definability of Axiomatic Theories of Truth. *Bulletin of Symbolic Logic*, 2010, 33: 1-21.

[32] FUJIMOTO K. Autonomous Progression and Transfinite Iteration of Self-Applicable Truth. *The Journal of Symbolic Logic*, 2011, 76: 914-945.

[33]FUJIMOTO K. Classes and Truths in Set Theory. *Annals of Pure and Applied Logic*, 2012, 163: 1 484-1 523.

[34]GAIFMAN H. Pointers to Truth. *The Journal of Philosophy*, 1992, 89: 223-262.

[35] GUPTA A. Truth and Paradox. *Journal of Philosophical Logic*, 1982, 11: 1-60.

[36]GUPTA A, BELNAP N. *The Revision Theory of Truth*. Cambridge: MIT Press, 1993.

[37] HALBACH V. A System of Complete and Consistent Truth. *Notre Dame Journal of Formal Logic*, 1994, 35: 311-327.

[38]HALBACH V. Tarskian and Kripkean Truth. *Journal of Philosophical Logic*, 1997, 26: 69-80.

[39]HALBACH V. Conservative Theories of Classical Truth. *Studia Logica*, 1999, 62: 353-370.

[40]HALBACH V. Disquotational Truth and Analyticity. *The Journal of Symbolic Logic*, 2001, 66: 1 959-1 973.

[41]HALBACH V. Reducing Compositional to Disquotational Truth. *The Review of Symbolic Logic*, 2009 (2): 794.

[42]HALBACH V. *Axiomatic Theories of Truth*. Cambridge: Cambridge University Press, 2014.

[43]HALBACH V, HORSTEN L. Axiomatizing Kripke's Theory of Truth. *The Journal of Symbolic Logic*, 2006, 2(71): 677-712.

[44] HALBACH V, NICOLAI C. On the Costs of Nonclassical Logic. *Journal of Philosophical Logic*, 2018, 48: 227-257.

[45]HECK R. Truth and Disquotation. *Synthese*, 2004, 142: 317-352.

[46]HERZBERGER H. Notes on Naïve Semantics. *Journal of Philosophical Logic*，1982，11：61-102.

[47]HOFWEBER T. Proof-Theoretic Reduction as a Philosopher's Tool. *Erkenntnis*，2000，53：127-146.

[48] HORSTEN L. *The Tarskian Turn：Deflationism and Axiomatic Truth*. Cambridge：MIT Press，2011.

[49]HORSTEN L. One Hundred Years of Semantic Paradox. *Journal of Philosophical Logic*，2015，44(6)：681-695.

[50]HORSTEN L，LEIGH G E，LEITGEB H，WELCH P. Revision Revisited. *The Review of Symbolic Logic*，2012，5(4)：642-664.

[51]HORWICH P. *Truth*. Oxford：Clarendon Press，2nd edition，1998.

[52]KIRKHAM R L. *Theories of Truth：A Critical Introduction*. Cambridge：MIT Press，1992.

[53]KREMER P. The Revision Theory of Truth. *Stanford Encyclopedia of Philosophy*，2006：http：//plato. stanford. edu/entries/truth-revision(访问日期：2023-03-12).

[54]KRIPKE S. Outline of a Theory of Truth. *The Journal of Philosophy*，1975，72：690-716.

[55]KUNNE W. *Conceptions of Truth*. Oxford：Oxford University Press，2003.

[56] LEIGH G E. A Proof-Theoretic Account of Classical Principles of Truth. *Annals of Pure and Applied Logic*，2013，164：1 009-1 024.

[57]LEIGH G E，NICOLAI C. Axiomatic Truth，Syntax and Metatheoretic Reasoning. *The Review of Symbolic Logic*，2013，4(6)：613-636.

[58]LEIGH G E，RATHJEN M. An Ordinal Analysis for Theories of Self-

Referential Truth. *Archive for Mathematical Logic*, 2010, 49(2): 213-247.

[59]LEIGH G E, RATHJEN M. The Friedman-Sheard Programme in Intuitionistic Logic. *The Journal of Symbolic Logic*, 2012, 77(3): 777-806.

[60] LEITGEB H. What Truth Depends on. *Journal of Philosophical Logic*, 2005, 34: 155-192.

[61] LEITGEB H. What Theories of Truth Should be Like (but Cannot be). *Philosophy Compass*, 2007, 2(2): 276-290.

[62]LELYK M. Comparing Axiomatic Theories of Truth. *Studia Semiotyczne*, 2019, 33(2): 255-286.

[63]MARTIN R L, WOODRUFF P W. On Representing "true-in-L" in L. *Philosophia*, 1975, 5: 217-221.

[64] MCGEE V. How Truthlike Can a Predicate Be? A Negative Result. *Journal of Philosophical Logic*, 1985, 14: 399-410.

[65]MCGEE V. *Truth, Vagueness, and Paradox: An Essay on the Logic of Truth*. Indianapolis, Cambridge: Hackett, 1991.

[66] MINTS G. *A Short Introduction to Intuitionistic Logic*. Berlin: Springer, 2000.

[67]NEGRI S, Plato J von. *Structural Proof Theory*. Cambridge: Cambridge University Press, 2001.

[68]NEGRI S, Plato J von. *Proof Analysis: A Contribution to Hilbert's Last Problem*. Cambridge: Cambridge University Press, 2011.

[69] NICOLAI C. A Note on Typed Truth and Consistency Assertions. *Journal of Philosophical Logic*, 2016, 45: 89-119.

[70]PATTERSON D. *Alfred Tarski: Philosophy of Language and Logic*. Palgrave New York: Macmillan, 2012.

[71]PICOLLO L. Reference and Truth. *Journal of Philosophical Logic*, 2020, 49: 439-474.

[72]POHLERS W. *Proof Theory: The First Step into Impredicativity*. Berlin: Springer, 2009.

[73]ROSSI L. Adding a Conditional to Kripke's Theory of Truth. *Journal of Philosophical Logic*, 2016, 45: 485-529.

[74]SANDU G, HINTIKKA J. Aspects of Compositionality. *Journal of Logic, Language, and Information*, 2001, 10: 49-61.

[75]SHEARD M. A Guide to Truth Predicates in the Modern Era. *The Journal of Symbolic Logic*, 1994, 59: 1 032-1 054.

[76]SHEARD M. Weak and Strong Theories of Truth. *Studia Logica*, 2001, 68: 89-101.

[77]SIMPSON S. *Subsystems of Second Order Arithmetic*. Berlin: Springer, 2009.

[78]SPERANSKI S O. Notes on the Computational Aspects of Kripke's Theory of Truth. *Studia Logica*, 2017, 105: 407-429.

[79]STERN J. Modality and Axiomatic Theories of Truth I: Friedman-Sheard. *The Review of Symbolic Logic*, 2014, 7(2): 273-298.

[80]STERN J. Modality and Axiomatic Theories of Truth II: Kripke-Feferman. *The Review of Symbolic Logic*, 2014, 7(2): 299-318.

[81]STERN J. Supervaluation-Style Truth Without Supervaluations. *Journal of Philosophical Logic*, 2018, 47(5): 817-850.

[82]TAKEUTI G. *Proof Theory*. Amsterdam: North-Holland, 2nd edition, 1987.

[83]TARSKI A. The Semantic Concept of Truth and the Foundations of Seman-

tics. *Philosophy and Phenomenological Research*, 1944, 4(3): 341-375.

[84] TARSKI A. The Concept of Truth in Formalized Languages. in WOODGER J H. *Logic*, *Semantics*, *Metamathematics*. Oxford: Clarendon, 1956: 152-278.

[85] TARSKI A. The Establishment of Scientific Semantics. in WOODGER J H. *Logic*, *Semantics*, *Metamathematics*. Oxford: Clarendon, 1956: 401-408.

[86] TROELSTRA A S. *Metamathematical Investigation of Intuitionistic Arithmetic and Analysis*. Berlin: Springer, 1973.

[87] TROELSTRA A S, DALEN D van. *Constructivism in mathematics*. Amsterdam: North-Holland, 1998.

[88] TROELSTRA A S, SCHWICHTENBERG H. *Basic Proof Theory*. Cambridge: Cambridge University Press, 2nd edition, 2000.

[89] WELCH P D. The Complexity of the Dependence Operator. *Journal of Philosophical Logic*, 2015, 44: 337-340.

[90] WOODRUFF P. Paradox, Truth and Logic I: Paradox and Truth. *Journal of Philosophical Logic*, 1984, 13: 867-896.

[91] YOUNG J O. The Coherence Theory of Truth. *Stanford Encyclopedia of Philosophy*, 2013: http: //plato. stanford. edu/entries/truth-coherence(访问日期: 2023-03-12).

[92] [美] 戴维森:《真与谓述》, 王路, 译, 上海: 上海译文出版社, 2007 年。

[93] 李娜、李晟:《公理化真理论研究新进展》,《哲学动态》2014 年第 9 期, 第 91-95 页。

[94] 李晟:《以谓词表达模态》,《哲学动态》2018 年第 11 期, 第 96-101 页。

[95] 熊明:《算术、真与悖论》, 北京: 科学出版社, 2017 年。

第 2 编

基于直觉主义逻辑的公理化真理论

引　言

公理化真理论作为一个新的研究课题，从20世纪80年代开始，逐渐在西方学界兴起。它与哲学历史上出现的每一种真理论一样，也是以“真”这个概念作为自己的研究对象。然而在真理论的大家庭中，它的表现却是格外与众不同。它抛弃了“什么是真”这个古老的真理论论题，不再纠结于真概念的本质，而是着眼于真概念的规律，把克服说谎者悖论及其变体作为自身演进的动力。

公理化真理论的核心思想是把“真”作为一个初始的谓词，直接添加到一种基础理论的语言中，并以若干刻画真谓词基本事实的语句作为公理扩充基础理论，由此得到公理化真理论。其主要有四大经典理论：去引号理论 **DT**、塔尔斯基组合理论 **CT**、Friedman-Sheard 理论 **FS** 及 Kripke-Feferman 理论 **KF**。其中，**DT** 以塔尔斯基双条件句的所有实例为真公理；**CT** 是通过对塔尔斯基真之语义定义的递归说明进行公理化而得到；**FS** 取消了 **CT** 中真谓词受到的层次限制；**KF** 是对克里普克语义理论的公理化。**DT** 和 **CT** 不允许真谓词的迭代应用，故而称为类型理论；**FS** 和 **KF** 则允许对真谓词进行自由迭代，故而称为无类型理论。经典理论的主要特征是，以皮亚诺算术 **PA** 为基础，注重真理论的构建和元理论研究，其成果十分丰富。但经典理论亦各有不足：**DT** 缺乏足够强的演绎力；**CT** 因坚持语言分层而面临真谓词层次上的无穷倒退；**FS** 是“ω-不相容”的，

因而不适合 **PA** 的标准模型；**KF** 的内、外逻辑不一致等。①但是不可否认，公理化的方法还是有其独特的优越性。②

虽然真理论始终为哲学家广泛关注，但公理化真理论究其来源，却并非承接至纯哲学研究，而是首先发生于数学家对算术不完全性问题的反思。在《反思不完全性》③这篇文章中，费弗曼以 **PA** 为基础理论，第一次比较详尽地探讨了真理论的公理系统，基本奠定了此后三十多年公理化真理论的研究框架。但是从对公理化方法的应用来看，公理化真理论可以追溯到弗里德曼和希尔德的工作。在《自指真的公理化方法》④一文中，弗里德曼和希尔德明确提出，他们要在哲学上保持中立，不去讨论真之直观理解（即真之规律）的哲学意义与合理性，只考察哪些真之直观理解的集合是相容的，而哪些不是。并且二人明确指出，他们所采用的研究方法是公理化。

公理化真理论的研究历程可以大致地分为两个阶段。2011 年以前是第一阶段，之后为第二阶段。第一阶段的主要成就是形成和完善了经典理论。第二阶段则是以经典理论为基础，包括以下四个重要的研究方向：第一，基础理论从 **PA** 到集合论的推广；第二，组合性原则的弱化处理；第三，直觉主义逻辑上的新尝试；第四，基于公理化真理论的模态理论设计。

本编是对上述第三个方向的研究。以利和拉特延的工作为基础，直觉主义逻辑上的真理论的进一步研究可以有两条途径：一是给出 15 个极大相容组合的数学强度，也即找出与之等价且较为人们熟知的数学理论；二是将其彻底地公

---

① 事实上，除了这四种理论，公理化真理论还经常讨论类型的正真理论 PT，以及无类[illegible]引号理论 PUDT。其中，PT 可以看作 KF 的类型化限制，其真公理与 CT 迥然不同，但是由于它等价于 CT，[illegible]性高于 CT，而研究 KF 又不需要本质地依赖 PT，所以本编未将其列入经典理论；PUDT 可以看作 DT 的一种[illegible]推广，虽然 PUDT 对本编的研究具有特殊意义，但是由于它本身并未真正克服 DT 的弱演绎力缺点，因而也[illegible]除在经典理论之外。关于 PT 和 PUDT 的详细内容，可分别参见本书 4. 3. 1 和 § 4. 2。

② 关于公理化方法与语义方法相比较的优点，可以参见本书第 1 章。

③ S. Feferman. Reflecting on Incompleteness. *The Journal of Symbolic Logic*, 1991, 56(1):1-49.

④ H. Friedman and M. Sheard. An Axiomatic Approach to Self-referential Truth. *Annals of Pure and Applied Logic*, 1987, 33:1-21.

理化，按照公理化真理论的框架进行系统研究。第一条途径是由利和拉特延提出，他们延续了弗里德曼和希尔德的思路。①我们认为，这条途径是很有意义的，但并非真理论研究的唯一途径。弗里德曼和希尔德的工作与后来公理化真理论的研究框架虽然有所差别，但基本思想是一致的。基础理论(皮亚诺算术**PA**)在研究中只是作为一种“用于谈论句法和进行句法推理的方式”②，并不是因为自然数本身与真理论有什么必然联系。所以，如果是以非数学作为基础理论，那么数学强度就不再是必须要探讨的问题。

从真理论的发展来看，第二条途径更为重要。四大经典理论固然取得了丰硕的成果，但同时也面临许多问题，其中比较主要的问题包括保守性和相容性等问题。然而值得人们思考的是，这些问题究竟是由于经典逻辑，还是由于真之规律？通常情况下，人们总是通过限制真之规律以谋求问题的解决，但正如利和拉特延所提出的，经典逻辑在真理论中究竟起了什么作用？③ 这个问题尚未完全明确。然而利和拉特延虽然提出了新的研究思路，并且给出了15个基于直觉主义逻辑的极大相容组合，单从数量上看确实比以经典逻辑为基础的组合更多，但它们只是在“极大性”方面，并非在“相容性”方面。

我们认为，不仅相容性，包括保守性在内的其他问题也都有必要在直觉主义逻辑基础上再行讨论。之所以选择直觉主义逻辑，主要是鉴于费弗曼的顾虑。虽然成熟的非经典逻辑有很多，但是费弗曼认为，除了直觉主义逻辑，其他非经典逻辑恐怕“连普通的推理都难以维系”，因而代价过于沉重。④基于直觉主义逻辑的公理化真理论可以为经典的公理化真理论提供一个参照，它将有利于澄清哪些问题是因为依赖了经典逻辑，而哪些问题是源于真概念本身，从而便于

---

① G. E. Leigh and M. Rathjen. The Friedman-Sheard Programme in Intuitionistic Logic. *The Journal of Symbolic Logic*, 2012, 77(3):777-806.

② L. Horsten. *The Tarskian Turn: Deflationism and Axiomatic Truth*. Cambridge: MIT Press, 2011, p. 23.

③ G. E. Leigh and M. Rathjen. The Friedman-Sheard Programme in Intuitionistic Logic. *The Journal of Symbolic Logic*, 2012, 77(3): 777-806.

④ S. Feferman. Toward Useful Type-Free Theories I. *The Journal of Symbolic Logic*, 1984, 49(1): 75-111.

更进一步地研究。当然，把逻辑基础弱化为直觉主义逻辑，这就违背了莱特戈布对理想真理论的另一个标准：外逻辑应当是经典逻辑。不过，从我们的目的来看，研究直觉主义的公理化真理论主要是出于为讨论经典理论诸问题提供参照。所以，从这种意义上说，本编的工作并不有悖于获得一种"理想的真理论"。

鉴于以上说明，本编将仍然立足于经典的真概念及其规律，而并非直觉主义的真概念。因此，在接下来建立直觉主义的公理化真理论时，本编只改变原经典理论的逻辑基础，对于真公理则是完全保持。

本编主要试图为进一步研究基于直觉主义逻辑的公理化真理论提供一个好的平台，所以着重考察的是一些与真理论密切相关的性质(如保守性、相容性、组合性等)，而并未深度涉及各直觉主义真理论的数学强度，以及这些直觉主义真理论是否可以充当其他直觉主义理论的基础等问题。

第 8 章
技术准备

当经典公理化真理论的外逻辑被减弱为直觉主义逻辑，其基础理论就应相应地减弱为直觉主义的一阶算术理论，即海廷算术，简记为 **HA**。本章将概述本编所依赖的相关的基本理论。

本章共三节：§8.1 给出海廷算术 **HA** 的形式系统及其标准模型；§8.2 给出哥德尔编码技术所涉及的递归函数和数字可表示性方面的基本概念；§8.3 简述 **HA** 与 **PA** 之间的关系，并在 **HA** 中重新证明对角线引理。

§8.1　海廷算术

8.1.1　海廷算术的形式系统

海廷算术 **HA** 是一种基于直觉主义谓词逻辑 **IQC**① 的形式算术理论，它拥有与皮亚诺算术 **PA** 完全相同的算术公理。区别仅在于逻辑基础。而因为 **PA** 是以经典谓词逻辑为基础的算术理论，所以当排中律(简记为 LEM)在 **HA** 中普遍成立时，所得理论即为皮亚诺算术 **PA**。也即 **PA**＝**HA**＋LEM。接下来详细给出海廷算术的形式系统和模型。

---

① 不同文献对 IQC 的具体表达各有不同，包括：Hilbert 型公理系统、Gentzen 型矢列演算系统，以及自然推理系统。本编采用公理系统的形式。详细内容可参见：A. S. Troelstra and D. van Dalen. Constructivism in Mathematics: An Introduction. vol. I，Amsterdam: North-Holland Publishing，1988，pp. 35-111。

此外，将直觉主义命题逻辑、经典命题逻辑、经典谓词逻辑，分别记为 IPC，CPC，CQC. 具体内容亦可参见上书。

形式语言

HA 的形式语言$\mathcal{L}_{HA}$包括初始符号和形成规则两部分。

定义 8. 1（初始符号）

甲类：v_0，v_1，v_2，…；

乙类：$\neg$，$\wedge$，$\vee$，$\rightarrow$；[1]

丙类：$\forall$，$\exists$；

丁类：,，(,)；

戊类：$=$；

己类：S，$+$，$\times$；

庚类：**0**。

其中，甲类符号是由可数无穷多个个体变元组成，为记法方便，今后以元语言符号x，y，z，…表示任意个体变元；乙类符号是逻辑联结词符号；丙类符号是量词符号；丁类符号是标点符号；戊类符号是等词符号，它是二元谓词符号，并且是$\mathcal{L}_{HA}$唯一的初始谓词符号；己类符号是函数符号，其中 S 是一元函数符号，$+$和$\times$是二元函数符号；庚类符号是个体常元符号，并且是$\mathcal{L}_{HA}$唯一的个体常元符号。本编将把戊、己、庚三类符号称为算术符号，而且值得注意的是，$\mathcal{L}_{HA}$与$\mathcal{L}_{PA}$是完全相同的。

定义 8. 2（形成规则）

甲：所有的甲类和庚类初始符号都是项；

乙：如果s和t是项，那么 S(t)，$+(s, t)$，$\times(s, t)$也是项；

丙：如果s和t是项，那么$=(s, t)$是公式，并且是原子公式；

丁：如果φ是公式，那么$\neg\varphi$是公式；

戊：如果φ和ψ是公式，那么$(\varphi\wedge\psi)$，$(\varphi\vee\psi)$，$(\varphi\rightarrow\psi)$是公式；

---

① 有些关于直觉主义逻辑的文献是以“$\perp$”作为初始零元联结词，而把“$\neg\varphi$”定义为“$\varphi\rightarrow\perp$”。本编采取“$\neg$”作为初始符号，主要是考虑便于后文对否定词真公理的讨论。

己：如果φ是公式，那么$\forall x\varphi$和$\exists x\varphi$是公式；

庚：只有有限次地使用规则甲和乙所形成的符号串才是项，并且只有有限次地使用规则丙至己所形成的符号串才是公式。

为记法方便，今后将以元语言符号r，s，t，…表示任意项，并且称不含个体变元的项为闭项；以元语言符号φ，ψ，χ，…表示任意公式，并且称不含个体变元的公式为闭公式或语句；元语言符号Γ，Δ，Φ，…表示任意公式集；并且将$+(s, t)$，$\times(s, t)$，$=(s, t)$分别表示为$s+t$，$s\times t$，$s=t$。

定义 8.3（基本定义）

定义甲：$(\varphi\leftrightarrow\psi) :\equiv ((\varphi\rightarrow\psi) \wedge (\psi\rightarrow\varphi))$；

定义乙：$s\neq t :\equiv \neg(s=t)$。

根据定义 8.3，今后就可以将$(\varphi\leftrightarrow\psi)$作为符号串$((\varphi\rightarrow\psi) \wedge (\psi\rightarrow\varphi))$的缩写，将$s\neq t$作为符号串$\neg(s=t)$的缩写。为了便于讨论和书写，现在约定：公式最外层的括号可以省略；连续出现的相同逻辑联结词采用右结合方法，并且以上五种逻辑联结词的结合力按照“$\neg$，$\vee$，$\wedge$，$\rightarrow$，$\leftrightarrow$”的顺序递减。

定义 8.4（项和公式的复杂度）　项t的复杂度 $\deg(t)$是t中所含函数符号的总个数；公式φ的复杂度 $\deg(\varphi)$是φ中所含逻辑联结词和量词的总个数。

演绎结构

定义 8.5（**HA** 的公理）　**HA** 的公理由两部分组成

1. 逻辑公理（模式）

Ax1：$\varphi\wedge\psi\rightarrow\varphi$；

Ax2：$\varphi\wedge\psi\rightarrow\psi$；

Ax3：$\varphi\rightarrow(\psi\rightarrow(\varphi\wedge\psi))$；

Ax4：$\varphi\rightarrow\varphi\vee\psi$；

Ax5：$\psi\rightarrow\varphi\vee\psi$；

Ax6：$(\varphi\rightarrow\chi) \rightarrow((\psi\rightarrow\chi) \rightarrow(\varphi\vee\psi\rightarrow\chi))$；

Ax7：$\varphi \rightarrow (\psi \rightarrow \varphi)$；

Ax8：$(\varphi \rightarrow (\psi \rightarrow \chi)) \rightarrow ((\varphi \rightarrow \psi) \rightarrow (\varphi \rightarrow \chi))$；

Ax9：$\neg\varphi \rightarrow (\varphi \rightarrow \psi)$；

Ax10：$(\varphi \rightarrow \psi) \rightarrow ((\varphi \rightarrow \neg\psi) \rightarrow \neg\varphi)$；

Ax11：$\forall x(\varphi \rightarrow \psi) \rightarrow (\forall x\varphi \rightarrow \forall x\psi)$；

Ax12：$\forall x(\varphi \rightarrow \psi) \rightarrow (\exists x\varphi \rightarrow \exists x\psi)$；

Ax13：$\varphi \rightarrow \forall x\varphi$，其中$x$不在$\varphi$中自由出现；

Ax14：$\exists x\varphi \rightarrow \varphi$，其中$x$不在$\varphi$中自由出现；

Ax15：$\forall x\varphi(x) \rightarrow \varphi(t)$，其中项$t$对$\varphi$中的$x$是自由的，$\varphi(t)$是用$t$取代$\varphi(x)$中$x$的每一自由出现后所得公式；

Ax16：$\varphi(t) \rightarrow \exists x\varphi(x)$，其中项$t$对$\varphi$中的$x$是自由的，$\varphi(t)$是用$t$取代$\varphi(x)$中$x$的每一自由出现后所得公式；

Ax17：Ax1～Ax16 的所有全称概括公式；

Ax18：$\forall x(x=x)$；

Ax19：$\forall x\forall x'\forall y\forall y'(x=x' \wedge y=y' \rightarrow (x=y \rightarrow x'=y'))$；

Ax20：$\forall x\forall y(x=y \rightarrow \mathrm{S}(x)=\mathrm{S}(y))$；

Ax21：$\forall x\forall y(x=x' \wedge y=y' \rightarrow (x+y=x'+y'))$；

Ax22：$\forall x\forall y(x=x' \wedge y=y' \rightarrow (x\times y=x'\times y'))$。

2. 算术公理(模式)

HA1：$\forall x(\mathrm{S}(x)\neq \mathbf{0})$；

HA2：$\forall x\forall y(\mathrm{S}(x)=\mathrm{S}(y) \rightarrow x=y)$；

HA3：$\forall x(x+\mathbf{0}=x)$；

HA4：$\forall x\forall y(x+\mathrm{S}(y)=\mathrm{S}(x+y))$；

HA5：$\forall x(x\times\mathbf{0}=\mathbf{0})$；

HA6：$\forall x\forall y(x\times\mathrm{S}(y)=(x\times y)+x)$；

HA7：$\varphi(\mathbf{0}) \wedge \forall x(\varphi(x) \to \varphi(S(x))) \to \forall x\varphi(x)$，$\varphi(x)$是$\mathcal{L}_{HA}$公式。

定义 8.6（**HA** 的变形规则）

分离规则：从φ和$\varphi \to \psi$可以推出ψ，简记为 MP。

以上便从初始符号、形成规则、公理和变形规则四个方面定义了海廷算术 **HA** 的形式系统。如果去掉$\mathcal{L}_{HA}$的所有算术符号，只保留甲、乙、丙、丁四类初始符号，并且去掉关于算术符号的形成规则与公理，所得到的就是直觉主义谓词逻辑系统 **IQC**。

定义 8.7（证明）　**HA** 的一个证明是一个有穷长的非空公式序列。其中每个公式，或是一条公理，或是由序列中在前的两个公式依据 MP 规则得到的直接后承。如果公式φ是 **HA** 证明的最后一个公式，那么就称公式φ是 **HA** 可证的，或φ是 **HA** 的定理，记作 **HA** $\vdash \varphi$。

定义 8.8（推演）　**HA** 中从公式集Γ到公式φ的推演也是一个有穷长的非空公式序列，其最后一个公式是φ，且该序列的每个公式，或是一条公理，或是属于Γ，或是由序列中在前的两个公式依据 MP 规则得到的直接后承，记作$\Gamma \vdash_{HA} \varphi$。

在不至于引起混淆的前提下，可以省略下标“HA”。今后所有其他形式系统的证明、定理、推演等概念均可类似定义，只是对下标进行相应的改变。

通常，谓词逻辑系统的变形规则除 MP 外，还包括全称概括规则：从φ可以推出$\forall x\varphi$，简记为 Gen。但是本编所给出的 **IQC** 只有一条变形规则，这是因为可以证明 Gen 是 **IQC** 的导出规则。可以通过施归纳于φ的证明的公式序列的长度来完成：

如果证明序列中只有一个公式，则φ是一条公理，那么根据公理 Ax17 就可以直接推出$\forall x\varphi$；如果φ是公式ψ和$\psi \to \varphi$经由 MP 规则而得到，那么根据归纳假设，可以分别得到$\forall x\psi$和$\forall x(\psi \to \varphi)$，再根据公理 Ax11 便可从$\forall x(\psi \to \varphi)$推出$\forall x\psi \to \forall x\varphi$，从而得到$\forall x\varphi$。

此外，假言三段论规则也是 **HA** 的一条常用导出规则：从$\varphi \to \chi$和$\chi \to \psi$可以推出$\varphi\to\psi$，简记为 HS。

定理 8.9(演绎定理) 如果Γ，$\varphi\vdash\psi$，那么$\Gamma\vdash\varphi\to\psi$。

证明 可通过施归纳于从Γ，φ到ψ的推演的公式序列的长度n来证明。

归纳基始：当$n=1$时，即当推演序列中只有一个公式ψ时，可分为三种情形。

情形一：ψ是 **HA** 的公理。可建立如下从Γ到$\varphi\to\psi$的推演

(1)ψ； (**HA** 的公理)

(2)$\psi\to(\varphi\to\psi)$； (公理 Ax7)

(3)$\varphi\to\psi$。 ((1)(2)MP)

从而得到，$\Gamma\vdash\varphi\to\psi$。

情形二：$\psi\in\Gamma$。可建立如下从Γ到$\varphi\to\psi$的推演

(1)ψ； ($\psi\in\Gamma$)

(2)$\psi\to(\varphi\to\psi)$； (公理 Ax7)

(3)$\varphi\to\psi$。 ((1)(2)MP)

从而得到，$\Gamma\vdash\varphi\to\psi$。

情形三：ψ即φ。因为$\varphi\to\varphi$是 **HA** 的易证定理，所以有$\Gamma\vdash\varphi\to\varphi$，也即能得到，$\Gamma\vdash\varphi\to\psi$。

归纳步骤：假设当$n\leqslant k$时演绎定理成立，现证明$n=k+1$。分四种情形。

情形一：ψ是 **HA** 的公理。

情形二：$\psi\in\Gamma$。

情形三：ψ即φ。

情形四：ψ是由推演序列中在前的两个公式χ和$\chi\to\psi$依据 MP 规则所得。

情形一～情形三的证明与归纳基始完全相同，现在证明情形四。根据归纳假设可以得到：$\Gamma\vdash\varphi\to\chi$，以及$\Gamma\vdash\varphi\to(\chi\to\psi)$。于是，可建立如下从$\Gamma$到$\varphi\to\psi$的推演：

(1)$\varphi\to\chi$； (已证明)

(2) $\varphi \to (\chi \to \psi)$；　　　　(已证明)

(3) $(\varphi \to (\chi \to \psi)) \to ((\varphi \to \chi) \to (\varphi \to \psi))$；　　　　(公理 Ax2)

(4) $(\varphi \to \chi) \to (\varphi \to \psi)$；　　　　((2)(3)MP)

(5) $\varphi \to \psi$。　　　　((1)(4)MP)

所以，当Γ，$\varphi \vdash \psi$时，总有$\Gamma \vdash \varphi \to \psi$。演绎定理成立。证毕。

8.1.2　海廷算术的模型①

海廷算术 HA 的模型以皮亚诺算术 **PA** 的模型为基础，它是对 **PA** 模型的一种偏序收集。标准模型$\mathcal{N}$是 **PA** 最基本的模型，它以自然数集$\mathbb{N}$作为 **PA** 的论域，将$\mathcal{L}_{\mathrm{PA}}$的个体常元符号 **0** 解释为$\mathbb{N}$中的自然数 0，等词符号$=$解释为$\mathbb{N}$上的二元等于关系，函数符号 S 解释为$\mathbb{N}$上的一元后继函数，函数符号$+$解释为$\mathbb{N}$上的二元加法函数，函数符号$\times$解释为$\mathbb{N}$上的二元乘法函数。由于$\mathcal{L}_{\mathrm{HA}}$与$\mathcal{L}_{\mathrm{PA}}$完全相同，所以在$\mathcal{N}$的基础上可以给出 **HA** 的算术标准模型。

定义 8.10($\mathcal{L}_{\mathrm{HA}}$的标准解释)　满足下列条件的三元组$\mathcal{F} = \langle K, \leqslant, \mathbb{N} \rangle$是对$\mathcal{L}_{\mathrm{HA}}$的一种标准解释，其中：

1. K 是一个非空集，K 中的元素称为结点；

2. $\leqslant$②是 K 上的二元偏序关系，即满足自返性、反对称性和传递性；

3. $\mathbb{N}$是自然数集，它是结点集 K 中每个结点 k 的论域。并且按照与 **PA** 相同的解释，将$\mathcal{L}_{\mathrm{HA}}$的个体常元 **0** 解释为$\mathbb{N}$中的自然数 0，将等词符号$=$解释为$\mathbb{N}$上的二元等于关系，函数符号 S 解释为$\mathbb{N}$上的一元后继函数 $\bar{\mathrm{S}}$，函数符号$+$解释为$\mathbb{N}$上的二元加法函数$\bar{+}$，函数符号$\times$解释为$\mathbb{N}$上的二元乘法函数$\bar{\times}$。

定义 8.11(项的基本语义定义)　令$\mathcal{F} = \langle K, \leqslant, \mathbb{N} \rangle$是对$\mathcal{L}_{\mathrm{HA}}$的标准解释，

---

① A. S. Troelstra and D. van Dalen. *Constructivism in Mathematics: An Introduction*. vol. I, Amsterdam: North-Holland Publishing, 1988, pp. 75-87.

② 结点集上的偏序关系不同于自然数之间的小于或等于关系，但为了使符号简洁，本编均采用“$\leqslant$”来表示，读者可以通过上下文加以区分，这并不会引起混淆。

对于$\mathcal{L}_{\mathrm{HA}}$的任意项$t$，$t$在结点$k$上的语义解释可以归纳地定义如下：

1. 如果t是个体常元$\mathbf{0}$，那么$\mathbb{N}$中的自然数0就是t在结点k上的解释；

2. 如果t是个体变元x，那么$\mathbb{N}$中的任意自然数n都可以作为t在结点k上的解释，并且记为$t_k^{\mathbb{N}}$；

3. 如果$t_k^{\mathbb{N}}\in\mathbb{N}$是项$t$在结点$k$上的解释，并且$s_k^{\mathbb{N}}\in\mathbb{N}$是项$s$在结点$k$上的解释，那么$\bar{\mathrm{S}}(t_k^{\mathbb{N}})\in\mathbb{N}$就是项$\mathrm{S}(t)$在结点$k$上的解释，$s_k^{\mathbb{N}}\bar{+}t_k^{\mathbb{N}}\in\mathbb{N}$就是项$s+t$在结点$k$上的解释，$s_k^{\mathbb{N}}\bar{\times}t_k^{\mathbb{N}}\in\mathbb{N}$就是项$s\times t$在结点$k$上的解释。

根据定义8.10，所有结点k的论域都是自然数集$\mathbb{N}$，并且在任何结点k上对算术符号的解释都相同，所以对任意结点k，$k'\in K$，如果$k\leqslant k'$，那么$t_k^{\mathbb{N}}$和$t_k^{\mathbb{N}}{}'$就是$\mathbb{N}$中的同一个自然数。这可以通过施归纳于项t的复杂度来证明。因此，今后若无混淆，则可将$t_k^{\mathbb{N}}$简记为$t^{\mathbb{N}}$。

根据定义8.11，闭项$\mathrm{S}(\mathbf{0})$，$\mathrm{S}(\mathrm{S}(\mathbf{0}))$，$\mathrm{S}(\mathrm{S}(\mathrm{S}(\mathbf{0})))$，…就可分别解释为$\mathbb{N}$中的自然数1，2，3，…，并将它们连同$\mathbf{0}$统称为数字。为了使记法简洁，今后也可以用$\overline{n}$来表示自然数$n$的数字。

定义8.12(力迫关系)　结点集K中的结点k与$\mathcal{L}_{\mathrm{HA}}$公式之间的力迫关系$\Vdash$可以归纳地定义如下：

1. $k\Vdash s=t$当且仅当$s^{\mathbb{N}}=t^{\mathbb{N}}$；

2. $k\Vdash\neg\varphi$当且仅当$\forall k'\geqslant k$①，都有$k'\nVdash\varphi$；

3. $k\Vdash\varphi\wedge\psi$当且仅当$k\Vdash\varphi$且$k\Vdash\psi$；

4. $k\Vdash\varphi\vee\psi$当且仅当$k\Vdash\varphi$或$k\Vdash\psi$；

5. $k\Vdash\varphi\rightarrow\psi$当且仅当$\forall k'\geqslant k$，都有：若$k'\Vdash\varphi$，则$k'\Vdash\psi$；

6. $k\Vdash\forall x\varphi(x)$当且仅当$\forall k'\geqslant k$，且$\forall n\in\mathbb{N}$，都有$k'\Vdash\varphi(\overline{n})$；

7. $k\Vdash\exists x\varphi(x)$当且仅当$\exists n\in\mathbb{N}$，使得$k\Vdash\varphi(\overline{n})$。

---

① $\forall k'\geqslant k$是一个缩写，意思是：对任意k，$k'\in K$，都有$k\leqslant k'$。

引理 8.13(力迫关系的单调性)　令φ是$\mathcal{L}_{HA}$语句，对任意结点 $k_1 \leqslant k_2$，如果 $k_1 \Vdash \varphi$，那么 $k_2 \Vdash \varphi$。

证明　可以通过施归纳于φ的复杂度。

当φ是原子语句时，即如果 $k_1 \Vdash s=t$，那么由定义 8.12 的条款 1，项s和项t在结点 k_1 上的值是$\mathbb{N}$中同一个自然数，也即$s^{\mathbb{N}}=t^{\mathbb{N}}$。而同理可得 $k_2 \Vdash s=t$。

当φ是$\neg\psi$时，如果有 $k_1 \Vdash \neg\psi$，那么由定义 8.12 的条款 2，对任意结点 $k \geqslant k_1$，都有 $k \nVdash \psi$。因为 $k_2 \geqslant k_1$，所以 $k_2 \nVdash \psi$。再根据$\leqslant$的传递性可以知道，对任意结点 $k \geqslant k_2$，也都有 $k \nVdash \psi$。所以由此可得 $k_2 \Vdash \neg\psi$。

当φ是$\psi \to \chi$时，如果有 $k_1 \Vdash \psi \to \chi$，那么由定义 8.12 的条款 5，对任意结点 $k \geqslant k_1$，都有：若 $k \Vdash \psi$，则 $k \Vdash \chi$。因为 $k_2 \geqslant k_1$，所以，若 $k_2 \Vdash \psi$，则 $k_2 \Vdash \chi$。而对于其他任意 $k \geqslant k_2$，根据$\leqslant$的传递性，也都有：若 $k \Vdash \psi$，则 $k \Vdash \chi$。所以由此可得 $k_2 \Vdash \psi \to \chi$。

当φ是 $\forall x\varphi(x)$时，如果 $k_1 \Vdash \forall x\varphi(x)$，那么由定义 8.12 的条款 6，对任意结点 $k \geqslant k_1$，都有 $\forall n \in \mathbb{N}$，$k \Vdash \varphi(\overline{n})$。因为 $k_2 \geqslant k_1$，所以 $\forall n \in \mathbb{N}$，$k_2 \Vdash \varphi(\overline{n})$。同样地，再由$\leqslant$的传递性，$\forall k \geqslant k_2$，也都有 $\forall n \in \mathbb{N}$，$k_2 \Vdash \varphi(\overline{n})$。故而得到，$k_2 \Vdash \forall x\varphi(x)$。

其余逻辑联结词和量词的情形类似可证。证毕。

下面考虑四元组$\mathcal{K}=\langle K, \leqslant, \mathbb{N}, \Vdash\rangle$，并且令$\varphi$是$\mathcal{L}_{HA}$公式，若对结点集 K 中的任意结点 k，都能证明 $k \Vdash \varphi$，则称$\mathcal{K}$满足φ，记为$\mathcal{K} \vDash \varphi$。如果对于 **HA** 的所有可证公式$\varphi$，都能证明$\mathcal{K} \vDash \varphi$，则称$\mathcal{K}$是 **HA** 的模型，记为$\mathcal{K} \vDash$**HA**。如果想要更确切地指出 k 是哪个模型的结点，也可以将 $k \Vdash \varphi$记为$\mathcal{K}[k] \Vdash \varphi$，以说明 k 是模型$\mathcal{K}$的结点集 K 中的元素。

定理 8.14　$\mathcal{K}=\langle K, \leqslant, \mathbb{N}, \Vdash\rangle$是 **HA** 的模型。

证明　首先验证逻辑公理。对于 Ax1，采用反证法，假设$\mathcal{K} \nvDash$ Ax1，那么存在结点 k，$k \nVdash \varphi \wedge \psi \to \varphi$。由定义 8.12 的条款 5 可知，存在结点 $k' \geqslant k$，使得

$k' \Vdash \varphi \wedge \psi$，但 $k' \nVdash \varphi$。由定义 8.12 的条款 3，$k' \Vdash \varphi \wedge \psi$ 意味着 $k' \Vdash \varphi$，很明显与 $k' \nVdash \varphi$ 矛盾。所以 $\mathcal{K} \vDash \mathrm{Ax1}$。其他逻辑公理可以类似验证。

其次验证算术公理，只需验证 **HA** 的归纳公理模式 HA7。采用反证法，假设 $\mathcal{K} \nvDash \mathrm{HA7}$，也即存在结点 k，并且存在 $\mathcal{L}_{\mathrm{HA}}$ 公式 $\varphi(x)$，使得

$$k \nVdash \varphi(\mathbf{0}) \wedge \forall x(\varphi(x) \to \varphi(\mathrm{S}(x))) \to \forall x\,\varphi(x)。\tag{8-1}$$

根据定义 8.12，式(8-1)意味着存在结点 $k' \geqslant k$，使得 $k' \Vdash \varphi(\mathbf{0}) \wedge \forall x(\varphi(x) \to \varphi(\mathrm{S}(x)))$，但是 $k' \nVdash \forall x\,\varphi(x)$。由 $k' \nVdash \forall x\,\varphi(x)$ 可知，存在结点 $k'' \geqslant k'$，并且存在 $n \in \mathbb{N}$，使得 $k'' \nVdash \varphi(\overline{n})$。而根据 $k' \Vdash \forall x(\varphi(x) \to \varphi(\mathrm{S}(x)))$ 可知，对任意结点 $k'' \geqslant k'$，并且 $\forall n \in \mathbb{N}$，都有 $k'' \Vdash \varphi(\overline{n}) \to \varphi(\mathrm{S}(\overline{n}))$。由引理 8.13 可知，从 $k' \Vdash \varphi(\mathbf{0})$ 能推出 $k'' \Vdash \varphi(\mathbf{0})$。于是，通过在元语言中对 n 施数学归纳不难证明 $k'' \Vdash \forall x\,\varphi(x)$，但这就与 $k'' \nVdash \varphi(\overline{n})$ 矛盾。所以假设不成立。从而说明不存在结点 $k \in K$，使得 $k \nVdash \mathrm{HA7}$，也即 $\mathcal{K} \vDash \mathrm{HA7}$。证毕。

因为模型 $\mathcal{K}$ 是基于对 $\mathcal{L}_{\mathrm{HA}}$ 算术词汇的标准解释(也即与 **PA** 标准模型的解释相同)，所以我们把这一模型称为 **HA** 的算术标准模型。而且不难看到，当结点集 K 中只有一个结点时，所得到的模型就是 **PA** 的算术标准模型。

在接下来讨论公理化真理论的时候，“真”将被作为一个初始的谓词 T，直接添加到语言 $\mathcal{L}_{\mathrm{HA}}$ 中，从而得到真理论的形式语言 $\mathcal{L}_{\mathrm{T}} = \mathcal{L}_{\mathrm{HA}} \cup \{\mathrm{T}\}$。于是对 $\mathcal{L}_{\mathrm{T}}$ 的语义解释将以定义 8.10 为基础，在保持算术词汇标准解释的同时，增加对谓词 T 的语义解释，即 $\mathcal{M} = \langle \mathcal{K}, \mathfrak{T} \rangle$。其中，$\mathcal{K}$ 是 **HA** 的算术标准模型，$\mathfrak{T}$ 是一个赋值函数，它为结点集 K 中的每个结点 k 指派 $\mathbb{N}$ 的一个子集，作为在结点 k 上对谓词 T 的解释，并且满足单调性：$\forall k\,\forall k'\,(k \leqslant k' \to \mathfrak{T}(k) \subseteq \mathfrak{T}(k'))$。在 $\mathcal{L}_{\mathrm{T}}$ 中，如果 s 是一个项，那么 $\mathrm{T}s$ 也是一个原子语句。所以，还需要在对力迫关系的归纳定义 8.12 中增加如下关于谓词 T 原子语句的条款，其中 $\mathrm{Sent}_{\mathrm{T}}$ 是 $\mathcal{L}_{\mathrm{T}}$ 语句的哥德尔编码的集合。

8\. $k \Vdash \mathrm{T}s$ 当且仅当 $s^{\mathbb{N}} \in \mathfrak{T}(k)$ 并且 $s^{\mathbb{N}} \in \mathrm{Sent}_{\mathrm{T}}$。

§8.2　递归函数与数字可表示性[①]

8.2.1　递归函数

定义 8.15(初始函数)　初始函数包括以下三类：

零函数 Z：$Z(x)=0$；

后继函数 S：$S(x)=x+1$；

k元投影函数 id_i^k：$id_i^k(x_1, x_2, \cdots, x_k)=x_i$，其中$i=1, 2, \cdots, k$。

显然，零函数与后继函数的定义域是$\mathbb{N}$，k元投影函数的定义域是$\mathbb{N}^k$。

定义 8.16(复合运算)　一个j元函数g和j个k元函数$h_1, h_2, \cdots, h_j$复合成一个k元函数f，f的定义式为

$f(x_1, x_2, \cdots, x_k)=g(h_1(x_1, x_2, \cdots, x_k), \cdots, h_j(x_1, x_2, \cdots, x_k))$。

复合的条件是：$f(x_1, x_2, \cdots, x_k)$有定义当且仅当$z_1=h_1(x_1, x_2, \cdots, x_k), \cdots, z_j=h_j(x_1, x_2, \cdots, x_k)$和$g(z_1, z_2, \cdots, z_j)$都有定义。

定义 8.17(原始递归运算)　由一个k元函数g和一个$k+2$元函数h，经过如下的方式可以递归地生成一个新的$k+1$元函数f，f的定义式为

$f(x_1, x_2, \cdots, x_k, 0)=g(x_1, x_2, \cdots, x_k)$；

$f(x_1, x_2, \cdots, x_k, x+1)=h(x_1, x_2, \cdots, x_k, x, f(x_1, x_2, \cdots, x_k, x))$。

特别地，如果$k=0$，那么由给定的自然数a和一个二元函数h，可以递归地生成一元函数f的方式如下：

---

① 本节主要参考：1. G. Boolos, J. Burgess and R. Jeffrey. *Computability and Logic* (5th ed.). Cambridge: Cambridge University Press, 2007, pp. 63-87, 187-198, 220-231;

2. L. Horsten. *The Tarskian Turn: Deflationism and Axiomatic Truth.* Cambridge: MIT Press, 2011, pp. 27-45;

3. A. S. Troelstra and D. van Dalen. *Constructivism in Mathematics: An Introduction.* vol. I, Amsterdam: North-Holland Publishing, 1988, pp. 113-183.

$$\begin{cases} f(0)=a; \\ f(x+1)=h(x, f(x))。 \end{cases}$$

定义 8.18(取极小运算，即μ运算)　如果$k+1$元函数g满足条件：对任意x_1，x_2，…，x_k都存在x使得$g(x_1, x_2, \cdots, x_k, x)=0$，那么由$g$通过$\mu$运算生成的$k$元函数$f$为

$$f(x_1, x_2, \cdots, x_k)=\mu x[g(x_1, x_2, \cdots, x_k, x)=0]。$$

取极小运算的直观含义是：通过运算而找出能使函数$g(x_1, x_2, \cdots, x_k, x)=0$的$x$的极小值。

定义 8.19(递归函数和原始递归函数)　从初始函数出发，经过有限次地使用复合、原始递归和取极小运算所得到的函数叫作递归函数；只有限次地使用复合和原始递归运算所得到的函数叫作原始递归函数。如果一个递归函数的定义域是自然数集$\mathbb{N}$，则称为全递归函数，否则为部分递归函数。

在递归函数的基础上，可定义递归集与递归关系。

定义 8.20(关系的外延集)　$\mathbb{N}$上的k元关系R的外延集为

$$\{(x_1, x_2, \cdots, x_k) | R(x_1, x_2, \cdots, x_k)\text{成立}\}。$$

定义 8.21(集合的特征函数)　令集合$A\subseteq\mathbb{N}^k$是$\mathbb{N}$上的k元组的集合，则下面的这个函数称为集合A的特征函数

$$C_A(x_1, x_2, \cdots, x_k)=\begin{cases} 1, \text{当}(x_1, x_2, \cdots, x_k)\in A\text{时}, \\ 0, \text{当}(x_1, x_2, \cdots, x_k)\notin A\text{时}。 \end{cases}$$

定义 8.22(关系的特征函数)　令关系R是$\mathbb{N}$上的k元关系，则下面的这个函数称为关系R的特征函数

$$C_R(x_1, x_2, \cdots, x_k)=\begin{cases} 1, \text{当}R(x_1, x_2, \cdots, x_k)\text{成立时}, \\ 0, \text{当}R(x_1, x_2, \cdots, x_k)\text{不成立时}。 \end{cases}$$

通过定义 8.21 和定义 8.22 不难看出，k元关系R的特征函数，也即R的外延集的特征函数。

定义 8.23(递归集与递归关系)　如果一个集合的特征函数是递归函数，那么就称这个集合为递归集；如果其特征函数是原始递归函数，那么就称该集合为原始递归集。同样地，如果一个关系的特征函数是递归函数，那么就称这个关系为递归关系；如果其特征函数是原始递归函数，那么就称该关系为原始递归关系。

8.2.2　数字可表示性

定义 8.24(数字可表示函数)　k元函数f是在 **HA** 中数字可表示的，当且仅当存在含$k+1$个自由变元的公式$\varphi(x_1, x_2, \cdots, x_k, y)$，$\forall n_1, n_2, \cdots, n_k, m\in\mathbb{N}$，

1. 如果$f(n_1, n_2, \cdots, n_k)=m$，那么 $\mathbf{HA}\vdash\varphi(\overline{n_1}, \overline{n_2}, \cdots, \overline{n_k}, \overline{m})$；

2. 如果$f(n_1, n_2, \cdots, n_k)\neq m$，那么 $\mathbf{HA}\vdash\neg\varphi(\overline{n_1}, \overline{n_2}, \cdots, \overline{n_k}, \overline{m})$；

3. $\mathbf{HA}\vdash\varphi(\overline{n_1}, \overline{n_2}, \cdots, \overline{n_k}, t)\to t=\overline{f(n_1, n_2, \cdots, n_k)}$，其中项$t$对$\varphi(x_1, x_2, \cdots, x_k, y)$中的$x_i(i=1, 2, \cdots, k)$是自由的。

定义 8.25(数字可表示关系)　k元关系R是在 **HA** 中数字可表示的，当且仅当存在含有k个自由变元的公式$\varphi(x_1, x_2, \cdots, x_k)$，$\forall n_1, n_2, \cdots, n_k\in\mathbb{N}$，

1. 如果$(n_1, n_2, \cdots, n_k)\in R$，那么 $\mathbf{HA}\vdash\varphi(\overline{n_1}, \overline{n_2}, \cdots, \overline{n_k})$；

2. 如果$(n_1, n_2, \cdots, n_k)\notin R$，那么 $\mathbf{HA}\vdash\neg\varphi(\overline{n_1}, \overline{n_2}, \cdots, \overline{n_k})$。

定理 8.26　所有递归函数都是在 **HA** 中数字可表示的。

证明　根据定义 8.24，可以证明初始函数都是数字可表示函数，并且可以证明数字可表示函数对复合运算、原始递归运算及μ运算封闭。[①]证毕。

由定理 8.26 不难知道，所有的递归集与递归关系都是在 **HA** 中数字可表示的。所以，从数字可表示的能力来看，**HA** 与 **PA** 是完全一样的。

于是，对于 **HA**，同样可通过某种编码模式进行编码，使得$\mathcal{L}_{\mathrm{HA}}$的所有表达

---

① 由于在 PA 中证明定理 8.26 不需要依赖经典逻辑有效而直觉主义逻辑无效的条件，因而可直接将 PA 中的证明转变为 HA 中的证明。详细证明过程见参考文献［5］，第 199-219 页。

式都有唯一的数字编码，即哥德尔编码。如果e是$\mathcal{L}_{\mathrm{HA}}$的任意表达式，那么$e$的哥德尔编码就记为$\ulcorner e \urcorner$，而$e$的哥德尔编码在 **HA** 中的数字则记为$\overline{\ulcorner e \urcorner}$。根据数字可表示性，$\mathbb{N}$的下列子集是递归集，因而可用相应的公式来表示。本编沿用了经典公理化真理论的常用记法：

1. **HA** 所有个体变元的哥德尔编码构成的集合，用公式 $\mathrm{Var}_{\mathrm{HA}}(x)$表示；

2. **HA** 所有项的哥德尔编码构成的集合，用 $\mathrm{Term}_{\mathrm{HA}}(x)$表示；

3. **HA** 所有原子公式的哥德尔编码构成的集合，用 $\mathrm{AtFml}_{\mathrm{HA}}(x)$表示；

4. **HA** 所有公式的哥德尔编码构成的集合，用 $\mathrm{Fml}_{\mathrm{HA}}(x)$表示；

5. **HA** 所有原子语句的哥德尔编码构成的集合，用 $\mathrm{AtSent}_{\mathrm{HA}}(x)$表示；

6. **HA** 所有语句的哥德尔编码构成的集合，用 $\mathrm{Sent}_{\mathrm{HA}}(x)$表示；

7. **HA** 所有可证语句的哥德尔编码构成的集合，用 $\mathrm{Bew}_{\mathrm{HA}}(x)$表示。

HA 的逻辑联结词和量词是关于$\mathcal{L}_{\mathrm{HA}}$表达式的句法运算，可以证明它们是原始递归的，因而也是在 **HA** 中数字可表示的。例如，否定运算可以表示为含两个自由变元的公式 $\mathrm{Negation}(x, y)$，它仅对于这样的数对(e, f)成立，其中e是$\mathcal{L}_{\mathrm{HA}}$ 某个公式的哥德尔编码，f是该公式的否定公式的哥德尔编码。同理，可定义出表示其余逻辑联结词和量词的公式。为了方便，今后将以在联结词和量词的下方加点的方式来表示它们在$\mathcal{L}_{\mathrm{HA}}$中相应的函数符号。比如，$\underset{\cdot}{\neg}$ 是一个一元函数符号，当它作用于某个公式φ的哥德尔编码的数字时，得到该公式的否定公式$\neg\varphi$的哥德尔编码的数字，即$\underset{\cdot}{\neg}\overline{\ulcorner \varphi \urcorner} = \overline{\ulcorner \neg\varphi \urcorner}$。

其他的联结词、量词及等词也能在$\mathcal{L}_{\mathrm{HA}}$中表达为相应的二元函数符号：

$$\overline{\ulcorner \varphi \urcorner} \underset{\cdot}{\wedge} \overline{\ulcorner \psi \urcorner} = \overline{\ulcorner \varphi \wedge \psi \urcorner};$$

$$\overline{\ulcorner \varphi \urcorner} \underset{\cdot}{\vee} \overline{\ulcorner \psi \urcorner} = \overline{\ulcorner \varphi \vee \psi \urcorner};$$

$$\overline{\ulcorner \varphi \urcorner} \underset{\cdot}{\rightarrow} \overline{\ulcorner \psi \urcorner} = \overline{\ulcorner \varphi \rightarrow \psi \urcorner};$$

$$\underset{\cdot}{\forall} \overline{\ulcorner x \urcorner} \cdot \overline{\ulcorner \varphi(x) \urcorner} = \overline{\ulcorner \forall x \varphi(x) \urcorner};$$

$$\underset{\cdot}{\exists} \overline{\ulcorner x \urcorner} \cdot \overline{\ulcorner \varphi(x) \urcorner} = \overline{\ulcorner \exists x \varphi(x) \urcorner};$$

$$\overline{\ulcorner t \urcorner} \underset{\cdot}{=} \overline{\ulcorner s \urcorner} = \overline{\ulcorner t = s \urcorner}。$$

函数 $\underset{\cdot}{\forall}$ 和 $\underset{\cdot}{\exists}$ 的两个自变量之间的“·”只是用于区别两个自变量，并无其他的含义。

此外，还需要一个三元替换函数 $\mathrm{sub}(x, y, z)$，其含义是：用哥德尔编码的数字是z的项，去替换哥德尔编码的数字是x的公式中哥德尔编码的数字是y的变元，并以所得新公式的哥德尔编码的数字作为输出。也即

$$\mathrm{sub}(\overline{\ulcorner \varphi(x) \urcorner}, \overline{\ulcorner x \urcorner}, \overline{\ulcorner t \urcorner}) = \overline{\ulcorner \varphi(t/x) \urcorner}。$$

为了记法的简洁，在不至于产生混淆的前提下，将直接以$\ulcorner e \urcorner$来表示e的哥德尔编码的数字。$\mathrm{sub}(x, y, z)$可简记为$x(y/z)$，$\mathrm{sub}(\ulcorner \varphi(x) \urcorner, \ulcorner x \urcorner, \ulcorner t \urcorner)$可简记为$\ulcorner \varphi(x) \urcorner (\ulcorner t \urcorner / \ulcorner x \urcorner)$。

现在引入一个新的一元递归函数$\dot{x}$，该函数把自然数n转变成数字$\overline{n}$。那么$\forall x \varphi(\dot{x})$就表示公式$\varphi(x)$对任意数字都成立。因为$\ulcorner \varphi(x) \urcorner (\overline{n} / \ulcorner x \urcorner)$也是项，所以也能够被谓词作用。假设 P 是给定的谓词，那么$\forall x \mathrm{P}(\ulcorner \varphi(x) \urcorner (\dot{x} / \ulcorner x \urcorner))$便可简记为$\forall x \mathrm{P}(\ulcorner \varphi(\dot{x}) \urcorner)$。

§8.3　几个重要的定理

8.3.1　HA 与 PA 的关系

如前所述，**HA** 与 **PA** 的差别仅在于逻辑公理。因为 **IQC** 包含于 **CQC**，所以 **HA** 是 **PA** 的子理论。但是另一方面，**PA** 也可以通过某种转换模式嵌入 **HA**。

定义 8.27(否定性转换)　公式φ的否定性转换φ^*是由下列条款生成[①]

1. $(t = s)^* :\equiv \neg\neg(t = s)$；

2. $(\neg\varphi)^* :\equiv \neg\varphi^*$；

---

① 本编所给出的否定性转换的定义，可参见：A. S. Troelstra and D. van Dalen. *Constructivism in Mathematics: An Introduction.* vol. I, Amsterdam: North-Holland Publishing, 1988, pp. 57, 128。

3. $(\varphi\wedge\psi)^{*}:\equiv\varphi^{*}\wedge\psi^{*}$；

4. $(\varphi\vee\psi)^{*}:\equiv\neg(\neg\varphi^{*}\wedge\neg\psi^{*})$；

5. $(\varphi\rightarrow\psi)^{*}:\equiv\varphi^{*}\rightarrow\psi^{*}$；

6. $(\forall x\varphi)^{*}:\equiv\forall x\varphi^{*}$；

7. $(\exists x\varphi)^{*}:\equiv\neg\forall x\neg\varphi^{*}$。

否定性转换也即使得每一公式都不含$\vee$和$\exists$。通过否定性转换，可以建立**HA**与**PA**在证明论强度方面的关系。

定理 8.28　PA$\vdash\varphi$当且仅当**HA**$\vdash\varphi^{*}$。

证明　只需从两个方向证明该结论对任意逻辑公理和算术公理都成立。

首先验证逻辑公理成立，以 Ax4 为例。**PA** 显然能够证明 Ax4，下面给出在 **HA** 中证明$(\text{Ax4})^{*}$的公式序列

(1)$\varphi^{*}\rightarrow\neg\neg\varphi^{*}$；　　(**HA** 可证)

(2)$\neg\neg\varphi^{*}\rightarrow\neg\neg\varphi^{*}\vee\neg\neg\psi^{*}$；　　(公理 Ax4)

(3)$\neg\neg\varphi^{*}\vee\neg\neg\psi^{*}\rightarrow\neg(\neg\varphi^{*}\wedge\neg\psi^{*})$；　　(**HA** 可证)

(4)$\neg\neg\varphi^{*}\rightarrow\neg(\neg\varphi^{*}\wedge\neg\psi^{*})$；　　((2)(3)HS)

(5)$\varphi^{*}\rightarrow\neg(\neg\varphi^{*}\wedge\neg\psi^{*})$。　　((1)(4)HS)

公式(5)即为$(\text{Ax4})^{*}$。其余逻辑公理可以类似验证。

其次验证算术公理成立，以 HA1 为例。**PA** 显然能够证明 HA1，下面验证 **HA** 能够证明$(\text{HA1})^{*}$

(1) $\forall x(\mathrm{S}(x)\neq\mathbf{0})$；　　(公理 HA1)

(2) $\forall x(\mathrm{S}(x)\neq\mathbf{0})\rightarrow\mathrm{S}(t)\neq\mathbf{0}$；　　(公理 Ax16)

(3)$\mathrm{S}(t)\neq\mathbf{0}$；　　((1)(2)MP)

(4)$\mathrm{S}(t)\neq\mathbf{0}\rightarrow\neg\neg(\mathrm{S}(t)\neq\mathbf{0})$；　　(**IQC** 可证)

(5)$\neg\neg(\mathrm{S}(t)\neq\mathbf{0})$；　　((3)(4)MP)

(6) $\forall x\neg\neg(\mathrm{S}(x)\neq\mathbf{0})$。　　((5)Gen)

HA2～HA6 可以类似验证，现在验证 HA7。对任意$\mathcal{L}_{\mathrm{HA}}$公式$\varphi(x)$，有

$$\varphi(\mathbf{0}) \wedge \forall x(\varphi(x) \to \varphi(\mathrm{S}(x))) \to \forall x\, \varphi(x)。\tag{8-2}$$

很明显，式(8-2)是 HA7 的实例。那么根据定义 8.27，式(8-2)的否定性转换式即

$$\varphi^*(\mathbf{0}) \wedge \forall x(\varphi^*(x) \to \varphi^*(\mathrm{S}(x))) \to \forall x\, \varphi^*(x)。\tag{8-3}$$

由于$\varphi^*(x)$也是$\mathcal{L}_{\mathrm{HA}}$公式，所以式(8-3)显然也是 HA7 的实例。证毕。

8.3.2　HA 的对角线引理

定义 8.29(HA 的对角线函数)　存在一个原始递归的对角线函数 $\mathrm{diag}(x)$，当它作用于$\mathcal{L}_{\mathrm{HA}}$的某个公式$\varphi(x)$的哥德尔编码时，得到的是一个$\mathcal{L}_{\mathrm{HA}}$语句的哥德尔编码，该语句是由$\varphi(x)$的哥德尔编码替换自由变元$x$所得。即

$$\mathrm{diag}(\ulcorner \varphi(x) \urcorner) = \ulcorner \varphi(\ulcorner \varphi(x) \urcorner) \urcorner。$$

定理 8.30(HA 的对角线引理)　对任意$\mathcal{L}_{\mathrm{HA}}$公式$\varphi(x)$，存在一个$\mathcal{L}_{\mathrm{HA}}$语句$\lambda$，使得

$$\mathbf{HA} \vdash \lambda \leftrightarrow \varphi(\ulcorner \lambda \urcorner)。$$

证明　由于 diag 是递归函数，因而是在 **HA** 中为某个公式 $\mathrm{Diag}(x, y)$数字可表示的。于是，对任意$\mathcal{L}_{\mathrm{HA}}$公式$\xi(x)$都有

$$\mathbf{HA} \vdash \forall y(\mathrm{Diag}(\ulcorner \xi(x) \urcorner, y) \leftrightarrow y = \ulcorner \xi(\ulcorner \xi(x) \urcorner) \urcorner)。\tag{8-4}$$

现在定义公式$\psi(x) :\equiv \exists y(\mathrm{Diag}(x, y) \wedge \varphi(y))$，于是可以证明

$$\mathbf{HA} \vdash \psi(\ulcorner \xi(x) \urcorner) \leftrightarrow \varphi(\ulcorner \xi(\ulcorner \xi(x) \urcorner) \urcorner)。\tag{8-5}$$

首先，从左向右

$\psi(\ulcorner \xi(x) \urcorner)$

$\Rightarrow \exists y(\mathrm{Diag}(\ulcorner \xi(x) \urcorner, y) \wedge \varphi(y))$　　($\psi(x)$的定义)

$\Rightarrow \mathrm{Diag}(\ulcorner \xi(x) \urcorner, \ulcorner \xi(\ulcorner \xi(x) \urcorner) \urcorner) \wedge \varphi(\ulcorner \xi(\ulcorner \xi(x) \urcorner) \urcorner)$　　(由式(8-4))

$\Rightarrow \varphi(\ulcorner \xi(\ulcorner \xi(x) \urcorner) \urcorner)$。　　(公理 Ax2)

所以，由演绎定理可得 $\mathbf{HA} \vdash \psi(\ulcorner \xi(x) \urcorner) \to \varphi(\ulcorner \xi(\ulcorner \xi(x) \urcorner) \urcorner)$；其次，从

右向左

$$\varphi(\ulcorner\xi(\ulcorner\xi(x)\urcorner)\urcorner)$$

$$\Rightarrow \mathrm{Diag}(\ulcorner\xi(x)\urcorner,\ulcorner\xi(\ulcorner\xi(x)\urcorner)\urcorner) \quad \text{(由式(8-4))}$$

$$\Rightarrow \mathrm{Diag}(\ulcorner\xi(x)\urcorner,\ulcorner\xi(\ulcorner\xi(x)\urcorner)\urcorner)\wedge\varphi(\ulcorner\xi(\ulcorner\xi(x)\urcorner)\urcorner) \quad \text{(公理 Ax3)}$$

$$\Rightarrow \exists y(\mathrm{Diag}(\ulcorner\xi(x)\urcorner, y)\wedge\varphi(y)) \quad \text{(公理 Ax11)}$$

$$\Rightarrow \psi(\ulcorner\xi(x)\urcorner)。 \quad (\psi(x)\text{的定义})$$

所以，根据演绎定理（定理 8.9）可得 **HA** $\vdash\varphi(\ulcorner\xi(\ulcorner\xi(x)\urcorner)\urcorner)\rightarrow\psi(\ulcorner\xi(x)\urcorner)$。于是公式(8-5)得证。

由$\xi(x)$的任意性，此时若将$\xi(x)$取为$\psi(x)$，则有

$$\mathbf{HA}\vdash\psi(\ulcorner\psi(x)\urcorner)\leftrightarrow\varphi(\ulcorner\psi(\ulcorner\psi(x)\urcorner)\urcorner)。$$

显然，语句$\psi(\ulcorner\psi(x)\urcorner)$即为所求$\lambda$。故而，**HA** $\vdash\lambda\leftrightarrow\varphi(\ulcorner\lambda\urcorner)$。证毕。

定义 8.31（真谓词） 如果存在$\mathcal{L}_{HA}$公式 $T(x)$满足：对任意$\mathcal{L}_{HA}$语句φ，都有 **HA** $\vdash T\ulcorner\varphi\urcorner\leftrightarrow\varphi$，则称公式 $T(x)$为 **HA** 的真谓词。

根据定理 8.30 可以证明，**HA** 本身不能定义这样的真谓词。

定理 8.32（不可定义性定理） 不存在$\mathcal{L}_{HA}$公式 $T_{HA}(x)$，使得对任意$\mathcal{L}_{HA}$语句φ，都有 **HA** $\vdash T_{HA}(\ulcorner\varphi\urcorner)\leftrightarrow\varphi$。

证明 如果存在这样的公式 $T_{HA}(x)$，那么$\neg T_{HA}(x)$也是$\mathcal{L}_{HA}$公式，所以根据定理 8.30，一定存在语句λ使得

$$\mathbf{HA}\vdash\lambda\leftrightarrow\neg T_{HA}(\ulcorner\lambda\urcorner)。 \tag{8-6}$$

于是根据 $T_{HA}(x)$的定义，对于该λ又可以有

$$\mathbf{HA}\vdash T_{HA}(\ulcorner\lambda\urcorner)\leftrightarrow\lambda。 \tag{8-7}$$

结合式(8-6)与式(8-7)可得 **HA** $\vdash T_{HA}(\ulcorner\lambda\urcorner)\leftrightarrow\neg T_{HA}(\ulcorner\lambda\urcorner)$，明显与 **HA** 的相容性矛盾。所以，**HA** 不能定义自己的真谓词。证毕。

由定义 8.31 给出的真谓词 $T(x)$，通常也叫作 **HA** 的全局真谓词（global truth predicate）。所谓全局，是指它能够作用于 **HA** 的所有语句的哥德尔编码。

但是定理 8.32 表明，这样的全局真谓词 $\mathrm{T}(x)$并不能由 **HA** 本身来定义。这一结果与 **PA** 完全相同。

已经知道，**HA** 不能定义出自身的全局真谓词，所以本编接下来的工作将按照公理化真理论的基本思想，以 **HA** 作为基础理论，把 **HA** 的全局真谓词处理成初始的一元谓词 T，直接添加到 **HA** 的语言$\mathcal{L}_{\mathrm{HA}}$中。然后分别从类型和无类型两个层面，重新构建经典公理化真理论的四大理论。

为了下文的需要，本章在最后将定义一个特殊的 **HA** 公式 $\mathrm{Val}^{+}(x)$。

已知存在$\mathcal{L}_{\mathrm{HA}}$公式 $\mathrm{AtFml}_{\mathrm{HA}}(x)$，用于表示$x$是 **HA** 原子公式(即等式)的哥德尔编码的数字，那么所有为真的原子公式的哥德尔编码的集合也应该是数字可表示的，记为 $\mathrm{Val}^{+}(x)$。先定义指称公式

$$\mathrm{den}(t,n):\equiv \mathrm{Term}_{\mathrm{HA}}(t)\wedge((t=\ulcorner \mathbf{0}\urcorner \wedge n=\mathbf{0})\vee$$
$$(\exists t'(\mathrm{Term}_{\mathrm{HA}}(t')\wedge t=\ulcorner \mathrm{S}(t')\urcorner)\wedge n=\mathrm{S}(t')))。$$

该公式的直观含义是：项t指称数字n，当且仅当

(1)t是数字 **0** 的哥德尔编码时，n是数字 **0**；

(2)t是后继数字 $\mathrm{S}(t')$的哥德尔编码时，n是t'所指称的数字的后继数字。

于是，$\mathrm{Val}^{+}(x)$可定义如下

$$\mathrm{Val}^{+}(x):\equiv \exists t\exists t'(\mathrm{Term}_{\mathrm{HA}}(t)\wedge \mathrm{Term}_{\mathrm{HA}}(t')\wedge x=\ulcorner t=t'\urcorner \wedge$$
$$\exists m\exists n(\mathrm{den}(t,n)\wedge \mathrm{den}(t',n)\wedge m=n))。$$

该公式的含义是：由x所编码的等式，其等号两端的项指称的数字相同。类似地，还可定义出用于表示为真的否定等式的公式 $\mathrm{Val}^{-}(x)$。值得注意的是，为真的否定等式不同于对为真的等式的否定。例如，“2＝2”是等式，并且是为真的等式，而“2≠2”虽是否定等式，却是为假的否定等式。也即，$\ulcorner 2=2\urcorner \in \mathrm{Val}^{+}(x)$，但是$\ulcorner 2\neq 2\urcorner \notin \mathrm{Val}^{-}(x)$，不过$\ulcorner 2\neq 3\urcorner \in \mathrm{Val}^{-}(x)$。

第 9 章
直觉主义的类型真理论

本章研究直觉主义的类型真理论，也即真谓词只能作用于基础理论的语句(即不含真谓词的语句)的哥德尔编码。如果把经典公理化类型真理论 **DT** 与 **CT** 的真公理添加到算术理论 **HAT** 中，就得到基于直觉主义逻辑的去引号理论 **IDT** 和塔尔斯基组合理论 **ICT**。但 **ICT** 并不是一种理想的真理论，所以本章将在 **ICT** 的基础上提出直觉主义类型组合理论 **SICT**。

本章共三节。§ 9.1 在经典公理化类型真理论 **DT** 和 **CT** 的基础上，保留二者的真公理，仅将外逻辑减弱为直觉主义逻辑，可以得到三种直觉主义的类型公理化真理论：**IDT**，**ICT** 和 **SICT**。§ 9.2 将证明三者都能满足 **HA** 的算术标准模型，并且 **IDT** 和 **SICT** 是实质上充分的真理论，但 **ICT** 不是。在保守性方面，**IDT** 是 **HA** 的保守扩充，而 **SICT** 是非保守扩充。§ 9.3 将讨论 **SICT** 的数学强度。

§ 9.1　类型去引号理论

9.1.1　IDT 的构成

定义 9.1($\mathcal{L}_{\mathrm{T}}$)　形式语言$\mathcal{L}_{\mathrm{T}}$是通过向$\mathcal{L}_{\mathrm{HA}}$中添加一个用于表示“真”的一元初始谓词 T 所得。也即$\mathcal{L}_{\mathrm{T}}=\mathcal{L}_{\mathrm{HA}}\cup\{\mathrm{T}\}$。

定义 9.2(**HAT**)　形式算术理论 **HAT** 是通过用形式语言$\mathcal{L}_{\mathrm{T}}$重新表达 **HA** 所

得。也即允许 **HA** 的公理模式中出现包含谓词 T 的公式。

定义 9.3(IDT)　直觉主义的类型去引号理论 **IDT** 是以$\mathcal{L}_{\mathrm{T}}$为形式语言，在算术理论 **HAT** 的基础上增添以下的公理模式 DT 所得

$$\mathrm{DT}：\mathrm{T}\ulcorner\varphi\urcorner\leftrightarrow\varphi，其中\varphi是\mathcal{L}_{\mathrm{HA}}语句。$$

公理模式 DT 即去引号模式(disquotation schema)，它既是 **IDT** 唯一的真公理模式，也是经典理论 **DT** 唯一的真公理模式。很明显，**IDT** 与 **DT** 的区别同样仅在于逻辑公理。由于去引号模式中，谓词 T 作用的语句(确切地说，是语句的哥德尔编码)本身不含谓词 T，所以 **IDT** 是一种类型真理论。

9.1.2　IDT 的性质

考虑这样一个结构：$\mathcal{M}=\langle\mathcal{K},\mathfrak{T}\rangle$，其中$\mathcal{K}$是 **HA** 的算术标准模型，$\mathfrak{T}$是一个函数，称为$\mathfrak{T}$赋值函数，它为$\mathcal{K}$的每个结点 k 指派$\mathbb{N}$的一个子集，记为$\mathfrak{T}(k)$，使得满足单调性

$$\forall k\,\forall k'\,(k\leqslant k'\rightarrow\mathfrak{T}(k)\subseteq\mathfrak{T}(k'))。$$

$\mathfrak{T}(k)$表示在结点 k 上对谓词 T 所做的解释，也即 $\forall k$，$k\Vdash \mathrm{T}s$，当且仅当 $s^{\mathbb{N}}\in\mathfrak{T}(k)$。今后为了记法的简洁，在不至于混淆的前提下，将直接以s来表示 $s^{\mathbb{N}}$。

定理 9.4　**IDT** 具有算术标准模型。

证明　考虑结构$\mathcal{M}=\langle\mathcal{K},\mathfrak{T}\rangle$，其中$\mathcal{K}$是 **HA** 的算术标准模型，$\mathfrak{T}$是一个赋值函数并满足条件：$\mathfrak{T}(k)=\{\ulcorner\varphi\urcorner\mid\mathcal{K}[k]\Vdash\varphi\}$。因为$\Vdash$是单调的，所以很明显对任意结点 $k\leqslant k'$，如果有$\mathcal{K}[k]\Vdash\varphi$，那么有$\mathcal{K}[k']\Vdash\varphi$。于是，根据$\mathfrak{T}(k)$的定义，可以知道$\mathfrak{T}(k)\subseteq\mathfrak{T}(k')$，故而$\mathfrak{T}$是单调的。

现在要证明$\mathcal{M}$是 **IDT** 的模型，也就是证明$\mathcal{M}\vDash$**IDT**，可通过施归纳于 **IDT** 的证明的长度。因为$\mathcal{K}\vDash$**HA**，所以自然有$\mathcal{M}\vDash$**HA**。因此，只需证明$\mathcal{M}\vDash\mathrm{DT}$，即证明 $\forall k\in K$，都有$\langle\mathcal{K},\mathfrak{T}\rangle[k]\Vdash\mathrm{DT}$。

$\langle\mathcal{K}, \mathfrak{T}\rangle[k] \Vdash \mathrm{T}\ulcorner\varphi\urcorner$

$\Leftrightarrow\ulcorner\varphi\urcorner\in\mathfrak{T}(k)$　　（对谓词 T 的解释）

$\Leftrightarrow\mathcal{K}[k]\Vdash\varphi$　　（$\mathfrak{T}(k)$的定义）

$\Leftrightarrow\langle\mathcal{K}, \mathfrak{T}\rangle[k]\Vdash\varphi$。　　（$\varphi$不含谓词 T）

这就是说，$\forall k\in K$，都有 $k\Vdash\mathrm{T}\ulcorner\varphi\urcorner\leftrightarrow\varphi$，其中$\varphi$是$\mathcal{L}_{\mathrm{HA}}$语句。由此证明$\mathcal{M}\vDash\mathrm{DT}$，从而得到$\mathcal{M}\vDash$**IDT**。所以，$\mathcal{M}$是 **IDT** 的模型，并且是基于$\mathcal{K}$的算术标准模型。证毕。

从定理 9.4 立即可以得出下面两个推论。

推论 9.5　**IDT** 是相容的。

证明　因为定理 9.4 所给的$\mathcal{M}$是 **IDT** 的模型，所以 **IDT** 是相容的。证毕。

推论 9.6　**IDT** 是算术可靠的。

证明　假设φ是$\mathcal{L}_{\mathrm{HA}}$语句，并且有 **IDT** $\vdash\varphi$。根据定理 9.4，$\langle\mathcal{K}, \mathfrak{T}\rangle\vDash\varphi$。所以$\forall k\in K$，都有$\langle\mathcal{K}, \mathfrak{T}\rangle[k]\Vdash\varphi$，也就有$\mathcal{K}\vDash\varphi$。这是因为$\varphi$中不包含谓词 T，所以并不影响模型从$\mathcal{M}$到$\mathcal{K}$的转变。而又已知$\mathcal{K}$是 **HA** 的算术标准模型，因此$\mathcal{K}$所能满足的语句一定是算术真语句。故 **IDT** 是算术可靠的。证毕。

作为 **HA** 的扩充理论，**IDT** 与 **HA** 的关系是需要进一步讨论的。如果 **IDT** 所能证明的算术结论并不多于 **HA**，那么 **IDT** 就是 **HA** 的保守扩充；否则就是不保守扩充。下面给出保守性的定义。

定义 9.7（保守性）　令 **Tr** 是基于 **HA** 的真理论。如果对任意$\mathcal{L}_{\mathrm{HA}}$语句$\varphi$，只要有 **Tr** $\vdash\varphi$，就有 **HA** $\vdash\varphi$，那么就称 **Tr** 是 **HA** 之上保守的。

定理 9.8　**IDT** 是 **HA** 之上保守的。

证明　只需证明，任何$\mathcal{L}_{\mathrm{HA}}$语句$\varphi$的 **IDT** 证明都可以转变为 **HA** 证明。

对任意$\mathcal{L}_{\mathrm{HA}}$语句$\varphi$，如果已经给出了$\varphi$的 **IDT** 证明$\mathcal{P}$，那么由于$\mathcal{P}$中包含的语句数是有穷的，所以$\mathcal{P}$中使用的 DT 实例也是有穷的。假设共有$n$个 DT 的实例，即 $\mathrm{T}\ulcorner\varphi_1\urcorner\leftrightarrow\varphi_1$，$\mathrm{T}\ulcorner\varphi_2\urcorner\leftrightarrow\varphi_2$，…，$\mathrm{T}\ulcorner\varphi_n\urcorner\leftrightarrow\varphi_n$。现在定义一个新的 $\mathcal{L}_{\mathrm{HA}}$ 公式$\psi(x)$

$\psi(x) :\equiv (x = \ulcorner \varphi_1 \urcorner \wedge \varphi_1) \vee (x = \ulcorner \varphi_2 \urcorner \wedge \varphi_2) \vee \cdots \vee (x = \ulcorner \varphi_n \urcorner \wedge \varphi_n)$。

如果用$\psi(x)$去替换真谓词 $\mathrm{T}(x)$在$\mathcal{P}$中的每一次出现，那么 DT 的实例就全都变为：$\psi(\ulcorner \varphi_1 \urcorner) \leftrightarrow \varphi_1$，$\psi(\ulcorner \varphi_2 \urcorner) \leftrightarrow \varphi_2$，…，$\psi(\ulcorner \varphi_n \urcorner) \leftrightarrow \varphi_n$。而且这$n$个新的“去引号语句”都能够为 **HA** 证明，比如：

$$\psi(\ulcorner \varphi_1 \urcorner) \leftrightarrow (\ulcorner \varphi_1 \urcorner = \ulcorner \varphi_1 \urcorner \wedge \varphi_1) \leftrightarrow \varphi_1。$$

于是，对φ的证明$\mathcal{P}$就变成了不含任何谓词 T 的新证明$\mathcal{P}'$。而φ本身并不含谓词 T，所以从$\mathcal{P}$到$\mathcal{P}'$的转变并不会改变作为证明结果的φ。证毕。

事实 9.9　存在$\mathcal{L}_{\mathrm{HA}}$语句$\varphi$，使得 **IDT** $\nvdash \mathrm{T}\ulcorner \varphi \urcorner \vee \mathrm{T}\ulcorner \neg\varphi \urcorner$。

因为在直觉主义逻辑的背景下，排中律并不普遍成立，所以必然存在某个$\mathcal{L}_{\mathrm{HA}}$语句$\varphi$，使得 **IDT** $\nvdash \varphi \vee \neg\varphi$。而假如 $\mathrm{T}\ulcorner \varphi \urcorner \vee \mathrm{T}\ulcorner \neg\varphi \urcorner$ 是 **IDT** 可证的，那么根据 DT 的两个实例

$$\mathrm{T}\ulcorner \varphi \urcorner \leftrightarrow \varphi \text{与} \mathrm{T}\ulcorner \neg\varphi \urcorner \leftrightarrow \neg\varphi,$$

可以很容易知道，对$\mathcal{L}_{\mathrm{HA}}$的任意语句$\varphi$，都有 **IDT** $\vdash \varphi \vee \neg\varphi$。这显然是构成矛盾的。

由事实 9.9 显然可知，**IDT** 不能证明 $\forall x(\mathrm{Sent}_{\mathrm{HA}}(x) \to \mathrm{T}(x) \vee \mathrm{T}(\underset{\bullet}{\neg} x))$。但是还不能将其归因为 **IDT** 的外逻辑是直觉主义逻辑，这可以通过利用原始递归算术 **PRA** 的一个性质来说明。

定义 9.10(PRA)　原始递归算术 **PRA** 在 **HA** 的基础上，进行以下三个方面的改变而得到：

1. 去掉了 **HA** 中关于量词的逻辑公理；
2. 将归纳公理模式改为推理规则。

由$\varphi(\mathbf{0})$和$\varphi(x) \to \varphi(\mathrm{S}(x))$可以推出$\varphi(t)$，其中公式$\varphi(x)$无量词；

3. 添加所有原始递归函数的定义等式。

很明显，**PRA** 是对 **HA** 的直接减弱，故而是其子理论。并且由于 **PRA** 没有量词，或者说只有受囿量词，这就使得 **PRA** 具有一些好的性质。例如，在 **PRA**

中，所有的公式都是可判定的，即：**PRA** $\vdash \varphi \vee \neg\varphi$。[①]由此可见，无论逻辑基础是经典命题逻辑还是直觉主义命题逻辑，**PRA** 都是 **HA** 和 **PA** 共同的子理论。

定理 9.11 对于 **PRA** 中的任意语句φ，**IDT** $\vdash \mathrm{T}\ulcorner\varphi\urcorner \vee \mathrm{T}\ulcorner\neg\varphi\urcorner$。

证明 因为在 **PRA** 中，对任意公式φ，$\varphi\vee\neg\varphi$都成立。所以只需利用 DT 的两个实例 $\mathrm{T}\ulcorner\varphi\urcorner\leftrightarrow\varphi$和 $\mathrm{T}\ulcorner\neg\varphi\urcorner\leftrightarrow\neg\varphi$，即可证明 **IDT** $\vdash \mathrm{T}\ulcorner\varphi\urcorner \vee \mathrm{T}\ulcorner\neg\varphi\urcorner$。证毕。

事实 9.12 **IDT** $\nvdash \forall x(\mathrm{Sent}_{\mathrm{PRA}}(x)\rightarrow \mathrm{T}(x)\vee \mathrm{T}(\underset{\bullet}{\neg} x))$。

不妨假设该事实不成立，也即假设存在一个公式序列$\mathcal{P}$，使得$\mathcal{P}$是 **IDT** 的一个证明，并且$\forall x(\mathrm{Sent}_{\mathrm{PRA}}(x)\rightarrow \mathrm{T}(x)\vee \mathrm{T}(\underset{\bullet}{\neg} x))$是$\mathcal{P}$的最后一个公式。那么很明显，$\mathcal{P}$中只包含有穷多条真公理

$$\mathrm{T}\ulcorner\varphi_1\urcorner\leftrightarrow\varphi_1,\ \mathrm{T}\ulcorner\varphi_2\urcorner\leftrightarrow\varphi_2,\ \cdots,\ \mathrm{T}\ulcorner\varphi_n\urcorner\leftrightarrow\varphi_n。$$

现在定义一个模型$\mathcal{M}'=\langle\mathcal{K},\mathfrak{T}'\rangle$，使得$\mathfrak{T}'$是这样的赋值函数：

令集合$\mathcal{S}$包含上述所有语句$\varphi_i(i=1,2,\cdots,n)$的哥德尔编码。$\mathfrak{T}'$为每个结点 k 指派$\mathcal{S}$的一个子集$\mathfrak{T}'(k)$作为谓词 T 在 k 上的解释，并且使得$\forall\ulcorner\varphi_i\urcorner\in\mathcal{S}$，都有$\mathcal{K}[k]\Vdash\varphi_i$，当且仅当$\ulcorner\varphi_i\urcorner\in\mathfrak{T}'(k)$。于是根据引理 8.13，很显然函数$\mathfrak{T}'$也满足单调性。

不难验证，$\langle\mathcal{K},\mathfrak{T}'\rangle$满足$\mathcal{P}$中出现的所有公理。但是对于 **PRA** 的任意可证语句ψ，如果ψ或$\neg\psi$的哥德尔编码都不在$\mathcal{S}$中，那么就有$\mathcal{M}'\nvDash\mathrm{T}\ulcorner\psi\urcorner\leftrightarrow\psi$及有$\mathcal{M}'\nvDash\mathrm{T}\ulcorner\neg\psi\urcorner\leftrightarrow\neg\psi$，由此可得

$$\mathcal{M}'\nvDash\forall x(\mathrm{Sent}_{\mathrm{PRA}}(x)\rightarrow \mathrm{T}(x)\vee \mathrm{T}(\underset{\bullet}{\neg} x))。$$

这说明假设不成立。所以，**IDT** $\nvdash \forall x(\mathrm{Sent}_{\mathrm{PRA}}(x)\rightarrow \mathrm{T}(x)\vee \mathrm{T}(\underset{\bullet}{\neg} x))$。

事实 9.12 表明，单纯以去引号模式为真公理的公理化真理论，其演绎力确实是十分弱的。这种弱表现为不能很好地处理涉及谓词 T 的全称概括语句。即

① 公式的可判定性是 PRA 的一个很重要的性质，其证明虽然并不复杂，但是比较烦琐。考虑到这条性质以及 PRA 本身并不是本编讨论的重点，所以本编就不再专门给出它的详细证明。关于这条性质及其证明思路，可参见：A. S. Troelstra and D. van Dalen. *Constructivism in Mathematics: An Introduction*. vol. I, Amsterdam: North-Holland Publishing, 1988, pp. 120-125。

使把基础理论限制在一个很小的范围(比如 **PRA**)里，去引号理论也仍旧无法实现关于谓词 T 的全称概括。这说明 **DT** 的弱演绎力与逻辑基础无关。因此，要想提高去引号理论的演绎力就必须加强真公理。

§9.2　类型组合理论 SICT

9.2.1　SICT 的构成

在经典的公理化真理论中，对塔尔斯基真之定义的递归条款进行公理化就得到了经典组合理论 **CT**。本节将采取同样的方式，首先构造直觉主义的塔尔斯基组合理论。

定义 9.13(ICT)　直觉主义的塔尔斯基组合理论 **ICT** 以 $\mathcal{L}_{\mathrm{T}}$ 为形式语言，通过在算术理论 **HAT** 的基础上增添下列组合公理而得到。

CT1：$\forall x(\mathrm{AtSent}_{\mathrm{HA}}(x)\rightarrow(\mathrm{T}(x)\leftrightarrow \mathrm{Val}^{+}(x)))$；

CT2：$\forall x(\mathrm{Sent}_{\mathrm{HA}}(x)\rightarrow(\mathrm{T}(\underset{\cdot}{\neg} x)\leftrightarrow\neg \mathrm{T}(x)))$；

CT3：$\forall x\forall y(\mathrm{Sent}_{\mathrm{HA}}(x\underset{\cdot}{\wedge} y)\rightarrow(\mathrm{T}(x\underset{\cdot}{\wedge} y)\leftrightarrow \mathrm{T}(x)\wedge \mathrm{T}(y)))$；

CT4：$\forall x\forall y(\mathrm{Sent}_{\mathrm{HA}}(x\underset{\cdot}{\vee} y)\rightarrow(\mathrm{T}(x\underset{\cdot}{\vee} y)\leftrightarrow \mathrm{T}(x)\vee \mathrm{T}(y)))$；

CT5：$\forall v\forall x(\mathrm{Sent}_{\mathrm{HA}}(\underset{\cdot}{\forall} vx)\rightarrow(\mathrm{T}(\underset{\cdot}{\forall} vx)\leftrightarrow\forall t\mathrm{T}(x(t/v))))$；

CT6：$\forall v\forall x(\mathrm{Sent}_{\mathrm{HA}}(\underset{\cdot}{\exists} vx)\rightarrow(\mathrm{T}(\underset{\cdot}{\exists} vx)\leftrightarrow\exists t\mathrm{T}(x(t/v))))$。

根据定义，**ICT** 与 **CT** 的区别同样仅在于逻辑公理。并且由于 **ICT** 的外逻辑是直觉主义逻辑，所以其演绎力显然弱于 **CT**。在直觉主义逻辑背景下，逻辑联结词不能相互定义，但是上述组合公理显然缺少对蕴涵词的刻画。也即下面这个公式并非 **ICT** 的定理：

$$\forall x\forall y(\mathrm{Sent}_{\mathrm{HA}}(x\underset{\cdot}{\rightarrow} y)\rightarrow(\mathrm{T}(x\underset{\cdot}{\rightarrow} y)\leftrightarrow(\mathrm{T}(x)\rightarrow \mathrm{T}(y))))。$$

若将其简记为 CT7，则不难在 **CT** 中证明。

定理 9.14 **CT** $\vdash$CT7。

证明 因为 **CT** 以经典逻辑为基础，所以不难建立如下推理

$$\begin{aligned}\forall x\forall y\mathrm{Sent}_{\mathrm{HA}}(x \underset{\cdot}{\rightarrow} y) &\rightarrow \mathrm{T}(x \underset{\cdot}{\rightarrow} y)\\ &\leftrightarrow \mathrm{T}((\underset{\cdot}{\neg} x)\underset{\cdot}{\vee} y) && (\underset{\cdot}{\rightarrow}\text{的定义①})\\ &\leftrightarrow \mathrm{T}(\underset{\cdot}{\neg} x)\vee \mathrm{T}(y) && (\text{公理 CT4})\\ &\leftrightarrow \neg\mathrm{T}(x)\vee \mathrm{T}(y) && (\text{公理 CT2})\\ &\leftrightarrow \mathrm{T}(x)\rightarrow \mathrm{T}(y)。 && (\rightarrow\text{的定义})\end{aligned}$$

由此便证明了 **CT** $\vdash$CT7。证毕。

然而上述推理在 **ICT** 中无法建立。即使允许 **ICT** 的内逻辑是经典逻辑，也即允许 $\mathrm{T}(x \underset{\cdot}{\rightarrow} y)$与 $\mathrm{T}((\underset{\cdot}{\neg} x)\underset{\cdot}{\vee} y)$等值，但是由于外逻辑是直觉主义逻辑，上述推理的最后一步也无法得出。

事实 9.15 **ICT** $\nvdash(\mathrm{T}(x)\rightarrow \mathrm{T}(y))\rightarrow\neg\mathrm{T}(x)\vee\mathrm{T}(y)$，其中$x$和$y$是$\mathcal{L}_{\mathrm{HA}}$语句的哥德尔编码。

因为 **ICT** 是 **CT** 的子理论，所以显然是相容的。令$\mathcal{M}''=\langle\mathcal{K},\mathfrak{T}''\rangle$是 **ICT** 的模型，其中$\mathcal{K}$是 **HA** 的算术标准模型，结点集 $K=\{k_1, k_2\}$，并且 $k_1\leqslant k_2$，赋值函数$\mathfrak{T}''$在结点 k_1 和 k_2 上的值分别为$\mathfrak{T}''(k_1)$和$\mathfrak{T}''(k_2)$，并且$\mathfrak{T}''(k_1)\subseteq\mathfrak{T}''(k_2)$。

现在构造一个新的赋值函数$\mathfrak{T}$，它在结点 k_1 和 k_2 上的值分别为

$$\mathfrak{T}(k_1)=\mathfrak{T}''(k_1)\cup\varnothing;\ \mathfrak{T}(k_2)=\mathfrak{T}''(k_2)\cup\{\ulcorner\varphi\urcorner,\ulcorner\psi\urcorner,\ulcorner\varphi\vee\psi\urcorner,\ulcorner\varphi\wedge\psi\urcorner\}。$$

很明显，$\mathfrak{T}$也满足单调性。而且不难验证，$\mathcal{M}=\langle\mathcal{K},\mathfrak{T}\rangle$也是 **ICT** 的模型。

在结点 k_2 上，由于$\ulcorner\varphi\urcorner\notin\mathfrak{T}(k_2)$，所以 $k_2\Vdash\mathrm{T}\ulcorner\varphi\urcorner$。于是根据定义 8.12 的条款 2，$k_1\nVdash\neg\mathrm{T}\ulcorner\varphi\urcorner$。又因为$\ulcorner\psi\urcorner\notin\mathfrak{T}(k_1)$，所以 $k_1\nVdash\mathrm{T}\ulcorner\psi\urcorner$。于是根据定义 8.12 的条款 4，$k_1\nVdash\neg\mathrm{T}\ulcorner\varphi\urcorner\vee\mathrm{T}\ulcorner\psi\urcorner$。

然而根据$\mathfrak{T}(k_1)$和$\mathfrak{T}(k_2)$不难知道，$k_1\nVdash\mathrm{T}\ulcorner\varphi\urcorner$并且$k_1\nVdash\mathrm{T}\ulcorner\psi\urcorner$，$k_2\Vdash\mathrm{T}\ulcorner\varphi\urcorner$并且 $k_2\Vdash\mathrm{T}\ulcorner\psi\urcorner$。所以，无论是 k_1 还是 k_2，显然都满足

① 因为$\varphi\rightarrow\psi$等值于$\neg\varphi\vee\psi$,所以$x\underset{\cdot}{\rightarrow}y$可以看作对$(\underset{\cdot}{\neg}x)\underset{\cdot}{\vee}y$的缩写。

若 $k_i \Vdash \mathrm{T}\ulcorner\varphi\urcorner$，则 $k_i \Vdash \mathrm{T}\ulcorner\psi\urcorner$，其中 $i=1$，2。

因此由定义 8.12 的条款 5 可得 $k_1 \Vdash \mathrm{T}\ulcorner\varphi\urcorner \rightarrow \mathrm{T}\ulcorner\psi\urcorner$。

上述两个方面也就意味着，$k_1 \nVdash (\mathrm{T}\ulcorner\varphi\urcorner \rightarrow \mathrm{T}\ulcorner\psi\urcorner) \rightarrow \neg \mathrm{T}\ulcorner\varphi\urcorner \vee \mathrm{T}\ulcorner\psi\urcorner$。所以事实 9.15 成立，并且由事实 9.15 可以知道，**ICT** $\nvdash$CT7。

事实 9.16　**ICT** $\nvdash$DT。

因为假设 **ICT** $\vdash$DT，则对任意的 $\mathcal{L}_{\mathrm{HA}}$ 语句 $\varphi \rightarrow \psi$，都有

$$\mathbf{ICT} \vdash \mathrm{T}\ulcorner\varphi\rightarrow\psi\urcorner \leftrightarrow (\varphi\rightarrow\psi)。$$

又因为 $\mathrm{T}\ulcorner\varphi\urcorner \leftrightarrow \varphi$ 和 $\mathrm{T}\ulcorner\psi\urcorner \leftrightarrow \psi$，所以

$$\mathbf{ICT} \vdash \mathrm{T}\ulcorner\varphi\rightarrow\psi\urcorner \leftrightarrow (\mathrm{T}\ulcorner\varphi\urcorner \rightarrow \mathrm{T}\ulcorner\psi\urcorner)。$$

但这显然与 **ICT** $\nvdash$CT7 相矛盾，所以 **ICT** $\nvdash$DT。

事实 9.16 说明，**ICT** 不能证明塔尔斯基双条件句。这就表明，作为一种真理论，**ICT** 不具有实质的充分性。因此，**ICT** 不是一种令人满意的真理论。要想弥补这一不足，必须通过添加 CT7 来加强 **ICT**。

定义 9.17(SICT)　直觉主义的类型组合理论 **SICT** 是在 **ICT** 的基础上，通过添加 CT7 作为初始真公理而得到。

很显然，**SICT** 能够克服事实 9.15 所陈述的 **ICT** 的不足。接下来将详细地讨论 **SICT** 的其他性质。

9.2.2　SICT 的性质

定理 9.18　**SICT** 具有算术标准模型。

证明　考虑定理 9.4 中 **IDT** 的模型 $\mathcal{M}=\langle\mathcal{K},\mathfrak{T}\rangle$，其中 $\mathcal{K}$ 是 **HA** 的算术标准模型，赋值函数 $\mathfrak{T}$ 使得对任意结点 $k\in K$，都有 $\mathfrak{T}(k)=\{\ulcorner\varphi\urcorner \mid \mathcal{K}[k]\Vdash\varphi\}$。同样施归纳于 **SICT** 中的证明的长度，只需证明 $\mathcal{M}\vDash$CT1 $\wedge$CT2 $\wedge\cdots\wedge$CT7。

验证 CT1，其证明与定理 9.4 的证明过程类似，故而从略。

验证 CT2，对任意结点 $k\in K$，

$\langle\mathcal{K},\ \mathfrak{T}\rangle[k]\Vdash\mathrm{T}\ulcorner\neg\varphi\urcorner$

$\Leftrightarrow\ulcorner\neg\varphi\urcorner\in\mathfrak{T}(k)$ （对谓词 T 的解释）

$\Leftrightarrow\mathcal{K}[k]\Vdash\neg\varphi$ （$\mathfrak{T}(k)$的定义）

$\Leftrightarrow\forall k'\geqslant k$，$\mathcal{K}[k']\nVdash\varphi$ （$\neg$的定义）

$\Leftrightarrow\forall k'\geqslant k$，$\ulcorner\varphi\urcorner\notin\mathfrak{T}(k')$ （$\mathfrak{T}(k)$的定义）

$\Leftrightarrow\forall k'\geqslant k$，$\langle\mathcal{K},\ \mathfrak{T}\rangle[k']\nVdash\mathrm{T}\ulcorner\varphi\urcorner$ （对谓词 T 的解释）

$\Leftrightarrow\langle\mathcal{K},\ \mathfrak{T}\rangle[k]\Vdash\neg\mathrm{T}\ulcorner\varphi\urcorner$。 （$\neg$的定义）

类似可验证 CT3 和 CT4。现在验证 CT5，对任意结点 $k\in K$，

$\langle\mathcal{K},\ \mathfrak{T}\rangle[k]\Vdash\mathrm{T}(\dot{\forall}\ulcorner x\urcorner\cdot\ulcorner\varphi(x)\urcorner)$

$\Leftrightarrow\dot{\forall}\ulcorner x\urcorner\cdot\ulcorner\varphi(x)\urcorner\in\mathfrak{T}(k)$ （对谓词 T 的解释）

$\Leftrightarrow\ulcorner\forall x\varphi(x)\urcorner\in\mathfrak{T}(k)$ （$\dot{\forall}$运算的定义）

$\Leftrightarrow\mathcal{K}[k]\Vdash\forall x\varphi(x)$ （$\mathfrak{T}(k)$的定义）

$\Leftrightarrow\forall k'\geqslant k$，$\forall d\in\mathbb{N}$，$\mathcal{K}[k']\Vdash\varphi(\bar{d})$ （$\forall$的定义）

$\Leftrightarrow\forall k'\geqslant k$，$\forall d\in\mathbb{N}$，$\ulcorner\varphi(\bar{d})\urcorner\in\mathfrak{T}(k')$ （$\mathfrak{T}(k)$的定义）

$\Leftrightarrow\forall k'\geqslant k$，$\forall d\in\mathbb{N}$，$\langle\mathcal{K},\ \mathfrak{T}\rangle[k']\Vdash\mathrm{T}\ulcorner\varphi(\bar{d})\urcorner$ （对谓词 T 的解释）

$\Leftrightarrow\langle\mathcal{K},\ \mathfrak{T}\rangle[k]\Vdash\forall x\mathrm{T}\ulcorner\varphi(\dot{x})\urcorner$。 （$\forall$的定义）

类似可验证 CT6。最后验证 CT7，对任意结点 $k\in K$，

$\langle\mathcal{K},\ \mathfrak{T}\rangle[k]\Vdash\mathrm{T}\ulcorner\varphi\to\psi\urcorner$

$\Leftrightarrow\ulcorner\varphi\to\psi\urcorner\in\mathfrak{T}(k)$ （对谓词 T 的解释）

$\Leftrightarrow\mathcal{K}[k]\Vdash\varphi\to\psi$ （$\mathfrak{T}(k)$的定义）

$\Leftrightarrow\forall k'\geqslant k$，若$\mathcal{K}[k']\Vdash\varphi$，则$\mathcal{K}[k']\Vdash\psi$ （$\to$的定义）

$\Leftrightarrow\forall k'\geqslant k$，若$\ulcorner\varphi\urcorner\in\mathfrak{T}(k')$，则$\ulcorner\psi\urcorner\in\mathfrak{T}(k')$ （$\mathfrak{T}(k')$的定义）

$\Leftrightarrow\forall k'\geqslant k$，若$\mathcal{M}[k']\Vdash\mathrm{T}\ulcorner\varphi\urcorner$，则$\mathcal{M}[k']\Vdash\mathrm{T}\ulcorner\psi\urcorner$ （对谓词 T 的解释）

$\Leftrightarrow\langle\mathcal{K},\ \mathfrak{T}\rangle[k]\Vdash\mathrm{T}\ulcorner\varphi\urcorner\to\mathrm{T}\ulcorner\psi\urcorner$。 （$\to$的定义）

所以，$\mathcal{M}$是 **SICT** 的模型，并且是基于$\mathbb{N}$的算术标准模型。证毕。

于是由定理 9.18 可知，**SICT** 是相容且算术可靠的。相容性表明，**SICT** 是一个形式上正确的真理论，而其实质的充分性需要由下面的定理来保证。

定理 9.19　对任意$\mathcal{L}_{\mathrm{HA}}$语句$\varphi$，**SICT** $\vdash \mathrm{T}\ulcorner\varphi\urcorner\leftrightarrow\varphi$。

证明　施归纳于φ的复杂度n。

归纳基始：由公理 CT1 可知，当$n=0$时，结论成立；

归纳步骤：假设当$n\leqslant k$时结论成立，现证明当$n=k+1$时结论也成立。共分为六种情形。

情形一：φ形如$\neg\psi$。根据归纳假设，**SICT** $\vdash \mathrm{T}\ulcorner\psi\urcorner\leftrightarrow\psi$，也即可以得到 **SICT** $\vdash\neg\mathrm{T}\ulcorner\psi\urcorner\leftrightarrow\neg\psi$。而根据公理 CT2 可知 **SICT** $\vdash \mathrm{T}\ulcorner\neg\psi\urcorner\leftrightarrow\neg\mathrm{T}\ulcorner\psi\urcorner$。二者结合即得 **SICT** $\vdash \mathrm{T}\ulcorner\neg\psi\urcorner\leftrightarrow\neg\psi$。

情形二：φ形如$\psi\wedge\chi$。根据归纳假设，**SICT** $\vdash \mathrm{T}\ulcorner\psi\urcorner\leftrightarrow\psi$，并且 **SICT** $\vdash \mathrm{T}\ulcorner\chi\urcorner\leftrightarrow\chi$。根据公理 CT3 可知

$$\mathbf{SICT}\vdash \mathrm{T}\ulcorner\psi\wedge\chi\urcorner\leftrightarrow\mathrm{T}\ulcorner\psi\urcorner\wedge\mathrm{T}\ulcorner\chi\urcorner。$$

三者相结合即得

$$\mathbf{SICT}\vdash \mathrm{T}\ulcorner\psi\wedge\chi\urcorner\leftrightarrow\psi\wedge\chi。$$

情形三：φ形如$\psi\vee\chi$。按情形二可类似证明。

情形四：φ形如$\psi\rightarrow\chi$。按情形二可类似证明。

情形五：φ形如$\forall x\psi(x)$。根据归纳假设，**SICT** $\vdash \mathrm{T}\ulcorner\psi(x)\urcorner\leftrightarrow\psi(x)$，但$\psi(x)$并非语句。但是$\forall d\in\mathbb{N}$，都应有 **SICT** $\vdash \mathrm{T}\ulcorner\psi(\overline{d}/x)\urcorner\leftrightarrow\psi(\overline{d})$。因此不难得到，**SICT** $\vdash\forall x\mathrm{T}\ulcorner\psi(\dot{x})\urcorner\leftrightarrow\forall x\psi(x)$。根据公理 CT5，**SICT** $\vdash \mathrm{T}\ulcorner\forall x\psi(x)\urcorner\leftrightarrow\forall x\mathrm{T}\ulcorner\psi(\dot{x})\urcorner$。二者结合即为，**SICT** $\vdash \mathrm{T}\ulcorner\forall x\psi(x)\urcorner\leftrightarrow\forall x\psi(x)$。

情形六：φ形如$\exists x\psi(x)$。按情形五可类似证明。

综上所述，对任意$\mathcal{L}_{\mathrm{HA}}$语句$\varphi$，**SICT** $\vdash \mathrm{T}\ulcorner\varphi\urcorner\leftrightarrow\varphi$。证毕。

推论 9.20　**IDT** 是 **SICT** 的子理论。

证明 定理 9.19 说明 **SICT** 能证明 **IDT** 的真公理。证毕。

定理 9.8 证明了 **IDT** 是 **HA** 之上保守的，也就是说 **IDT** 具有和 **HA** 相同的数学强度。现在，**SICT** 扩充了 **IDT**，是否还是 **HA** 之上保守的呢？按照经典理论的经验，由于 **CT** 能证明 **PA** 的整体反射原理，所以经典组合理论 **CT** 不是 **PA** 之上保守的(参见引理 3.18)。如果 **SICT** 也能够证明 **HA** 的整体反射原理，那就可以说明 **CT** 的非保守性结论与经典逻辑无关。

定理 9.21 **SICT** $\vdash \forall x(\mathrm{Sent}_{\mathrm{HA}}(x) \wedge \mathrm{Bew}_{\mathrm{HA}}(x) \to \mathrm{T}(x))$。

证明 对任意$\mathcal{L}_{\mathrm{HA}}$语句$\varphi$，显然可以得到 $\mathrm{Sent}_{\mathrm{HA}}(\ulcorner\varphi\urcorner)$，并且如果$\varphi$是 **HA** 可证的，也即有 $\mathrm{Bew}_{\mathrm{HA}}(\ulcorner\varphi\urcorner)$，那么也就存在 **HA** 的公式序列是$\varphi$的证明。所以要证明 $\mathrm{T}\ulcorner\varphi\urcorner$，只需在 **SICT** 中施归纳于证明序列的长度n。

归纳基始：当$n=1$时，φ必为 **HA** 的一条公理，分为两种情形。

情形一：φ是 **HA** 的算术公理。

如果φ是 HA1，即 $\forall x(\mathrm{S}(x)\neq\mathbf{0})$，那么根据定理 9.19 可知

$$\mathbf{SICT} \vdash \mathrm{T}\ulcorner\forall x(\mathrm{S}(x)\neq\mathbf{0})\urcorner \leftrightarrow \forall x(\mathrm{S}(x)\neq\mathbf{0})。$$

所以得到 **SICT** $\vdash \mathrm{T}\ulcorner\forall x(\mathrm{S}(x)\neq\mathbf{0})\urcorner$。

HA2～HA6 可类似证明。现在讨论φ是 HA7 的情形。

对任意$\mathcal{L}_{\mathrm{HA}}$公式$\psi(x)$，$\psi(\mathbf{0}) \wedge \forall x(\psi(x)\to\psi(\mathrm{S}(x))) \to \forall x\,\psi(x)$都是归纳公理模式的实例。$\mathrm{T}(x)$虽然是$\mathcal{L}_{\mathrm{T}}$公式，但是由于 **SICT** 允许在归纳公理模式中出现谓词 T，所以下面这个公式也是 **SICT** 归纳公理模式的一个实例。

$$\mathrm{T}\ulcorner\psi\urcorner(\mathbf{0}/\ulcorner x\urcorner) \wedge \forall x(\mathrm{T}\ulcorner\psi\urcorner(\dot{x}/\ulcorner x\urcorner) \to \mathrm{T}\ulcorner\psi\urcorner(\mathrm{S}(\dot{x})/\ulcorner x\urcorner))$$
$$\to \forall x\mathrm{T}\ulcorner\psi\urcorner(\dot{x}/\ulcorner x\urcorner)。$$

根据此前的记法约定，上述公式还可以更简单地表示为

$$\mathrm{T}\ulcorner\psi(\mathbf{0})\urcorner \wedge \forall x(\mathrm{T}\ulcorner\psi(\dot{x})\urcorner \to \mathrm{T}\ulcorner\psi(\mathrm{S}(\dot{x}))\urcorner) \to \forall x\,\mathrm{T}\ulcorner\psi(\dot{x})\urcorner。\quad (9\text{-}1)$$

通过组合公理 CT3，CT5 和 CT7，式(9-1)可以变形为

$$\mathrm{T}\ulcorner\psi(\mathbf{0}) \wedge \forall x(\psi(x)\to\psi(\mathrm{S}(x))) \to \forall x\,\psi(x)\urcorner。\quad (9\text{-}2)$$

很明显，在式(9-2)中，谓词 T 所作用的正是归纳公理模式的实例的哥德尔编码。换句话说，式(9-2)表明，**HA** 的归纳公理模式的所有实例都是真的。

情形二：φ是 **HA** 的逻辑公理。

如果φ是 Ax1，那么当元变元ψ和χ均为$\mathcal{L}_{\mathrm{HA}}$的语句时，$\psi\wedge\chi\rightarrow\psi$显然也是$\mathcal{L}_{\mathrm{HA}}$的语句。所以，由 **SICT** $\vdash \mathrm{T}\ulcorner\psi\wedge\chi\rightarrow\psi\urcorner\leftrightarrow(\psi\wedge\chi\rightarrow\psi)$不难推出

$$\textbf{SICT}\vdash \mathrm{T}\ulcorner\psi\wedge\chi\rightarrow\psi\urcorner。$$

而当元变元ψ和χ是$\mathcal{L}_{\mathrm{HA}}$的公式时，不妨分别假设为$\psi(x)$和$\chi(x)$。这时显然有$\psi(x)\wedge\chi(x)\rightarrow\psi(x)$也是 Ax1，但不是语句。若将其简记为 Ax1$(x)$，则可以证明，$\forall x\,\mathrm{Ax1}(x)$仍然是 **HA** 的逻辑公理，并且是语句。于是有

$$\textbf{SICT}\vdash \mathrm{T}\ulcorner\forall x\,\mathrm{Ax1}(x)\urcorner\leftrightarrow\forall x\,\mathrm{Ax1}(x)。\tag{9-3}$$

$\forall x\,\mathrm{Ax1}(x)$显然是可证的，所以由式(9-3)不难得到，$\mathrm{T}\ulcorner\forall x\,\mathrm{Ax1}(x)\urcorner$也是在 **SICT** 中可证的。对于更一般的 $\mathrm{Ax1}(x_1, x_2, \cdots, x_n)$的情形可归纳证明，其余逻辑公理亦类似可证。

归纳步骤：假设当$n\leqslant k$时结论成立，那么当$n=k+1$时，有三种情形。

情形一：φ是 **HA** 的算术公理。

情形二：φ是 **HA** 的逻辑公理。

这两种情形的证明同归纳基始。

情形三：φ是由证明序列中的前两个公式$\psi\rightarrow\varphi$和ψ依据分离规则所得到的直接后承。此时显然已经有 $\mathrm{Bew_{HA}}(\ulcorner\psi\rightarrow\varphi\urcorner)$和 $\mathrm{Bew_{HA}}(\ulcorner\psi\urcorner)$，那么根据归纳假设可得到 $\mathrm{T}\ulcorner\psi\rightarrow\varphi\urcorner$ 和 $\mathrm{T}\ulcorner\psi\urcorner$。并且根据组合公理 CT7，从 $\mathrm{T}\ulcorner\psi\rightarrow\varphi\urcorner$ 可以推出 $\mathrm{T}\ulcorner\psi\urcorner\rightarrow\mathrm{T}\ulcorner\varphi\urcorner$，由此得到 $\mathrm{T}\ulcorner\varphi\urcorner$。也即 $\mathrm{Bew_{HA}}(\ulcorner\varphi\urcorner)\rightarrow\mathrm{T}\ulcorner\varphi\urcorner$。证毕。

如果用公式 Con(HA)表示 **HA** 具有相容性，那么从定理 9.21 可以很容易得到以下推论。

推论 9.22　**SICT** $\vdash$Con(HA)。

证明　令φ是$\mathcal{L}_{\mathrm{HA}}$语句 $\mathbf{0}=\mathrm{S}(\mathbf{0})$，由定理 9.21 可知

$$\mathbf{SICT} \vdash \mathrm{Bew}_{\mathrm{HA}}(\ulcorner \mathbf{0}=\mathrm{S}(\mathbf{0}) \urcorner) \rightarrow \mathrm{T}\ulcorner \mathbf{0}=\mathrm{S}(\mathbf{0}) \urcorner。$$

又由定理 9.19 可以得到

$$\mathbf{SICT} \vdash \mathrm{T}\ulcorner \mathbf{0}=\mathrm{S}(\mathbf{0}) \urcorner \leftrightarrow \mathbf{0}=\mathrm{S}(\mathbf{0})。$$

所以二者结合即得

$$\mathbf{SICT} \vdash \mathrm{Bew}_{\mathrm{HA}}(\ulcorner \mathbf{0}=\mathrm{S}(\mathbf{0}) \urcorner) \rightarrow \mathbf{0}=\mathrm{S}(\mathbf{0})。$$

但是，在 **SICT** 中可以证明

$$\mathbf{SICT} \vdash \neg(\mathbf{0}=\mathrm{S}(\mathbf{0}))。$$

因此，根据 **IQC** 的有效式$(\varphi \rightarrow \psi) \rightarrow (\neg\psi \rightarrow \neg\varphi)$，可以很容易推出

$$\mathbf{SICT} \vdash \neg\mathrm{Bew}_{\mathrm{HA}}(\ulcorner \mathbf{0}=\mathrm{S}(\mathbf{0}) \urcorner)。$$

也即 $\mathbf{SICT} \vdash \mathrm{Con}(\mathrm{HA})$。证毕。

推论 9.23 **SICT** 并非 **HA** 之上保守的。

证明 因为 Con(HA)不能在 **HA** 中证明。证毕。

由此可见，**SICT** 在保守性方面所取得的结果是与 **CT** 完全一致的。从定理 9.21 和推论 9.22 的证明过程可以看出，证明整体反射原理并不本质地依赖逻辑基础的选择，而是与真公理有关。事实上，只需将公式中所有用以标识 **HA** 的符号替换为“PA”，就能够获得关于 **CT** 不保守性的完整证明。

鉴于真公理在证明整体反射原理时的作用，人们开始考虑，是否可以通过真公理的某些限制而实现 **CT** 子理论的保守性。对此，有两种比较主要的 **CT** 子理论取得了保守的结论：一种是将 **CT** 的归纳公理模式的适用范围限制到$\mathcal{L}_{\mathrm{PA}}$公式，由此得到的理论记为 $\mathbf{CT}\upharpoonright$；另一种是去掉 **CT** 的两条量词真公理，并将所得理论记为 $\mathbf{CT}^{-}$。对 **SICT** 也可以做同样的限制。

9.2.3 SICT 的子理论

定义 9.24($\mathbf{SICT}\upharpoonright$) 直觉主义的类型组合理论 $\mathbf{SICT}\upharpoonright$是将 **SICT** 的归纳公理模式限制到$\mathcal{L}_{\mathrm{HA}}$所得。也即：不允许谓词 T 出现在归纳公理模式中。

定理 9.25　**SICT**↾是 **HA** 之上保守的。

只需证明任意$\mathcal{L}_{HA}$语句φ的 **SICT**↾证明都能转变为相应的 **HA** 证明。对于公理系统而言，也就是要能够从证明的公式序列中消去所出现的全部真谓词。真谓词的引入有两种途径：一是通过逻辑公理引入，二是通过真公理引入。倘若只通过逻辑公理引入，那么由于所证结论本身不含真谓词，所以这些含真谓词的原子语句都可直接用其他任何不含真谓词的语句代替，而不会改变证明的过程。因此只需考虑通过真公理引入的情形。但是，分别考察七条真公理及其在证明中的作用将十分烦琐。对此，哈尔巴赫首先给出了一种在矢列演算系统中证明 **CT**↾的保守性的方法。[①]但是后来藤本发现并指出了哈尔巴赫证明中存在的疏漏，哈尔巴赫也坦言这是一处严重的错误(a serious mistake)且不易弥补(cannot be easily repaired)。[②]不过这一结论最终还是由利重新证明。[③]由于在利的证明中并未使用经典逻辑有效而直觉主义逻辑无效的推理条件，所以可直接将其转变为直觉主义逻辑背景下的证明。

定义 9.26(SICT$^-$)　直觉主义的类型组合理论 **SICT$^-$** 是通过去掉 **SICT** 的量词真公理 CT5 和 CT6 而得到。

定理 9.27　**SICT$^-$** 并非 **HA** 之上保守的。

证明　哈尔巴赫证明 **CT$^-$** 对 **PA** 的保守性所采用的方法是：在$\mathcal{L}_{PA}$中定义一个公式 true(x)，使得它能够证明 **CT$^-$** 的所有真公理，由此说明 **CT$^-$** 是 **PA** 的子理论；另外，**CT$^-$** 显然是对 **PA** 的直接扩充，从而证明 **CT$^-$** 是 **PA** 的保守扩充。[④]按照同样的思路，在$\mathcal{L}_{HA}$中也能定义类似于 true(x)的公式，但是在直觉主义逻辑背景下，它无法满足 CT7(原因将在下节中予以解释)，所以**SICT$^-$** 并非

---

① V. Halbach. Conservative Theories of Classical Truth. *Studia Logica: An International Journal for Symbolic Logic*, 1999, 62(3): 353-370.

② V. Halbach. *Axiomatic Theories of Truth*. Cambridge: Cambridge University Press, 2014, p. 68.

③ G. E. Leigh. Conservativity for Theories of Compositional Truth via Cut Elimination. *The Journal of Symbolic Logic*, 2015, 80(3): 854-865.

④ V. Halbach. *Axiomatic Theories of Truth*. Cambridge: Cambridge University Press, 2014, p. 179.

HA之上保守的。证毕。

保守性问题是公理化真理论最为关心的问题之一，因为保守性寄托了紧缩论者对真概念的期待。如果公理化真理论都能具有保守性，那就能很好地支持紧缩论者关于“真无内涵”的观点。但是 **CT** 的不保守性结果不得不令紧缩论者感到失望，因为这将意味着，作为 **CT** 的扩充理论的 **FS** 和 **KF** 也都不是 **PA** 之上保守的。而且本节的研究还表明，这种不保守的状况不会随着对逻辑基础的削弱而改变。不过，从 **CT** 与 **SICT** 的子理论的保守性结果中，人们还是能够获得一些有益的启示。

允许谓词 T 在归纳公理模式中出现，并且允许谓词 T 与量词进行交换，这是 **CT** 与 **SICT** 的不保守性得以证明的关键。但只要不是同时允许二者，就都可以是保守的。这是否说明 **CT** 或 **SICT** 的非保守性与人们对谓词 T 的过度期许有关呢？已经知道，**PA** 和 **HA** 不能无矛盾地定义自身的全局真谓词。但是作为初始符号而被引入 **PA** 和 **HA** 中的谓词 T 却是一个全局真谓词（定理 9.19 显然说明了这一点）。公理 CT5 与公理 CT6 更是体现了全局真谓词“遍历算术语句”的能力。因为在 **PA** 和 **HA** 中，哥德尔编码技术使得基础理论具备了双重身份：算术公理既是真理论的组成部分，同时也是句法理论的组成部分。这就使得同样的一个数字，其指称究竟是纯粹的自然数还是句法表达式，并不能总是被区分清楚。所以有观点认为，尽管 **CT** 能证明 **PA** 的整体反射原理，但是用于表达整体反射原理的公式并不是关于 **PA** 的结论，而是关于句法的结论。①

我们认为，由于能与量词交换的全局谓词 T 无法由 **PA** 定义，所以这样的谓词 T 事实上已经超出了 **PA** 的能力。对涉及这种谓词 T 的语句进行数学归纳，虽然从句法的角度看是可行的，但是从算术的角度看却是不可行的。这就好比“抽象”这个概念。如果把 Ab 作为一个初始谓词添加到 **PA** 中用于描述抽象性，并

① G. E. Leigh and C. Nicolai. Axiomatic Truth, Syntax and Metatheoretic Reasoning. *The Review of Symbolic Logic*, 2013, 4 (6): 613-614.

且允许谓词 Ab 出现在归纳公理模式中。那么尽管可以给出

$$\mathrm{Ab}(\mathbf{0}) \wedge \forall x(\mathrm{Ab}(x) \to \mathrm{Ab}(\mathrm{S}(x))) \to \forall x \mathrm{Ab}(x),$$

但这能说明算术具备对“抽象”进行数学归纳的能力吗？而如果不允许谓词 T 和量词进行交换，**CT** 的谓词 T 就可以由语言 $\mathcal{L}_{\mathrm{PA}}$ 的公式定义。这也就说明该种谓词 T 并没有超出 **PA** 的能力，对其实施数学归纳就是 **PA** 力所能及的。这对于 **HA** 也是类似的。虽然 **SICT**$^{-}$ 比较特别，但正如下一节所要说明的，其不保守性是因为 **SICT**$^{-}$ 的谓词 T 在本质上是经典的，因而 **HA** 不能对这种谓词 T 实施数学归纳。

所以我们赞成：尽管 **CT** 能证明 **PA** 的整体反射原理，但这只是从句法的角度，并不是从纯算术的角度。

§9.3　SICT 的证明论分析

虽然数学强度并不是公理化真理论必须讨论的问题，但是由于 **SICT** 的基础理论仍然是数学理论，并且 **SICT** 是对基础理论的非保守扩充，所以还是有必要对其数学强度进行讨论。

在经典公理化真理论的研究中，哈尔巴赫证明了 **CT** 的数学强度等价于算术概括理论 **ACA** 的强度。①而在此之前，竹内(G. Takeuti)已证明在 **ACA** 中能够定义 **CT** 的真谓词。②本节将沿着哈尔巴赫的证明方法，尝试给出 **SICT** 在数学强度方面的结论。

---

① 参见本书 §6.1。

② 竹内在其原始证明中并未明确提到 **CT**，而只是称其为一阶算术（即 **PA**）的真谓词定义。但是根据公理化真理论的基本研究思想知道，**CT** 的谓词 T 也即竹内所谓 **PA** 的真谓词。

9.3.1 二阶海廷算术及其子理论

二阶海廷算术(second-order Heyting arithmetic，简记为 **HAS**)①的形式语言$\mathcal{L}_2$是对$\mathcal{L}_{HA}$的直接扩充。

定义 9.28($\mathcal{L}_2$的初始符号) 形式语言$\mathcal{L}_2$在$\mathcal{L}_{HA}$的基础上增加了如下两类新的初始符号。

辛类：X_0，X_1，X_2，…；

壬类：$\in$。

其中，辛类符号是可数无穷多个集合变元符号，它们是二阶变元，可直接为量词作用。为使记法简便，今后以元语言符号X，Y，Z，…表示任意集合变元。壬类符号是二元隶属关系符号。

定义 9.29($\mathcal{L}_2$的原子公式) 形式语言$\mathcal{L}_2$的原子公式是在$\mathcal{L}_{HA}$原子公式的基础上增加$\in(t, X)$而得到。其中，t是$\mathcal{L}_{HA}$的项，X是二阶变元。

为使记法简洁，今后将$\in(t, X)$表示成$t\in X$，将$\neg\in(t, X)$表示成$t\notin X$。不难看出，$\mathcal{L}_2$是一种二层语言。

定义 9.30(**HAS**) 二阶海廷算术 **HAS** 是以$\mathcal{L}_2$为形式语言，在 **HA** 的基础上允许归纳公理模式适用于$\mathcal{L}_2$的所有公式，并添加如下算术概括公理模式：

CA：$\exists X\forall y(y\in X\leftrightarrow\varphi(y))$，

其中$\varphi(y)$不包含X的自由出现。

HAS 与 **PA**^{2} 只是逻辑基础不同。但讨论 **SICT** 的数学强度并不需要运用这么强的二阶算术理论，可以考虑对 CA 进行一定的限制

WCA：$\exists X\forall y(y\in X\leftrightarrow\varphi(y))$，

① 本节讨论的 HAS 仍然是沿用了哈尔巴赫与霍斯顿在经典理论研究中所使用的记法。关于 HAS 的更详细内容可参见：A. S. Troelstra and D. van Dalen. Constructivism in Mathematics: An Introduction. vol. I, Amsterdam: North-Holland Publishing, 1988: 160 -168。

其中$\varphi(y)$不包含X的自由出现，并且不包含任何二阶约束变元，但允许二阶参数。

WCA 的意义在于，它认为并非每个只含一个一阶自由变元的二阶公式都能定义$\mathbb{N}$的一个子集，只有那些不含二阶约束变元的公式才可以。

定义 9.31（**IACA**）　以 WCA 替换 **HAS** 的公理模式 CA 即得到 **IACA**。

IACA 显然是 **HAS** 的子理论，它与 **ACA** 的区别仅在于逻辑基础，故而本编中将其记为 **IACA**。下面将讨论 **SICT** 的数学强度与 **IACA** 的关系。

9.3.2　SICT 的数学强度

讨论的思路是简单的：一方面，通过某种适当的翻译，使得 **IACA** 可以嵌入 **SICT**，从而说明 **SICT** 的数学强度不弱于 **IACA**；另一方面，通过在 **IACA** 中给出 **SICT** 的真谓词的定义，从而说明 **IACA** 包含了 **SICT**。

为了讨论的方便，首先将$\mathcal{L}_2$和$\mathcal{L}_{\mathrm{T}}$的变元重新枚举并表示如下。

$\mathcal{L}_2$的一阶变元：v_0，v_1，v_2，…；

$\mathcal{L}_2$的二阶变元：X_0，X_1，X_2，…；

$\mathcal{L}_{\mathrm{T}}$的所有变元：x_0，x_1，x_2，…。

定义 9.32（翻译函数g）　从$\mathcal{L}_2$到$\mathcal{L}_{\mathrm{T}}$的翻译函数g定义为

1. $g(v_n)=x_{2n+1}$，v_n是$\mathcal{L}_2$的第n个一阶变元；

2. $g(X_n)=x_{2n+2}$，X_n是$\mathcal{L}_2$的第n个二阶变元；

3. $g(t)$是以$g(v)$替换t中的每个变元v所得，t是$\mathcal{L}_{\mathrm{HA}}$的任意项；

4. $g(t\in X)=\mathrm{T}\,\underset{\bullet}{h}(g(t),\ g(X))$；

5. $g(\neg\varphi)=\neg g(\varphi)$；

6. $g(\varphi\wedge\psi)=g(\varphi)\wedge g(\psi)$；

7. $g(\varphi\vee\psi)=g(\varphi)\vee g(\psi)$；

8. $g(\varphi\rightarrow\psi)=g(\varphi)\rightarrow g(\psi)$；

9. $g(\forall x\varphi)=\forall g(x)g(\psi)$；

10. $g(\forall X\varphi)=\forall g(X)[\mathrm{Form}(g(X),\ulcorner x_0\urcorner)\rightarrow g(\psi)]$；

11. $g(\exists x\varphi)=\exists g(x)g(\psi)$；

12. $g(\exists X\varphi)=\exists g(X)(\mathrm{Form}(g(X),\ulcorner x_0\urcorner)\wedge g(\psi))$。

条款 1 和条款 2 是对$\mathcal{L}_2$变元的翻译，并且是将一阶变元和二阶变元分类进行翻译，而剩下的$\mathcal{L}_\mathrm{T}$变元x_0将固定用作讨论 WCA 时所需的那个一阶自由变元。在条款 4 中，$h(x, y)$是一个函数，它在$\mathcal{L}_\mathrm{T}$中表示为$\underset{\bullet}{h}$，当h作用于n的数字和公式φ的哥德尔编码时，可分为两种情况，

$$h(n,\ulcorner\varphi\urcorner)=\begin{cases}\varphi(\overline{n}), & \text{当}\varphi\text{是只含一个自由变元}x_0\text{的}\mathcal{L}_{\mathrm{HA}}\text{公式时，}\\ \overline{n}=\overline{n}, & \text{否则。}\end{cases}$$

在条款 10 和条款 12 中，$\mathrm{Form}(g(X),\ulcorner x_0\urcorner)$是一个$\mathcal{L}_{\mathrm{HA}}$公式，其意思是说以$g(X)$为编码的$\mathcal{L}_{\mathrm{HA}}$公式只含$x_0$这一个自由变元。这是对$g(X)$取值范围的一种限制。需要注意的是，$X$本身代表一个集合，而经过翻译所得到的$g(X)$则是代表定义该集合的一阶公式的编码。

定理 9.33 对任意$\mathcal{L}_2$公式φ，如果 **IACA** $\vdash\varphi$，那么 **SICT** $\vdash g(\varphi)$。

证明 只需证明当φ是 WCA 时结论成立即可。考虑到 WCA 的实例中可能含有参数，也即令 WCA 为

$$\exists X\forall y(y\in X\leftrightarrow\varphi(y,z,t\in Z))。\tag{9-4}$$

在式(9-4)中，公式$\varphi(y, z, t\in Z)$所包含的z和Z分别是作为参数的一阶变元和二阶变元，它们与变元y是有很大区别的。虽然z和Z也是自由的，但是在具体的 WCA 的实例中，它们却具有相对确定性，所以不会影响对y的讨论，因而仍然可以把公式$\varphi(y, z, t\in Z)$看作只含一个一阶自由变元的二阶公式。

于是，$g(\mathrm{WCA})$可以表示为

$$\exists g(X)(\mathrm{Form}(g(X),\ulcorner x_0\urcorner)\wedge\forall y(\mathrm{T}\underset{\bullet}{h}(\dot{y},g(X))\leftrightarrow \varphi(y,g(z),\mathrm{T}\underset{\bullet}{h}(g(t),g(Z)))))。\tag{9-5}$$

如果能够证明 **SICT** 可以推出式(9-5)，也即证明了 **SICT** $\vdash g(\mathrm{WCA})$。根据 **IQC** 的有效式可知

$$\forall x_0\,(\varphi(x_0,\ g(z),\ \mathrm{T}\underset{\bullet}{h}(g(t),\ g(Z)))\leftrightarrow \varphi(x_0,\ g(z),\ \mathrm{T}\underset{\bullet}{h}(g(t),\ g(Z))))。\tag{9-6}$$

根据真公理 CT1～CT7，可将公式$\varphi(x_0,\ g(z),\ \mathrm{T}\underset{\bullet}{h}(g(t),\ g(Z)))$的谓词 T 逐步前移而得到

$$\forall x_0\,(\mathrm{T}\ulcorner\varphi(\dot{x}_0,\ g(z),\ \underset{\bullet}{h}\ (g(t),\ g(Z)))\urcorner\leftrightarrow \varphi(x_0,\ g(z),\ \mathrm{T}\underset{\bullet}{h}(g(t),\ g(Z))))。\tag{9-7}$$

因为$\varphi(x_0,\ z,\ t\in Z)$是一个不确定的二阶公式，所以不妨用$X$来表示；又因为$\varphi(x_0,\ z,\ t\in Z)$只含一个一阶自由变元$x_0$，所以显然有 $\mathrm{Form}(g(X),\ \ulcorner x_0\urcorner)$。并且由$h(x,\ y)$的定义还可以知道

$$\underset{\bullet}{h}(\dot{x}_0,\ g(X))=\ulcorner\varphi(\dot{x}_0,g(z),\underset{\bullet}{h}(g(t),g(Z)))\urcorner。\tag{9-8}$$

若将式(9-8)代入式(9-7)即得

$$\forall x_0\,(\mathrm{T}\underset{\bullet}{h}(\dot{x}_0,\ g(X))\leftrightarrow\varphi(x_0,g(z),\ \mathrm{T}\underset{\bullet}{h}(g(t),g(Z))))。\tag{9-9}$$

根据约束变元易字，由式(9-9)可以推出

$$\forall y(\mathrm{T}\underset{\bullet}{h}(\dot{y},\ g(X))\leftrightarrow\varphi(y,\ g(z),\ \mathrm{T}\underset{\bullet}{h}(g(t),g(Z))))。\tag{9-10}$$

因为已经说明 $\mathrm{Form}(g(X),\ulcorner x_0\urcorner)$是 **SICT** 可证的，所以结合式(9-10)可得

$$\exists g(X)\,(\mathrm{Form}(g(X),\ulcorner x_0\urcorner)\wedge\forall y(\mathrm{T}\underset{\bullet}{h}(\dot{y},\ g(X))\leftrightarrow \varphi(y,g(z),\ \mathrm{T}\underset{\bullet}{h}(g(t),g(Z)))))。\tag{9-11}$$

这也就证明了 **SICT** $\vdash g(\mathrm{WCA})$。证毕。

但接下来将说明 **IACA** 不能定义 **SICT** 的谓词 T。已知$\mathcal{L}_{\mathrm{HA}}$的每个语句都可以编码成唯一的自然数，所以$\mathcal{L}_{\mathrm{HA}}$的所有真语句$\varphi$(也即能够在 **SICT** 中证明 $\mathrm{T}\ulcorner\varphi\urcorner$ 成立)的集合也就可以看作$\mathbb{N}$的子集。可以通过归纳法来证明，这样的集合在 **IACA** 中是存在的。

Tset(X, n)是 **IACA** 的一个公式，它表示X是复杂度不大于n的真语句的哥德尔编码集。Tset(X, n)的具体形式是

$\forall x(x\in X\to \mathrm{Sent}_{\mathrm{HA}}(x) \wedge lh(x)\leqslant n) \wedge$

$\forall x \forall s \forall t(x=(s \dot{=} t) \to (x\in X \leftrightarrow \mathrm{Val}^{+}(x))) \wedge$

$\forall x \forall y(x=\dot{\neg} y \wedge \mathrm{Sent}_{\mathrm{HA}}(x) \wedge lh(x)\leqslant n \to (x\in X \leftrightarrow y\notin X)) \wedge$

$\forall x \forall y \forall z(x=(y \dot{\wedge} z) \wedge \mathrm{Sent}_{\mathrm{HA}}(x) \wedge lh(x)\leqslant n \to (x\in X \leftrightarrow y\in X \wedge z\in X) \wedge$

$\forall x \forall y \forall z(x=(y \dot{\vee} z) \wedge \mathrm{Sent}_{\mathrm{HA}}(x) \wedge lh(x)\leqslant n \to (x\in X \leftrightarrow y\in X \vee z\in X) \wedge$

$\forall x \forall y \forall z(x=(y \dot{\to} z) \wedge \mathrm{Sent}_{\mathrm{HA}}(x) \wedge lh(x)\leqslant n \to (x\in X \leftrightarrow y\in X \to z\in X) \wedge$

$\forall x \forall v \forall y(x=\dot{\forall} vy \wedge \mathrm{Sent}_{\mathrm{HA}}(x) \wedge lh(x)\leqslant n \to (x\in X \leftrightarrow \forall t(y(t/v))\in X)) \wedge$

$\forall x \forall v \forall y(x=\dot{\exists} vy \wedge \mathrm{Sent}_{\mathrm{HA}}(x) \wedge lh(x)\leqslant n \to (x\in X \leftrightarrow \exists t(y(t/v))\in X))$。

其中，$lh(x)$是一个函数，当它作用于$\mathcal{L}_{\mathrm{HA}}$公式$\varphi$的哥德尔编码时，得到的是$\varphi$的复杂度$n$，也即得到$\varphi$中逻辑联结词和量词的总个数$n$。上述 Tset($X$, n)与哈尔巴赫所给出的形式①相比，增加了关于蕴涵情形的合取支，与 **SICT** 的真公理相对应。

引理 9.34 以下结论在 **IACA** 中成立，

1. $\mathrm{Tset}(X, n) \wedge \mathrm{Tset}(Y, k) \wedge n\leqslant k \to \forall x(lh(x)\leqslant n \to (x\in X \leftrightarrow x\in Y))$；

2. $\forall n \forall x \forall X \forall Y(\mathrm{Tset}(X, n) \wedge \mathrm{Tset}(Y, n) \to (x\in X \leftrightarrow x\in Y))$；

3. $\forall n \exists X \mathrm{Tset}(X, n)$。

证明 由于不依赖直觉主义无效的条件，所以上述结论在 **ACA** 中的证明可直接转变为在 **IACA** 中的证明。②证毕。

定理 9.35 **IACA** 可以用如下公式定义 **ICT** 的真谓词

$$\mathrm{T}_{\mathrm{def}} :\equiv \exists X(\mathrm{Tset}(X, lh(x)) \wedge x\in X)。$$

证明 在哈尔巴赫证明的基础上，利用引理 9.34 可直接证明，公式 $\mathrm{T}_{\mathrm{def}}$ 满

① V. Halbach. *Axiomatic Theories of Truth.* Cambridge: Cambridge University Press, 2014: 98.

② V. Halbach. *Axiomatic Theories of Truth.* Cambridge: Cambridge University Press, 2014:98-101.

足 **ICT** 的所有真公理。[①]证毕。

事实 9.36 公式 T_{def} 不满足 CT7。

假设公式 T_{def} 满足 CT7，即对任意$\mathcal{L}_{HA}$语句φ和ψ，都有

$$\mathbf{IACA} \vdash T_{def}(\ulcorner\varphi\urcorner \underset{\cdot}{\rightarrow} \ulcorner\psi\urcorner) \leftrightarrow (T_{def}\ulcorner\varphi\urcorner \rightarrow T_{def}\ulcorner\psi\urcorner)。\tag{9-12}$$

然而根据事实 9.15，这在直觉主义逻辑背景下是不成立的。

事实上，**IACA** 虽不能证明式(9-12)从右向左的方向，但对于从左向右的方向却是可证的。为了简洁，将 **IACA** 试图证明的 CT7 记为 CT7(T_{def})，也即有

定理 9.37 **IACA** 能证明 CT7(T_{def})从左向右的方向。

证明 在 **IACA** 中，以下推理不难建立

$T_{def}(x \underset{\cdot}{\rightarrow} y)$

$\Leftrightarrow \exists X(\mathrm{Tset}(X, lh(x \underset{\cdot}{\rightarrow} y)) \wedge x \underset{\cdot}{\rightarrow} y \in X)$ （谓词 Tdef 的定义）

$\Leftrightarrow \exists X(\mathrm{Tset}(X, lh(x \underset{\cdot}{\rightarrow} y)) \wedge (x \in X \rightarrow y \in X)$ （$\mathrm{Tset}(X, n)$的定义）

$\Rightarrow \exists X(\mathrm{Tset}(X, lh(x)) \wedge x \in X) \rightarrow \exists X(\mathrm{Tset}(X, lh(y)) \wedge y \in X)$

（由 IQC 可得）

$\Leftrightarrow T_{def}(x) \rightarrow T_{def}(y)$。 （谓词 T_{def} 的定义）

证毕。

定理 9.38 **ACA** $\vdash$CT7(T_{def})。

证明 因为在 **ACA** 中$x \underset{\cdot}{\rightarrow} y$等值于$(\underset{\cdot}{\neg} x) \underset{\cdot}{\vee} y$，所以可建立如下推理

$T_{def}((\underset{\cdot}{\neg} x) \underset{\cdot}{\vee} y)$

$\Leftrightarrow \exists X(\mathrm{Tset}(X, lh((\underset{\cdot}{\neg} x) \underset{\cdot}{\vee} y)) \wedge (\underset{\cdot}{\neg} x) \underset{\cdot}{\vee} y \in X)$ （谓词 T_{def} 的定义）

$\Leftrightarrow \exists X(\mathrm{Tset}(X, lh((\underset{\cdot}{\neg} x) \underset{\cdot}{\vee} y)) \wedge (\underset{\cdot}{\neg} x \in X \vee y \in X)$ （由上一步）

$\Leftrightarrow \exists X(\mathrm{Tset}(X, lh(\underset{\cdot}{\neg} x)) \wedge \underset{\cdot}{\neg} x \in X) \vee \exists X(\mathrm{Tset}(X, lh(y)) \wedge y \in X)$

（引理 9.34(1)）

---

① 哈尔巴赫在证明的过程中没有使用直觉主义无效的条件，因而可直接转变为定理 9.35 的证明。参见：V. Halbach. *Axiomatic Theories of Truth.* Cambridge: Cambridge University Press，2014：101-102。

$\Leftrightarrow \exists X(\mathrm{Tset}(X, lh(x)) \wedge x \notin X) \vee \exists X(\mathrm{Tset}(X, lh(y)) \wedge y \in X)$

（定理 9.35）

$\Leftrightarrow \neg \exists X(\mathrm{Tset}(X, lh(x)) \wedge x \in X) \vee \exists X(\mathrm{Tset}(X, lh(y)) \wedge y \in X)$

（由上一步）

$\Leftrightarrow \neg \mathrm{T}_{\mathrm{def}}(x) \vee \mathrm{T}_{\mathrm{def}}(y)$ （可谓 $\mathrm{T}_{\mathrm{def}}$ 的定义）

$\Leftrightarrow \mathrm{T}_{\mathrm{def}}(x) \rightarrow \mathrm{T}_{\mathrm{def}}(y)$。 （由上一步）

证毕。

根据以上几个定理和事实，现在可以对 **SICT** 的数学强度做出一个大致的判断。一方面，定理 9.33 与事实 9.36 说明，**SICT** 的数学强度强于 **IACA**；而另一方面，由于 **SICT** 的逻辑基础是直觉主义逻辑，并且由定理 9.38 可知，**SICT** 的数学强度弱于 **ACA**。也即 **IACA** $\subset$**SICT** $\subset$**ACA**。

当数学强度相互等价的 **CT** 与 **ACA** 被同时削弱逻辑基础后，所得到的直觉主义理论 **SICT** 与 **IACA** 却并不等价。原因就在于，**SICT** 的真谓词与 **IACA** 所能定义的真谓词不一样。如果令$\mathcal{K}$是 **HA** 的模型，那么根据定义 8.12 的条款 5 可知，$k \Vdash \varphi \rightarrow \psi$，当且仅当$\forall k' \geqslant k$，若 $k' \Vdash \varphi$，则 $k' \Vdash \psi$。按照对赋值函数$\mathfrak{T}$的说明，$k \Vdash \varphi \rightarrow \psi$也就意味着$\ulcorner \varphi \rightarrow \psi \urcorner \in \mathfrak{T}(k)$，而又因为 k 本身也是k 的后继结点，故从$\ulcorner \varphi \urcorner \in \mathfrak{T}(k') \Rightarrow \ulcorner \psi \urcorner \in \mathfrak{T}(k')$可知$\ulcorner \varphi \urcorner \in \mathfrak{T}(k) \Rightarrow \ulcorner \psi \urcorner \in \mathfrak{T}(k)$，也即可以从 $\mathrm{T}\ulcorner \varphi \rightarrow \psi \urcorner$ 得到 $\mathrm{T}\ulcorner \varphi \urcorner \rightarrow \mathrm{T}\ulcorner \psi \urcorner$；但反之并不能成立。成立的一方即为定理 9.37，而不成立的一方也已为事实 9.36 说明。所以，**IACA** 所能定义的其实是 **HA** 的真谓词，而 **SICT** 所讨论的事实上仍然是 **PA** 的真谓词。这就是 **SICT** 的数学强度强于 **IACA** 的原因，而它同时也就解释了为什么 **SICT**$^-$ 不是 **HA** 之上保守的。

第 10 章
直觉主义的 Friedman-Sheard 理论

本章开始研究直觉主义的无类型真理论，也就是允许真谓词作用于本身已含真谓词的语句(的哥德尔编码)，并且这里的真谓词没有任何层次的区别。研究无类型真理论是必要的，因为无类型的真谓词更合乎自然语言的习惯，而且只有在无类型的真理论中才能讨论含真谓词的自指语句。本章研究直觉主义的 Friedman-Sheard 理论，简记为 **IFS**。根据经典 **FS** 理论的构造经验，**FS** 来源于对经典组合理论 **CT** 的无类型化。鉴于 **ICT** 的真理论不完全性(事实 9.15)，本章将直接在 **SICT** 的基础上考虑对 **IFS** 理论的建立。

本章共三节。§10.1 给出无类型理论 **IFS** 的形式系统，并讨论了它与利和拉特延所给出的原始系统 D^i 之间的关系；§10.2 讨论 **IFS** 的语义学，通过将直觉主义的语义学与修正语义学相结合，提出直觉主义修正语义学，并证明 **IFS** 可将直觉主义修正语义学公理化至第一个极限序数 ω；§10.3 讨论 **IFS** 的一些补充性质及对说谎者语句的处理。

§10.1　IFS 理论的构成

10.1.1　从 SICT 到 IFS

在对 **IDT** 进行无类型化处理时，很明显，如果允许任何 $\mathcal{L}_T$ 语句都能代入去引号模式，那么根据定理 8.32，无类型的 **IDT** 是不相容的。所以，不能推出不受限制的去引号模式，这是 **SICT** 无类型化的必要前提。

定义 10.1（IFSN） 直觉主义的无类型理论 **IFSN** 是在 **SICT** 的基础上，将组合公理的适用语句从$\mathcal{L}_{HA}$推广至$\mathcal{L}_{T}$所得。也即包含以下真公理：

IFS1：$\forall x(\mathrm{AtSent}_{HA}(x) \to (\mathrm{T}(x) \leftrightarrow \mathrm{Val}^{+}(x)))$；

IFS2：$\forall x(\mathrm{Sent}_{T}(x) \to (\mathrm{T}(\dot{\neg} x) \leftrightarrow \neg \mathrm{T}(x)))$；

IFS3：$\forall x \forall y(\mathrm{Sent}_{T}(x \dot{\wedge} y) \to (\mathrm{T}(x \dot{\wedge} y) \leftrightarrow \mathrm{T}(x) \wedge \mathrm{T}(y)))$；

IFS4：$\forall x \forall y(\mathrm{Sent}_{T}(x \dot{\vee} y) \to (\mathrm{T}(x \dot{\vee} y) \leftrightarrow \mathrm{T}(x) \vee \mathrm{T}(y)))$；

IFS5：$\forall x \forall y(\mathrm{Sent}_{T}(x \dot{\to} y) \to (\mathrm{T}(x \dot{\to} y) \leftrightarrow (\mathrm{T}(x) \to \mathrm{T}(y))))$；

IFS6：$\forall v \forall x(\mathrm{Sent}_{T}(\dot{\forall} v x) \to (\mathrm{T}(\dot{\forall} v x) \leftrightarrow \forall t \mathrm{T}(x(t/v))))$；

IFS7：$\forall v \forall x(\mathrm{Sent}_{T}(\dot{\exists} v x) \to (\mathrm{T}(\dot{\exists} v x) \leftrightarrow \exists t \mathrm{T}(x(t/v))))$。

注意，IFS1 与 CT1 并无区别，这说明 **IFSN** 的谓词 T 还不能用于讨论含谓词 T 的原子语句。其余真公理虽然只有 $\mathrm{Sent}_{HA}(x)$和 $\mathrm{Sent}_{T}(x)$的区别，但是由于 $\mathrm{Sent}_{T}(x)$意味着x是$\mathcal{L}_{T}$语句的哥德尔编码，因此，**IFSN** 显然是 **SICT** 的一种无类型理论。现在可以证明下面的定理成立。

定理 10.2 **IDT** 和 **SICT** 均为 **IFSN** 的子理论。

证明 因为集合$\{x|\mathrm{Sent}_{HA}(x)\}$是集合$\{x|\mathrm{Sent}_{T}(x)\}$的子集，所以 **IFSN** 显然能够证明 **SICT** 的全部真公理，这说明 **SICT** 是 **IFSN** 的子理论。再由推论 9.20 可知，**IDT** 也是 **IFSN** 的子理论。证毕。

但是，**IFSN** 并不是一种理想的无类型真理论，因为 **IFSN** 的真公理不能证明诸如 $\mathrm{T}\ulcorner \mathrm{T}\ulcorner \mathbf{0}=\mathbf{0}\urcorner\urcorner$ 这种简单的含谓词 T 的迭代语句。此时如果将公理

T-SYM：$\forall t(\mathrm{T}\ulcorner \mathrm{T}t\urcorner \leftrightarrow \mathrm{T}t)$

添加到 **IFSN** 中，则可以证明 $\mathrm{T}\ulcorner \mathrm{T}\ulcorner \mathbf{0}=\mathbf{0}\urcorner\urcorner$。但是根据经典理论的经验，这样的理论 **IFSN** ＋T-SYM 是无法接受的。

事实 10.3 **IFSN** ＋T-SYM 是不相容的。

要说明事实 10.3，需要下面这个引理。

引理 10.4（**HA** 的广义对角线引理）　对任意$\mathcal{L}_T$公式$\varphi(x)$，存在一个$\mathcal{L}_T$语句λ，使得

$$\mathbf{HAT} \vdash \lambda \leftrightarrow \varphi(\ulcorner \lambda \urcorner)。$$

证明　可仿照定理 8.30 类似证明，证毕。

现在说明事实 10.3 何以成立。因为$\neg T(x)$也是$\mathcal{L}_T$公式，所以由引理 10.4，存在$\mathcal{L}_T$语句λ，使得 $\mathbf{HAT} \vdash \lambda \leftrightarrow \neg T\ulcorner \lambda \urcorner$。于是有

$$\mathbf{IFSN} + \text{T-SYM} \vdash \lambda \leftrightarrow \neg T\ulcorner \lambda \urcorner。\tag{10-1}$$

如果令$t = \ulcorner \lambda \urcorner$，那么根据公理 T-SYM

$$\mathbf{IFSN} + \text{T-SYM} \vdash T\ulcorner T\ulcorner \lambda \urcorner \urcorner \leftrightarrow T\ulcorner \lambda \urcorner。\tag{10-2}$$

将式(10-1)和式(10-2)相结合就可以得到

$$\mathbf{IFSN} + \text{T-SYM} \vdash \lambda \leftrightarrow \neg T\ulcorner T\ulcorner \lambda \urcorner \urcorner。\tag{10-3}$$

根据公理 IFS2，$\neg T\ulcorner T\ulcorner \lambda \urcorner \urcorner \leftrightarrow T\ulcorner \neg T\ulcorner \lambda \urcorner \urcorner$，也即$\neg T\ulcorner T\ulcorner \lambda \urcorner \urcorner \leftrightarrow T\ulcorner \lambda \urcorner$。所以代入式(10-3)就得到

$$\mathbf{IFSN} + \text{T-SYM} \vdash \lambda \leftrightarrow T\ulcorner \lambda \urcorner。\tag{10-4}$$

不难看出，式(10-1)和式(10-4)显然构成矛盾，由此说明 **IFSN**+T-SYM 是不相容的。事实上，只要同时承认 IFS2 和 T-SYM 即可推出上述矛盾。而该结果与经典理论中的结果完全一致，从而说明 IFS2(即 FS2)与 T-SYM 的不相容性与逻辑基础无关。因此，在不改变 IFS2 的前提下，还是需要以推理规则来代替 T-SYM 行驶真谓词迭代的功能。

定义 10.5（NEC 规则）　对任意$\mathcal{L}_T$语句φ，如果能给出φ的证明，那么就能给出 $T\ulcorner \varphi \urcorner$ 的证明。

定义 10.6（CONEC 规则）　对任意$\mathcal{L}_T$语句φ，如果能给出 $T\ulcorner \varphi \urcorner$ 的证明，那么就能给出φ的证明。

定义 10.7（**IFS**）　直觉主义的 Friedman-Sheard 理论 **IFS** 是通过 **IFSN** 对 NEC 规则和 CONEC 规则封闭得到。

10.1.2 IFS 的其他公理化

哈尔巴赫在《完全真和相容真的一个系统》[1]一文中首次给出了 **FS** 的真公理。但之所以将其命名为 Friedman-Sheard 理论，乃是因为它等价于弗里德曼和希尔德在此前的《自指真的公理化方法》[2]一文中所给出的理论。利和拉特延在《直觉主义逻辑上的 Friedman-Sheard 方案》[3]一文中重新研究了弗里德曼和希尔德所提出的理论，本编将其记为 **IFSO**，现在探讨 **IFSO** 与 **IFS** 的关系。

定义 10.8（IFSO） 直觉主义的无类型理论 **IFSO** 是由下列公理和规则组成。

公理

Base_T^i：(1) **HAT** 的所有逻辑公理和算术公理；

(2) $\forall x \forall y(\mathrm{Sent}_\mathrm{T}(x \underset{\cdot}{\rightarrow} y) \rightarrow (\mathrm{T}(x \underset{\cdot}{\rightarrow} y) \rightarrow (\mathrm{T}(x) \rightarrow \mathrm{T}(y))))$；

PRE-Ref：$\forall x(\mathrm{Sent}_\mathrm{T}(x) \wedge \mathrm{Bew}_{\mathrm{PRE}}(x) \rightarrow \mathrm{T}(x))$；

T-Cons：$\forall x(\mathrm{Sent}_\mathrm{T}(x) \rightarrow (\neg(\mathrm{T}(x) \wedge \mathrm{T}(\underset{\cdot}{\neg} x))))$；

T-Comp：$\forall x(\mathrm{Sent}_\mathrm{T}(x) \rightarrow (\mathrm{T}(x) \vee \mathrm{T}(\underset{\cdot}{\neg} x)))$；

$\forall$-Inf：$\forall v \forall x(\mathrm{Sent}_\mathrm{T}(\underset{\cdot}{\forall} vx) \rightarrow (\forall t \mathrm{T}(x(t/v)) \rightarrow \mathrm{T}(\underset{\cdot}{\forall} vx)))$；

$\exists$-inf：$\forall v \forall x(\mathrm{Sent}_\mathrm{T}(\underset{\cdot}{\exists} vx) \rightarrow (\mathrm{T}(\underset{\cdot}{\exists} vx) \rightarrow \exists t \mathrm{T}(x(t/v))))$；

T-Comp(w)：$\forall x(\mathrm{Sent}_\mathrm{T}(x) \rightarrow (\neg \mathrm{T}(x) \rightarrow \mathrm{T}(\underset{\cdot}{\neg} x)))$；

$\vee$-Inf：$\forall x \forall y(\mathrm{Sent}_\mathrm{T}(x \underset{\cdot}{\vee} y) \rightarrow (\mathrm{T}(x \underset{\cdot}{\vee} y) \rightarrow \mathrm{T}(x) \vee \mathrm{T}(y)))$；

$\rightarrow$-Inf：$\forall x \forall y(\mathrm{Sent}_\mathrm{T}(x \underset{\cdot}{\rightarrow} y) \rightarrow ((\mathrm{T}(x) \rightarrow \mathrm{T}(y)) \rightarrow \mathrm{T}(x \underset{\cdot}{\rightarrow} y)))$；

规则

T-Intro：对任意$\mathcal{L}_\mathrm{T}$语句φ，从φ可以推出 $\mathrm{T}\ulcorner\varphi\urcorner$；

---

[1] V. Halbach. A System of Complete and Consistent Truth. *Notre Dame Journal of Formal Logic*, 1994, 35: 311-327.

[2] H. Friedman and M. Sheard. Anaxiomatic Approach to Self-Referential Truth. *Annals of Pure and Applied Logic*, 1987, 33: 1-21.

[3] G. E. Leigh and M. Rathjen. The Friedman-Sheard Programme in Intuitionistic Logic. *Journal of Symbolic Logic*, 2012, 77(3): 777-806.

T-Elim：对任意$\mathcal{L}_T$语句φ，从 T「φ」可以推出φ；

¬T-Intro：对任意$\mathcal{L}_T$语句φ，从$\neg\varphi$可以推出¬T「φ」；

¬T-Elim：对任意$\mathcal{L}_T$语句φ，从¬T「φ」可以推出$\neg\varphi$。

注意，**PRE** 不同于定义 9.10 所给出的 **PRA**。**PRE** 与 **HA** 的区别在于去掉了 **HA** 的归纳公理模式，因而也是 **HA** 的子理论。

定理 10.9　IFS ⊆IFSO。

证明　只需证明 **IFSO** 能够推出 **IFS** 的全部真公理。

1. 验证 **IFSO** ⊢IFS1。

因为 **HA** 的原子公式与 **PRE** 的原子公式是相同的，所以在 **HA** 中可以证明

$$\mathbf{HA}\vdash \forall x(\mathrm{AtSent}_{\mathrm{HA}}(x)\rightarrow(\mathrm{Val}^{+}(x)\leftrightarrow \mathrm{Bew}_{\mathrm{PRE}}(x)))。\tag{10-5}$$

于是，根据式(10-5)，一方面有

IFSO $\vdash \forall x(\mathrm{AtSent}_{\mathrm{HA}}(x)\rightarrow(\mathrm{Bew}_{\mathrm{PRE}}(x)\rightarrow \mathrm{Val}^{+}(x)))$；

IFSO $\vdash \forall x(\mathrm{AtSent}_{\mathrm{HA}}(x)\rightarrow(\mathrm{Bew}_{\mathrm{PRE}}(\underset{\cdot}{\neg}\underset{\cdot}{\neg}x)\rightarrow \mathrm{Val}^{+}(x)))$；[1]

IFSO $\vdash \forall x(\mathrm{AtSent}_{\mathrm{HA}}(x)\rightarrow(\neg\mathrm{Bew}_{\mathrm{PRE}}(\underset{\cdot}{\neg}x)\rightarrow \mathrm{Val}^{+}(x)))$；

IFSO $\vdash \forall x(\mathrm{AtSent}_{\mathrm{HA}}(x)\rightarrow(\neg\mathrm{T}(\underset{\cdot}{\neg}x)\rightarrow \mathrm{Val}^{+}(x)))$；

IFSO $\vdash \forall x(\mathrm{AtSent}_{\mathrm{HA}}(x)\rightarrow(\mathrm{T}(\underset{\cdot}{\neg}\underset{\cdot}{\neg}x)\rightarrow \mathrm{Val}^{+}(x)))$；

IFSO $\vdash \forall x(\mathrm{AtSent}_{\mathrm{HA}}(x)\rightarrow(\mathrm{T}(x)\rightarrow \mathrm{Val}^{+}(x)))$。

同样地，另一方面很容易有

IFSO $\vdash \forall x(\mathrm{AtSent}_{\mathrm{HA}}(x)\rightarrow(\mathrm{Val}^{+}(x)\rightarrow \mathrm{Bew}_{\mathrm{PRE}}(x)))$；

IFSO $\vdash \forall x(\mathrm{AtSent}_{\mathrm{HA}}(x)\rightarrow(\mathrm{Val}^{+}(x)\rightarrow \mathrm{T}(x)))$。

两个方面相结合，即为 **IFSO** ⊢IFS1。

---

① 原子公式的可判定性，即$\forall x\forall y(\neg(x=y)\vee x=y)$，它是 HA 的一条重要的证明论性质，可以通过归纳来证明。因为它的成立，根据 IQC 的有效式不难推出$\forall x\forall y(\neg\neg(x=y)\rightarrow x=y)$。关于 HA 原子公式的可判定性的进一步说明，可参见：A. S. Troelstra and D. van Dalen. *Constructivism in Mathematics: An Introduction*. vol. I，Amsterdam: North-Holland Publishing，1988: 123-128。

2. 验证 **IFSO** $\vdash$IFS2。

因为$\neg(\varphi\wedge\psi)\rightarrow(\psi\rightarrow\neg\varphi)$是 **IQC** 的有效式，所以从 T-Cons 可以推出

$$\forall x(\mathrm{Sent_T}(x)\rightarrow(\mathrm{T}(\underset{\cdot}{\neg}x)\rightarrow\neg\mathrm{T}(x)))。$$

与 T-Comp(w)结合，即为 **IFSO** $\vdash$IFS2。

3. 验证 **IFSO** $\vdash$IFS3。

一方面有

IFSO $\vdash\forall x\forall y(\mathrm{Sent_T}(x\underset{\cdot}{\wedge}y)\rightarrow\mathrm{Bew_{PRE}}(x\underset{\cdot}{\wedge}y\underset{\cdot}{\rightarrow}x))$；

IFSO $\vdash\forall x\forall y(\mathrm{Sent_T}(x\underset{\cdot}{\wedge}y)\rightarrow\mathrm{T}(x\underset{\cdot}{\wedge}y\underset{\cdot}{\rightarrow}x))$；

IFSO $\vdash\forall x\forall y(\mathrm{Sent_T}(x\underset{\cdot}{\wedge}y)\rightarrow\mathrm{T}(x\underset{\cdot}{\wedge}y)\rightarrow\mathrm{T}(x))$；

IFSO $\vdash\forall x\forall y(\mathrm{Sent_T}(x\underset{\cdot}{\wedge}y)\rightarrow\mathrm{Bew_{PRE}}(x\underset{\cdot}{\wedge}y\underset{\cdot}{\rightarrow}y))$；

IFSO $\vdash\forall x\forall y(\mathrm{Sent_T}(x\underset{\cdot}{\wedge}y)\rightarrow\mathrm{T}(x\underset{\cdot}{\wedge}y\underset{\cdot}{\rightarrow}y))$；

IFSO $\vdash\forall x\forall y(\mathrm{Sent_T}(x\underset{\cdot}{\wedge}y)\rightarrow\mathrm{T}(x\underset{\cdot}{\wedge}y)\rightarrow\mathrm{T}(y))$；

IFSO $\vdash\forall x\forall y(\mathrm{Sent_T}(x\underset{\cdot}{\wedge}y)\rightarrow\mathrm{T}(x\underset{\cdot}{\wedge}y)\rightarrow\mathrm{T}(x)\wedge\mathrm{T}(y))$。

另一方面有

IFSO $\vdash\forall x\forall y(\mathrm{Sent_T}(x\underset{\cdot}{\wedge}y)\rightarrow\mathrm{Bew_{PRE}}(x\underset{\cdot}{\rightarrow}(y\underset{\cdot}{\rightarrow}x\underset{\cdot}{\wedge}y)))$；

IFSO $\vdash\forall x\forall y(\mathrm{Sent_T}(x\underset{\cdot}{\wedge}y)\rightarrow\mathrm{T}(x\underset{\cdot}{\rightarrow}(y\underset{\cdot}{\rightarrow}x\underset{\cdot}{\wedge}y)))$；

IFSO $\vdash\forall x\forall y(\mathrm{Sent_T}(x\underset{\cdot}{\wedge}y)\rightarrow(\mathrm{T}(x)\rightarrow\mathrm{T}(y\underset{\cdot}{\rightarrow}x\underset{\cdot}{\wedge}y)))$；

IFSO $\vdash\forall x\forall y(\mathrm{Sent_T}(x\underset{\cdot}{\wedge}y)\rightarrow(\mathrm{T}(x)\rightarrow(\mathrm{T}(y)\rightarrow\mathrm{T}(x\underset{\cdot}{\wedge}y))))$；

IFSO $\vdash\forall x\forall y(\mathrm{Sent_T}(x\underset{\cdot}{\wedge}y)\rightarrow(\mathrm{T}(x)\wedge\mathrm{T}(y)\rightarrow\mathrm{T}(x\underset{\cdot}{\wedge}y)))$。

两个方面相结合，即为 **IFSO** $\vdash$IFS3。

4. 验证 **IFSO** $\vdash$IFS4。

IFSO $\vdash\forall x\forall y(\mathrm{Sent_T}(x\underset{\cdot}{\vee}y)\rightarrow\mathrm{Bew_{PRE}}(x\underset{\cdot}{\rightarrow}x\underset{\cdot}{\vee}y))$；

IFSO $\vdash\forall x\forall y(\mathrm{Sent_T}(x\underset{\cdot}{\vee}y)\rightarrow\mathrm{T}(x\underset{\cdot}{\rightarrow}x\underset{\cdot}{\vee}y))$；

IFSO $\vdash\forall x\forall y(\mathrm{Sent_T}(x\underset{\cdot}{\vee}y)\rightarrow(\mathrm{T}(x)\rightarrow\mathrm{T}(x\underset{\cdot}{\vee}y)))$；

IFSO $\vdash\forall x\forall y(\mathrm{Sent_T}(x\underset{\cdot}{\vee}y)\rightarrow\mathrm{Bew_{PRE}}(y\underset{\cdot}{\rightarrow}x\underset{\cdot}{\vee}y))$；

IFSO $\vdash \forall x \forall y(\mathrm{Sent_T}(x \underset{\cdot}{\vee} y) \rightarrow \mathrm{T}(y \underset{\cdot}{\rightarrow} x \underset{\cdot}{\vee} y))$；

IFSO $\vdash \forall x \forall y(\mathrm{Sent_T}(x \underset{\cdot}{\vee} y) \rightarrow (\mathrm{T}(y) \rightarrow \mathrm{T}(x \underset{\cdot}{\vee} y)))$；

IFSO $\vdash \forall x \forall y(\mathrm{Sent_T}(x \underset{\cdot}{\vee} y) \rightarrow (\mathrm{T}(x) \vee \mathrm{T}(y) \rightarrow \mathrm{T}(x \underset{\cdot}{\vee} y)))$。

与$\vee$-Inf 结合，即为 **IFSO** $\vdash$IFS4。

5. 验证 **IFSO** $\vdash$IFS5。

根据 Base^{i}_{T} (2)和$\rightarrow$-Inf，显然有 **IFSO** $\vdash$IFS5。

6. 验证 **IFSO** $\vdash$IFS6。

IFSO $\vdash \forall v \forall x(\mathrm{Sent_T}(\underset{\cdot}{\forall} vx) \rightarrow \forall t \mathrm{Bew_{PRE}}(\underset{\cdot}{\forall} vx \underset{\cdot}{\rightarrow} x(t/v)))$；

IFSO $\vdash \forall v \forall x(\mathrm{Sent_T}(\underset{\cdot}{\forall} vx) \rightarrow \forall t \mathrm{T}(\underset{\cdot}{\forall} vx \underset{\cdot}{\rightarrow} x(t/v)))$；

IFSO $\vdash \forall v \forall x(\mathrm{Sent_T}(\underset{\cdot}{\forall} vx) \rightarrow \forall t(\mathrm{T}(\underset{\cdot}{\forall} vx) \rightarrow \mathrm{T}(x(t/v))))$；

IFSO $\vdash \forall v \forall x(\mathrm{Sent_T}(\underset{\cdot}{\forall} vx) \rightarrow (\mathrm{T}(\underset{\cdot}{\forall} vx) \rightarrow \forall t \mathrm{T}(x(t/v))))$。

与$\forall$-Inf 结合，即为 **IFSO** $\vdash$IFS6。

7. 验证 **IFSO** $\vdash$IFS7。

IFSO $\vdash \forall v \forall x(\mathrm{Sent_T}(\underset{\cdot}{\exists} vx) \rightarrow \forall t \mathrm{Bew_{PRE}}(x(t/v) \underset{\cdot}{\rightarrow} \underset{\cdot}{\exists} vx))$；

IFSO $\vdash \forall v \forall x(\mathrm{Sent_T}(\underset{\cdot}{\exists} vx) \rightarrow \forall t \mathrm{T}(x(t/v) \underset{\cdot}{\rightarrow} \underset{\cdot}{\exists} vx))$；

IFSO $\vdash \forall v \forall x(\mathrm{Sent_T}(\underset{\cdot}{\exists} vx) \rightarrow \forall t(\mathrm{T}(x(t/v)) \rightarrow \mathrm{T}(\underset{\cdot}{\exists} vx)))$；

IFSO $\vdash \forall v \forall x(\mathrm{Sent_T}(\underset{\cdot}{\exists} vx) \rightarrow (\exists t \mathrm{T}(x(t/v)) \rightarrow \mathrm{T}(\underset{\cdot}{\exists} vx)))$。

与$\exists$-inf 结合，即为 **IFSO** $\vdash$IFS7。

综上，IFS $\subseteq$**IFSO**。证毕。

事实 10.10　**IFS** $\nvdash$T-Comp。

为说明该事实，不妨假设 **IFS** $\vdash$T-Comp。于是对任意$\mathcal{L}_{\mathrm{T}}$语句φ，都有$\mathrm{T}\ulcorner\varphi\urcorner \vee \mathrm{T}\ulcorner\neg\varphi\urcorner$。那么根据公理 IFS4，也就有 **IFS** $\vdash \mathrm{T}\ulcorner\varphi \vee \neg\varphi\urcorner$。借助 CONEC 规则可推出，**IFS** $\vdash\varphi \vee \neg\varphi$。**IFS** 不允许排中律，所以假设不成立。

事实 10.10 说明，**IFSO** 是比 **IFS** 更强的理论。而在《直觉主义逻辑上的

Friedman-Sheard 方案》①一文中，利和拉特延证明了 **IFSO**（原始文献命名为 D^i）的相容性，因而作为子理论的 **IFS** 也是相容的。从而初步表明，**IFS** 是一种值得进一步研究的真理论。

引理 10.11 **IFS** $\vdash \forall x(\mathrm{Sent_T}(x) \wedge \mathrm{Bew_{HAT}}(x) \to \mathrm{T}(x))$。

证明 可参照定理 9.21 的证明，在 **IFS** 中施归纳于 **HAT** 证明的长度 n。由于定理 9.21 的证明并不本质地依赖 **HAT** 的逻辑基础，所以从 $\mathcal{L}_{\mathrm{HA}}$ 到 $\mathcal{L}_{\mathrm{T}}$ 的转变是很容易实现的。

归纳基始：当 $n=1$ 时，证明序列中的公式必为 **HAT** 的公理。因为现在考虑的是语言 $\mathcal{L}_{\mathrm{T}}$，所以还需要在关于等词的公理中增加含真谓词的情形。其余情形根据定理 9.21 可类似证明。倘若证明序列中的公式是

$$x=y\to(\mathrm{T}x\to\mathrm{T}y)。$$

那么其全称闭包在 **IFS** 中也是可证的，即

$$\mathbf{IFS}\vdash\forall x\,\forall y(x=y\to(\mathrm{T}x\to\mathrm{T}y))。$$

根据 NEC 规则可以得到

$$\mathbf{IFS}\vdash\mathrm{T}\ulcorner\forall x\,\forall y(x=y\to(\mathrm{T}x\to\mathrm{T}y))\urcorner。$$

所以，归纳基始成立。

归纳步骤：根据定理 9.21 可类似证明。证毕。

定理 10.12 **IFS** 能够证明 **IFSO** 除 T-Comp 以外的所有公理和规则。

证明 引理 10.11 所证明的是 **HAT** 的整体反射原理，它强于 **PRE** 的整体反射原理，即强于 PRE-Ref。所以，**IFS** $\vdash$PRE-Ref。

而 **IFSO** 除 T-Comp 和 PRE-Ref 以外的其余公理，也都能在 **IFS** 中证明。

T-Cons 和 T-Comp(w)可由 IFS2 推出；$\vee$-Inf 可由 IFS4 推出；Base_T^i (2) 和 $\to$-Inf 可由 IFS5 推出；$\forall$-Inf 可由 IFS6 推出；$\exists$-Inf 可由 IFS7 推出。

① G. E. Leigh and M. Rathjen. The Friedman-Sheard Programme in Intuitionistic Logic. *The Journal of Symbolic Logic*, 2012, 77(3): 777-806.

对于 **IFSO** 的规则，T-Intro 即为 NEC 规则，T-Elim 即为 CONEC 规则，现在只需要证明¬T-Intro 和¬T-Elim 是 **IFS** 的导出规则。

对任意$\mathcal{L}_T$语句φ，假设已证明 **IFS** $\vdash \neg\varphi$，由 NEC 规则得，**IFS** $\vdash T\ulcorner\neg\varphi\urcorner$，再根据公理 IFS2 可得，**IFS** $\vdash \neg T\ulcorner\varphi\urcorner$。同理可证¬T-Elim。证毕。

定理 10.12 表明，T-Comp 是独立于 **IFS** 的，如果把 T-Comp 作为一条新的真公理添加到 **IFS** 中，所得到的理论(记为 **SIFS**)就与 **IFSO** 等价。但是就本编的研究来看，并不需要真正得到这样的 **SIFS** 理论。

第一，如果 **SIFS** 必须建立在直觉主义逻辑基础上，那么 T-Comp 的引入会导致矛盾。因为允许 T-Comp，也就是允许

$$\mathbf{SIFS} \vdash \forall x(\mathrm{Sent}_T(x) \to (T(x) \vee T(\underset{\bullet}{\neg} x)))。\tag{10-6}$$

根据公理 IFS2，从式(10-6)可以推出

$$\mathbf{SIFS} \vdash \forall x(\mathrm{Sent}_T(x) \to T(x \underset{\bullet}{\vee} (\underset{\bullet}{\neg} x)))。\tag{10-7}$$

为了讨论的方便，不妨用元语言重新表达式(10-7)：在 **SIFS** 中可以证明，对任意的$\mathcal{L}_T$语句φ，都有 **SIFS** $\vdash T\ulcorner\varphi\vee\neg\varphi\urcorner$。于是根据 CONEC 规则可以推出，对任意的$\mathcal{L}_T$语句$\varphi$，都有 **SIFS** $\vdash\varphi\vee\neg\varphi$。这就说明，排中律在 **SIFS** 中成立，所以 **SIFS** 的外逻辑实际上是经典逻辑，这就与假设是直觉主义逻辑相矛盾。

第二，若是把 **SIFS** 的外逻辑加强为经典逻辑，则 **SIFS** 等价于 **FS**。当 **SIFS** 的外逻辑是经典逻辑时，除公理 T-Comp 和 IFS5 以外的所有公理和规则恰好是 **FS** 的公理和规则，因而 **FS** $\subseteq$ **SIFS**；此外，在经典逻辑基础上，IFS5 可以由 IFS2 和 IFS4 推出，并且从 IFS2 可以推出 T-Comp，从而说明 **SIFS** $\subseteq$ **FS**；所以，**SIFS** 与 **FS** 是在经典逻辑基础上等价的。

定理 10.13 **IFS** $\cup\{\varphi\vee\neg\varphi\}=$ **FS**，φ是任意的$\mathcal{L}_T$语句。

证明 因为 **IFS** 的外逻辑是直觉主义谓词逻辑 **IQC**，且已知，**IQC** $\cup\{\varphi\vee\neg\varphi\}$即为经典谓词逻辑 **CQC**。

如果对任意的$\mathcal{L}_T$语句φ，**IFS** $\cup\{\varphi\vee\neg\varphi\}\vdash\varphi\vee\neg\varphi$，那么由 NEC 规则就可

以推出：$\mathbf{IFS}\cup\{\varphi\vee\neg\varphi\}\vdash T\ulcorner\varphi\vee\neg\varphi\urcorner$。再根据公理 IFS4，

$$\mathbf{IFS}\cup\{\varphi\vee\neg\varphi\}\vdash T\ulcorner\varphi\urcorner\vee T\ulcorner\neg\varphi\urcorner。$$

也即 $\mathbf{IFS}\cup\{\varphi\vee\neg\varphi\}\vdash\forall x(\mathrm{Sent}_T(x)\rightarrow(T(x)\vee T(\dot{\neg}x)))$。

从而证明，$\mathbf{IFS}\cup\{\varphi\vee\neg\varphi\}$可以推出 T-Comp。这就意味着，$\mathbf{IFS}\cup\{\varphi\vee\neg\varphi\}$是一种允许 T-Comp 并且外逻辑是经典逻辑的真理论。因此，$\mathbf{IFS}\cup\{\varphi\vee\neg\varphi\}$就等价于 **SIFS**。故而，$\mathbf{IFS}\cup\{\varphi\vee\neg\varphi\}=\mathbf{FS}$。证毕。

定理 10.13 表明，**IFS** 与 **FS** 的差别仅在于逻辑基础。所以就本编而言，只需研究 **IFS**，而无须再讨论 **SIFS**。在真理论的文献中，T-Cons 和 T-Comp 通常分别表示相容和完全。①相容指的是，任何语句及其否定不可能同时为真；完全则是指，任何语句或其否定总有一真。很显然，**IFS** 提供的是一种相容却不完全的真，并且这种不完全是由其逻辑基础造成的。

§ 10.2 IFS 理论的语义学

哈尔巴赫证明了 **FS** 与修正语义学的关系，即 **FS** 可将修正语义学公理化至第一个极限序数ω。②本节将在哈尔巴赫工作③的基础上，首先给出标准修正语义学的基本思想和基本结论，然后在直觉主义的背景下对它们进行推广，并解释直觉主义修正语义学与 **IFS** 理论的关系。

10.2.1 标准修正语义学及其基本结论

概括地说，修正语义学的基本思想是：从对真谓词的任意解释出发，通过一个恰当的修正过程，从而得到对真谓词越来越好的解释。这个恰当的修正过

① L. Horsten. *The Tarskian Turn: Deflationism and Axiomatic Truth*. Cambridge: MIT Press, 2011, p. 107.

② V. Halbach. A System of Complete and Consistent Truth. *Notre Dame Journal of Formal Logic*, 1994, 35: 311-327.

③ 可参见本书 4.1.2。

程可以通过修正算子来定义。

定义 10.14（修正算子）　对自然数的任意子集$S\subseteq\mathbb{N}$，修正算子Γ定义为

$$\Gamma(S)=\{\ulcorner\varphi\urcorner\mid\langle\mathcal{N},\ S\rangle\vDash\varphi，\text{其中}\varphi\text{是}\mathcal{L}_{\mathrm{T}}\text{语句}\}。$$

在定义 10.14 中，$\mathcal{N}$是 **PA** 的标准模型，S是对真谓词的修饰前的解释，$\Gamma(S)$是修正后的解释。从该定义可知，Γ是$\mathbb{N}$的幂集$\wp(\mathbb{N})$上的运算，并且有

$$\langle\mathcal{N},\ \Gamma(S)\rangle\vDash\mathrm{T}\ulcorner\varphi\urcorner\Leftrightarrow\langle\mathcal{N},\ S\rangle\vDash\varphi。$$

根据定义 10.14，可以将修正算子的迭代应用$\Gamma^{n}(S)$定义如下，从而刻画有穷序数次迭代的修正过程

$$\Gamma^{0}(S)=S;$$

$$\Gamma^{n+1}(S)=\Gamma(\Gamma^{n}(S))。$$

通过上述修正过程，虽然能够得到对真谓词越来越好的解释，但是何为“越来越好”？这是十分模糊的。而且“越来越好”预设了对真谓词的起始解释也是一种好的解释，那么如何证明这种解释是好的？这些问题并不容易澄清。因此，哈尔巴赫对关于修正过程的观点做了一些改变。修正过程不再是一个“越来越好”的过程，而是一个从对真谓词的所有可能解释中，逐渐剔除不恰当解释的过程。①这样一来，$\mathbb{N}$的任何子集就都是真谓词的可能解释，也即从$\mathbb{N}$的幂集$\wp(\mathbb{N})$开始，使修正算子Γ作用于$\wp(\mathbb{N})$中的每一个元素，即

$$\Gamma[\wp(\mathbb{N})]=\{\Gamma(S)\mid S\subseteq\mathbb{N}\}。$$

很显然，$\Gamma[\wp(\mathbb{N})]$是$\wp(\mathbb{N})$的子集。重复上述修正过程，使修正算子Γ作用于$\Gamma[\wp(\mathbb{N})]$中的所有元素，从而得到$\wp(\mathbb{N})$的一个更小子集。可见，这样的修正过程使得其中一些解释被逐步排除在外。现在可以更一般地将新的修正过程定义如下。

令$M\subseteq\wp(\mathbb{N})$，$\Gamma[M]=\{\Gamma(S)\mid S\subseteq M\}$，那么$\Gamma$的迭代应用$\Gamma^{n}[M]$可以定义为

---

① V. Halbach. *Axiomatic Theories of Truth*. Cambridge: Cambridge University Press, 2014, pp. 150-158.

$$\Gamma^0[M]=M;$$

$$\Gamma^{n+1}[M]=\Gamma[\Gamma^n[M]]。$$

哈尔巴赫利用这种新的修正算子，解释了 **FS** 的子理论与修正语义学的关系：$\Gamma^n[\wp(\mathbb{N})]$的任意元素，都是对 **FS** 子理论的真谓词的恰当解释，并且这些 **FS** 的子理论都有算术标准模型。

定义 10.15（**FS** 的子理论） **FS** 的子理论 $\mathbf{FS}_n$ 定义如下：

$\mathbf{FS}_0=\mathbf{PAT}$；

$\mathbf{FS}_1$ 是由 **FS** 的所有公理及 **PAT** 的整体反射原理组成；

$\mathbf{FS}_{n+1}$ 的公理与规则同 **FS** 并无差别，但是在形式证明中只允许 NEC 规则和 CONEC 规则最多应用于n个不同的语句。

定理 10.16 $\forall n\in\mathbb{N}$及$\forall S\subseteq\mathbb{N}$，都有

$$S\in\Gamma^n[\wp(\mathbb{N})]\Leftrightarrow\langle\mathcal{N},S\rangle\models\mathbf{FS}_n。$$

证明 从左向右的方向，施归纳于 $\mathbf{FS}_n$ 证明的长度。从右向左的方向，只需找到一个S'，使得$\Gamma(S')=S$，并且$S'\in\Gamma^n[\wp(\mathbb{N})]$。[①]证毕。

10.2.2 直觉主义修正语义学

直觉主义修正语义学的思想是：试图把修正语义学与直觉主义逻辑的语义学相结合，也就是修正算子对海廷算术标准模型的相对化。[②]在第 9 章中，真谓词在每个结点 k 上的解释是通过函数$\mathfrak{T}$来赋予。现在将$\mathfrak{T}$赋值函数重新定义如下。

定义 10.17（$\mathfrak{T}$赋值函数） 令$\mathcal{K}=\langle K,\leqslant,\mathcal{N},\Vdash\rangle$是 **HA** 的算术标准模型，赋值函数$\mathfrak{T}$是从结点集 K 到$\mathbb{N}$的幂集$\wp(\mathbb{N})$的函数，满足条件

① 详细过程可参见本书 4.1.2 中对定理 4.18 的证明。

② 斯特恩在研究模态与公理化真理论时，定义了一种模态修正语义学，其思想是把修正语义学与模态逻辑的可能世界语义学相结合。本编的直觉主义修正语义学正是受到了斯特恩的启发。因为直觉主义逻辑的语义学也是一种特殊的可能世界语义学，所以二者也是可以结合的．只是在联结词和量词的定义方面与模态逻辑的可能世界语义学不同。关于斯特恩的工作，可参见本书 5.2.2。

$$\forall k\,\forall k'\,(k\leqslant k' \to \mathfrak{T}(k)\subseteq \mathfrak{T}(k'))。$$

并且把所有$\mathfrak{T}$赋值函数的集合记为 $V_{\mathfrak{T}}$。

定义 10.18(直觉主义修正算子) 直觉主义修正算子Γ_{I}是 $V_{\mathfrak{T}}$ 上的运算，使得$\forall k\in K$，都有

$$[\Gamma_{\mathrm{I}}(\mathfrak{T})](k)=\{\ulcorner\varphi\urcorner \mid \langle\mathcal{K},\ \mathfrak{T}\rangle[k]\Vdash\varphi，其中\varphi是\mathcal{L}_{\mathrm{T}}语句\}。$$

同样地，Γ_i的有穷序数次迭代为$\Gamma_{\mathrm{I}}^{0}(\mathfrak{T})=\mathfrak{T}$；$\Gamma_{\mathrm{I}}^{n+1}(\mathfrak{T})=\Gamma_{\mathrm{I}}(\Gamma_{\mathrm{I}}^{n}(\mathfrak{T}))$。

直觉主义修正算子的直观含义是：对赋值函数$\mathfrak{T}$在每个结点 k 上为真谓词所做的解释分别进行修正。

引理 10.19 对任意的$\mathcal{L}_{\mathrm{T}}$语句φ，以下等值式成立

$$\langle\mathcal{K},\ \Gamma_{\mathrm{I}}(\mathfrak{T})\rangle\vDash \mathrm{T}\ulcorner\varphi\urcorner \Leftrightarrow \langle\mathcal{K},\ \mathfrak{T}\rangle\vDash\varphi。$$

证明 首先证明“$\Leftarrow$”：因为$\langle\mathcal{K},\ \mathfrak{T}\rangle\vDash\varphi$，所以根据满足关系的定义，$\forall k\in K$，都有$\langle\mathcal{K},\ \mathfrak{T}\rangle[k]\Vdash\varphi$。于是由定义 10.18，也就有$\ulcorner\varphi\urcorner\in[\Gamma_{\mathrm{I}}(\mathfrak{T})](k)$，从而得到$\langle\mathcal{K},\ \Gamma_{\mathrm{I}}(\mathfrak{T})\rangle[k]\Vdash \mathrm{T}\ulcorner\varphi\urcorner$。因此，$\langle\mathcal{K},\ \Gamma_{\mathrm{I}}(\mathfrak{T})\rangle\vDash \mathrm{T}\ulcorner\varphi\urcorner$。

然后证明“$\Rightarrow$”：因为$\langle\mathcal{K},\ \Gamma_{\mathrm{I}}(\mathfrak{T})\rangle\vDash \mathrm{T}\ulcorner\varphi\urcorner$，所以根据满足关系的定义，$\forall k\in K$，都有$\langle\mathcal{K},\ \Gamma_{\mathrm{I}}(\mathfrak{T})\rangle[k]\Vdash \mathrm{T}\ulcorner\varphi\urcorner$。于是根据对谓词 T 的解释可知，$\ulcorner\varphi\urcorner\in[\Gamma_{\mathrm{I}}(\mathfrak{T})](k)$，再由定义 10.18 也就有$\langle\mathcal{K},\ \mathfrak{T}\rangle[k]\Vdash\varphi$。因此，$\langle\mathcal{K},\ \mathfrak{T}\rangle\vDash\varphi$。证毕。

为了表述的方便，下面将以 $\mathrm{T}^1\ulcorner\varphi\urcorner$ 表示 $\mathrm{T}\ulcorner\varphi\urcorner$，$\mathrm{T}^{n+1}\ulcorner\varphi\urcorner$ 表示 $\mathrm{T}\ulcorner\mathrm{T}^n\ulcorner\varphi\urcorner\urcorner$。

定理 10.20 以下结论成立：

1. $\forall\mathfrak{T}_1，\mathfrak{T}_2\in V_{\mathfrak{T}}$，如果$\Gamma_{\mathrm{I}}(\mathfrak{T}_1)=\Gamma_{\mathrm{I}}(\mathfrak{T}_2)$，那么$\mathfrak{T}_1=\mathfrak{T}_2$；

2. 对任意的$\mathcal{L}_{\mathrm{T}}$语句φ，并且$\forall n\in\mathbb{N}^*$，下面的等值式成立

$$\langle\mathcal{K},\ \Gamma_{\mathrm{I}}^{n}(\mathfrak{T})\rangle\vDash\neg\neg\mathrm{T}^n\ulcorner\varphi\urcorner \Leftrightarrow \langle\mathcal{K},\ \mathfrak{T}\rangle\vDash\neg\neg\varphi；$$

3. $\forall n\in\mathbb{N}^*$并且$\mathfrak{T}\in V_{\mathfrak{T}}$，$\Gamma_{\mathrm{I}}^{n}(\mathfrak{T})\neq\mathfrak{T}$。

证明 1. 假设$\mathfrak{T}_1\neq\mathfrak{T}_2$，那么$\exists k\in K$，使得$\mathfrak{T}_1(k)\neq\mathfrak{T}_2(k)$。因此，存在$\mathcal{L}_{\mathrm{T}}$ 的语句φ使得$\ulcorner\varphi\urcorner\in\mathfrak{T}_1(k)$，但$\ulcorner\varphi\urcorner\notin\mathfrak{T}_2(k)$。也就是说，$\mathrm{T}\ulcorner\varphi\urcorner\in[\Gamma_{\mathrm{I}}(\mathfrak{T}_1)](k)$而

$T\ulcorner\varphi\urcorner\notin[\Gamma_{\mathrm{I}}(\mathfrak{T}_2)](k)$。即$\Gamma_{\mathrm{I}}(\mathfrak{T}_1)\neq\Gamma_{\mathrm{I}}(\mathfrak{T}_2)$。矛盾。

2. 我们首先可以通过对引理 10.19 进行迭代而证明

$$\langle\mathcal{K},\ \Gamma_{\mathrm{I}}^{n}(\mathfrak{T})\rangle\vDash T^{n}\ulcorner\varphi\urcorner\Leftrightarrow\langle\mathcal{K},\ \mathfrak{T}\rangle\vDash\varphi;$$

然后考虑归纳基始：当$n=1$时，我们可以建立如下推理。

$\langle\mathcal{K},\ \Gamma_{i}(\mathfrak{T})\rangle[k]\Vdash\neg\neg T\ulcorner\varphi\urcorner$

$\Leftrightarrow\forall k_1\geqslant k,\ \exists k_2\geqslant k_1,\ \langle\mathcal{K},\ \Gamma_{i}(\mathfrak{T})\rangle[k_2]\Vdash T\ulcorner\varphi\urcorner$ （¬的定义）

$\Leftrightarrow\forall k_1\geqslant k,\ \exists k_2\geqslant k_1,\ \langle\mathcal{K},\ \mathfrak{T}\rangle[k_2]\Vdash\varphi$ （引理 10.19）

$\Leftrightarrow\langle\mathcal{K},\ \mathfrak{T}\rangle[k]\Vdash\neg\neg\varphi$。 （¬的定义）

再看归纳步骤：假设当$n\leqslant k$时结论成立，现在验证$n=k+1$的情形：

$\langle\mathcal{K},\ \Gamma_{i}^{k+1}(\mathfrak{T})\rangle[k]\Vdash\neg\neg T^{k+1}\ulcorner\varphi\urcorner$

$\Leftrightarrow\langle\mathcal{K},\ \Gamma_{i}(\Gamma_{i}^{k}(\mathfrak{T}))\rangle[k]\Vdash\neg\neg T\ulcorner T^{k}\ulcorner\varphi\urcorner\urcorner$ （由上一步）

$\Leftrightarrow\langle\mathcal{K},\ \Gamma_{i}^{k}(\mathfrak{T})\rangle[k]\Vdash\neg\neg T^{k}\ulcorner\varphi\urcorner$ （归纳基始已证）

$\Leftrightarrow\langle\mathcal{K},\ \mathfrak{T}\rangle[k]\Vdash\neg\neg\varphi$。 （归纳假设）

由此便证明了$\langle\mathcal{K},\ \Gamma_{i}^{n}(\mathfrak{T})\rangle[k]\Vdash\neg\neg T^{n}\ulcorner\varphi\urcorner\Leftrightarrow\langle\mathcal{K},\ \mathfrak{T}\rangle[k]\Vdash\neg\neg\varphi$。

3. 因为$\neg T^{n}(x)$是一个$\mathcal{L}_{T}$公式，所以由引理 10.4 可知，存在语句λ使得

$$\mathbf{HAT}\vdash\neg\lambda\leftrightarrow\neg T^{n}\ulcorner\neg\lambda\urcorner。\qquad(10\text{-}8)$$

根据已证可以得到如下的等值式：

$$\langle\mathcal{K},\ \Gamma_{\mathrm{I}}^{n}(\mathfrak{T})\rangle\vDash T^{n}\ulcorner\neg\lambda\urcorner\Leftrightarrow\langle\mathcal{K},\ \mathfrak{T}\rangle\vDash\neg\lambda。$$

将式(10-8)代入右端，即得

$$\langle\mathcal{K},\ \Gamma_{\mathrm{I}}^{n}(\mathfrak{T})\rangle\vDash T^{n}\ulcorner\neg\lambda\urcorner\Leftrightarrow\langle\mathcal{K},\ \mathfrak{T}\rangle\vDash\neg T^{n}\ulcorner\neg\lambda\urcorner。$$

所以，$\Gamma_{\mathrm{I}}^{n}(\mathfrak{T})\neq\mathfrak{T}$。证毕。

以上是直觉主义背景下“越来越好”的修正过程，接下来刻画直觉主义背景下“逐渐排除不恰当”的修正过程，也即允许Γ_{I}作用于$\mathfrak{T}$赋值函数集$V_{\mathfrak{T}}$。

定义 10.21 令Γ_{I}是直觉主义修正算子，并且令$M\subseteq V_{\mathfrak{T}}$，于是

$$\Gamma_{\mathrm{I}}[M]=\{\Gamma_{\mathrm{I}}(\mathfrak{T})\mid\mathfrak{T}\in M\}。$$

同样地，Γ_{I}的迭代应用定义为$\Gamma_{\mathrm{I}}^{0}[M]=M$，$\Gamma_{\mathrm{I}}^{n+1}[M]=\Gamma_{\mathrm{I}}[\Gamma_{\mathrm{I}}^{n}[M]]$。

定理 10. 22（Γ_{I}的反序性）　$\forall m$，$n\in\mathbb{N}$，如果$m\leqslant n$，那么有

$$\Gamma_{\mathrm{I}}^{n}[\mathrm{V}_{\mathfrak{T}}]\subseteq\Gamma_{\mathrm{I}}^{m}[\mathrm{V}_{\mathfrak{T}}]。$$

证明　施归纳于Γ_{I}的迭代次数k。

归纳基始：易验证，当$k=1$时，结论显然成立。因为根据定义 10. 21 可知，$\Gamma_{\mathrm{I}}^{0}[\mathrm{V}_{\mathfrak{T}}]=\mathrm{V}_{\mathfrak{T}}$，所以很明显$\Gamma_{\mathrm{I}}^{1}[\mathrm{V}_{\mathfrak{T}}]\subseteq\Gamma_{\mathrm{I}}^{0}[\mathrm{V}_{\mathfrak{T}}]$；

归纳步骤：假设当$k\leqslant l+1$时结论都成立，现在证明$k=l+2$，即证明

$$\Gamma_{\mathrm{I}}^{l+2}[\mathrm{V}_{\mathfrak{T}}]\subseteq\Gamma_{\mathrm{I}}^{l+1}[\mathrm{V}_{\mathfrak{T}}]。$$

假设$\mathfrak{T}_{l+2}$是$\Gamma_{\mathrm{I}}^{l+2}[\mathrm{V}_{\mathfrak{T}}]$中的任意元素，由定义 10. 21 可知，存在$\mathfrak{T}_{l+1}\in\Gamma_{\mathrm{I}}^{l+1}[\mathrm{V}_{\mathfrak{T}}]$使得$\Gamma_{\mathrm{I}}(\mathfrak{T}_{l+1})=\mathfrak{T}_{l+2}$。根据归纳假设，$\Gamma_{\mathrm{I}}^{l+1}[\mathrm{V}_{\mathfrak{T}}]\subseteq\Gamma_{\mathrm{I}}^{l}[\mathrm{V}_{\mathfrak{T}}]$，所以$\mathfrak{T}_{l+1}\in\Gamma_{I}^{l}[\mathrm{V}_{\mathfrak{T}}]$，于是按照定义 10. 21，$\Gamma_{i}(\mathfrak{T}_{l+1})\in\Gamma_{\mathrm{I}}^{l+1}[\mathrm{V}_{\mathfrak{T}}]$，也即$\mathfrak{T}_{l+2}\in\Gamma_{\mathrm{I}}^{l+1}[\mathrm{V}_{\mathfrak{T}}]$。证毕。

Γ_{I}的反序性表明，随着Γ_{I}的不断迭代，Γ_{I}所能作用的赋值函数将会越来越少，并且每一次迭代所排除的都是不恰当的赋值函数。例如，赋值结果包含空集$\varnothing$的函数将在第一次迭代后被排除，而赋值结果包含$\ulcorner\mathrm{T}\ulcorner\mathbf{0}=\mathrm{S}(\mathbf{0})\urcorner\urcorner$的函数将在第二次迭代后被排除。

引理 10. 23　不存在$\mathfrak{T}$赋值函数的无穷序列$\mathfrak{T}_0$，$\mathfrak{T}_1$，$\mathfrak{T}_2$，…，使得$\forall n\in\mathbb{N}$，都有$\Gamma_{\mathrm{I}}(\mathfrak{T}_{n+1})=\mathfrak{T}_n$。

证明　假设存在这样的无穷序列。现在定义一个二元原始递归函数f，使得$\forall n\in\mathbb{N}^*$，以及对任意$\mathcal{L}_{\mathrm{T}}$语句φ，f满足

$$f(n,\varphi):\equiv\mathrm{T}\underbrace{\dot{\mathrm{T}}\cdots\dot{\mathrm{T}}}_{(n-1)\text{个}}\ulcorner\varphi\urcorner。$$

特别地，当$n=0$时，$f(0,\varphi):\equiv\varphi$。

f在$\mathcal{L}_{\mathrm{T}}$中用符号$\dot{f}$表示。令$\mathcal{L}_{\mathrm{T}}$公式$\psi(y)$为$\exists x\neg\mathrm{T}\dot{f}(x,y)$，根据引理 10. 4，

$$\mathbf{HAT}\vdash\lambda\leftrightarrow\exists x\neg\mathrm{T}\dot{f}(x,\ulcorner\lambda\urcorner)。\tag{10-9}$$

很明显，无论对谓词 T 作何解释，式(10-9)都成立。也即 $\forall a\in\mathbb{N}$，

$$\langle\mathcal{K},\mathfrak{T}_a\rangle\vDash\lambda\leftrightarrow\exists x\neg\mathrm{T}\dot{f}(x,\ulcorner\lambda\urcorner)。$$

根据$\vDash$的定义可知，对任意节点 $k\in K$，都有

$$\langle\mathcal{K},\mathfrak{T}_a\rangle[k]\Vdash\lambda\leftrightarrow\exists x\neg\mathrm{T}\dot{f}(x,\ulcorner\lambda\urcorner)。\tag{10-10}$$

于是，对任意节点 $k_1\geqslant k$，可以建立如下推理

(1) $\langle\mathcal{K},\ \mathfrak{T}_a\rangle[k_1]\Vdash\neg\lambda$

(2) $\langle\mathcal{K},\ \mathfrak{T}_a\rangle[k_1]\Vdash\neg\exists x\neg\mathrm{T}\dot{f}(x,\ulcorner\lambda\urcorner)$ （根据式(10-10)）

(3) $\langle\mathcal{K},\ \mathfrak{T}_a\rangle[k_1]\Vdash\forall x\neg\neg\mathrm{T}\dot{f}(x,\ulcorner\lambda\urcorner)$ （**IQC** 可证）

(4) $\forall k_2\geqslant k_1$，$\forall m\geqslant 0$，

$$\langle\mathcal{K},\ \mathfrak{T}_a\rangle[k_2]\Vdash\neg\neg\mathrm{T}\dot{f}(\overline{m},\ulcorner\lambda\urcorner)$$ （**IQC** 可证）

(5) $\forall k_2\geqslant k_1$，$\forall m\geqslant 0$，

$$\langle\mathcal{K},\ \Gamma_{\mathrm{I}}^{m+1}(\mathfrak{T}_{a+m+1})\rangle[k_2]\Vdash\neg\neg\mathrm{T}^{m+1}\ulcorner\lambda\urcorner$$ （f的定义）

(6) $\forall k_2\geqslant k_1$，$\forall m\geqslant 0$，$\langle\mathcal{K},\ \mathfrak{T}_{a+m+1}\rangle[k_2]\Vdash\neg\neg\lambda$ （定理 10.20 的 2）

(7) $\forall k_2\geqslant k_1$，$\forall n>a$，$\langle\mathcal{K},\ \mathfrak{T}_n\rangle[k_2]\Vdash\neg\neg\lambda$ （由上一步）

(8) $\forall k_2\geqslant k_1$，$\forall n>a$，

$$\langle\mathcal{K},\ \mathfrak{T}_n\rangle[k_2]\Vdash\neg\neg\exists x\neg\mathrm{T}\dot{f}(x,\ulcorner\lambda\urcorner)$$ （根据式(10-10)）

(9) $\forall k_2\geqslant k_1$，$\forall n>a$，

$$\langle\mathcal{K},\ \mathfrak{T}_n\rangle[k_2]\Vdash\neg\forall x\neg\neg\mathrm{T}\dot{f}(x,\ulcorner\lambda\urcorner)$$ （**IQC** 可证）

(10) $\forall k_2\geqslant k_1$，$\forall n>a$，$\forall k_3\geqslant k_2$，

$$\langle\mathcal{K},\ \mathfrak{T}_n\rangle[k_3]\nVdash\forall x\neg\neg\mathrm{T}\dot{f}(x,\ulcorner\lambda\urcorner)$$ （$\neg$的定义）

(11) $\forall k_2\geqslant k_1$，$\forall n>a$，$\forall k_3\geqslant k_2$，$\exists k_4\geqslant k_3$，

$$\exists j\in\mathbb{N},\ \langle\mathcal{K},\ \mathfrak{T}_n\rangle[k_4]\nVdash\neg\neg\mathrm{T}\dot{f}(\overline{j},\ulcorner\lambda\urcorner)$$ （$\forall$的定义）

(12) $\forall k_2\geqslant k_1$，$\forall n>a$，$\forall k_3\geqslant k_2$，$\exists k_4\geqslant k_3$，

$$\exists j\in\mathbb{N},\ \langle\mathcal{K},\ \mathfrak{T}_n\rangle[k_4]\nVdash\neg\neg\mathrm{T}^{j+1}\ulcorner\lambda\urcorner$$ （f的定义）

(13) $\forall k_2 \geqslant k_1$，$\forall n > a$，$\forall k_3 \geqslant k_2$，$\exists k_4 \geqslant k_3$，

$\exists j \in \mathbb{N}$，$\langle \mathcal{K}, \mathfrak{T}_{n+j+1} \rangle [k_4] \nVdash \neg\neg\lambda$　　（定理 10.20 的 2）

(14) $\exists k_4 \geqslant k_1$，$\exists l > n > a$，$\langle \mathcal{K}, \mathfrak{T}_l \rangle [k_4] \nVdash \neg\neg\lambda$。　　（由上一步）

上述推理的(7)与(14)明显相互矛盾。而如果假设 $\langle \mathcal{K}, \mathfrak{T}_a \rangle [k_1] \Vdash \lambda$，又可建立如下的推理

(1) $\langle \mathcal{K}, \mathfrak{T}_a \rangle [k_1] \Vdash \lambda$

(2) $\langle \mathcal{K}, \mathfrak{T}_a \rangle [k_1] \Vdash \exists x \neg \mathrm{T} \underset{\cdot}{f}(x, \ulcorner \lambda \urcorner)$　　（根据式(10-10)）

(3) $\exists j \in \mathbb{N}$，$\langle \mathcal{K}, \mathfrak{T}_a \rangle [k_1] \Vdash \neg \mathrm{T} \underset{\cdot}{f}(\overline{j}, \ulcorner \lambda \urcorner)$　　（$\exists$ 的定义）

(4) $\exists j \in \mathbb{N}$，$\langle \mathcal{K}, \Gamma_{\mathrm{I}}^{j+1}(\mathfrak{T}_{a+j+1}) \rangle [k_1] \Vdash \neg \mathrm{T}^{j+1} \ulcorner \lambda \urcorner$　　（f的定义）

(5) $\exists j \in \mathbb{N}$，$\langle \mathcal{K}, \mathfrak{T}_{a+j+1} \rangle [k_1] \Vdash \neg\lambda$　　（定理 10.20 的 2）

(6) $\exists n > a$，$\langle \mathcal{K}, \mathfrak{T}_n \rangle [k_1] \Vdash \neg\lambda$　　（由上一步）

(7) $\exists n > a$，$\langle \mathcal{K}, \mathfrak{T}_n \rangle [k_1] \Vdash \neg \exists x \neg \mathrm{T} \underset{\cdot}{f}(x, \ulcorner \lambda \urcorner)$　　（根据式(10-10)）

(8) $\exists n > a$，$\langle \mathcal{K}, \mathfrak{T}_n \rangle [k_1] \Vdash \forall x \neg\neg \mathrm{T} \underset{\cdot}{f}(x, \ulcorner \lambda \urcorner)$　　（**IQC** 可证）

(9) $\exists n > a$，$\forall k_2 \geqslant k_1$，$\forall m \in \mathbb{N}$，

$\langle \mathcal{K}, \mathfrak{T}_n \rangle [k_2] \Vdash \neg\neg \mathrm{T} \underset{\cdot}{f}(\overline{m}, \ulcorner \lambda \urcorner)$　　（ **IQC** 可证）

(10) $\exists n > a$，$\forall k_2 \geqslant k_1$，$\forall m \in \mathbb{N}$，

$\langle \mathcal{K}, \Gamma_i^{m+1}(\mathfrak{T}_{n+m+1}) \rangle [k_2] \Vdash \neg\neg \mathrm{T}^{m+1} \ulcorner \lambda \urcorner$　　（f的定义）

(11) $\exists n > a$，$\forall k_2 \geqslant k_1$，$\forall m \in \mathbb{N}$，

$\langle \mathcal{K}, \mathfrak{T}_{n+m+1} \rangle [k_2] \Vdash \neg\neg\lambda$　　（定理 10.20 的 2）

(12) $\exists n > a$，$\forall k_2 \geqslant k_1$，$\forall l > n$，

$\langle \mathcal{K}, \mathfrak{T}_l \rangle [k_2] \Vdash \neg\neg\lambda$　　（由上一步）

(13) $\exists n > a$，$\forall k_2 \geqslant k_1$，$\forall l > n$，

$\langle \mathcal{K}, \mathfrak{T}_l \rangle [k_2] \Vdash \neg\neg \exists x \neg \mathrm{T} \underset{\cdot}{f}(x, \ulcorner \lambda \urcorner)$　　（根据式(10-10)）

(14) $\exists n > a$，$\forall k_2 \geqslant k_1$，$\forall l > n$，

$\langle\mathcal{K}, \mathfrak{T}_l\rangle[k_2]\Vdash\neg\forall x\neg\neg \mathrm{T}\underset{\cdot}{f}(x, \ulcorner\lambda\urcorner)$ （**IQC** 可证）

(15) $\exists n>a$，$\forall k_2\geqslant k_1$，$\forall l>n$，$\forall k_3\geqslant k_2$，

$\langle\mathcal{K}, \mathfrak{T}_l\rangle[k_3]\nVdash\forall x\neg\neg \mathrm{T}\underset{\cdot}{f}(x, \ulcorner\lambda\urcorner)$ （$\neg$的定义）

(16) $\exists n>a$，$\forall k_2\geqslant k_1$，$\forall l>n$，$\forall k_3\geqslant k_2$，

$\exists k_4\geqslant k_3$，$\exists\delta\in\mathbb{N}$，

$\langle\mathcal{K}, \mathfrak{T}_l\rangle[k_4]\nVdash\neg\neg \mathrm{T}\underset{\cdot}{f}(\bar{\delta}, \ulcorner\lambda\urcorner)$ （$\forall$ 的定义）

(17) $\exists n>a$，$\forall k_2\geqslant k_1$，$\forall l>n$，$\forall k_3\geqslant k_2$，

$\exists k_4\geqslant k_3$，$\exists\delta\in\mathbb{N}$，$\langle\mathcal{K}, \mathfrak{T}_l\rangle[k_4]\nVdash\neg\neg \mathrm{T}^{\delta+1}\ulcorner\lambda\urcorner$ （f的定义）

(18) $\exists n>a$，$\forall k_2\geqslant k_1$，$\forall l>n$，$\forall k_3\geqslant k_2$，

$\exists k_4\geqslant k_3$，$\exists\delta\in\mathbb{N}$，$\langle\mathcal{K}, \mathfrak{T}_{l+\delta+1}\rangle[k_4]\nVdash\neg\neg\lambda$

（定理 10.20 的 2）

(19) $\exists n>a$，$\exists k_4\geqslant k_1$，$\exists b>l>n$，

$\langle\mathcal{K}, \mathfrak{T}_b\rangle[k_4]\nVdash\neg\neg\lambda$。 （由上一步）

不难看出，上述推理的(12)与(19)也是矛盾的。同理还可验证，当假设$\langle\mathcal{K}, \mathfrak{T}_a\rangle\nVdash\lambda$及假设$\langle\mathcal{K}, \mathfrak{T}_a\rangle\nVdash\neg\lambda$时，也都能导致矛盾。所以，任何模型都无法满足式(10-10)，因而本引理描述的无穷序列不存在。证毕。

以上的讨论都是Γ_i后继序数次迭代应用的情形。现在讨论Γ_{I}极限序数次迭代应用，并将第一个极限序数ω次迭代记为

$$\Gamma_{\mathrm{I}}^{\omega}[\mathrm{V}_{\mathfrak{T}}]=\bigcap\nolimits_{n\in\omega}\Gamma_{\mathrm{I}}^{n}[\mathrm{V}_{\mathfrak{T}}]。$$

但是，由此前Γ_i的反序性可知，Γ_{I}的迭代应用不会永恒地进行下去。那么何处是尽头？下面这个定理将说明，Γ_{I}的极限序数ω次迭代应用是不存在的。

定理 10.24 $\Gamma_{\mathrm{I}}^{\omega}[\mathrm{V}_{\mathfrak{T}}]=\emptyset$。

证明 假设$\Gamma_{\mathrm{I}}^{\omega}[\mathrm{V}_{\mathfrak{T}}]\neq\emptyset$，也即存在$\mathfrak{T}_0\in\bigcap_{n\in\omega}\Gamma_{\mathrm{I}}^{n}[\mathrm{V}_{\mathfrak{T}}]$。于是存在一个赋值函数的无穷序列$\mathfrak{T}_0$，$\mathfrak{T}_1$，$\mathfrak{T}_2$，…，使得$\forall n\in\mathbb{N}$，都有$\Gamma_{\mathrm{I}}(\mathfrak{T}_{n+1})=\mathfrak{T}_n$。但是根据引理 10.23，这样的无穷序列是不存在的。所以$\Gamma_{\mathrm{I}}^{\omega}[\mathrm{V}_{\mathfrak{T}}]=\emptyset$。证毕。

现在建立 **IFS** 理论与直觉主义修正语义学之间的核心结论：**IFS** 可将直觉主义修正语义学公理化至第一个极限序数ω。

定义 10.25(IFS 的子理论)　**IFS** 的子理论 $\mathbf{IFS}_n$ 定义如下：

$\mathbf{IFS}_0=\mathbf{HAT}$；

$\mathbf{IFS}_1$ 是由 **IFS** 的所有公理及 **HAT** 的整体反射原理组成；

$\mathbf{IFS}_{n+1}$ 的公理与规则同 **IFS** 并无差别，但是在形式证明中只允许 NEC 规则和 CONEC 规则最多应用于n个不同的语句。

定理 10.26　如果令$\mathcal{K}$是 **HA** 的算术标准模型，Γ_{I}是直觉主义修正算子，那么$\forall n\in\mathbb{N}$，下面的等值式成立：

$$\mathfrak{T}\in\Gamma_{\mathrm{I}}^{n}[\mathrm{V}_{\mathfrak{T}}]\Leftrightarrow\langle\mathcal{K},\ \mathfrak{T}\rangle\vDash\mathbf{IFS}_n。$$

证明　可通过施归纳于n来证明。归纳基始分为两种子情形。

当$n=0$ 时。$\Gamma_{\mathrm{I}}^{0}[\mathrm{V}_{\mathfrak{T}}]=\mathrm{V}_{\mathfrak{T}}$，$\mathbf{IFS}_0=\mathbf{HAT}$。已知$\mathcal{K}$是 **HA** 的标准模型，并且 **HAT** 中没有真公理，所以 **HAT** 的真谓词不受任何限制，因而 $\mathrm{V}_{\mathfrak{T}}$ 中的任何$\mathfrak{T}$赋值函数都是对 **HAT** 真谓词的恰当解释；反过来，在每个结点 k 上任意指派$\mathbb{N}$的一个子集S，只要这些S满足条件：$\forall k\,\forall k'(k\leqslant k'\rightarrow S\subseteq S')$，就可以构成一个$\mathfrak{T}$赋值函数，并且由此形成的$\langle\mathcal{K},\ \mathfrak{T}\rangle$一定是 **HAT** 的模型，而 $\mathrm{V}_{\mathfrak{T}}$ 又是所有赋值函数的集合，所以必定有$\mathfrak{T}\in\Gamma_{\mathrm{I}}^{0}[\mathrm{V}_{\mathfrak{T}}]$。此种情形得证。

当$n=1$ 时。先证明$\mathfrak{T}\in\Gamma_{\mathrm{I}}^{1}[\mathrm{V}_{\mathfrak{T}}]\Rightarrow\langle\mathcal{K},\ \mathfrak{T}\rangle\vDash\mathbf{IFS}_1$。$\forall\,\mathfrak{T}\in\Gamma_{\mathrm{I}}^{1}[\mathrm{V}_{\mathfrak{T}}]$，可通过施归纳于 $\mathbf{IFS}_1$ 证明的长度。只需验证$\langle\mathcal{K},\ \mathfrak{T}\rangle$满足 $\mathbf{IFS}_1$ 的真公理和 **HAT** 的整体反射原理。注意，因为$\mathfrak{T}\in\Gamma_{\mathrm{I}}^{1}[\mathrm{V}_{\mathfrak{T}}]$，所以存在$\mathfrak{T}'\in\Gamma_{\mathrm{I}}^{0}[\mathrm{V}_{\mathfrak{T}}]$，使得$\Gamma_{\mathrm{I}}(\mathfrak{T}')=\mathfrak{T}$。

IFS1 的验证与定理 9.4 的证明过程类似，此处从略。

验证 IFS2，对任意的结点 $k\in K$，

$\langle\mathcal{K},\ \mathfrak{T}\rangle[k]\Vdash\mathrm{T}\ulcorner\neg\varphi\urcorner$

$\Leftrightarrow\ulcorner\neg\varphi\urcorner\in[\Gamma_{\mathrm{I}}(\mathfrak{T}')](k)$　　（对谓词 T 的解释）

$\Leftrightarrow\langle\mathcal{K},\ \mathfrak{T}'\rangle[k]\Vdash\neg\varphi$　　（定义 10.18）

$\Leftrightarrow \forall k' \geqslant k$，$\langle \mathcal{K}, \mathfrak{T}' \rangle [k'] \nVdash \varphi$ （¬的定义）

$\Leftrightarrow \forall k' \geqslant k$，$\ulcorner \varphi \urcorner \notin [\Gamma_{\mathrm{I}}(\mathfrak{T}')](k')$ （定义 10.18）

$\Leftrightarrow \forall k' \geqslant k$，$\langle \mathcal{K}, \mathfrak{T} \rangle [k'] \nVdash \mathrm{T} \ulcorner \varphi \urcorner$ （对谓词 T 的解释）

$\Leftrightarrow \langle \mathcal{K}, \mathfrak{T} \rangle [k] \Vdash \neg \mathrm{T} \ulcorner \varphi \urcorner$。 （¬的定义）

其余联结词和量词真公理均可类似验证。现在说明$\langle \mathcal{K}, \mathfrak{T} \rangle$满足 **HAT** 的整体反射原理 HAT-Ref(其内容参见引理 10.11)。因为已经证明了$\langle \mathcal{K}, \mathfrak{T}' \rangle \vDash$**HAT**，所以根据定义 10.18，对于任意结点 $k \in K$，**HAT** 的所有可证语句的哥德尔编码都在$[\Gamma_{\mathrm{I}}(\mathfrak{T}')](k)$中，因而都能为真谓词作用。

再证明$\langle \mathcal{K}, \mathfrak{T} \rangle \vDash \mathbf{IFS}_1 \Rightarrow \mathfrak{T} \in \Gamma_{\mathrm{I}}^1 [\mathrm{V}_{\mathfrak{T}}]$。要证明$\mathfrak{T} \in \Gamma_{\mathrm{I}}^1 [\mathrm{V}_{\mathfrak{T}}]$，也就是要找到一个$\mathfrak{T}' \in \Gamma_{\mathrm{I}}^0 [\mathrm{V}_{\mathfrak{T}}]$，并证明$\Gamma_{\mathrm{I}}(\mathfrak{T}') = \mathfrak{T}$。现在构造一个函数，使得$\forall k \in K$，

$$\mathfrak{T}'(k) = \{ \ulcorner \varphi \urcorner \mid \ulcorner \mathrm{T} \ulcorner \varphi \urcorner \urcorner \in \mathfrak{T}(k) \}，其中\varphi是\mathcal{L}_{\mathrm{T}}语句。$$

很明显，$\mathfrak{T}' \in \Gamma_{\mathrm{I}}^0 [\mathrm{V}_{\mathfrak{T}}]$，现在证明$\Gamma_{\mathrm{I}}(\mathfrak{T}') = \mathfrak{T}$。可以通过对二者中的语句(确切地说，是其元素所编码的语句)的复杂度进行归纳来证明。

对于原子语句 $\mathrm{T} \ulcorner \varphi \urcorner$ 的情形：

$\ulcorner \mathrm{T} \ulcorner \varphi \urcorner \urcorner \in \mathfrak{T}(k)$

$\Leftrightarrow \ulcorner \varphi \urcorner \in \mathfrak{T}'(k)$ （$\mathfrak{T}'(k)$的定义）

$\Leftrightarrow \langle \mathcal{K}, \mathfrak{T}' \rangle [k] \Vdash \mathrm{T} \ulcorner \varphi \urcorner$ （对谓词 T 的解释）

$\Leftrightarrow \ulcorner \mathrm{T} \ulcorner \varphi \urcorner \urcorner \in [\Gamma_i(\mathfrak{T}')](k)$。 （定义 10.18）

对于复合语句$\neg\varphi$的情形：

$\ulcorner \neg \varphi \urcorner \in \mathfrak{T}(k)$

$\Leftrightarrow \langle \mathcal{K}, \mathfrak{T} \rangle [k] \Vdash \mathrm{T} \ulcorner \neg \varphi \urcorner$ （对谓词 T 的解释）

$\Leftrightarrow \langle \mathcal{K}, \mathfrak{T} \rangle [k] \Vdash \neg \mathrm{T} \ulcorner \varphi \urcorner$ （公理 IFS2）

$\Leftrightarrow \forall k' \geqslant k$，$\langle \mathcal{K}, \mathfrak{T} \rangle [k'] \nVdash \mathrm{T} \ulcorner \varphi \urcorner$ （¬的定义）

$\Leftrightarrow \forall k' \geqslant k$，$\ulcorner \varphi \urcorner \notin \mathfrak{T}(k')$ （对谓词 T 的解释）

$\Leftrightarrow \forall k' \geqslant k, \ulcorner\varphi\urcorner \notin [\Gamma_{\mathrm{I}}(\mathfrak{T}')](k')$　　（归纳假设）

$\Leftrightarrow \forall k' \geqslant k, \langle\mathcal{K}, \Gamma_{\mathrm{I}}(\mathfrak{T}')\rangle[k'] \nVdash \mathrm{T}\ulcorner\varphi\urcorner$　　（对谓词 T 的解释）

$\Leftrightarrow \langle\mathcal{K}, \Gamma_{\mathrm{I}}(\mathfrak{T}')\rangle[k] \Vdash \neg\mathrm{T}\ulcorner\varphi\urcorner$　　（¬的定义）

$\Leftrightarrow \langle\mathcal{K}, \Gamma_{\mathrm{I}}(\mathfrak{T}')\rangle[k] \Vdash \mathrm{T}\ulcorner\neg\varphi\urcorner$　　（公理 IFS2）

$\Leftrightarrow \ulcorner\neg\varphi\urcorner \in [\Gamma_{\mathrm{I}}(\mathfrak{T}')](k)$。　　（对谓词 T 的解释）

其余联结词和量词的情形类似可证，从而证明$\Gamma_{\mathrm{I}}(\mathfrak{T}')=\mathfrak{T}$。

归纳步骤：假设当$n\leqslant k$时都成立，现在证明$n=k+1$。同样分两个方向：

先证明从左到右：即假设$\mathfrak{T}\in\Gamma_{\mathrm{I}}^{k+1}[\mathrm{V}_{\mathfrak{T}}]$，证明$\langle\mathcal{K}, \mathfrak{T}\rangle\vDash\mathbf{IFS}_{k+1}$。由$\Gamma_i$的反序性可知，$\mathfrak{T}\in\Gamma_{\mathrm{I}}^{k}[\mathrm{V}_{\mathfrak{T}}]$，所以根据归纳假设，$\langle\mathcal{K}, \mathfrak{T}\rangle$是 $\mathbf{IFS}_k$ 的模型，故而只需证明在 $\mathbf{IFS}_k$ 中多使用一次 NEC 规则和 CONEC 规则可以保持$\langle\mathcal{K}, \mathfrak{T}\rangle$是模型。又因为$\mathfrak{T}\in\Gamma_{\mathrm{I}}^{k+1}[\mathrm{V}_{\mathfrak{T}}]$，所以存在某个$\mathfrak{T}'\in\Gamma_{\mathrm{I}}^{k}[\mathrm{V}_{\mathfrak{T}}]$，使得$\Gamma_{\mathrm{I}}(\mathfrak{T}')=\mathfrak{T}$。

假设多使用一次 NEC 规则：

$\mathbf{IFS}_k\vdash\varphi$

$\Rightarrow\langle\mathcal{K}, \mathfrak{T}'\rangle\vDash\varphi$　　（归纳假设并且$\mathfrak{T}'\in\Gamma_{\mathrm{I}}^{k}[\mathrm{V}_{\mathfrak{T}}]$）

$\Rightarrow\forall k\in K, \langle\mathcal{K}, \mathfrak{T}'\rangle[k]\Vdash\varphi$　　（⊨的定义）

$\Rightarrow\forall k\in K, \langle\mathcal{K}, \Gamma_{\mathrm{I}}(\mathfrak{T}')\rangle[k]\Vdash\mathrm{T}\ulcorner\varphi\urcorner$　　（引理 10.19）

$\Rightarrow\langle\mathcal{K}, \Gamma_{\mathrm{I}}(\mathfrak{T}')\rangle\vDash\mathrm{T}\ulcorner\varphi\urcorner$　　（⊨的定义）

$\Rightarrow\langle\mathcal{K}, \mathfrak{T}'\rangle\vDash\mathrm{T}\ulcorner\varphi\urcorner$。　　（$\Gamma_{\mathrm{I}}(\mathfrak{T}')=\mathfrak{T}$）

假设多使用一次 CONEC 规则：

$\mathbf{IFS}_k\vdash\mathrm{T}\ulcorner\varphi\urcorner$

$\Rightarrow\mathfrak{T}'\in\Gamma_{\mathrm{I}}^{k}[\mathrm{V}_{\mathfrak{T}}], \langle\mathcal{K}, \mathfrak{T}'\rangle\vDash\mathrm{T}\ulcorner\varphi\urcorner$　　（归纳假设）

$\Rightarrow\mathfrak{T}'\in\Gamma_{\mathrm{I}}^{k}[\mathrm{V}_{\mathfrak{T}}], \forall k\in K, \langle\mathcal{K}, \mathfrak{T}'\rangle[k]\Vdash\mathrm{T}\ulcorner\varphi\urcorner$　　（⊨的定义）

$\Rightarrow\mathfrak{T}'\in\Gamma_{\mathrm{I}}^{k-1}[\mathrm{V}_{\mathfrak{T}}], \forall k\in K, \langle\mathcal{K}, \mathfrak{T}'\rangle[k]\Vdash\mathrm{T}\ulcorner\varphi\urcorner$　　（Γ_{I}的反序性）

$\Rightarrow\mathfrak{T}'\in\Gamma_{\mathrm{I}}^{k-1}[\mathrm{V}_{\mathfrak{T}}], \forall k\in K, \langle\mathcal{K}, \mathfrak{T}'\rangle[k]\Vdash\varphi$　　（引理 10.19）

$\Rightarrow \mathfrak{T}' \in \Gamma_{\mathrm{I}}^{k}[\mathrm{V}_{\mathfrak{T}}]$，$\forall k \in K$，$\langle \mathcal{K}, \mathfrak{T}' \rangle[k] \Vdash \varphi$ （由上一步）

$\Rightarrow \mathfrak{T}' \in \Gamma_{\mathrm{I}}^{k}[\mathrm{V}_{\mathfrak{T}}]$，$\langle \mathcal{K}, \mathfrak{T}' \rangle \vDash \varphi$ （$\vDash$的定义）

$\Rightarrow \langle \mathcal{K}, \mathfrak{T} \rangle \vDash \varphi$。 （$\mathfrak{T} \in \Gamma_{\mathrm{I}}^{k}[\mathrm{V}_{\mathfrak{T}}]$）

需要注意的是，在上述推理中，赋值函数$\mathfrak{T}''$具有任意性，并且它既属于$\Gamma_{\mathrm{I}}^{k}[\mathrm{V}_{\mathfrak{T}}]$，又属于$\Gamma_{\mathrm{I}}^{k-1}[\mathrm{V}_{\mathfrak{T}}]$。所以最后找到的$\mathfrak{T}$也是既属于$\Gamma_{\mathrm{I}}^{k+1}[\mathrm{V}_{\mathfrak{T}}]$，又属于$\Gamma_{\mathrm{I}}^{k}[\mathrm{V}_{\mathfrak{T}}]$。

再证明从右到左：假设$\langle \mathcal{K}, \mathfrak{T} \rangle \vDash \mathbf{IFS}_{k+1}$，并构造一个赋值函数$\mathfrak{T}'$，使得$\forall k \in K$，

$$\mathfrak{T}'(k) = \{\ulcorner \varphi \urcorner \mid \ulcorner \mathrm{T} \ulcorner \varphi \urcorner \urcorner \in \mathfrak{T}(k)，\text{其中}\varphi\text{是}\mathcal{L}_{\mathrm{T}}\text{语句}\}。$$

由情形$n=1$的证明可知，$\Gamma_{\mathrm{I}}(\mathfrak{T}') = \mathfrak{T}$。现在只需证明$\mathfrak{T}' \in \Gamma_{\mathrm{I}}^{k}[\mathrm{V}_{\mathfrak{T}}]$，根据归纳假设也就是要证明$\langle \mathcal{K}, \mathfrak{T}' \rangle \vDash \mathbf{IFS}_{k}$。

不难知道，对任意$\mathcal{L}_{\mathrm{T}}$语句φ，如果$\mathbf{IFS}_{k} \vdash \varphi$，那么只需对$\varphi$再使用一次 NEC 规则即可推出 $\mathrm{T}\ulcorner \varphi \urcorner$，也即 $\mathbf{IFS}_{k+1} \vdash \mathrm{T}\ulcorner \varphi \urcorner$。于是根据假设就有$\langle \mathcal{K}, \mathfrak{T} \rangle \vDash \mathrm{T}\ulcorner \varphi \urcorner$。又因为已证$\Gamma_{\mathrm{I}}(\mathfrak{T}') = \mathfrak{T}$，所以$\langle \mathcal{K}, \Gamma_{\mathrm{I}}(\mathfrak{T}') \rangle \vDash \mathrm{T}\ulcorner \varphi \urcorner$。再根据引理 10.19 即可推出，$\langle \mathcal{K}, \mathfrak{T}' \rangle \vDash \varphi$。从而证明$\langle \mathcal{K}, \mathfrak{T}' \rangle \vDash \mathbf{IFS}_{k}$。证毕。

定理 10.26 表明，**IFS** 的任意子理论 $\mathbf{IFS}_{n}$ 都具有基于$\mathcal{K}$的算术标准模型，因而它们都是相容且算术可靠的。

推论 10.27 **IFS** 是相容的。

证明 对任意$\mathcal{L}_{\mathrm{T}}$语句φ，如果 $\mathbf{IFS} \vdash \varphi$，那么在对$\varphi$的证明中必定只包含有穷多次 NEC 规则和 CONEC 规则，也就是存在某个子理论 $\mathbf{IFS}_{n} \vdash \varphi$。根据定理 10.26 可知，任意 $\mathbf{IFS}_{n}$ 都是相容的。证毕。

§ 10.3 对 IFS 的进一步研究

推论 10.27 说明了 **IFS** 的相容性，深化了定理 10.9 所证明的相对相容性。

因为定理 10.24 表明，当Γ_i通过极限序数次迭代应用之后，已经不存在恰当的$\mathfrak{T}$赋值函数，所以 **IFS** 不能证明涉及谓词 T 超穷迭代的语句。也就是说，**IFS** 本身没有基于$\mathcal{K}$的算术标准模型。这与经典的 **FS** 理论的结论是相同的。本节将对 **IFS** 的其他性质做进一步探讨。

定义 10.28（ω-不相容性）　算术理论 **S** 是ω-不相容的，当且仅当存在一个公式$\varphi(x)$使得

1. $\mathbf{S}\vdash\neg\forall x\varphi(x)$；

2. $\forall n\in\mathbb{N}$，都有 $\mathbf{S}\vdash\varphi(\bar{n})$。

定理 10.29　**IFS** 是ω-不相容的。

证明　定义一个原始递归函数$f=(n,\varphi)$，参见引理 10.23。根据引理 10.4，

$$\mathbf{HAT}\vdash\lambda\leftrightarrow\exists x\neg\mathrm{T}\underset{\cdot}{f}(\dot{x},\ulcorner\lambda\urcorner)。\qquad(10\text{-}11)$$

现在建立如下 **IFS** 推理一。

$\mathbf{IFS}\vdash\exists x\neg\mathrm{T}\underset{\cdot}{f}(\dot{x},\ulcorner\lambda\urcorner)\rightarrow\lambda$；　（根据式(10-11)）

$\mathbf{IFS}\vdash\neg\lambda\rightarrow\neg\exists x\neg\mathrm{T}\underset{\cdot}{f}(\dot{x},\ulcorner\lambda\urcorner)$；　（**IQC** 可证）

$\mathbf{IFS}\vdash\neg\lambda\rightarrow\forall x\neg\neg\mathrm{T}\underset{\cdot}{f}(\dot{x},\ulcorner\lambda\urcorner)$；　（**IQC** 可证）

$\mathbf{IFS}\vdash\neg\lambda\rightarrow\forall x\neg\neg\mathrm{T}^{x+1}\ulcorner\lambda\urcorner$；　（函数$f$的定义）

$\mathbf{IFS}\vdash\neg\lambda\rightarrow\forall x\neg\mathrm{T}^{x+1}\ulcorner\neg\lambda\urcorner$；　（施归纳于公 IFS2）

$\mathbf{IFS}\vdash\neg\lambda\rightarrow\forall x\neg\mathrm{T}\underset{\cdot}{f}(\dot{x},\ulcorner\neg\lambda\urcorner)$；　（函数$f$的定义）

$\mathbf{IFS}\vdash\neg\lambda\rightarrow\neg\mathrm{T}\ulcorner\neg\lambda\urcorner$。　（令$x=\mathbf{0}$）

此外，还可建立如下 **IFS** 推理二。

$\mathbf{IFS}\vdash\lambda\rightarrow\exists x\neg\mathrm{T}\underset{\cdot}{f}(\dot{x},\ulcorner\lambda\urcorner)$；　（根据式(10-11)）

$\mathbf{IFS}\vdash\mathrm{T}\ulcorner\lambda\rightarrow\exists x\neg\mathrm{T}\underset{\cdot}{f}(\dot{x},\ulcorner\lambda\urcorner)\urcorner$；　（NEC 规则）

$\mathbf{IFS}\vdash\mathrm{T}\ulcorner\lambda\urcorner\rightarrow\mathrm{T}\ulcorner\exists x\neg\mathrm{T}\underset{\cdot}{f}(\dot{x},\ulcorner\lambda\urcorner)\urcorner$；　（公理 IFS5）

$\mathbf{IFS}\vdash\mathrm{T}\ulcorner\lambda\urcorner\rightarrow\exists x\mathrm{T}\ulcorner\neg\mathrm{T}\underset{\cdot}{f}(\dot{x},\ulcorner\lambda\urcorner)\urcorner$；　（公理 IFS7）

IFS $\vdash \mathrm{T}\ulcorner\lambda\urcorner \to \exists x \neg \mathrm{T}\underset{\cdot}{\mathrm{T}}\underset{\cdot}{f}(\dot{x}, \ulcorner\lambda\urcorner)$； （公理 IFS2）

IFS $\vdash \mathrm{T}\ulcorner\lambda\urcorner \to \exists x \neg \mathrm{T}\underset{\cdot}{f}(\dot{x}+1, \ulcorner\lambda\urcorner)$； （函数$f$的定义）

IFS $\vdash \mathrm{T}\ulcorner\lambda\urcorner \to \exists x \neg \mathrm{T}\underset{\cdot}{f}(\dot{x}, \ulcorner\lambda\urcorner)$； （由上一步）

IFS $\vdash \mathrm{T}\ulcorner\lambda\urcorner \to \lambda$； （由上一步）

IFS $\vdash \neg\lambda \to \neg\mathrm{T}\ulcorner\lambda\urcorner$； （**IQC** 可证）

IFS $\vdash \neg\lambda \to \mathrm{T}\ulcorner\neg\lambda\urcorner$。 （公理 IFS2）

推理一与推理二相结合就得到

IFS $\vdash (\neg\lambda \to \mathrm{T}\ulcorner\neg\lambda\urcorner) \to ((\neg\lambda \to \neg\mathrm{T}\ulcorner\neg\lambda\urcorner) \to \neg\neg\lambda)$； （公理 Ax10）

IFS $\vdash \neg\neg\lambda$； （由上一步，并记为式(10-12)）

IFS $\vdash \neg\neg\exists x \neg \mathrm{T}\underset{\cdot}{f}(\dot{x}, \ulcorner\lambda\urcorner)$； （根据式(10-11)）

IFS $\vdash \neg\forall x \neg\neg \mathrm{T}\underset{\cdot}{f}(\dot{x}, \ulcorner\lambda\urcorner)$； （**IQC** 可证）

IFS $\vdash \neg\forall x \mathrm{T}\underset{\cdot}{f}(\dot{x}, \ulcorner\neg\neg\lambda\urcorner)$。 （施归纳于公理 IFS2 并记为式(10-13)）

如果不断地对(10-12)使用 NEC 规则，则不难得到如下无穷序列

IFS $\vdash \mathrm{T}\ulcorner\neg\neg\lambda\urcorner \quad \Rightarrow \quad$ **IFS** $\vdash \mathrm{T}\underset{\cdot}{f}(\mathbf{0}, \ulcorner\neg\neg\lambda\urcorner)$；

IFS $\vdash \mathrm{T}\ulcorner\mathrm{T}\underset{\cdot}{f}(\mathbf{0}, \ulcorner\neg\neg\lambda\urcorner)\urcorner \quad \Rightarrow \quad$ **IFS** $\vdash \mathrm{T}\underset{\cdot}{f}(\overline{1}, \ulcorner\neg\neg\lambda\urcorner)$；

IFS $\vdash \mathrm{T}\ulcorner\mathrm{T}\underset{\cdot}{f}(\overline{1}, \ulcorner\neg\neg\lambda\urcorner)\urcorner \quad \Rightarrow \quad$ **IFS** $\vdash \mathrm{T}\underset{\cdot}{f}(\overline{2}, \ulcorner\neg\neg\lambda\urcorner)$；

… …

这也就能说明，$\forall n \in \mathbb{N}$，都有 **IFS** $\vdash \mathrm{T}\underset{\cdot}{f}(\overline{n}, \ulcorner\neg\neg\lambda\urcorner)$。将其与式(10-13)结合，即可证明 **IFS** 的ω-不相容性。证毕。

定理 10.30 对任意的$\mathcal{L}_{\mathrm{HA}}$语句$\varphi$，如果 **IFS** $\vdash\varphi$，那么$\mathcal{K}\vDash\varphi$。

证明 如果 **IFS** $\vdash\varphi$，那么必定存在某个 $\mathbf{IFS}_n \vdash \varphi$，由定理 10.26，也就存在某个$\mathfrak{T} \in \Gamma_{\mathrm{I}}^{n}[\mathrm{V}_{\mathfrak{T}}]$，使得$\langle\mathcal{K}, \mathfrak{T}\rangle \vDash \varphi$。因为$\varphi$不含真谓词，所以无论$\mathfrak{T}$怎样为每个结点 k 指派$\mathbb{N}$的子集，都不会影响$\langle\mathcal{K}, \mathfrak{T}\rangle \vDash \varphi$，从而有$\mathcal{K}\vDash\varphi$。证毕。

定理 10.30 表明，尽管 **IFS** 是ω-不相容的，尽管它没有算术标准模型，但它在算术上仍然是可靠的，即 **IFS** 只能证明 **HA** 的算术标准模型可以满足的算

术语句。此外，作为一种无类型的真理论，说谎者悖论在 **IFS** 中是可以避免的。

首先需要考虑的问题是，在 **IFS** 中，说谎者语句是什么？因为说谎者悖论是一种语义悖论，而公理化真理论是语形真理论，所以要使公理化真理论具备讨论说谎者悖论的能力，就必须要在公理化真理论中找到对说谎者语句的特殊表达形式。根据引理 10.4，对于公式$\neg \mathrm{T}(x)$，必定存在某个$\mathcal{L}_{\mathrm{T}}$语句γ，使得$\gamma \leftrightarrow \neg \mathrm{T}\ulcorner\gamma\urcorner$是能够为 **HAT** 证明的。因为$\gamma$等值于$\neg \mathrm{T}\ulcorner\gamma\urcorner$，所以$\gamma$的直观含义便是：$\gamma$不是真的。很明显，这个$\gamma$就是一种特殊的说谎者语句。

定义 10.31（说谎者语句）　如下定义的$\mathcal{L}_{\mathrm{T}}$语句γ是一个说谎者语句

$$\gamma :\equiv \neg \mathrm{T}\ulcorner\gamma\urcorner 。$$

引理 10.32　**IFS** $\vdash \gamma \leftrightarrow \neg \mathrm{T}\ulcorner\gamma\urcorner$。

证明　因为 **HAT** 是 **IFS** 的子理论，而已知 **HAT** $\vdash \gamma \leftrightarrow \neg \mathrm{T}\ulcorner\gamma\urcorner$，所以不难证明，**IFS** $\vdash \gamma \leftrightarrow \neg \mathrm{T}\ulcorner\gamma\urcorner$。证毕。

定理 10.33　**IFS** $\nvdash \gamma$，并且 **IFS** $\nvdash \neg\gamma$。

证明　假设 **IFS** $\vdash \gamma$，由 NEC 规则可推出 **IFS** $\vdash \mathrm{T}\ulcorner\gamma\urcorner$，又由引理 10.32 可知 **IFS** $\vdash \neg \mathrm{T}\ulcorner\gamma\urcorner$，矛盾。因此，**IFS** $\nvdash \gamma$。同理可证，**IFS** $\nvdash \neg\gamma$。证毕。

最后，简要地讨论 **IFS** 在数学强度方面的性质。

定理 10.34　**IFS** 并非 **HA** 之上保守的。

证明　根据定理 10.2，**SICT** 是 **IFSN** 的子理论。并且由定义 10.7 可知，**IFSN** 是 **IFS** 的子理论。所以，**SICT** 是 **IFS** 的子理论。而推论 9.23 已经证明 **SICT** 不是 **HA** 之上保守的，因而 **IFS** 也不是 **HA** 之上保守的。证毕。

说明 **IFS** 的不保守性是很容易的，但是若要具体给出它的数学强度却比较麻烦。在经典理论中，除 **DT** 和 **CT** 是直接找到了与之等价的算术理论外，其他理论的数学强度大都是通过与“中介工具”进行比较来间接确定。这个“中介工具”就是类型迭代塔尔斯基组合理论 $\mathbf{RT}_{<\alpha}$。

定义 10.35（$\mathcal{L}_{\alpha}$）　对任意的序数α，形式语言$\mathcal{L}_{\alpha}$是在$\mathcal{L}_{\mathrm{HA}}$的基础上添加$\alpha$个不同层次的谓词 T 而得到，也即$\mathcal{L}_{\alpha}=\mathcal{L}_{\mathrm{HA}} \cup \{\mathrm{T}_0, \mathrm{T}_1, \cdots, \mathrm{T}_{\alpha-1}\}$。

很明显，根据定义，当$\alpha=1$时，$\mathcal{L}_1$即为$\mathcal{L}_T$。尚需注意的是，这里的α并非绝对任意。因为$\mathcal{L}_\alpha$中的所有符号都需要以自然数来进行编码，并且自然数的集合与序数的类之间不可能建立一一对应，所以这里的α事实上是有上限的。哈尔巴赫指出，α的上限是 Feferman-Schütte 序数 Γ_0。①因此，更确切地说，定义 10.35 中的α应是小于或等于 Γ_0 的任意序数。

定义 10.36（$\mathbf{IRT}_{<\alpha}$） 对任意的序数$\alpha\leqslant\Gamma_0$，直觉主义的类型迭代塔尔斯基组合理论 $\mathbf{IRT}_{<\alpha}$ 是以$\mathcal{L}_\alpha$为形式语言，通过在算术理论 **HAT** 的基础上添加下列真公理而得到，其中$\delta<\beta<\alpha$。

$\mathrm{RT1}_\beta$：$\forall x(\mathrm{AtSent_{HA}}(x)\rightarrow(\mathrm{T}_\beta(x)\leftrightarrow\mathrm{Val}^+(x)))$；

$\mathrm{RT2}_\beta$：$\forall x(\mathrm{Sent}_\beta(x)\rightarrow(\mathrm{T}_\beta(\dot{\neg}x)\leftrightarrow\neg\mathrm{T}_\beta(x)))$；

$\mathrm{RT3}_\beta$：$\forall x\forall y(\mathrm{Sent}_\beta(x\dot{\wedge}y)\rightarrow(\mathrm{T}_\beta(x\dot{\wedge}y)\leftrightarrow\mathrm{T}_\beta(x)\wedge\mathrm{T}_\beta(y)))$；

$\mathrm{RT4}_\beta$：$\forall x\forall y(\mathrm{Sent}_\beta(x\dot{\vee}y)\rightarrow(\mathrm{T}_\beta(x\dot{\vee}y)\leftrightarrow\mathrm{T}_\beta(x)\vee\mathrm{T}_\beta(y)))$；

$\mathrm{RT5}_\beta$：$\forall x\forall y(\mathrm{Sent}_\beta(x\dot{\rightarrow}y)\rightarrow(\mathrm{T}_\beta(x\dot{\rightarrow}y)\leftrightarrow(\mathrm{T}_\beta(x)\rightarrow\mathrm{T}_\beta(y))))$；

$\mathrm{RT6}_\beta$：$\forall v\forall x(\mathrm{Sent}_\beta(\dot{\forall}vx)\rightarrow(\mathrm{T}_\beta(\dot{\forall}vx)\leftrightarrow\forall t\mathrm{T}_\beta(x(t/v))))$；

$\mathrm{RT7}_\beta$：$\forall v\forall x(\mathrm{Sent}_\beta(\dot{\exists}vx)\rightarrow(\mathrm{T}_\beta(\dot{\exists}vx)\leftrightarrow\exists t\mathrm{T}_\beta(x(t/v))))$；

$\mathrm{RT8}_\beta$：$\forall t(\mathrm{Sent}_\beta(t)\rightarrow(\mathrm{T}_\beta\ulcorner\mathrm{T}_\delta\,t\urcorner\leftrightarrow\mathrm{T}_\delta\,t))$；

$\mathrm{RT9}_\beta$：$\forall t\forall\sigma<\beta(\mathrm{Sent}_\sigma(t)\rightarrow(\mathrm{T}_\beta\ulcorner\mathrm{T}_\sigma\,t\urcorner\leftrightarrow\mathrm{T}_\beta\,t))$。

在以上各公理中，$\mathrm{Sent}_\beta(x)$表示x是$\mathcal{L}_\beta$语句的哥德尔编码的数字。并且由定义不难看出，$\mathrm{RT}n_\beta$ 并不只是单独的一条公理，而是一族公理。所以，$\mathbf{IRT}_{<\alpha}$ 也不是一个单独的理论，而是一系列理论的嵌套。特别地，当$\beta=0$时，即当$\alpha=1$时，$\mathbf{IRT}_0$（即 $\mathbf{IRT}_{<1}$）就是 **SICT**。和先前一样，$\mathbf{IRT}_{<\alpha}$ 与 $\mathbf{RT}_{<\alpha}$ 的区别只在于逻辑基础。

定义 10.37（$\mathcal{L}^2_\alpha$） 对任意的序数α，形式语言$\mathcal{L}^2_\alpha$ 是在$\mathcal{L}_{\mathrm{HA}}$的基础上添加$\alpha$组不同层次的二阶变元符号以及二元隶属关系符号$\in$而得到。也即

① V. Halbach. *Axiomatic Theories of Truth*. Cambridge: Cambridge University Press，2014，p. 112.

$\mathcal{L}_\alpha^2=\mathcal{L}_{\mathrm{HA}}\cup\{\in\}\cup\{X_0, Y_0, Z_0, \cdots\}\cup\cdots\cup\{X_{\alpha-1}, Y_{\alpha-1}, Z_{\alpha-1}, \cdots\}$。

很明显，当$\alpha=1$时，$\mathcal{L}_1^2$ 即为定义 9.28 所给出的$\mathcal{L}_2$。此外，由于不需要以自然数对$\mathcal{L}_\alpha^2$ 中的符号进行编码，所以定义 10.37 中的序数α也不需要限制为小于或等于 Γ_0。有了$\mathcal{L}_\alpha^2$，便可以定义出直觉主义的迭代算术概括理论 $\mathbf{IACA}_{<\alpha}$：

定义 10.38（$\mathbf{IACA}_{<\alpha}$）对任意的序数α，直觉主义的迭代算术概括理论 $\mathbf{IACA}_{<\alpha}$ 是以$\mathcal{L}_\alpha^2$ 为形式语言，允许 **HA** 的归纳公理模式适用于$\mathcal{L}_\alpha^2$ 的所有公式，并向 **HA** 中添加如下算术概括公理模式而得到，其中$\delta<\beta<\alpha$。

$$\mathrm{WCA}_\beta:\ \exists X_\beta \forall y(y\in X_\beta \leftrightarrow\varphi(y)),$$

其中，$\varphi(y)$不包含X_β的自由出现，并且不包含任何与X_β同层次的二阶约束变元，但允许出现与X_β同层次的二阶参数，同时允许出现与X_δ同层次的二阶约束变元。

如果将外逻辑增强为经典逻辑，那么 $\mathbf{IACA}_{<\alpha}$ 就变为经典的迭代算术概括理论 $\mathbf{ACA}_{<\alpha}$。已经知道，$\mathbf{RT}_{<1}$(即 **CT**)的数学强度等价于 $\mathbf{ACA}_{<1}$。至于更高的层次，费弗曼证明，对任意序数$\alpha\leqslant\Gamma_0$，$\mathbf{RT}_{<\alpha}$ 的数学强度等价于 $\mathbf{ACA}_{<\alpha}$。①正是由于这一结论，哈尔巴赫才将 $\mathbf{RT}_{<\alpha}$ 当作了测评无类型公理化真理论的数学强度的“中介工具”。其证明思路是：对任意无类型公理化真理论 **Tr**，如果能够找到某个α层次的 $\mathbf{RT}_{<\alpha}$，使得 **Tr** 与 $\mathbf{RT}_{<\alpha}$ 可以相互解释，那么就能通过 $\mathbf{RT}_{<\alpha}$ 间接地确定 **Tr** 的数学强度为 $\mathbf{ACA}_{<\alpha}$。根据这种思路，哈尔巴赫成功地证明了经典的 **FS** 理论的数学强度等价于 $\mathbf{ACA}_{<\omega}$。

对于 **IFS** 也可做类似的讨论。通过定理 9.33、事实 9.36 及定理 9.38，说明了 **SICT** 的数学强度是：**IACA** $\subset$**SICT** $\subset$**ACA**。那么如果对三者同时进行迭代，也应当能够证明，对任意的序数$\alpha\leqslant\Gamma_0$，都有 $\mathbf{IACA}_{<\alpha}\subset\mathbf{SICT}_{<\alpha}\subset\mathbf{ACA}_{<\alpha}$。因为哈尔巴赫在证明 **FS** 与 $\mathbf{RT}_{<\omega}$ 可以相互解释时，并没有使用直觉主义逻辑无效的推理条件，所以可将哈尔巴赫的证明直接转变为 **IFS** 与 $\mathbf{RT}_{<\omega}$ 可以相互解

---

① S. Feferman. Reflecting on Incompleteness. *The Journal of Symbolic Logic,* 1991, 56(1): 17-18.

释的证明。①因此，**IFS** 的数学强度为

$$\mathbf{IACA}_{<\omega}\subset\mathbf{IFS}\subset\mathbf{ACA}_{<\omega}。$$

综上所述，**IFS** 基本保持了 **FS** 的主要性质，这说明 **FS** 的确是一种比较稳定的公理化真理论，其结论并不依赖经典逻辑。

但是，使 **FS** 最饱受争议的地方还是在于它的ω-不相容性，虽然它并不等同于 **FS** 自身的不相容，但是作为一种真理论，这是很难让人接受的。因为 **FS** 是ω-不相容的，也就意味着 **FS** 不适合 **PA** 的标准解释。这就说明当真谓词被添加到 **PA** 后，彻底改变了 **PA** 原有的意义。现在看来，这项不足与逻辑基础无关。

霍斯顿认为，任何能够用以证明 **FS** 的ω-不相容性的公式都关乎谓词 T。②而我们也注意到，无论是 **FS** 还是 **IFS**，证明ω-不相容性所依赖的公式都直接或间接地包含了$\neg$T。这实际上可以看作一种更复杂的说谎者语句。例如，在定理 10.29 的证明中，$\neg \mathrm{T}\,\dot{f}(\overline{n},\ x)$是一个$\mathcal{L}_{\mathrm{T}}$公式，于是由引理 10.4，可以找出语句$\lambda$等值于$\neg \mathrm{T}\,\dot{f}(\overline{n},\ulcorner\lambda\urcorner)$，也即等值于$\neg \mathrm{T}^{n+1}\ulcorner\lambda\urcorner$，而这里的$\neg \mathrm{T}^{n+1}$可以看成是一个新的真谓词，$\lambda$的含义也就是：$\lambda$不是真的。如果不允许出现$\neg$T，那么定理 10.29 就无法证明。这其实也就为 **KF** 的ω-相容性提供了一种合理的解释。下面就来讨论直觉主义的 Kripke-Feferman 理论。

① 哈尔巴赫对 FS 与 $\mathrm{RT}_{<\omega}$ 可以相互解释的证明，参见：V. Halbach. *Axiomatic Theories of Truth*. Cambridge: Cambridge University Press，2014，p. 112。

② L. Horsten. *The Tarskian Turn: Deflationism and Axiomatic Truth*. Cambridge: MIT Press，2011，p. 111.

第 11 章
直觉主义的 Kripke-Feferman 理论

经典的 **KF** 理论因来源于克里普克语义真理论而得名。但克里普克语义真理论与塔尔斯基语义真理论不同，为了保持语义的“封闭性”，它放弃了经典的语义解释，因而允许存在“真值间隙”。本章将研究直觉主义的 Kripke-Feferman 理论，简记为 **IKF**。与 **IFS** 的研究思路相同，本章将通过直接减弱经典 **KF** 理论的逻辑基础而得到 **IKF** 理论。但是鉴于 **KF** 与 **FS** 的真公理有很大差别，本章将从 **IKF** 的一种类型理论 **IPT** 开始。

本章共三节。§11.1 给出无类型理论 **IKF** 的形式系统，并证明直觉主义的类型正真理论 **SIPT** 与 **SICT** 的关系；§11.2 是 **IKF** 的语义学，同样通过将直觉主义的语义学与固定点语义学相结合，提出了直觉主义固定点语义学，并尝试着定义一种直觉主义的强克林赋值；§11.3 主要讨论 **IKF** 的一些补充性质和它对说谎者语句的处理。

§11.1　IKF 理论的构成

11.1.1　直觉主义的类型正真理论

在上一章说明事实 10.3 的时候提到，IFS2 与 T-SYM 是不相容的。但当时为了能在对 **SICT** 进行无类型化的过程中保持类型真公理的基本形式，最终没有选择 T-SYM，而是以两条推理规则来代替其功能。但 T-SYM 本身并不是不能接受的，而且在直觉主义逻辑背景下，选择 T-SYM 还有一个更直接的理由。

因为在直觉主义逻辑里，尽管从语句$\neg\varphi$是真的可以确定φ不是真的，但是从语句φ不是真的却并不能确定$\neg\varphi$是真的。而本编虽然研究的仍然是经典的真谓词，却会因为 IFS2 而造成一定的混淆。所以 IFS2 的这一不足表明，选择 T-SYM 在直觉主义逻辑背景下是必要的。然而根据已有的经验，若不对 T-SYM 加以限制，引理 10.4 将会导致理论的不相容。对此，经典的 **KF** 理论的方案是，把 T-SYM 所能作用的真谓词限定为正真谓词。

定义 11.1(正真谓词)　前缀偶数个否定词的谓词 T。

在经典理论中，存在等价于 **CT** 的类型正真理论 **PT**(参见定理 4.31)。按照 **ICT** 的研究方式，若将 **PT** 的外逻辑减弱为直觉主义逻辑，则可得到直觉主义的类型正真理论 **IPT**。

定义 11.2(**IPT**)　直觉主义的类型正真理论 **IPT** 是以$\mathcal{L}_{\mathrm{T}}$为形式语言，通过在算术理论 **HAT** 的基础上增添下列真公理而得到。

IPT1：$\forall x(\mathrm{AtSent}_{\mathrm{HA}}(x)\to(\mathrm{T}(x)\leftrightarrow\mathrm{Val}^{+}(x)))$；

IPT2：$\forall x(\mathrm{AtSent}_{\mathrm{HA}}(x)\to(\mathrm{T}(\underset{\cdot}{\neg}x)\leftrightarrow\neg\mathrm{Val}^{+}(x)))$；

IPT3：$\forall x(\mathrm{Sent}_{\mathrm{HA}}(x)\to(\mathrm{T}(\underset{\cdot}{\neg}\underset{\cdot}{\neg}x)\leftrightarrow\neg\neg\mathrm{T}(x)))$；

IPT4：$\forall x\forall y(\mathrm{Sent}_{\mathrm{HA}}(x\underset{\cdot}{\land}y)\to(\mathrm{T}(x\underset{\cdot}{\land}y)\leftrightarrow\mathrm{T}(x)\land\mathrm{T}(y)))$；

IPT5：$\forall x\forall y(\mathrm{Sent}_{\mathrm{HA}}(x\underset{\cdot}{\land}y)\to(\mathrm{T}\,\underset{\cdot}{\neg}(x\underset{\cdot}{\land}y)\leftrightarrow\mathrm{T}(\underset{\cdot}{\neg}x)\lor\mathrm{T}(\underset{\cdot}{\neg}y)))$；

IPT6：$\forall x\forall y(\mathrm{Sent}_{\mathrm{HA}}(x\underset{\cdot}{\lor}y)\to(\mathrm{T}(x\underset{\cdot}{\lor}y)\leftrightarrow\mathrm{T}(x)\lor\mathrm{T}(y)))$；

IPT7：$\forall x\forall y(\mathrm{Sent}_{\mathrm{HA}}(x\underset{\cdot}{\lor}y)\to(\mathrm{T}\,\underset{\cdot}{\neg}(x\underset{\cdot}{\lor}y)\leftrightarrow\mathrm{T}(\underset{\cdot}{\neg}x)\land\mathrm{T}(\underset{\cdot}{\neg}y)))$；

IPT8：$\forall v\forall x(\mathrm{Sent}_{\mathrm{HA}}(\underset{\cdot}{\forall}vx)\to(\mathrm{T}(\underset{\cdot}{\forall}vx)\leftrightarrow\forall t\mathrm{T}(x(t/v))))$；

IPT9：$\forall v\forall x(\mathrm{Scnt}_{\mathrm{HA}}(\underset{\cdot}{\forall}vx)\to(\mathrm{T}(\underset{\cdot}{\neg}\underset{\cdot}{\forall}vx)\leftrightarrow\neg\neg\exists t\mathrm{T}(\underset{\cdot}{\neg}x(l/v))))$；

IPT10：$\forall v\forall x(\mathrm{Sent}_{\mathrm{HA}}(\underset{\cdot}{\exists}vx)\to(\mathrm{T}(\underset{\cdot}{\exists}vx)\leftrightarrow\exists t\mathrm{T}(x(t/v))))$；

IPT11：$\forall v\forall x(\mathrm{Sent}_{\mathrm{HA}}(\underset{\cdot}{\exists}vx)\to(\mathrm{T}(\underset{\cdot}{\neg}\underset{\cdot}{\exists}vx)\leftrightarrow\forall t\mathrm{T}(\underset{\cdot}{\neg}x(t/v))))$。

值得注意的是，上述 **IPT** 的真公理与 **PT** 的真公理(PT1～PT11，参见定义 4.30)并非完全相同，这一点有别于 **ICT**。不过虽然 **IPT** 对 **PT** 的真公理进行了

改造，但它们仍然是正真的。如果使 **PT** 的真公理保持不变，则 IPT3 与 IPT9 应该分别表示为

PT3：$\forall x(\mathrm{Sent}_{\mathrm{HA}}(x)\rightarrow(\mathrm{T}(\underset{\cdot}{\neg}\underset{\cdot}{\neg}x)\leftrightarrow\mathrm{T}(x)))$；

PT9：$\forall v\forall x(\mathrm{Sent}_{\mathrm{HA}}(\underset{\cdot}{\forall}vx)\rightarrow(\mathrm{T}(\underset{\cdot}{\neg}\underset{\cdot}{\forall}vx)\leftrightarrow\exists t\mathrm{T}(\underset{\cdot}{\neg}x(t/v))))$。

如果将完全保持 **PT** 真公理的直觉主义类型正真理论记为 **IPTO**，那么很明显 **IPTO** 才是仅在逻辑基础上与 **PT** 相区别。不难验证，在经典逻辑背景下，IPT3 等值于 PT3，IPT9 等值于 PT9。所以，**IPT** 与 **IPTO** 都是 **PT** 的子理论，且是在经典逻辑背景下等价的。但是在直觉主义逻辑背景下，二者却并不等价。

事实 11.3　对任意$\mathcal{L}_{\mathrm{T}}$语句φ，都有

1. **IPT** $\vdash(\neg\neg\mathrm{T}\ulcorner\varphi\urcorner\rightarrow\mathrm{T}\ulcorner\neg\neg\varphi\urcorner)\rightarrow(\mathrm{T}\ulcorner\varphi\urcorner\rightarrow\mathrm{T}\ulcorner\neg\neg\varphi\urcorner)$；

2. **IPTO** $\vdash(\mathrm{T}\ulcorner\neg\neg\varphi\urcorner\rightarrow\mathrm{T}\ulcorner\varphi\urcorner)\rightarrow(\mathrm{T}\ulcorner\neg\neg\varphi\urcorner\rightarrow\neg\neg\mathrm{T}\ulcorner\varphi\urcorner)$。

证明该事实成立是简单的，只需利用 **IQC** 的有效式 $\mathrm{T}\ulcorner\varphi\urcorner\rightarrow\neg\neg\mathrm{T}\ulcorner\varphi\urcorner$ 即可。

事实 11.4　存在$\mathcal{L}_{\mathrm{T}}$语句φ，使得

1. **IPTO** $\nvdash(\mathrm{T}\ulcorner\varphi\urcorner\rightarrow\mathrm{T}\ulcorner\neg\neg\varphi\urcorner)\rightarrow(\neg\neg\mathrm{T}\ulcorner\varphi\urcorner\rightarrow\mathrm{T}\ulcorner\neg\neg\varphi\urcorner)$；

2. **IPT** $\nvdash(\mathrm{T}\ulcorner\neg\neg\varphi\urcorner\rightarrow\neg\neg\mathrm{T}\ulcorner\varphi\urcorner)\rightarrow(\mathrm{T}\ulcorner\neg\neg\varphi\urcorner\rightarrow\mathrm{T}\ulcorner\varphi\urcorner)$。

可通过构造反模型来说明。以事实 11.4 的结论 1 为例。

因为 **IPTO** 是 **PT** 的子理论，所以是相容的，因而有模型。假设$\mathcal{M}=\langle\mathcal{K},\mathfrak{T}\rangle$是 **IPTO** 的一个模型，其中$\mathcal{K}$是 **HA** 的算术标准模型，结点集 $K=\{k_1, k_2\}$，并且 $k_1\leqslant k_2$，赋值函数$\mathfrak{T}$在结点 k_1 和 k_2 上的值分别为$\mathfrak{T}(k_1)$和$\mathfrak{T}(k_2)$，并且有$\mathfrak{T}(k_1)\subseteq\mathfrak{T}(k_2)$。现在构造一个新的赋值函数$\mathfrak{T}'$，它在结点 k_1 和 k_2 上的值分别为

$$\mathfrak{T}'(k_1)=\mathfrak{T}(k_1)\cup\emptyset;\ \mathfrak{T}'(k_2)=\mathfrak{T}(k_2)\cup\{\ulcorner\varphi\urcorner,\ulcorner\neg\neg\varphi\urcorner\}。$$

很明显，$\mathfrak{T}'$也满足单调性。而且不难验证，$\langle\mathcal{K},\mathfrak{T}'\rangle$也是 **IPTO** 的模型。

根据赋值函数$\mathfrak{T}'$不难知道，$k_1\nVdash\mathrm{T}\ulcorner\varphi\urcorner$，$k_1\nVdash\mathrm{T}\ulcorner\neg\neg\varphi\urcorner$，$k_2\Vdash\mathrm{T}\ulcorner\varphi\urcorner$，$k_2\Vdash\mathrm{T}\ulcorner\neg\neg\varphi\urcorner$。于是结点 k_1 的两个后继 $k_i(i=1, 2)$均满足：如果 $k_i\Vdash\mathrm{T}\ulcorner\varphi\urcorner$，那

么 $k_i \Vdash \mathrm{T}\ulcorner\neg\neg\varphi\urcorner$。从而说明，$k_1 \Vdash \mathrm{T}\ulcorner\varphi\urcorner \to \mathrm{T}\ulcorner\neg\neg\varphi\urcorner$。

对于结点 k_1 的后继结点 k_1，存在后继结点 k_2 使得 $k_2 \Vdash \mathrm{T}\ulcorner\varphi\urcorner$，并且对于结点 k_1 的后继结点 k_2，存在后继结点 k_2 使得 $k_2 \Vdash \mathrm{T}\ulcorner\varphi\urcorner$，所以由定义 8.12 条款 2 可知，$k_1 \Vdash \neg\neg\mathrm{T}\ulcorner\varphi\urcorner$。但是已知 $k_1 \nVdash \mathrm{T}\ulcorner\neg\neg\varphi\urcorner$，这说明存在结点 k_1 的后继结点 k_1，使得 $k_1 \Vdash \neg\neg\mathrm{T}\ulcorner\varphi\urcorner$，但 $k_1 \nVdash \mathrm{T}\ulcorner\neg\neg\varphi\urcorner$。从而，$k_1 \nVdash \neg\neg\mathrm{T}\ulcorner\varphi\urcorner \to \mathrm{T}\ulcorner\neg\neg\varphi\urcorner$。

这就表明，$\langle\mathcal{K}, \mathfrak{T}'\rangle \nvDash (\mathrm{T}\ulcorner\varphi\urcorner \to \mathrm{T}\ulcorner\neg\neg\varphi\urcorner) \to (\neg\neg\mathrm{T}\ulcorner\varphi\urcorner \to \mathrm{T}\ulcorner\neg\neg\varphi\urcorner)$。

事实 11.4 的结论 2 可同理说明。

事实 11.4 表明，**IPT** 与 **IPTO** 在直觉主义逻辑背景下并不等价。虽然从相容性的角度看，二者都是可以放心的选择，但是从下一节的讨论来看，**IPT** 将更有利于语义学的研究。

与 **ICT** 一样，**IPT** 的真公理无法处理蕴涵式。根据事实 9.15 的说明，也即 CT7 在 **IPT** 中不可证。事实上，即使在 **PT** 中，CT7 也是不可证的。[1]但是 **PT** 的逻辑联结词的完备集可以不包含蕴涵词，而 **IPT** 却不然。所以，应当考虑为 **IPT** 补充新的真公理。

定义 11.5(SIPT) 直觉主义的类型正真理论 **SIPT** 是在 **IPT** 的基础上，添加以下两条真公理而得到

IPT12：$\forall x \forall y(\mathrm{Sent}_{\mathrm{HA}}(x \underset{\cdot}{\to} y) \to (\mathrm{T}(x \underset{\cdot}{\to} y) \leftrightarrow (\mathrm{T}(x) \to \mathrm{T}(y))))$；

IPT13：$\forall x \forall y(\mathrm{Sent}_{\mathrm{HA}}(x \underset{\cdot}{\to} y) \to (\mathrm{T}\,\underset{\cdot}{\neg}(x \underset{\cdot}{\to} y) \leftrightarrow (\neg\neg\mathrm{T}(x) \wedge \neg\neg\mathrm{T}(\underset{\cdot}{\neg} y))))$。

很明显，IPT12 即为 CT7。而 IPT13 是通过如下对 PT13 的改造而得到

PT13：$\forall x \forall y(\mathrm{Sent}_{\mathrm{HA}}(x \underset{\cdot}{\to} y) \to (\mathrm{T}\,\underset{\cdot}{\neg}(x \underset{\cdot}{\to} y) \leftrightarrow (\mathrm{T}(x) \wedge \mathrm{T}(\underset{\cdot}{\neg} y))))$。

关于 PT13，它虽不是 **PT** 的初始真公理，但它却是在 **PT** 中可证的。[2]而且尽管 $\neg(\varphi \to \psi) \leftrightarrow (\varphi \wedge \neg\psi)$ 不是 **IQC** 的有效式，但根据 PT5，PT7，PT9 和

① V. Halbach. *Axiomatic Theories of Truth*. Cambridge: Cambridge University Press, 2014, pp. 199-200.

② 需要注意的是，在讨论 **PT** 时，真之公理中的 $\mathrm{Sent}_{\mathrm{HA}}(x)$ 应为 $\mathrm{Sent}_{\mathrm{PA}}(x)$。

PT11 的构造，PT13 是可接受的。基于与 IPT3 和 IPT9 相同的考虑，IPT13 对 PT13 进行了改造。因为 IPT12 不能为 **PT** 证明，所以 **SIPT** 不是 **PT** 的子理论。下面讨论 **SIPT** 与 **SICT** 的关系。

事实 11.6　**SICT** $\nvdash$**SIPT**。

假设 **SICT** $\vdash$**SIPT**，那么对任意的$\mathcal{L}_{\mathrm{HA}}$语句$\varphi$和$\psi$，由公理 IPT5 可知

$$\mathbf{SICT} \vdash \mathrm{T}\ulcorner\neg(\varphi\wedge\psi)\urcorner \leftrightarrow \mathrm{T}\ulcorner\neg\varphi\urcorner \vee \mathrm{T}\ulcorner\neg\psi\urcorner\text{。} \tag{11-1}$$

根据定理 9.19，**SICT** 可以证明去引号模式 DT，于是(11-1)就等值于

$$\mathbf{SICT} \vdash \neg(\varphi\wedge\psi) \leftrightarrow \neg\varphi\vee\neg\psi \tag{11-2}$$

但式(11-2)在直觉主义逻辑背景下并不普遍成立。这是因为，如果它能够成立的话，它就应当能为 **SICT** 的模型$\langle\mathcal{K},\mathfrak{T}\rangle$满足。而$\varphi$和$\psi$都不含谓词 T，所以无论赋值函数$\mathfrak{T}$是什么，模型$\langle\mathcal{K},\mathfrak{T}\rangle$都将满足式(11-2)。这就意味着，式(11-2)能够为 **HA** 的算术标准模型$\mathcal{K}$满足，但这是不可能的。所以，**SICT** $\nvdash$**SIPT**。

事实 11.7　**SIPT** $\nvdash$**SICT**。

假设 **SIPT** $\vdash$**SICT**，那么根据定理 9.19 也就意味着 **SIPT** 可以证明去引号模式 DT。根据对事实 11.6 的说明，不难推出与外逻辑是直觉主义逻辑相矛盾的结论。因此，**SIPT** $\nvdash$**SICT**。

以上两个事实表明，**SIPT** 与 **SICT** 只是交叉关系，而并不等价。原因就在于，**SIPT** 与 **SICT** 的谓词 T 都是基于经典的语义解释。比如公理 IPT5，如果去掉谓词 T，所得公式显然不是 **IQC** 的有效式，因而无法在 **SICT** 中成立；CT2 同样不是基于直觉主义的语义解释，自然也不可能为 **SIPT** 证明。所以，**SIPT** 与 **SICT** 的不等价是由直觉主义逻辑造成的。

11.1.2　直觉主义的无类型正真理论

如果允许 **SIPT** 的谓词 T 作用于$\mathcal{L}_{\mathrm{T}}$语句的哥德尔编码，同时添加一组用于处理含谓词 T 的原子语句的真公理，就得到直觉主义的无类型正真理论。

定义 11.8(IKF) 直觉主义的无类型正真理论 **IKF** 是以$\mathcal{L}_T$为形式语言，通过在算术理论 **HAT** 的基础上增添下列真公理而得到。

IKF1：$\forall x(\mathrm{AtSent}_{HA}(x)\to(\mathrm{T}(x)\leftrightarrow\mathrm{Val}^+(x)))$；

IKF2：$\forall x(\mathrm{AtSent}_{HA}(x)\to(\mathrm{T}(\dot{\neg}x)\leftrightarrow\neg\mathrm{Val}^+(x)))$；

IKF3：$\forall x(\mathrm{Sent}_T(x)\to(\mathrm{T}(\dot{\neg}\dot{\neg}x)\leftrightarrow\neg\neg\mathrm{T}(x)))$；

IKF4：$\forall x\forall y(\mathrm{Sent}_T(x\dot{\wedge}y)\to(\mathrm{T}(x\dot{\wedge}y)\leftrightarrow\mathrm{T}(x)\wedge\mathrm{T}(y)))$；

IKF5：$\forall x\forall y(\mathrm{Sent}_T(x\dot{\wedge}y)\to(\mathrm{T}\dot{\neg}(x\dot{\wedge}y)\leftrightarrow\mathrm{T}(\dot{\neg}x)\vee\mathrm{T}(\dot{\neg}y)))$；

IKF6：$\forall x\forall y(\mathrm{Sent}_T(x\dot{\vee}y)\to(\mathrm{T}(x\dot{\vee}y)\leftrightarrow\mathrm{T}(x)\vee\mathrm{T}(y)))$；

IKF7：$\forall x\forall y(\mathrm{Sent}_T(x\dot{\vee}y)\to(\mathrm{T}\dot{\neg}(x\dot{\vee}y)\leftrightarrow\mathrm{T}(\dot{\neg}x)\wedge\mathrm{T}(\dot{\neg}y)))$；

IKF8：$\forall x\forall y(\mathrm{Sent}_T(x\dot{\to}y)\to(\mathrm{T}(x\dot{\to}y)\leftrightarrow(\mathrm{T}(x)\to\mathrm{T}(y))))$；

IKF9：$\forall x\forall y(\mathrm{Sent}_T(x\dot{\to}y)\to(\mathrm{T}\dot{\neg}(x\dot{\to}y)\leftrightarrow(\neg\neg\mathrm{T}(x)\wedge\neg\neg\mathrm{T}(\dot{\neg}y))))$；

IKF10：$\forall v\forall x(\mathrm{Sent}_T(\dot{\forall}vx)\to(\mathrm{T}(\dot{\forall}vx)\leftrightarrow\forall t\mathrm{T}(x(t/v))))$；

IKF11：$\forall v\forall x(\mathrm{Sent}_T(\dot{\forall}vx)\to(\mathrm{T}(\dot{\neg}\dot{\forall}vx)\leftrightarrow\neg\neg\exists t\mathrm{T}(\dot{\neg}x(t/v))))$；

IKF12：$\forall v\forall x(\mathrm{Sent}_T(\dot{\exists}vx)\to(\mathrm{T}(\dot{\exists}vx)\leftrightarrow\exists t\mathrm{T}(x(t/v))))$；

IKF13：$\forall v\forall x(\mathrm{Sent}_T(\dot{\exists}vx)\to(\mathrm{T}(\dot{\neg}\dot{\exists}vx)\leftrightarrow\forall t\mathrm{T}(\dot{\neg}x(t/v))))$；

IKF14：$\forall t(\mathrm{T}\ulcorner\mathrm{T}t\urcorner\leftrightarrow\mathrm{T}t)$；

IKF15：$\forall t(\mathrm{T}\ulcorner\neg\mathrm{T}t\urcorner\leftrightarrow\mathrm{T}\dot{\neg}t\vee\neg\mathrm{Sent}_T(t))$；

IKF16：$\forall x(\mathrm{T}(x)\to\mathrm{Sent}_T(x))$。

IKF 的上述 16 条真公理与哈尔巴赫所给出的 **KF** 的真公理①仍然存在两点不同：第一，增加了用于刻画蕴涵词的新公理；第二，将一部分公理中的谓词 T 替换成谓词$\neg\neg$T，当然这并不违背正真谓词的定义。

§ 11.2 IKF 理论的语义学

克里普克语义真理论与塔尔斯基语义真理论的最显著区别在于，它设计了

① V. Halbach. *Axiomatic Theories of Truth*. Cambridge: Cambridge University Press，2014，p. 187.

一种允许自由迭代的真谓词。固定点是这种真谓词的保证。克里普克通过适当的赋值模式，定义了一个具有单调性的跳跃运算。单调性确保了固定点的存在，而固定点恰是克里普克为真谓词给出的外延集。所以，克里普克的语义真理论有时也称为固定点语义学。[①]与克里普克同一时期的马丁(Robert L. Martin)和伍德拉夫(Peter W. Woodruff)也独立地取得了类似的结论。[②]本节将在直觉主义逻辑背景下，讨论固定点语义学与 **IKF** 的关系。[③]

11.2.1　标准固定点语义学及其基本结论

克里普克对真谓词的构造也是一个过程：以某种对真谓词的尝试性解释作为起点，利用跳跃算子反复作用于真谓词的尝试性解释，使得这种解释逐步得到扩充，并最终获得所需要的真谓词。不难看出，固定点语义学与修正语义学的基本思想十分相似。所不同的是，前者只实现了语义的封闭性，而后者还保留了语义的经典性。因此，就语义来看，修正语义学是比固定点语义学更好的真理论。但是从语形的角度来说，固定点语义学仍然是公理化真理论的一个重要来源。

定义 11.9(跳跃算子)　令$\langle \mathcal{N}, S\rangle$是语言$\mathcal{L}_{\mathrm{T}}$的模型，其中$\mathcal{N}$是 **PA** 的算术标准模型，$S$是$\mathbb{N}$的一个子集，用以表示对真谓词的某种尝试性解释。跳跃算子Θ是一个从$\wp(\mathbb{N})$到$\wp(\mathbb{N})$的运算，定义为

$$\Theta(S)=\{\ulcorner\varphi\urcorner \mid \langle \mathcal{N}, S\rangle \vDash_{\mathrm{SK}} \varphi，其中\varphi是\mathcal{L}_{\mathrm{T}}语句\}。$$

注意，“$\vDash_{\mathrm{SK}}$”是表示强克林满足关系[④]，它不同于经典满足关系“$\vDash$”。这两种不同的满足关系不仅需要始终加以区分，而且它们使对 **KF** 的语义学讨论变

---

① S. Kripke. Outline of a Theory of Truth. In R. Martin (ed.), *Recent Essays on Truth and the Liar Paradox*. Oxford: Oxford University Press, 1984, pp. 53-81.

② R. L. Martin and P. W. Woodruff. On Representing “true-in-L” in L. *Philosophia*, 1975, 5: 217-221.

③ 本节讨论固定点语义学所采用的符号和记法均来源于哈尔巴赫. 具体可参见本书 4.3.3。

④ 关于强克林满足关系的详细内容，可参见本书定义 4.35。

得比 **FS** 复杂许多。例如，假设$\langle\mathcal{N}, S\rangle$是 **KF** 的模型，对于$\mathcal{L}_T$的某个语句$\varphi$，如果是$\langle\mathcal{N}, S\rangle\vDash\varphi$，这说明是从外逻辑的层面；而如果是$\langle\mathcal{N}, S\rangle\vDash_{SK}\varphi$，则说明是从内逻辑的层面。**KF** 的内、外逻辑因此是不一样的。

此外，可以证明Θ具有单调性①。而单调性确保了固定点的存在，也即确保存在$S\subseteq\mathbb{N}$，使得$\Theta(S)=S$。这个S就是对 **KF** 真谓词的解释。因为对这些结论的证明与接下来讨论的直觉主义固定点语义学的结论类似，所以并不在此详细地证明它们。下面的这个定理是 **KF** 语义学的最核心成果。

定理 11.10 $\forall S\subseteq\mathbb{N}$，都有

$$\Theta(S)=S\Leftrightarrow\langle\mathcal{N}, S\rangle\vDash\mathbf{KF}。$$

证明 从左至右的方向，可通过施归纳于 **KF** 证明序列的长度。从右向左的方向即证明$\ulcorner\varphi\urcorner\in S$，当且仅当$\ulcorner\varphi\urcorner\in\Theta(S)$。②证毕。

11.2.2 直觉主义固定点语义学

直觉主义固定点语义学的基本思想是：将固定点语义学与直觉主义逻辑的语义学相结合，使跳跃算子对海廷算术标准模型的相对化。③根据第 10 章的做法，首先定义$\mathfrak{T}$赋值函数，然后定义直觉主义的跳跃算子，最后证明固定点存在并说明其与 **IKF** 的关系。

定义 11.11（$\mathfrak{T}$赋值函数） 令$\mathcal{K}=\langle K, \leqslant, \mathcal{N}, \Vdash\rangle$是 **HA** 的算术标准模型，赋值函数$\mathfrak{T}$是从结点集 K 到$\mathbb{N}$的幂集$\wp(\mathbb{N})$的函数，并满足

$$\forall k\,\forall k'\,(k\leqslant k'\rightarrow\mathfrak{T}(k)\subseteq\mathfrak{T}(k'))。$$

令$\mathcal{K}$的所有$\mathfrak{T}$赋值函数的集合记为 $V_{\mathfrak{T}}$。

在定义直觉主义跳跃算子前，需引入直觉主义强克林力迫关系“$\Vdash_{SK}$”，也

---

① 单调性及其证明，可参见本书定理 4.37。

② 关于该定理的详细证明，可参见本书定理 4.40。

③ 本编的直觉主义固定点语义学也是受到斯特恩工作的启发。斯特恩将固定点语义学与模态逻辑的可能世界语义学相结合，提出了模态固定点语义学。关于模态固定点语义学，可参见本书 5.3.2。

即把直觉主义的语义解释与强克林赋值模式相结合。

定义 11.12（直觉主义强克林力迫）　令$\mathcal{M}=\langle\mathcal{K},\mathfrak{T}\rangle$是语言$\mathcal{L}_{\mathrm{T}}$的模型，对于结点$k\in K$，以及$\mathcal{L}_{\mathrm{T}}$语句$\varphi$，直觉主义强克林力迫关系“$k\Vdash_{\mathrm{SK}}\varphi$”定义如下：

1. $k\Vdash_{\mathrm{SK}} s=t$当且仅当$s^{\mathbb{N}}=t^{\mathbb{N}}$；

2. $k\Vdash_{\mathrm{SK}} s\neq t$当且仅当$s^{\mathbb{N}}\neq t^{\mathbb{N}}$；

3. $k\Vdash_{\mathrm{SK}} \mathrm{T}t$当且仅当$t^{\mathbb{N}}\in\mathfrak{T}(k)$且$t^{\mathbb{N}}\in\mathrm{Sent}_{\mathrm{T}}$；

4. $k\Vdash_{\mathrm{SK}} \neg\mathrm{T}t$当且仅当$(\dot{\neg}t)^{\mathbb{N}}\in\mathfrak{T}(k)$或$t^{\mathbb{N}}\in\mathrm{Sent}_{\mathrm{T}}{}'$；

5. $k\Vdash_{\mathrm{SK}} \neg\neg\varphi$当且仅当$\forall k'\geqslant k$，$\exists k''\geqslant k'$，$k''\Vdash_{\mathrm{SK}}\varphi$；

6. $k\Vdash_{\mathrm{SK}} \varphi\wedge\psi$当且仅当$k\Vdash_{\mathrm{SK}}\varphi$且$k\Vdash_{\mathrm{SK}}\psi$；

7. $k\Vdash_{\mathrm{SK}} \neg(\varphi\wedge\psi)$当且仅当$k\Vdash_{\mathrm{SK}}\neg\varphi$或$k\Vdash_{\mathrm{SK}}\neg\psi$；

8. $k\Vdash_{\mathrm{SK}} \varphi\vee\psi$当且仅当$k\Vdash_{\mathrm{SK}}\varphi$或$k\Vdash_{\mathrm{SK}}\psi$；

9. $k\Vdash_{\mathrm{SK}} \neg(\varphi\vee\psi)$当且仅当$k\Vdash_{\mathrm{SK}}\neg\varphi$且$k\Vdash_{\mathrm{SK}}\neg\psi$；

10. $k\Vdash_{\mathrm{SK}} \varphi\rightarrow\psi$当且仅当$\forall k'\geqslant k$，都有若$k'\Vdash_{\mathrm{SK}}\varphi$，则$k'\Vdash_{\mathrm{SK}}\psi$；

11. $k\Vdash_{\mathrm{SK}} \neg(\varphi\rightarrow\psi)$当且仅当$\forall k'\geqslant k$，$\exists k''\geqslant k'$，使得$k''\Vdash_{\mathrm{SK}}\varphi$且$k''\Vdash_{\mathrm{SK}}\neg\psi$；

12. $k\Vdash_{\mathrm{SK}} \forall x\varphi(x)$当且仅当$\forall k'\geqslant k$，$\forall d\in\mathbb{N}$，都有$k'\Vdash_{\mathrm{SK}}\varphi(\overline{d})$；

13. $k\Vdash_{\mathrm{SK}} \neg\forall x\varphi(x)$当且仅当$\forall k'\geqslant k$，$\exists k''\geqslant k'$，$\exists d\in\mathbb{N}$，使得$k''\Vdash_{\mathrm{SK}}\neg\varphi(\overline{d})$；

14. $k\Vdash_{\mathrm{SK}} \exists x\varphi(x)$当且仅当$\exists d\in\mathbb{N}$，$k\Vdash_{\mathrm{SK}}\varphi(\overline{d})$；

15. $k\Vdash_{\mathrm{SK}} \neg\exists x\varphi(x)$当且仅当$\forall d\in\mathbb{N}$，$k\Vdash_{\mathrm{SK}}\neg\varphi(\overline{d})$。

需要注意的是，定义中的集合 $\mathrm{Sent}_{\mathrm{T}}$ 的元素是$\mathcal{L}_{\mathrm{T}}$语句的哥德尔编码，集合 $\mathrm{Sent}_{\mathrm{T}}{}'$是 $\mathrm{Sent}_{\mathrm{T}}$ 的补集。如果要更清楚地表示结点 k 是属于哪个模型$\mathcal{M}$，也可以将“$k\Vdash_{\mathrm{SK}}\varphi$”记为$\mathcal{M}[k]\Vdash_{\mathrm{SK}}\varphi$。根据引理 8.13，不难证明“$\Vdash_{\mathrm{SK}}$”也具有单调性，也即对任意的$\mathcal{L}_{\mathrm{T}}$语句$\varphi$

$$\forall k\,\forall k'\,(k \leqslant k' \to (k \Vdash_{SK} \varphi \to k' \Vdash_{SK} \varphi))。$$

不难看出，上述赋值仍然是按照归纳的方式，但并不是基于通常的公式的结构复杂度。所以公式的正复杂度这个概念是必要的。

定义 11.13(正复杂度)　原子公式及原子公式的否定式的正复杂度为 0；$\neg\neg\varphi$，$\forall x\varphi(x)$，$\neg\forall x\varphi(x)$，$\exists x\varphi(x)$，$\neg\exists x\varphi(x)$的正复杂度加 1；$\varphi\wedge\psi$，$\neg(\varphi\wedge\psi)$，$\varphi\vee\psi$，$\neg(\varphi\vee\psi)$，$\varphi\to\psi$，$\neg(\varphi\to\psi)$的正复杂度是φ和ψ的正复杂度的最大值加 1。

定义 11.14(直觉主义跳跃算子)　直觉主义跳跃算子Θ_{I}是 $\mathrm{V}_{\mathfrak{T}}$ 上的运算，使得$\forall k\in K$，都有

$$[\Theta_{\mathrm{I}}(\mathfrak{T})](k)=\{\ulcorner\varphi\urcorner \mid \langle\mathcal{K},\mathfrak{T}\rangle[k]\Vdash_{SK}\varphi，\text{其中}\varphi\text{是}\mathcal{L}_{\mathrm{T}}\text{语句}\}。$$

直觉主义跳跃算子与直觉主义修正算子类似，其直观含义是：以直觉主义强克林力迫为基础，对$\mathfrak{T}$赋值函数在每个结点 k 上的尝试性解释分别进行扩充。

定理 11.15(Θ_{I}的单调性)　令$\mathcal{K}$是 **HA** 的标准模型，Θ_{I}的单调性是指，$\forall\mathfrak{T}_1$，$\mathfrak{T}_2\in\mathrm{V}_{\mathfrak{T}}$，都有

$$\mathfrak{T}_1\leqslant\mathfrak{T}_2\Rightarrow\Theta_{\mathrm{I}}(\mathfrak{T}_1)\leqslant\Theta_{\mathrm{I}}(\mathfrak{T}_2)。$$

其中，$\mathfrak{T}_1\leqslant\mathfrak{T}_2$表示$\forall k\in K$，都有$\mathfrak{T}_1(k)\subseteq\mathfrak{T}_2(k)$。

证明　只需证明，对任意结点 $k\in K$，有

$$\mathfrak{T}_1(k)\subseteq\mathfrak{T}_2(k)\Rightarrow[\Theta_{\mathrm{I}}(\mathfrak{T}_1)](k)\subseteq[\Theta_{\mathrm{I}}(\mathfrak{T}_2)](k)。$$

假设对任意$\mathcal{L}_{\mathrm{T}}$语句φ，如果$\ulcorner\varphi\urcorner\in[\Theta_{\mathrm{I}}(\mathfrak{T}_1)](k)$，那么由定义 11.14 不难知道，$\langle\mathcal{K},\mathfrak{T}_1\rangle[k]\Vdash_{SK}\varphi$。现在若能证明$\langle\mathcal{K},\mathfrak{T}_2\rangle[k]\Vdash_{SK}\varphi$，则该引理得证。这可以通过施归纳于$\varphi$的正复杂度$n$来证明。

归纳基始：当$n=0$ 时，即φ是原子语句时，有两种情形：

情形一：φ是纯算术原子语句。对于这类φ，如果有$\langle\mathcal{K},\mathfrak{T}_1\rangle[k]\Vdash_{SK}\varphi$，那么一定有$\mathcal{K}[k]\Vdash_{SK}\varphi$。所以可直接推出$\langle\mathcal{K},\mathfrak{T}_2\rangle[k]\Vdash_{SK}\varphi$；

情形二：φ是含谓词 T 的原子语句 $\mathrm{T}t$。即有$\langle\mathcal{K},\mathfrak{T}_1\rangle[k]\Vdash_{SK}\mathrm{T}t$。这说明

$t^{\mathbb{N}}\in\mathfrak{T}_1(k)$，于是可得$t^{\mathbb{N}}\in\mathfrak{T}_2(k)$，即$\langle\mathcal{K},\mathfrak{T}_2\rangle[k]\Vdash_{SK}\mathrm{T}t$，故而$\langle\mathcal{K},\mathfrak{T}_2\rangle[k]\Vdash_{SK}\varphi$。

原子语句的否定情形类似可证。

归纳步骤：假设当$n\leqslant k$时都成立，现在证明$n=k+1$。

当φ是$\neg\neg\psi$时，如果有$\langle\mathcal{K},\mathfrak{T}_1\rangle[k]\Vdash_{SK}\neg\neg\psi$，由定义 11.12 条款 5，也就有$\forall k'\geqslant k$，$\exists k''\geqslant k'$，$\langle\mathcal{K},\mathfrak{T}_1\rangle[k'']\Vdash_{SK}\psi$。根据归纳假设，从$\langle\mathcal{K},\mathfrak{T}_1\rangle[k'']\Vdash_{SK}\psi$可以推出$\langle\mathcal{K},\mathfrak{T}_1\rangle[k'']\Vdash_{SK}\psi$，即$\forall k'\geqslant k$，$\exists k''\geqslant k'$，$\langle\mathcal{K},\mathfrak{T}_2\rangle[k'']\Vdash_{SK}\psi$。从而可以得到$\langle\mathcal{K},\mathfrak{T}_2\rangle[k]\Vdash_{SK}\neg\neg\psi$。

其余情形类似可证。证毕。

定理 11.16（固定点的存在性）　对 $V_{\mathfrak{T}}$ 上的任何单调跳跃算子Θ_{I}，如果满足条件$\mathfrak{T}\leqslant\Theta_{\mathrm{I}}(\mathfrak{T})$，那么$\Theta_{\mathrm{I}}$的固定点存在。

证明　给定赋值函数$\mathfrak{T}$，对任意的序数α，首先定义$\mathfrak{T}_\alpha$如下

$$\mathfrak{T}_\alpha=\begin{cases}\mathfrak{T}, & \alpha=0,\\ \Theta_{\mathrm{I}}(\mathfrak{T}_\beta), & \alpha=\beta+1,\\ \bigcup_{\beta<\alpha}\mathfrak{T}_\beta, & \alpha\text{是极限序数。}\end{cases}$$

其中，$\bigcup_{\beta<\alpha}\mathfrak{T}_\beta$是指：$\forall k\in K$，$\mathfrak{T}_\alpha(k)=\bigcup_{\beta<\alpha}[\Theta_{\mathrm{I}}(\mathfrak{T}_\beta)](k)$。

第一步，用超穷归纳法证明：对任意序数α，均满足$\mathfrak{T}_\alpha\leqslant\Theta_{\mathrm{I}}(\mathfrak{T}_\alpha)$。

当$\alpha=0$ 时，根据定义，$\mathfrak{T}_0=\mathfrak{T}$，很明显$\mathfrak{T}_0\leqslant\Theta_{\mathrm{I}}(\mathfrak{T}_0)$；

当$\alpha=\beta+1$ 时，假设$\mathfrak{T}_\beta\leqslant\Theta_{\mathrm{I}}(\mathfrak{T}_\beta)$，即假设$\mathfrak{T}_\beta\leqslant\mathfrak{T}_{\beta+1}$，由定理 11.15 可知，$\Theta_{\mathrm{I}}(\mathfrak{T}_\beta)\leqslant\Theta_{\mathrm{I}}(\mathfrak{T}_{\beta+1})$，也即$\mathfrak{T}_{\beta+1}\leqslant\Theta_{\mathrm{I}}(\mathfrak{T}_{\beta+1})$；

当α是极限序数时，$\forall\beta<\alpha$，由$\mathfrak{T}_\alpha$的定义可知，$\mathfrak{T}_\beta\leqslant\mathfrak{T}_\alpha$。根据$\Theta_{\mathrm{I}}$的单调性，$\Theta_{\mathrm{I}}(\mathfrak{T}_\beta)\leqslant\Theta_{\mathrm{I}}(\mathfrak{T}_\alpha)$，也即$\mathfrak{T}_{\beta+1}\leqslant\mathfrak{T}_{\alpha+1}$。从而得到$\bigcup_{\beta<\alpha}\mathfrak{T}_{\beta+1}\leqslant\mathfrak{T}_{\alpha+1}$，也即$\mathfrak{T}_\alpha\leqslant\Theta_{\mathrm{I}}(\mathfrak{T}_\alpha)$。

第二步，证明存在序数α，使得$\mathfrak{T}_\alpha=\Theta_{\mathrm{I}}(\mathfrak{T}_\alpha)$。假设不存在这样的序数，那么按照$\mathfrak{T}_\alpha$的构造，$\forall k\in K$，都有$\mathfrak{T}_0(k)$，$\mathfrak{T}_1(k)$，$\cdots$，$\mathfrak{T}_\alpha(k)$，$\mathfrak{T}_{\alpha+1}(k)$，$\cdots$是无穷递增序列。因为任何$\mathfrak{T}_\alpha(k)$都是$\mathbb{N}$的子集，所以如果存在该种序列，那

么也就存在从全体序数的类 On 到 $\mathbb{N}$ 的幂集 $\wp(\mathbb{N})$ 的一一对应。但是这样的一一对应是不可能存在的。因此必定存在某个序数 α，使得 $\mathfrak{T}_\alpha=\mathfrak{T}_{\alpha+1}$，也即 $\mathfrak{T}_\alpha=\Theta_{\mathrm{I}}(\mathfrak{T}_\alpha)$。那么这个赋值函数 $\mathfrak{T}_\alpha$ 即为跳跃算子 Θ_{I} 的固定点。证毕。

定理 11.17 如果 $\Theta_{\mathrm{I}}(\mathfrak{T})=\mathfrak{T}$，那么 $\forall k\in K$，都有

$$\ulcorner \mathrm{T}\ulcorner\varphi\urcorner\urcorner\in\mathfrak{T}(k)\Leftrightarrow\ulcorner\varphi\urcorner\in\mathfrak{T}(k)，$$ 其中 φ 是 $\mathcal{L}_{\mathrm{T}}$ 语句。

证明 令 φ 是任意的 $\mathcal{L}_{\mathrm{T}}$ 语句，$\mathrm{T}\ulcorner\varphi\urcorner$ 显然也是 $\mathcal{L}_{\mathrm{T}}$ 语句。于是，有

$\ulcorner \mathrm{T}\ulcorner\varphi\urcorner\urcorner\in\mathfrak{T}(k)$

$\Leftrightarrow\ulcorner \mathrm{T}\ulcorner\varphi\urcorner\urcorner\in[\Theta_{\mathrm{I}}(\mathfrak{T})](k)$ （根据 $\Theta_{\mathrm{I}}(\mathfrak{T})=\mathfrak{T}$）

$\Leftrightarrow\langle\mathcal{K},\mathfrak{T}\rangle[k]\Vdash_{\mathrm{SK}}\mathrm{T}\ulcorner\varphi\urcorner$ （定义 11.14）

$\Leftrightarrow\ulcorner\varphi\urcorner\in\mathfrak{T}(k)$。 （定义 11.12）

证毕。

根据定理 11.17，如果赋值函数 $\mathfrak{T}$ 是 Θ_{I} 的固定点，那么谓词 T 就具有去引号的功能，这也就说明 $\mathfrak{T}$ 可以作为对谓词 T 的解释。现在建立 **IKF** 理论与直觉主义固定点语义学之间的核心结论。

定理 11.18 对任意的赋值函数 $\mathfrak{T}\in\mathrm{V}_{\mathfrak{T}}$，以下结论成立

$$\Theta_{\mathrm{I}}(\mathfrak{T})=\mathfrak{T}\Leftrightarrow\langle\mathcal{K},\mathfrak{T}\rangle\vDash\mathbf{IKF}。$$

证明 先证明从左向右。可通过施归纳于 **IKF** 中证明序列的长度，只需证明 $\langle\mathcal{K},\mathfrak{T}\rangle$ 满足 **IKF** 的所有真公理。

验证 IKF1，对任意的结点 $k\in K$，

$\langle\mathcal{K},\mathfrak{T}\rangle[k]\Vdash\mathrm{T}\ulcorner s=t\urcorner$

$\Leftrightarrow\ulcorner s=t\urcorner\in\mathfrak{T}(k)$ （对谓词 T 的解释）

$\Leftrightarrow\ulcorner s=t\urcorner\in[\Theta_{\mathrm{I}}(\mathfrak{T})](k)$ （根据 $\Theta_{\mathrm{I}}(\mathfrak{T})=\mathfrak{T}$）

$\Leftrightarrow\langle\mathcal{K},\mathfrak{T}\rangle[k]\Vdash_{\mathrm{SK}}s=t$ （定义 11.14）

$\Leftrightarrow s^{\mathbb{N}}=t^{\mathbb{N}}$ （定义 11.12）

$\Leftrightarrow\mathcal{K}[k]\Vdash\mathrm{Val}^{+}(\ulcorner s=t\urcorner)$ （$\mathrm{Val}^{+}(x)$ 的定义）

$\Leftrightarrow\langle\mathcal{K},\mathfrak{T}\rangle[k]\Vdash\mathrm{Val}^{+}(\ulcorner s=t\urcorner)$。（由上一步）

验证 IKF2，对任意结点 $k\in K$，

$\langle\mathcal{K},\mathfrak{T}\rangle[k]\Vdash\mathrm{T}\,\dot{\neg}\ulcorner s=t\urcorner$

$\Leftrightarrow\dot{\neg}\ulcorner s=t\urcorner\in\mathfrak{T}(k)$（对谓词 T 的解释）

$\Leftrightarrow\dot{\neg}\ulcorner s=t\urcorner\in[\Theta_{\mathrm{I}}(\mathfrak{T})](k)$（根据 $\Theta_{\mathrm{I}}(\mathfrak{T})=\mathfrak{T}$）

$\Leftrightarrow\langle\mathcal{K},\mathfrak{T}\rangle[k]\Vdash_{\mathrm{SK}}s\neq t$（定义 11.14）

$\Leftrightarrow s^{\mathbb{N}}\neq t^{\mathbb{N}}$（定义 11.12）

$\Leftrightarrow\mathcal{K}[k]\Vdash\mathrm{Val}^{-}(\dot{\neg}\ulcorner s=t\urcorner)$（$\mathrm{Val}^{-}(x)$的定义）

$\Leftrightarrow\langle\mathcal{K},\mathfrak{T}\rangle[k]\Vdash\mathrm{Val}^{-}(\dot{\neg}\ulcorner s=t\urcorner)$（由上一步）

$\Leftrightarrow\langle\mathcal{K},\mathfrak{T}\rangle[k]\Vdash\neg\mathrm{Val}^{+}(\dot{\neg}\ulcorner s=t\urcorner)$。（由上一步）

验证 IKF3，对任意的结点 $k\in K$，

$\langle\mathcal{K},\mathfrak{T}\rangle[k]\Vdash\mathrm{T}\ulcorner\neg\neg\varphi\urcorner$

$\Leftrightarrow\ulcorner\neg\neg\varphi\urcorner\in\mathfrak{T}(k)$（对谓词 T 的解释）

$\Leftrightarrow\ulcorner\neg\neg\varphi\urcorner\in[\Theta_{\mathrm{I}}(\mathfrak{T})](k)$（根据 $\Theta_{\mathrm{I}}(\mathfrak{T})=\mathfrak{T}$）

$\Leftrightarrow\langle\mathcal{K},\mathfrak{T}\rangle[k]\Vdash_{\mathrm{SK}}\neg\neg\varphi$（定义 11.14）

$\Leftrightarrow\forall k'\geqslant k,\ \exists k''\geqslant k',\ \langle\mathcal{K},\mathfrak{T}\rangle[k'']\Vdash_{\mathrm{SK}}\varphi$（定义 11.12）

$\Leftrightarrow\forall k'\geqslant k,\ \exists k''\geqslant k',\ \ulcorner\varphi\urcorner\in[\Theta_{\mathrm{I}}(\mathfrak{T})](k'')$（定义 11.14）

$\Leftrightarrow\forall k'\geqslant k,\ \exists k''\geqslant k',\ \ulcorner\varphi\urcorner\in\mathfrak{T}(k'')$（根据 $\Theta_{\mathrm{I}}(\mathfrak{T})=\mathfrak{T}$）

$\Leftrightarrow\forall k'\geqslant k,\ \exists k''\geqslant k',\ \langle\mathcal{K},\mathfrak{T}\rangle[k'']\Vdash\mathrm{T}\ulcorner\varphi\urcorner$（对谓词 T 的解释）

$\Leftrightarrow\langle\mathcal{K},\mathfrak{T}\rangle[k]\Vdash\neg\neg\mathrm{T}\ulcorner\varphi\urcorner$。（$\neg$的定义）

验证 IKF11，对任意的结点 $k\in K$，

$\langle\mathcal{K},\mathfrak{T}\rangle[k]\Vdash\mathrm{T}\ulcorner\neg\forall x\varphi(x)\urcorner$

$\Leftrightarrow\ulcorner\neg\forall x\varphi(x)\urcorner\in\mathfrak{T}(k)$（对谓词 T 的解释）

$\Leftrightarrow\ulcorner\neg\forall x\varphi(x)\urcorner\in[\Theta_{\mathrm{I}}(\mathfrak{T})](k)$（根据 $\Theta_{\mathrm{I}}(\mathfrak{T})=\mathfrak{T}$）

$\Leftrightarrow\langle\mathcal{K},\mathfrak{T}\rangle[k]\Vdash_{\mathrm{SK}}\neg\forall x\varphi(x)$（定义 11.14）

$\Leftrightarrow \forall k' \geqslant k$，$\exists k'' \geqslant k'$，

$\exists d \in \mathbb{N}$，$\langle \mathcal{K}, \mathfrak{T} \rangle [k''] \Vdash_{SK} \neg \varphi(\bar{d})$ （定义 11.12）

$\Leftrightarrow \forall k' \geqslant k$，$\exists k'' \geqslant k'$，

$\exists d \in \mathbb{N}$，$\ulcorner \neg \varphi(\bar{d}) \urcorner \in [\Theta_{\mathrm{I}}(\mathfrak{T})](k'')$ （定义 11.14）

$\Leftrightarrow \forall k' \geqslant k$，$\exists k'' \geqslant k'$，

$\exists d \in \mathbb{N}$，$\ulcorner \neg \varphi(\bar{d}) \urcorner \in \mathfrak{T}(k'')$ （根据$\Theta_{\mathrm{I}}(\mathfrak{T}) = \mathfrak{T}$）

$\Leftrightarrow \forall k' \geqslant k$，$\exists k'' \geqslant k'$，

$\exists d \in \mathbb{N}$，$\langle \mathcal{K}, \mathfrak{T} \rangle [k''] \Vdash \mathrm{T} \ulcorner \neg \varphi(\bar{d}) \urcorner$ （对谓词 T 的解释）

$\Leftrightarrow \forall k' \geqslant k$，$\exists k'' \geqslant k'$，

$\langle \mathcal{K}, \mathfrak{T} \rangle [k''] \Vdash \exists x \mathrm{T} \ulcorner \neg \varphi(\dot{x}) \urcorner$ （$\exists$的定义）

$\Leftrightarrow \langle \mathcal{K}, \mathfrak{T} \rangle [k] \Vdash \neg\neg \exists x \mathrm{T} \ulcorner \neg \varphi(\dot{x}) \urcorner$。 （$\neg$的定义）

其余关于联结词和量词的公理皆可作类似验证。

现在验证 IKF14，对任意的结点 $k \in K$，

$\langle \mathcal{K}, \mathfrak{T} \rangle [k] \Vdash \mathrm{T} \ulcorner \mathrm{T} t \urcorner$

$\Leftrightarrow \ulcorner \mathrm{T} t \urcorner \in \mathfrak{T}(k)$ （对谓词 T 的解释）

$\Leftrightarrow \ulcorner \mathrm{T} t \urcorner \in [\Theta_{\mathrm{I}}(\mathfrak{T})](k)$ （根据$\Theta_{\mathrm{I}}(\mathfrak{T}) = \mathfrak{T}$）

$\Leftrightarrow \langle \mathcal{K}, \mathfrak{T} \rangle [k] \Vdash_{SK} \mathrm{T} t$ （定义 11.14）

$\Leftrightarrow t^{\mathbb{N}} \in \mathfrak{T}(k)$并且$t^{\mathbb{N}} \in \mathrm{Sent}_{\mathrm{T}}$ （定义 11.12）

$\Leftrightarrow \langle \mathcal{K}, \mathfrak{T} \rangle [k] \Vdash \mathrm{T} t$。 （对谓词 T 的解释）

验证 IKF15，对任意的结点 $k \in K$，

$\langle \mathcal{K}, \mathfrak{T} \rangle [k] \Vdash \mathrm{T} \ulcorner \neg \mathrm{T} t \urcorner$

$\Leftrightarrow \ulcorner \neg \mathrm{T} t \urcorner \in \mathfrak{T}(k)$ （对谓词 T 的解释）

$\Leftrightarrow \ulcorner \neg \mathrm{T} t \urcorner \in [\Theta_{\mathrm{I}}(\mathfrak{T})](k)$ （根据$\Theta_{\mathrm{I}}(\mathfrak{T}) = \mathfrak{T}$）

$\Leftrightarrow \langle \mathcal{K}, \mathfrak{T} \rangle [k] \Vdash_{SK} \neg \mathrm{T} t$ （定义 11.14）

$\Leftrightarrow(\dot{\neg}t)^{\mathbb{N}}\in\mathfrak{T}(k)$或$t^{\mathbb{N}}\in\mathrm{Sent}_{\mathrm{T}}{}'$ （定义 11.12）

$\Leftrightarrow\langle\mathcal{K},\ \mathfrak{T}\rangle[k]\Vdash\mathrm{T}\,\dot{\neg}\,t\vee\neg\mathrm{Sent}_{\mathrm{T}}(t)$。 （对谓词 T 的解释）

最后验证 IKF16，对任意的结点 $k\in K$，

$\langle\mathcal{K},\ \mathfrak{T}\rangle[k]\Vdash\mathrm{T}t$

$\Rightarrow t^{\mathbb{N}}\in\mathfrak{T}(k)$ （对谓词 T 的解释）

$\Rightarrow t^{\mathbb{N}}\in[\Theta_{\mathrm{I}}(\mathfrak{T})](k)$ （根据$\Theta_{\mathrm{I}}(\mathfrak{T})=\mathfrak{T}$）

$\Rightarrow\langle\mathcal{K},\ \mathfrak{T}\rangle[k]\Vdash_{\mathrm{SK}}\varphi$，其中$\ulcorner\varphi\urcorner=t^{\mathbb{N}}$ （定义 11.14）

$\Rightarrow t^{\mathbb{N}}\in\mathrm{Sent}_{\mathrm{T}}$ （由上一步）

$\Rightarrow\langle\mathcal{K},\ \mathfrak{T}\rangle[k]\Vdash\mathrm{Sent}_{\mathrm{T}}(t)$。 （由上一步）

再证明从右向左。假设$\langle\mathcal{K},\ \mathfrak{T}\rangle$是 **IKF** 的模型，需证明$\mathfrak{T}$是跳跃算子$\Theta_{\mathrm{I}}$的固定点，也即证明$\forall k\in K$，$[\Theta_{\mathrm{I}}(\mathfrak{T})](k)=\mathfrak{T}(k)$。根据假设已知，$\mathfrak{T}(k)$是在结点$k$上对真谓词的解释，因而代表其元素的项都应能为谓词 T 作用。又由公理 IKF16 可知，凡能为谓词 T 作用的项，都是$\mathcal{L}_{\mathrm{T}}$语句φ的编码的数字$\ulcorner\varphi\urcorner$，因此只需施归纳于语句$\varphi$的正复杂度$n$即可。

当$n=0$，即原子语句及其否定的情形。首先验证$\ulcorner\varphi\urcorner=\ulcorner s=t\urcorner$。

$\ulcorner s=t\urcorner\in\mathfrak{T}(k)$

$\Leftrightarrow\langle\mathcal{K},\ \mathfrak{T}\rangle[k]\Vdash\mathrm{T}\ulcorner s=t\urcorner$ （对谓词 T 的解释）

$\Leftrightarrow\langle\mathcal{K},\ \mathfrak{T}\rangle[k]\Vdash\mathrm{Val}^{+}(\ulcorner s=t\urcorner)$ （由 IKF1）

$\Leftrightarrow\langle\mathcal{K},\ \mathfrak{T}\rangle[k]\Vdash s=t$ （由 Val^{+}的定义）

$\Leftrightarrow s^{\mathbb{N}}=t^{\mathbb{N}}$ （定义 8.11）

$\Leftrightarrow\langle\mathcal{K},\ \mathfrak{T}\rangle[k]\Vdash_{\mathrm{SK}}s=t$ （定义 11.12）

$\Leftrightarrow\ulcorner s=t\urcorner\in[\Theta_{\mathrm{I}}(\mathfrak{T})](k)$。 （定义 11.14）

$\ulcorner\varphi\urcorner=\dot{\neg}\ulcorner s=t\urcorner$可类似验证。现在验证$\ulcorner\varphi\urcorner=\ulcorner\mathrm{T}t\urcorner$。

$\ulcorner\mathrm{T}t\urcorner\in\mathfrak{T}(k)$

$\Leftrightarrow\langle\mathcal{K},\ \mathfrak{T}\rangle[k]\Vdash\mathrm{T}\ulcorner\mathrm{T}t\urcorner$ （对谓词 T 的解释）

$\Leftrightarrow\langle\mathcal{K},\ \mathfrak{T}\rangle[k]\Vdash \mathrm{T}t$ （由 IKF14）

$\Leftrightarrow t^{\mathbb{N}}\in\mathfrak{T}(k)$并且$t^{\mathbb{N}}\in\mathrm{Sent}_{\mathrm{T}}$ （8.1.2 $\mathfrak{T}$的定义）

$\Leftrightarrow\langle\mathcal{K},\ \mathfrak{T}\rangle[k]\Vdash_{\mathrm{SK}} \mathrm{T}t$ （定义 11.12）

$\Leftrightarrow\ulcorner\mathrm{T}t\urcorner\in[\Theta_{\mathrm{I}}(\mathfrak{T})](k)$。 （定义 11.14）

$\ulcorner\varphi\urcorner=\underset{\bullet}{\neg}\ulcorner\mathrm{T}t\urcorner$ 类似可验证。现在验证$n\geqslant 1$ 的情形。

$\ulcorner\neg\neg\varphi\urcorner\in\mathfrak{T}(k)$

$\Leftrightarrow\langle\mathcal{K},\ \mathfrak{T}\rangle[k]\Vdash \mathrm{T}\ulcorner\neg\neg\varphi\urcorner$ （对谓词 T 的解释）

$\Leftrightarrow\langle\mathcal{K},\ \mathfrak{T}\rangle[k]\Vdash\neg\neg \mathrm{T}\ulcorner\varphi\urcorner$ （由 IKF3）

$\Leftrightarrow\forall k'\geqslant k$，$\langle\mathcal{K},\ \mathfrak{T}\rangle[k']\nVdash\neg \mathrm{T}\ulcorner\varphi\urcorner$ （¬的定义）

$\Leftrightarrow\forall k'\geqslant k$，$\exists k''\geqslant k'$，$\langle\mathcal{K},\ \mathfrak{T}\rangle[k'']\Vdash \mathrm{T}\ulcorner\varphi\urcorner$ （¬的定义）

$\Leftrightarrow\forall k'\geqslant k$，$\exists k''\geqslant k'$，$\ulcorner\varphi\urcorner\in\mathfrak{T}(k'')$ （对谓词 T 的解释）

$\Leftrightarrow\forall k'\geqslant k$，$\exists k''\geqslant k'$，$\ulcorner\varphi\urcorner\in[\Theta_{\mathrm{I}}(\mathfrak{T})](k'')$ （归纳假设）

$\Leftrightarrow\forall k'\geqslant k$，$\exists k''\geqslant k'$，$\langle\mathcal{K},\ \mathfrak{T}\rangle[k'']\Vdash_{\mathrm{SK}}\varphi$ （定义 11.14）

$\Leftrightarrow\langle\mathcal{K},\ \mathfrak{T}\rangle[k]\Vdash_{\mathrm{SK}}\neg\neg\varphi$ （定义 11.12）

$\Leftrightarrow\ulcorner\neg\neg\varphi\urcorner\in[\Theta_{\mathrm{I}}(\mathfrak{T})](k)$。 （定义 11.14）

再验证

$\ulcorner\neg(\varphi\rightarrow\psi)\urcorner\in\mathfrak{T}(k)$

$\Leftrightarrow\langle\mathcal{K},\ \mathfrak{T}\rangle[k]\Vdash \mathrm{T}\ulcorner\neg(\varphi\rightarrow\psi)\urcorner$ （对谓词 T 的解释）

$\Leftrightarrow\langle\mathcal{K},\ \mathfrak{T}\rangle[k]\Vdash\neg\neg \mathrm{T}\ulcorner\varphi\urcorner\wedge\neg\neg \mathrm{T}\ulcorner\neg\psi\urcorner$ （由 IKF9）

$\Leftrightarrow\forall k'\geqslant k$，$\exists k''\geqslant k'$，

$\langle\mathcal{K},\ \mathfrak{T}\rangle[k'']\Vdash \mathrm{T}\ulcorner\varphi\urcorner$ 且$\langle\mathcal{K},\ \mathfrak{T}\rangle[k'']\Vdash \mathrm{T}\ulcorner\neg\psi\urcorner$ （¬的定义）

$\Leftrightarrow\forall k'\geqslant k$，$\exists k''\geqslant k'$，

$\ulcorner\varphi\urcorner\in\mathfrak{T}(k'')$并且$\ulcorner\neg\psi\urcorner\in\mathfrak{T}(k'')$ （对谓词 T 的解释）

$\Leftrightarrow\forall k'\geqslant k$，$\exists k''\geqslant k'$，

$\ulcorner\varphi\urcorner\in[\Theta_{\mathrm{I}}(\mathfrak{T})](k'')$并且$\ulcorner\neg\psi\urcorner\in[\Theta_{\mathrm{I}}(\mathfrak{T})](k'')$ （归纳假设）

$\Leftrightarrow \forall k' \geqslant k$，$\exists k'' \geqslant k'$，

$\langle \mathcal{K}, \mathfrak{T}\rangle[k''] \Vdash_{\mathrm{SK}} \varphi$并且$\langle \mathcal{K}, \mathfrak{T}\rangle[k''] \Vdash_{\mathrm{SK}} \neg\psi$　　（定义 11.14）

$\Leftrightarrow\langle \mathcal{K}, \mathfrak{T}\rangle[k] \Vdash_{\mathrm{SK}} \neg(\varphi\to\psi)$　　（定义 11.12）

$\Leftrightarrow \ulcorner\neg(\varphi\to\psi)\urcorner \in[\Theta_{\mathrm{I}}(\mathfrak{T})](k)$。　　（定义 11.14）

关于联结词和量词的其余情形皆可类似验证。但需要注意的是，在证明否定语句的时候，比如上面的$\neg(\varphi\to\psi)$，从$\ulcorner\neg\psi\urcorner \in\mathfrak{T}(k)$仍然可以通过归纳假设而得到$\ulcorner\neg\psi\urcorner \in[\Theta_{\mathrm{I}}(\mathfrak{T})](k)$。因为按照定义 11.13，单独一个否定词虽然增加了语句的复杂度，但是不会增加语句的正复杂度。证毕。

§11.3　对 IKF 的进一步研究

从定理 11.18 的证明过程可以看到，如果保持经典 **KF** 理论的关于双重否定的真公理，也即保持 PT3 的形式，那么定理 11.18 是无法证明的。即使将定义 11.12 的条款 5 改为：$k \Vdash_{\mathrm{SK}} \neg\neg\varphi$当且仅当$k \Vdash_{\mathrm{SK}} \varphi$，也无法完成证明。因为外逻辑是直觉主义逻辑，所以从$\ulcorner\neg\neg\varphi\urcorner \in\mathfrak{T}(k)$只能推出$\forall k' \geqslant k$，$\exists k'' \geqslant k'$，使得$\ulcorner\neg\neg\varphi\urcorner \in[\Theta_{\mathrm{I}}(\mathfrak{T})](k'')$，而这并不能说明$\Theta_{\mathrm{I}}(\mathfrak{T})=\mathfrak{T}$。同样地，如果必须保持 PT3 的形式，那么从$\langle \mathcal{K}, \mathfrak{T}\rangle[k] \Vdash \mathrm{T}\ulcorner\neg\neg\varphi\urcorner$，只能推出$\forall k' \geqslant k$，$\exists k'' \geqslant k'$，使得$\langle \mathcal{K}, \mathfrak{T}\rangle[k''] \Vdash \mathrm{T}\ulcorner\varphi\urcorner$。对于 IKF9 和 IKF11 的改造也是基于此。

定理 11.19　**IKF** $\vdash \forall x(\mathrm{Sent}_{\mathrm{T}}(x) \to(\mathrm{T}(\underset{\bullet}{\neg} x) \to\neg \mathrm{T}(x)))$。

证明　在证明之前，需要首先证明两个有用的技术条件。

条件一：对任意的$\mathcal{L}_{\mathrm{T}}$语句φ，**IKF** $\vdash(\varphi \to \neg\neg(\mathbf{0}=\bar{1})) \leftrightarrow\neg\varphi$。

先证明从左到右。

(1)$\varphi \to \neg\neg(\mathbf{0}=\bar{1})$；　　（假设）

(2)$(\varphi \to \neg\neg(\mathbf{0}=\bar{1})) \to(\neg\neg\neg(\mathbf{0}=\bar{1}) \to\neg\varphi)$；　　（**IQC** 有效式）

(3)$\neg\neg\neg(\mathbf{0}=\bar{1}) \rightarrow \neg\varphi$; ((1)(2)MP)

(4)$\neg(\mathbf{0}=\bar{1}) \rightarrow \neg\neg\neg(\mathbf{0}=\bar{1})$; (**IQC** 有效式)

(5)$\neg(\mathbf{0}=\bar{1}) \rightarrow \neg\varphi$; ((3)(4)HS)

(6)$\neg(\mathbf{0}=\bar{1})$; (公理 HA1)

(7)$\neg\varphi$; ((5)(6)MP)

(8)$(\varphi \rightarrow \neg\neg(\mathbf{0}=\bar{1})) \rightarrow \neg\varphi$。 ((1)(7)演绎定理)

再证明从右向左。

(1)$\neg\varphi$; (假设)

(2)$\neg\varphi\rightarrow(\neg\neg\neg(\mathbf{0}=\bar{1}) \rightarrow \neg\varphi)$; (公理 Ax7)

(3)$\neg\neg\neg(\mathbf{0}=\bar{1}) \rightarrow \neg\varphi$; ((1)(2)MP)

(4)$(\neg\neg\neg(\mathbf{0}=\bar{1})\rightarrow\neg\varphi) \rightarrow (\varphi\rightarrow\neg\neg\neg\neg(\mathbf{0}=\bar{1}))$; (**IQC** 有效式)

(5)$\varphi\rightarrow\neg\neg\neg\neg(\mathbf{0}=\bar{1})$; ((3)(4)MP)

(6)$\neg\neg\neg\neg(\mathbf{0}=\bar{1}) \rightarrow \neg\neg(\mathbf{0}=\bar{1})$; (**IQC** 有效式)

(7)$\varphi \rightarrow \neg\neg(\mathbf{0}=\bar{1})$; ((5)(6)HS)

(8)$\neg\varphi\rightarrow(\varphi \rightarrow \neg\neg(\mathbf{0}=\bar{1}))$。 ((1)(7)演绎定理)

条件二：对任意的$\mathcal{L}_T$语句φ，**IKF**$\vdash(T\ulcorner\varphi\urcorner \rightarrow T\ulcorner\neg\neg(\mathbf{0}=\bar{1})\urcorner) \leftrightarrow \neg T\ulcorner\varphi\urcorner$。

因为根据公理 IKF3，$T\ulcorner\neg\neg(\mathbf{0}=\bar{1})\urcorner$ 等值于$\neg\neg T\ulcorner\mathbf{0}=\bar{1}\urcorner$，而且在 **IKF** 中可以证明$\neg T\ulcorner\mathbf{0}=\bar{1}\urcorner$。所以，按照条件一的证明即可证明条件二成立。现在证明定理 11.19 成立。

如果x是$\mathcal{L}_T$语句的编码，那么$x \dot{\rightarrow} \ulcorner\neg\neg(\mathbf{0}=\bar{1})\urcorner$ 也一定是$\mathcal{L}_T$语句的编码，于是根据公理 IKF8 有

$$\forall x(\mathrm{Sent_T}(x)\rightarrow(\mathrm{T}(x\underset{\cdot}{\rightarrow}\ulcorner\neg\neg(\mathbf{0}=\bar{1})\urcorner)\leftrightarrow$$

$$(\mathrm{T}(x)\rightarrow\mathrm{T}\ulcorner\neg\neg(\mathbf{0}=\bar{1})\urcorner)))。\tag{11-3}$$

由条件一：$x\underset{\cdot}{\rightarrow}\ulcorner\neg\neg(\mathbf{0}=\bar{1})\urcorner$ 等值于$\underset{\cdot}{\neg}x$；

条件二：$\mathrm{T}(x)\rightarrow\mathrm{T}\ulcorner\neg\neg(\mathbf{0}=\bar{1})\urcorner$ 等值于$\neg\mathrm{T}(x)$。

所以，式(11-3)也就等值于

$$\forall x(\mathrm{Sent_T}(x)\rightarrow(\mathrm{T}(\underset{\cdot}{\neg}x)\rightarrow\neg\mathrm{T}(x)))。$$

证毕。

推论 11.20　**IKF** $\vdash$ T-Cons。

证明　由定理 11.19 不难证明

$$\mathbf{IKF}\vdash\forall x(\mathrm{Sent_T}(x)\rightarrow\neg(\mathrm{T}(x)\wedge\mathrm{T}(\underset{\cdot}{\neg}x)))。$$

也即，**IKF** $\vdash$ T-Cons。证毕。

推论 11.20 表明，**IKF** 的真公理实际上预设了真概念的相容性(T-Cons)，也即预设了任何语句及其否定不可能同时为真。从而说明能够充当 **IKF** 的真谓词的解释的固定点都是相容固定点(consistent fixed point)，并且不可能是完全固定点(complete fixed point)。[①]而 **KF** 并不预设 T-Cons，这是因为 **KF** 不能证明 IKF8。只有当下面这条公理被添加到 **KF** 后，才能在 **KF** 中证明 T-Cons。[②]

$$\forall x\forall y(\mathrm{Sent_T}(x\underset{\cdot}{\rightarrow}y)\rightarrow(\mathrm{T}(x\underset{\cdot}{\rightarrow}y)\rightarrow(\mathrm{T}(x)\rightarrow\mathrm{T}(y))))。$$

事实上，有时候也把 T-Cons 直接作为 **KF** 的初始公理。[③]有了 T-Cons，便可以讨论 **IKF** 对说谎者语句γ(参见定义 10.31)的处理。

定理 11.21　**IKF** $\vdash\gamma\wedge\neg\mathrm{T}\ulcorner\gamma\urcorner$，其中$\gamma$是说谎者语句。

---

① 如果$\mathfrak{T}$是完全固定点，则$\langle\mathcal{K},\ \mathfrak{T}\rangle\vDash$ IKF + T-Comp。事实上，也不可能满足弱完全性 T-Comp(w)。否则，T-Comp(w)与 T-Cons 就组成了 IFS2，而 IFS2 与 IKF14 是不相容的。T-Comp 和 T-Comp(w)的具体形式可参见定义 10. 8。

② V. Halbach. *Axiomatic Theories of Truth.* Cambridge: Cambridge University Press，2014，pp. 198 -200.

③ L. Horsten. *The Tarskian Turn: Deflationism and Axiomatic Truth.* Cambridge: MIT Press，2011，p. 125.

证明 由 **HA** 的广义对角线引理(引理 10.4)，**IKF** $\vdash \gamma \leftrightarrow \neg T\ulcorner\gamma\urcorner$，于是有

$$\ulcorner\gamma\urcorner = \ulcorner\neg T\ulcorner\gamma\urcorner\urcorner 。$$

(1) $\ulcorner\gamma\urcorner = \ulcorner\neg T\ulcorner\gamma\urcorner\urcorner$； (已知)

(2) $(\ulcorner\gamma\urcorner = \ulcorner\neg T\ulcorner\gamma\urcorner\urcorner) \rightarrow (T\ulcorner\gamma\urcorner \rightarrow T\ulcorner\neg T\ulcorner\gamma\urcorner\urcorner)$； (T 等词公理)

(3) $T\ulcorner\gamma\urcorner \rightarrow T\ulcorner\neg T\ulcorner\gamma\urcorner\urcorner$； ((1)(2)MP)

(4) $T\ulcorner\neg T\ulcorner\gamma\urcorner\urcorner \rightarrow T\ulcorner\neg\gamma\urcorner$； (公理 IKF15)

(5) $T\ulcorner\gamma\urcorner \rightarrow T\ulcorner\neg\gamma\urcorner$； ((3)(4)HS)

(6) $T\ulcorner\neg\gamma\urcorner \rightarrow \neg T\ulcorner\gamma\urcorner$； (定理 11.19)

(7) $T\ulcorner\gamma\urcorner \rightarrow \neg T\ulcorner\gamma\urcorner$； ((5)(6)HS)

(8) $T\ulcorner\gamma\urcorner \rightarrow \neg T\ulcorner\neg T\ulcorner\gamma\urcorner\urcorner$； ((7)右端代入$\gamma$)

(9) $\neg T\ulcorner\gamma\urcorner$。 ((3)(8)公理 Ax10)

于是，由 **IKF** $\vdash \neg T\ulcorner\gamma\urcorner$，可以立刻推出 **IKF** $\vdash \gamma$。证毕。

由此可见，尽管在语形方面，**IKF** 与 **KF** 的差别比较大，但是 **IKF** 基本保持了 **KF** 的语义性质。完全保留 **KF** 的真公理虽然不会妨碍 **IKF** 的相容性，但是这不利于语义学讨论。直觉主义逻辑相比经典逻辑最重要的区别在于，对否定词、蕴涵词及全称量词的特殊的语义解释，而本章对 **KF** 原始公理的改造也恰是围绕着这几条公理。

最后，简要讨论 **IKF** 的数学强度问题。在经典理论方面，哈尔巴赫证明了 **KF** 可与"中介工具"$\mathbf{RT}_{<\varepsilon}$ 相互解释，因而 **KF** 的数学强度就等价于迭代算术概括理论 $\mathbf{ACA}_{<\varepsilon}$，其中序数$\varepsilon$是序数收集$\{\omega, \omega^{\omega}, \omega^{\omega^{\omega}}, \cdots\}$的上确界。但是对于 **IKF** 来说，已有的"中介工具"不能用于确定它的数学强度(或范围)。因为根据事实 11.6 和事实 11.7 的说明，在直觉主义逻辑背景下，**IKF** 与任何 $\mathbf{IRT}_{<\alpha}$ 都无法进行相互解释，所以讨论 **IKF** 的数学强度必须借助新的工具。然而，**SIPT** 的数学强度尚未确定，并且不能用已知的方法来判定 **SIPT** 是否 **HA** 之上保守的：一方面，**SIPT** 并非 **SICT** 的直接扩充，也并非 **SICT** 的子理论，更不可能是

IDT 的子理论，所以不能用已知保守性的理论来间接判定；另一方面，证明 **HA** 的整体反射原理需借助去引号模式 DT，但是事实 11.6 和事实 11.7 表明，DT 在 **HA** 中不成立。所以，讨论 **IKF** 的数学强度(或范围)还需要新的技术支撑。

至此，我们在直觉主义逻辑基础上重新讨论了四大经典理论。这说明经典公理化真理论所取得的绝大多数成果都是基于人们对真概念的直接把握，而不是依赖于经典逻辑。但是这也并不能说明逻辑基础与公理化真理论无关。至少从本章的讨论可以看到，不同的逻辑基础对真公理的具体形式有各自不同的要求。然而到目前为止，我们尚未发现能够在直觉主义逻辑上相容，而在经典逻辑上不相容的公理化真理论。这将是下一章所要探索的。

第 12 章
直觉主义的弱公理化真理论

本章研究直觉主义的弱公理化真理论，也即对组合性原则的弱化处理。我们不再以全称量化语句刻画组合性，而是将其表达为公理模式。但弱公理化真理论并非是对强公理化真理论的直接弱化，它还要追求真公理在形式上的直观和简洁。所以弱公理化真理论是一类与此前研究完全不同的真理论。本章将分别讨论类型的和无类型的弱公理化真理论。

本章共三节。§12.1 讨论在直觉主义背景下研究弱公理化真理论的意义；§12.2 是关于直觉主义的类型弱公理化真理论；§12.3 通过研究无类型弱组合性的几种情形，找到了两个特殊的真理论：**CST** 和 **IST**。二者的逻辑基础分别为经典逻辑和直觉主义逻辑。并且证明当二者同时对 NEC 规则和 CONEC 规则封闭时，前者是不相容的，而后者是相容的。这说明确实存在经典逻辑上不相容而直觉主义逻辑上相容的真理论，但这样的真理论并不是理想的真理论。

§12.1　弱公理化真理论的必要性

埃德尔在《组合性与弱公理化真理论评论》[①]一文中首次提出并讨论了弱公理化真理论。在这篇文章里，埃德尔首先反驳了霍斯顿关于 **DT** 与 **CT** 相互关系

① G. Eder. Remarks on Compositionality and Weak Axiomatic Theories of Truth. *Journal of Philosophical Logic*, 2014(43): 541-547.

的一个观点。霍斯顿认为，虽然 **DT** 的弱演绎力使得它不能证明任何涉及真谓词的全称概括语句，从而不能证明 **CT** 的组合公理，但若把 **CT** 的组合公理弱化地表达成公理模式，则 **DT** 与之等价。[1]然而埃德尔证明，由于 **DT** 不能推出弱化的全称量词组合公理，所以霍斯顿的设想其实并不成立。这就说明在 **DT** 和 **CT** 之间的确存在弱公理化真理论。但是通过直接弱化 **CT** 所得到的真理论（简记为 **WCT**），虽然具备弱组合性，但并不十分理想。埃德尔的想法是，既要能够使弱公理化真理论满足弱组合性，又要在形式上具备 **DT** 的简洁性。埃德尔证明了 **UDT** 恰是这样一种弱公理化真理论。[2]

我们认为，弱化组合原则的思路对于直觉主义的公理化真理论来说，也有研究的价值。首先，直觉主义公理化真理论的真公理数量过多。由于在直觉主义背景下，逻辑联结词不能相互定义，所以基于直觉主义逻辑的公理化真理论必须添加用于刻画蕴涵词的真公理。这就使得公理的数目增多。比如，经典的 **CT** 理论通常仅需包含原子语句、否定词、析取词、全称量词的 4 条真公理，[3]而本编所研究的 **ICT** 则需 7 条真公理，**IKF** 的真公理更是多达 16 条。如此众多的公理使得真理论在形式上确实太过于复杂。

其次，直觉主义公理化真理论的真公理并不自然。如前所述，由于本编所讨论的真公理并非来源于直觉主义的语义解释，这就使得有些真公理在形式上不符合直觉主义的直观理解。例如公理 IFS2，从 $\mathrm{T}(\underset{\cdot}{\neg} x)$ 到 $\neg \mathrm{T}(x)$ 无疑是可接受的，但从 $\neg \mathrm{T}(x)$ 到 $\mathrm{T}(\underset{\cdot}{\neg} x)$ 却超出了直觉主义的理解。这很容易造成研究基础（即直觉主义逻辑）与研究对象（即经典真谓词）的混淆。从这个角度看，在前面讨论的四种真理论中，仅有 **IDT** 的真公理是清晰直观且无歧义的。

最后，为了适于语义学的讨论，直觉主义公理化真理论的真公理在经典真

---

① L. Horsten. *The Tarskian Turn: Deflationism and Axiomatic Truth* . Cambridge: MIT Press, 2011, p. 71.

② G. Eder. Remarks on Compositionality and Weak Axiomatic Theories of Truth. *Journal of Philosophical Logic*, 2014(43): 546-547.

③ L. Horsten. *The Tarskian Turn: Deflationism and Axiomatic Truth*. Cambridge: MIT Press, 2011, p. 71.

公理的基础上做了一定的让步。比如公理 IKF3，虽然$\neg\neg T(x)$与 $T(x)$都是正真谓词，而且在经典逻辑背景下等价，但这仍然与本编保持经典真公理的初衷有所背离。所以如果存在弱公理化真理论，那么将在很大程度上避免这些问题。

以上三点说明，直觉主义的弱公理化真理论是很有必要的。本章接下来的部分将在埃德尔弱组合原则的基础上，从类型和无类型两个方面分别探讨兼具简洁性和弱组合性的真理论。

§12.2 类型弱公理化真理论

在第 9 章中，事实 9.12 说明 **IDT** 同 **DT** 一样，也不能证明涉及 T 谓词的全称概括语句，从而说明 **IDT** 不能证明 **SICT** 的真公理，因而没有强组合性。下面给出一种直觉主义的类型弱组合理论 **WICT**。

定义 12.1（WICT） 直觉主义的类型弱组合理论 **WICT** 是以公理模式的形式重新表达 **SICT** 的真公理所得。即包含以下 7 条真公理：

WCT1：$T\ulcorner\varphi\urcorner\leftrightarrow Val^{+}(\ulcorner\varphi\urcorner)$，其中$\varphi$是$\mathcal{L}_{HA}$原子语句；

WCT2：$T\ulcorner\neg\varphi\urcorner\leftrightarrow\neg T\ulcorner\varphi\urcorner$，其中$\varphi$是$\mathcal{L}_{HA}$语句；

WCT3：$T\ulcorner\varphi\wedge\psi\urcorner\leftrightarrow T\ulcorner\varphi\urcorner\wedge T\ulcorner\psi\urcorner$，其中$\varphi$和$\psi$是$\mathcal{L}_{HA}$语句；

WCT4：$T\ulcorner\varphi\vee\psi\urcorner\leftrightarrow T\ulcorner\varphi\urcorner\vee T\ulcorner\psi\urcorner$，其中$\varphi$和$\psi$是$\mathcal{L}_{HA}$语句；

WCT5：$T\ulcorner\varphi\rightarrow\psi\urcorner\leftrightarrow(T\ulcorner\varphi\urcorner\rightarrow T\ulcorner\psi\urcorner)$，其中$\varphi$和$\psi$是$\mathcal{L}_{HA}$语句；

WCT6：$T\ulcorner\forall x\varphi(x)\urcorner\leftrightarrow\forall xT\ulcorner\varphi(\dot{x})\urcorner$，其中$\varphi(x)$是$\mathcal{L}_{HA}$公式；

WCT7：$T\ulcorner\exists x\varphi(x)\urcorner\leftrightarrow\exists xT\ulcorner\varphi(\dot{x})\urcorner$，其中$\varphi(x)$是$\mathcal{L}_{HA}$公式。

很明显，公理 WCT1～WCT7 体现了弱组合性。但是 **WICT** 并不是理想的弱公理化真理论，因为它的真公理不具有简洁性。而且仿照对事实 9.12 的说明不难验证，**IDT** 无法证明 WCT6 和 WCT7，因而 **IDT** 也不是理想的弱公理化真理论。现在考虑

定义 12.2（IUDT） 直觉主义的去引号理论 **IUDT** 是在算术理论 **HAT** 的基础上增添如下公理模式而得到

UDT：$\forall x(\mathrm{T}\ulcorner\varphi(\dot{x})\urcorner\leftrightarrow\varphi(x))$，其中$\varphi(x)$是$\mathcal{L}_{\mathrm{HA}}$公式。

公理 UDT 是对公理 DT 的推广，所以 **IDT** 显然是 **IUDT** 的子理论。而 **IUDT** 已经具备了简洁性，如果能推出 **WICT** 的 7 条组合公理，那么它就是所要寻找的直觉主义类型弱公理化真理论。

定义 12.3（类型弱组合性） 如果一种真理论能够证明 **WICT** 的全部 7 条组合公理，那么就称这种真理论满足类型弱组合性。

定理 12.4 **IUDT** 满足类型弱组合性。

证明 只需证明 WCT1～WCT7 均能由 **IUDT** 推出。

验证 WCT1：因为$\mathrm{Val}^{+}(x)$是在 **HA** 中可定义的，而且对于任意$\mathcal{L}_{\mathrm{HA}}$原子语句$\varphi$，**HA** $\vdash\varphi$当且仅当 **HA** $\vdash\mathrm{Val}^{+}(\ulcorner\varphi\urcorner)$，也即 **IUDT** $\vdash\mathrm{Val}^{+}(\ulcorner\varphi\urcorner)\leftrightarrow\varphi$。又因为 **IUDT** $\vdash\mathrm{T}\ulcorner\varphi\urcorner\leftrightarrow\varphi$，所以，**IUDT** $\vdash\mathrm{T}\ulcorner\varphi\urcorner\leftrightarrow\mathrm{Val}^{+}(\ulcorner\varphi\urcorner)$。

验证 WCT2：对任意的$\mathcal{L}_{\mathrm{HA}}$语句$\varphi$，由 **IUDT** $\vdash\mathrm{T}\ulcorner\varphi\urcorner\leftrightarrow\varphi$可以推出，**IUDT** $\vdash\neg\mathrm{T}\ulcorner\varphi\urcorner\leftrightarrow\neg\varphi$，又因为 **IUDT** $\vdash\mathrm{T}\ulcorner\neg\varphi\urcorner\leftrightarrow\neg\varphi$，于是，

$$\textbf{IUDT}\vdash\mathrm{T}\ulcorner\neg\varphi\urcorner\leftrightarrow\neg\mathrm{T}\ulcorner\varphi\urcorner。$$

验证 WCT3：对任意的$\mathcal{L}_{\mathrm{HA}}$语句$\varphi$和$\psi$，可以分别得到

IUDT $\vdash\mathrm{T}\ulcorner\varphi\urcorner\leftrightarrow\varphi$，**IUDT** $\vdash\mathrm{T}\ulcorner\psi\urcorner\leftrightarrow\psi$，**IUDT** $\vdash\mathrm{T}\ulcorner\varphi\wedge\psi\urcorner\leftrightarrow\varphi\wedge\psi$。

从而不难得到

$$\textbf{IUDT}\vdash\mathrm{T}\ulcorner\varphi\wedge\psi\urcorner\leftrightarrow\mathrm{T}\ulcorner\varphi\urcorner\wedge\mathrm{T}\ulcorner\psi\urcorner。$$

WCT4 和 WCT5 可类似验证。

现在验证 WCT6：因为对任意的$\mathcal{L}_{\mathrm{HA}}$公式$\varphi(x)$，都有

$$\textbf{IUDT}\vdash\forall x(\mathrm{T}\ulcorner\varphi(\dot{x})\urcorner\leftrightarrow\varphi(x)),$$

根据逻辑公理 Ax11 有，**IUDT** $\vdash\forall x\mathrm{T}\ulcorner\varphi(\dot{x})\urcorner\leftrightarrow\forall x\varphi(x)$。又因为 **IDT** 是 **IUDT** 的子理论，所以有 **IUDT** $\vdash\mathrm{T}\ulcorner\forall x\varphi(x)\urcorner\leftrightarrow\forall x\varphi(x)$。于是，

$$\mathbf{IUDT}\vdash \mathrm{T}\ulcorner\forall x\varphi(x)\urcorner\leftrightarrow\forall x\mathrm{T}\ulcorner\varphi(\dot{x})\urcorner。$$

同理，根据逻辑公理 Ax12 可以验证 WCT7。证毕。

定理 12.4 表明，**IUDT** 既具备真公理在形式上的简洁性，又满足类型弱组合性。这就说明 **IUDT** 是一种弱公理化真理论，并且是类型的。现在还需讨论它与 **SICT** 的关系，以探究它是否还满足强组合性。

定理 12.5 **IUDT** 是 **SICT** 的子理论。

证明 只需证明从 **SICT** 能推出 **IUDT** 的公理模式 UDT 即可。通过施归纳于公式$\varphi(x)$的复杂度不难证明。

当$\varphi(x)$是原子公式时，$\forall d\in\mathbb{N}$，$\varphi(\overline{d})$必为原子语句。那么根据 $\mathrm{Val}^{+}(x)$ 的定义可知，**SICT** $\vdash\mathrm{Val}^{+}(\ulcorner\varphi(\overline{d})\urcorner)\leftrightarrow\varphi(\overline{d})$。再根据公理 CT1 可知

$$\mathbf{SICT}\vdash\mathrm{AtSent}_{\mathrm{HA}}(\ulcorner\varphi(\overline{d})\urcorner)\rightarrow(\mathrm{T}\ulcorner\varphi(\overline{d})\urcorner\leftrightarrow\mathrm{Val}(\ulcorner\varphi(\overline{d})\urcorner))。$$

$\mathrm{AtSent}_{\mathrm{HA}}(\ulcorner\varphi(\overline{d})\urcorner)$显然可以分离，那么也就得到

$$\mathbf{SICT}\vdash\mathrm{T}(\ulcorner\varphi(\overline{d})\urcorner)\leftrightarrow\varphi(\overline{d})。$$

故而有 $\mathbf{SICT}\vdash\forall x(\mathrm{T}\ulcorner\varphi(\dot{x})\urcorner\leftrightarrow\varphi(x))$。

当$\varphi(x)$是否定公式$\neg\psi(x)$时，根据公理 CT2 有

$$\forall x(\mathrm{Sent}_{\mathrm{HA}}(\ulcorner\neg\psi(\dot{x})\urcorner)\rightarrow(\mathrm{T}\ulcorner\neg\psi(\dot{x})\urcorner\leftrightarrow\neg\mathrm{T}\ulcorner\psi(\dot{x})\urcorner))。$$

因为 **SICT** $\vdash\forall x\mathrm{Sent}_{\mathrm{HA}}(\ulcorner\neg\psi(\dot{x})\urcorner)$，所以由逻辑公理 Ax11 可以得到

$$\mathbf{SICT}\vdash\forall x(\mathrm{T}\ulcorner\neg\psi(\dot{x})\urcorner\leftrightarrow\neg\mathrm{T}\ulcorner\psi(\dot{x})\urcorner)。$$

根据归纳假设，**SICT** $\vdash\forall x(\mathrm{T}\ulcorner\psi(\dot{x})\urcorner\leftrightarrow\psi(x))$，也就有

$$\mathbf{SICT}\vdash\forall x(\neg\mathrm{T}\ulcorner\psi(\dot{x})\urcorner\leftrightarrow\neg\psi(x))。$$

因此可以得到，**SICT** $\vdash\forall x(\mathrm{T}\ulcorner\neg\psi(\dot{x})\urcorner\leftrightarrow\neg\psi(x))$。其余逻辑联结词和量词的情形亦可类似证明。证毕。

定理 12.5 说明 **IUDT** 是介于 **IDT** 和 **SICT** 之间的理论。按照此前对事实

9.12 的说明，可以验证 **IUDT** 的演绎力同样是弱的，它仍然不能证明含谓词 T 的全称概括语句。从而说明 **IUDT** 是 **SICT** 的真子理论，因而不满足强组合性。这就与埃德尔在经典理论中所取得的结果一致。[①]但是得到这样的结果并不能令人满意，因为从真理论的发展来看，无类型理论才更具研究的价值。

类型弱公理化真理论是平凡的，但无类型又将面临来自说谎者悖论及其变体的威胁。已有经验表明，模式 DT 与公理 CT2 在取消语言分层的情况下会导致理论的不相容。那么作为对 DT 进行推广而得到的 UDT，很明显也不可能在允许谓词 T 自由迭代时与 CT2 保持相容性。这就表明，如果要以 DT 或 UDT 这种塔尔斯基双条件模式作为简洁性的标准，那么仍然需要对塔尔斯基双条件模式进行必要的限制。

§12.3　无类型弱公理化真理论

12.3.1　无类型去引号理论 IPUDT

因为对 **IUDT** 的直接无类型化会导致说谎者悖论，而说谎者语句的特点是真谓词出现在奇数个否定词的辖域中，所以如果要允许模式 UDT 作用于含真谓词的公式，那么这些公式就只能是正真公式。

定义 12.6(正真公式)　$\mathcal{L}_T$公式φ被称为正真公式，当且仅当φ中不包含非正真谓词。当φ是闭公式时，称其为正真语句。全体正真公式的集合记为 PTF，全体正真语句的集合记为 PTS。

需要注意的是，不能只从形式上来断定φ中是否不包含非正真谓词，因为可能存在“伪正真公式”。比如，$T\ulcorner\varphi\urcorner \to \mathbf{0}=S(\mathbf{0})$。从形式上看它是正真的，但实际上由于它等值于$\neg T\ulcorner\varphi\urcorner$，因而是非正真公式。所以，经典理论在讨论正真

① G. Eder. Remarks on Compositionality and Weak Axiomatic Theories of Truth. *Journal of Philosophical Logic*, 2014(43): 541-547.

公式时，一般会采用逻辑联结词的完备集{¬，∧，∨}，以避免伪正真公式。通常的做法是，将所有公式转变成与之等值的合取范式(或析取范式)，[①] 然后通过计算合取范式中原子公式 Tt前缀否定词的个数是否全为偶数，最终确定原公式是否为正真公式。

在直觉主义逻辑背景下，逻辑联结词不能相互定义，所以必定会出现蕴涵式，而且并非任意公式都存在与之等值的合取范式。这就为定义直觉主义的正真公式增加了难度。但考虑到本编的研究特点是保留经典理论的基本结构，仅仅削弱逻辑基础，所以此时仍然可以沿用基于经典逻辑而定义的正真公式，并且采用正真公式的合取范式形式。这样做一方面不会出现伪正真公式，因为经典逻辑背景下的正真公式，很明显也是直觉主义背景下的正真公式；而另一方面又能反推出可容许的蕴涵公式。于是可以定义一种新的无类型去引号理论。

定义 12.7(IPUDT) 直觉主义的无类型去引号正真理论 **IPUDT** 是在算术理论 **HAT** 的基础上增加下面这个公理模式而得到：

PUDT：$\forall x(\mathrm{T}\ulcorner\varphi(\dot{x})\urcorner\leftrightarrow\varphi(x))$，其中$\mathcal{L}_{\mathrm{T}}$公式$\varphi(x)\in\mathrm{PTF}$。

根据定义不难看到，**IPUDT** 是对 **IUDT** 的无类型化，但同时受到了正真公式的限制。而 **IUDT** 是 **SICT** 的子理论，那么可以比较自然地想到 **IPUDT** 是 **IFS** 的子理论。但事实上只能证明

定理 12.8 **IPUDT** 是 **IKF** 的子理论。

证明 该证明类似于对定理 12.5 的证明。由于此前已经约定了正真公式的合取范式形式，所以可通过施归纳于$\varphi(x)$的合取范式的复杂度来证明。

归纳基始：当$\varphi(x)$是原子公式或原子公式的否定时，可分为三种子情形。

情形一：$\varphi(x)$是等式原子公式。$\forall d\in\mathbb{N}$，$\varphi(\bar{d})$皆是$\mathcal{L}_{\mathrm{HA}}$原子语句。于是由公理 IKF1 可知，$\mathrm{T}\ulcorner\varphi(\bar{d})\urcorner\leftrightarrow\mathrm{Val}^{+}(\ulcorner\varphi(\bar{d})\urcorner)$。根据 $\mathrm{Val}^{+}(x)$的定义可证

① 如果是量化公式，则是指将其转变为前束范式后，母式为合取范式（或析取范式）。

明，$\mathrm{Val}^{+}(\ulcorner\varphi(\bar{d})\urcorner)\leftrightarrow\varphi(\bar{d})$。所以，$T\ulcorner\varphi(\bar{d})\urcorner\leftrightarrow\varphi(\bar{d})$。

情形二：$\varphi(x)$是等式原子公式的否定式$\neg\psi(x)$。同样$\forall d\in\mathbb{N}$，可证明$T\ulcorner\psi(\bar{d})\urcorner\leftrightarrow\psi(\bar{d})$，因而$\neg T\ulcorner\psi(\bar{d})\urcorner\leftrightarrow\neg\psi(\bar{d})$。根据公理 IKF2，有$\neg T\ulcorner\psi(\bar{d})\urcorner\leftrightarrow T\ulcorner\neg\psi(\bar{d})\urcorner$。所以，$T\ulcorner\neg\psi(\bar{d})\urcorner\leftrightarrow\neg\psi(\bar{d})$。

情形三：$\varphi(x)$是谓词 T 原子公式 $T(x)$。对任意的项t，$T\ulcorner Tt\urcorner\leftrightarrow Tt$显然是公理 IKF14 的代入实例。

归纳步骤：假设$\varphi(x)$形如$\psi(x)\wedge\chi(x)$，$\forall d\in\mathbb{N}$，由公理 IKF4 可知

$$T\ulcorner\psi(\bar{d})\wedge\chi(\bar{d})\urcorner\leftrightarrow T\ulcorner\psi(\bar{d})\urcorner\wedge T\ulcorner\chi(\bar{d})\urcorner。$$

根据归纳假设，$T\ulcorner\psi(\bar{d})\urcorner\leftrightarrow\psi(\bar{d})$和$T\ulcorner\chi(\bar{d})\urcorner\leftrightarrow\chi(\bar{d})$都已可证，所以由等值置换不难得到，$T\ulcorner\psi(\bar{d})\wedge\chi(\bar{d})\urcorner\leftrightarrow\psi(\bar{d})\wedge\chi(\bar{d})$。同理，假设$\varphi(x)$形如$\psi(x)\vee\chi(x)$，类似可证。

假设$\varphi(x)$形如$\forall y\psi(x, y)$，$\forall d\in\mathbb{N}$，由公理 IKF10 可知

$$T\ulcorner\forall y\psi(\bar{d}, y)\urcorner\leftrightarrow\forall yT\ulcorner\psi(\bar{d}, \dot{y})\urcorner。$$

根据归纳假设，$\forall e\in\mathbb{N}$，$T\ulcorner\psi(\bar{d}, \bar{e})\urcorner\leftrightarrow\psi(\bar{d}, \bar{e})$均已可证，也即能够证明$\forall yT\ulcorner\psi(\bar{d}, \dot{y})\urcorner\leftrightarrow\forall y\psi(\bar{d}, y)$。所以，$T\ulcorner\forall y\psi(\bar{d}, y)\urcorner\leftrightarrow\forall y\psi(\bar{d}, y)$。同理，当$\varphi(x)$形如$\exists y\psi(x, y)$时，类似可证。

由此便证明了 **IPUDT** 是 **IKF** 的子理论。证毕。

因为 **IPUDT** 是 **IFS** 和 **IKF** 的子理论，所以 **IPUDT** 无疑具有相容性。但是鉴于 **IPUDT** 是更进一步讨论的基础，现在简要地给出 **IPUDT** 的模型。

定义 12.9(跳跃算子Δ)　直觉主义跳跃算子Δ是$\mathfrak{T}$赋值函数的集合 $V_{\mathfrak{T}}$ 上的运算，使得$\forall k\in K$，都有

$$[\Delta(\mathfrak{T})](k)=$$
$$\{\ulcorner\varphi\urcorner\mid\varphi\in PTS\wedge\langle\mathcal{K}, \mathfrak{T}\rangle[k]\Vdash\varphi\}\cup\{\ulcorner\varphi\urcorner\mid\varphi\notin PTS\wedge\ulcorner\varphi\urcorner\in\mathfrak{T}(k)\}。$$

$\mathcal{K}$是 **HA** 的算术标准模型，赋值函数$\mathfrak{T}$为每个结点 k 指派$\mathbb{N}$的一个子集，使得$\mathfrak{T}(k)$是在结点 k 上对谓词 T 的解释。所以，$\langle\mathcal{K},\mathfrak{T}\rangle$是$\mathcal{L}_{\mathrm{T}}$的模型。于是$[\Delta(\mathfrak{T})](k)$实际上是由两部分组成的：第一部分是$\langle\mathcal{K},\mathfrak{T}\rangle$在 k 上能够力迫的所有正真语句的编码集；第二部分是$\mathfrak{T}(k)$中其余非正真语句的编码集。

定理 12.10（Δ的单调性） 对任意赋值函数$\mathfrak{T}_1$，$\mathfrak{T}_2\in \mathrm{V}_{\mathfrak{T}}$，如果有$\mathfrak{T}_1\leqslant\mathfrak{T}_2$，那么可以证明$\Delta(\mathfrak{T}_1)\leqslant\Delta(\mathfrak{T}_2)$。也即$\forall k\in K$，如果有$\mathfrak{T}_1(k)\subseteq\mathfrak{T}_2(k)$，那么可以证明$[\Delta(\mathfrak{T}_1)](k)\subseteq[\Delta(\mathfrak{T}_2)](k)$。

证明 只需证明对任意$\mathcal{L}_{\mathrm{T}}$语句φ，如果有$\ulcorner\varphi\urcorner\in[\Delta(\mathfrak{T}_1)](k)$，那么就能根据定义 12.9 推出$\ulcorner\varphi\urcorner\in[\Delta(\mathfrak{T}_2)](k)$。这可以通过施归纳于$\varphi$的复杂度$n$来证明。

归纳基始：当$n=0$时，即φ是原子语句时，有两种情形。

情形一：φ是纯算术原子语句，因而是正真语句。对于这类原子语句，如果$\langle\mathcal{K},\mathfrak{T}_1\rangle[k]\Vdash\varphi$，那么一定就有$\mathcal{K}[k]\Vdash\varphi$。所以可直接推出$\langle\mathcal{K},\mathfrak{T}_2\rangle[k]\Vdash\varphi$。

情形二：φ是含谓词 T 的原子语句 Tt，这类语句也是正真语句。所以根据已知条件$\mathfrak{T}_1(k)\subseteq\mathfrak{T}_2(k)$可以立刻得出，对任意闭项$t$，都有

$$\langle\mathcal{K},\mathfrak{T}_1\rangle[k]\Vdash \mathrm{T}t\Rightarrow\langle\mathcal{K},\mathfrak{T}_2\rangle[k]\Vdash \mathrm{T}t,\tag{12-1}$$

而且因为 $\mathrm{T}t\to\neg\neg\mathrm{T}t$是直觉主义有效的，所以对任意前缀偶数个否定词的谓词 T，式(12-1)都可以成立。

归纳步骤：假设当$n\leqslant k$时都成立，现在证明$n=k+1$，也分两种情形。

情形一：如果$\varphi\in$PTS，那么根据此前对 PTS 的约定，φ具有合取范式的形式，并且谓词 T 原子语句的任何出现都不可能处于奇数个否定词的辖域中。所以，当φ是$\psi\wedge\chi$时，如果有$\langle\mathcal{K},\mathfrak{T}_1\rangle[k]\Vdash\psi\wedge\chi$，那么根据定义 8.12 对“$\Vdash$”的规定可以知道，$\langle\mathcal{K},\mathfrak{T}_1\rangle[k]\Vdash\psi$，且$\langle\mathcal{K},\mathfrak{T}_1\rangle[k]\Vdash\chi$。再根据归纳假设，也就不难得到$\langle\mathcal{K},\mathfrak{T}_2\rangle[k]\Vdash\psi$，且$\langle\mathcal{K},\mathfrak{T}_2\rangle[k]\Vdash\chi$。进而有$\langle\mathcal{K},\mathfrak{T}_2\rangle[k]\Vdash\psi\wedge\chi$。当

φ是$\psi \vee \chi$时类似可证。

情形二：如果$\varphi \notin$PTS，那么根据定义 12.9 及$\mathfrak{T}_1(k) \subseteq \mathfrak{T}_2(k)$，可以很容易知道$\ulcorner\varphi\urcorner \in [\Delta(\mathfrak{T}_2)](k)$。证毕。

单调性保证了Δ固定点的存在，也即存在赋值函数$\mathfrak{T}$使得$\Delta(\mathfrak{T})=\mathfrak{T}$。现在可以证明，由$\Delta$固定点所构成的$\mathcal{L}_{\mathrm{T}}$的模型$\langle\mathcal{K}, \mathfrak{T}\rangle$是 **IPUDT** 的模型。

定理 12.11　对任意的赋值函数$\mathfrak{T} \in V_{\mathfrak{T}}$，

$$\Delta(\mathfrak{T})=\mathfrak{T} \Leftrightarrow \langle\mathcal{K}, \mathfrak{T}\rangle \models \mathbf{IPUDT}。$$

证明　先证明从左向右。可通过施归纳于 **IPUDT** 中证明序列的长度，只需证明$\langle\mathcal{K}, \mathfrak{T}\rangle$满足 **IPUDT** 的所有真公理。

对任意的结点$k \in K$，此时有$\varphi \in$PTS，

$\langle\mathcal{K}, \mathfrak{T}\rangle[k] \Vdash \mathrm{T}\ulcorner\varphi\urcorner$

$\Leftrightarrow \ulcorner\varphi\urcorner \in \mathfrak{T}(k)$　　（对谓词 T 的解释）

$\Leftrightarrow \ulcorner\varphi\urcorner \in [\Delta(\mathfrak{T})](k)$　　（根据$\Delta(\mathfrak{T})=\mathfrak{T}$）

$\Leftrightarrow \langle\mathcal{K}, \mathfrak{T}\rangle[k] \Vdash \varphi$。　　（定义 12.9）

上面的推理表明，$\forall \varphi \in$PTS，PUDT 的代入实例都成立，从而$\langle\mathcal{K}, \mathfrak{T}\rangle$满足公理模式 PUDT。

再证明从右向左。假设$\langle\mathcal{K}, \mathfrak{T}\rangle$是 **IPUDT** 的模型，需要证明$\mathfrak{T}$是跳跃算子$\Delta$的固定点，也即证明$\forall k \in K$，都有$[\Delta(\mathfrak{T})](k)=\mathfrak{T}(k)$。分两种情形。

情形一：如果$\varphi \in$PTS，那么可建立如下等值推理：

$\ulcorner\varphi\urcorner \in \mathfrak{T}(k)$

$\Leftrightarrow \langle\mathcal{K}, \mathfrak{T}\rangle[k] \Vdash \mathrm{T}\ulcorner\varphi\urcorner$　　（对谓词 T 的解释）

$\Leftrightarrow \langle\mathcal{K}, \mathfrak{T}\rangle[k] \Vdash \varphi$　　（公理 PUDT）

$\Leftrightarrow \ulcorner\varphi\urcorner \in [\Delta(\mathfrak{T})](k)$。　　（定义 12.9 ）

情形二：如果$\varphi \notin$PTS，那么根据定义 12.9 的第二部分易知，$\ulcorner\varphi\urcorner \in \mathfrak{T}(k)$当且仅当$\ulcorner\varphi\urcorner \in [\Delta(\mathfrak{T})](k)$。证毕。

定理 12.8 和定理 12.11 说明，**IPUDT** 是 **PUDT**[①] 的直觉主义版本，并且在众多直觉主义的无类型理论中，**IPUDT** 无论形式还是性质，都与类型弱公理化真理论 **IUDT** 极为相似。那么 **IPUDT** 能否成为直觉主义的无类型弱公理化真理论呢？考虑到埃德尔只是提及了但并未正式给出无类型的弱组合理论，本节将首先讨论基于经典逻辑的无类型弱公理化真理论。

因为 **PUDT** 只能处理正真公式，所以其弱组合性也只能限制为关于正真公式的弱组合性。现在考虑 **FS** 意义上的弱组合性。弱化 **FS** 的真公理将得到

WFS1：$T\ulcorner\varphi\urcorner \leftrightarrow Val^{+}(\ulcorner\varphi\urcorner)$，$\varphi$是$\mathcal{L}_{PA}$原子语句；

WFS2：$T\ulcorner\neg\varphi\urcorner \leftrightarrow\neg T\ulcorner\varphi\urcorner$，$\varphi\in PTS$；

WFS3：$T\ulcorner\varphi\vee\psi\urcorner \leftrightarrow T\ulcorner\varphi\urcorner \vee T\ulcorner\psi\urcorner$，$\varphi\in PTS$；

WFS4：$T\ulcorner\forall x\varphi(x)\urcorner \leftrightarrow \forall xT\ulcorner\varphi(\dot{x})\urcorner$，$\varphi(x)\in PTF$。

按照定理 12.4 的证明，不难验证上述 WFS1，WFS3，WFS4 都是 **PUDT** 可证的，但 WFS2 面临困难。因为当已知某个语句φ是正真语句时，并不能由此推断$\neg\varphi$也是正真语句。这是因为φ中可能包含了诸如 Tt这样的原子语句。如果在φ中含有 Tt，那么φ和$\neg\varphi$不可能同为正真语句，除非φ是$\mathcal{L}_{PA}$语句。但是作为一种无类型理论，这显然是不合格的。所以有

事实 12.12　PUDT $\nvdash$WFS2。

因为已知φ和$\neg\varphi$不可能同为非$\mathcal{L}_{PA}$正真语句，于是可假设φ是正真语句，而$\neg\varphi$不是。如果 **PUDT** 能证明 WFS2，则根据公理模式 PUDT 可以推出

$$\mathbf{PUDT}\vdash T\ulcorner\varphi\urcorner \leftrightarrow \varphi。\tag{12-2}$$

若在$\leftrightarrow$两端同时添加$\neg$，并根据 WFS2 便可以由式(12-2)推出：

$$\mathbf{PUDT}\vdash T\ulcorner\neg\varphi\urcorner \leftrightarrow\neg\varphi。$$

而此时$\neg\varphi$是非正真语句，这就意味着对任意$\mathcal{L}_{T}$语句φ，公理模式 PUDT 都

---

① 经典无类型去引号理论 PUDT 与本节提出的 IPUDT 理论，只是在逻辑基础方面有差别，其他方面完全一致。关于 PUDT 的更多内容，可参见本书 § 4.2。

适用，但已经证明这是不可能的。同样地，假设$\neg\varphi$是正真语句而φ不是，也会导致矛盾。所以只能考虑 **KF** 意义上的弱组合性。

定义 12.13（PWKF）　无类型正真弱组合理论 **PWKF** 是以正真公理模式的形式重新表达 **KF** 的真公理所得。包含以下 13 条真公理：

PWKF1：$T\ulcorner\varphi\urcorner \leftrightarrow \mathrm{Val}^{+}(\ulcorner\varphi\urcorner)$，$\varphi$是$\mathcal{L}_{PA}$原子语句；

PWKF2：$T\ulcorner\neg\varphi\urcorner \leftrightarrow \neg\mathrm{Val}^{+}(\ulcorner\varphi\urcorner)$，$\varphi$是$\mathcal{L}_{PA}$原子语句；

PWKF3：$T\ulcorner\neg\neg\varphi\urcorner \leftrightarrow T\ulcorner\varphi\urcorner$，$\varphi\in\mathrm{PTS}$；

PWKF4：$T\ulcorner\varphi\wedge\psi\urcorner \leftrightarrow T\ulcorner\varphi\urcorner \wedge T\ulcorner\psi\urcorner$，$\varphi$，$\psi\in\mathrm{PTS}$；

PWKF5：$T_{\underset{\cdot}{\neg}}\ulcorner\varphi\wedge\psi\urcorner \leftrightarrow T_{\underset{\cdot}{\neg}}\ulcorner\varphi\urcorner \vee T_{\underset{\cdot}{\neg}}\ulcorner\psi\urcorner$，$\neg\varphi$，$\neg\psi\in\mathrm{PTS}$；

PWKF6：$T\ulcorner\varphi\vee\psi\urcorner \leftrightarrow T\ulcorner\varphi\urcorner \vee T\ulcorner\psi\urcorner$，$\varphi$，$\psi\in\mathrm{PTS}$；

PWKF7：$T_{\underset{\cdot}{\neg}}\ulcorner\varphi\vee\psi\urcorner \leftrightarrow T_{\underset{\cdot}{\neg}}\ulcorner\varphi\urcorner \wedge T_{\underset{\cdot}{\neg}}\ulcorner\psi\urcorner$，$\neg\varphi$，$\neg\psi\in\mathrm{PTS}$；

PWKF8：$T\ulcorner\forall x\varphi(x)\urcorner \leftrightarrow \forall x T\ulcorner\varphi(\dot{x})\urcorner$，$\varphi(x)\in\mathrm{PTF}$；

PWKF9：$T_{\underset{\cdot}{\neg}}\ulcorner\forall x\varphi(x)\urcorner \leftrightarrow \exists x T_{\underset{\cdot}{\neg}}\ulcorner\varphi(\dot{x})\urcorner$，$\neg\varphi(x)\in\mathrm{PTF}$；

PWKF10：$T\ulcorner\exists x\varphi(x)\urcorner \leftrightarrow \exists x T\ulcorner\varphi(\dot{x})\urcorner$，$\varphi(x)\in\mathrm{PTF}$；

PWKF11：$T_{\underset{\cdot}{\neg}}\ulcorner\exists x\varphi(x)\urcorner \leftrightarrow \forall x T_{\underset{\cdot}{\neg}}\ulcorner\varphi(\dot{x})\urcorner$，$\neg\varphi(x)\in\mathrm{PTF}$；

PWKF12：$T\ulcorner T\ulcorner\varphi\urcorner\urcorner \leftrightarrow T\ulcorner\varphi\urcorner$，$\varphi$是$\mathcal{L}_{T}$语句；

PWKF13：$T\ulcorner\neg T\ulcorner\varphi\urcorner\urcorner \leftrightarrow T\ulcorner\neg\varphi\urcorner$，$\varphi$是$\mathcal{L}_{T}$语句。

将 PWKF3～PWKF11 的作用范围限制为 PTS 或 PTF 是必要的，否则会超出公理模式 PUDT 的能力。这也就说明无类型弱公理化正真理论是一种关于正真的弱组合理论。

事实 12.14　PUDT $\nvdash$PWKF13。

因为在 **PUDT** 中，**PUDT** 是唯一的真公理模式。如若 PWKF13 是 **PUDT** 可证的，则说明 $T\ulcorner\neg T\ulcorner\varphi\urcorner\urcorner$ 可以通过 PUDT 的某个实例而出现。但是 PUDT 只能处理正真公式，而$\neg T\ulcorner\varphi\urcorner$ 很明显不是正真公式，所以 $T\ulcorner\neg T\ulcorner\varphi\urcorner\urcorner$ 不可能出现在 **PUDT** 的任何证明序列中。因此，PWKF13 是无法为 **PUDT** 证明的。

为了解决这个困难，可以把 PWKF13 作为初始公理添加到 **PUDT** 中。虽然这在一定程度上增加了 **PUDT** 的复杂性，但是由于 PWKF13 本身是直观的，这种扩张就是可接受的。并且因为 $T\ulcorner\neg\varphi\urcorner\in PTS$，所以 PWKF13 事实上等值于

$$T\ulcorner\neg T\ulcorner\varphi\urcorner\urcorner\leftrightarrow T\ulcorner T\ulcorner\neg\varphi\urcorner\urcorner。\tag{12-3}$$

很明显，式(12-3)与 WFS2 具有相似性。只不过后者允许 T 与¬直接进行交换，而前者只是在谓词 T 中才允许 T 与¬交换，所以后者强于前者。但这也就使得前者在形式上满足了正真的要求。

另一种解决方案是把 PWKF13 排除在弱组合性之外。其合理性在于 PWKF13 是对非正真原子语句的处理，而 **PUDT** 是一种正真理论，所以非正真原子语句事实上不会出现在 **PUDT** 中。我们倾向于采取后一种解决方案。

定义 12.15(无类型正真弱组合性)　如果一种真理论能够证明 **PWKF** 的组合公理 PWKF1～PWKF12，那么就称这种真理论满足无类型正真弱组合性。

定理 12.16　**PUDT** 满足无类型正真弱组合性。

证明　只需证明 PWKF1～PWKF12 均能为 **PUDT** 证明。首先验证含谓词 T 的原子语句的情形，PWKF12 即为 PUDT 的代入特例，故而得证。

其次，验证等式原子语句和逻辑联结词、量词的情形。可分为肯定情形和否定情形两部分，前者的验证与定理 12.4 类似，现在只验证后者。

验证 PWKF2：对任意的 $\mathcal{L}_{PA}$ 原子语句 φ，由 $Val^{+}(x)$ 的定义可知，$Val^{+}(\ulcorner\varphi\urcorner)\leftrightarrow\varphi$ 是 **PUDT** 可证的，那么 $\neg Val^{+}(\ulcorner\varphi\urcorner)\leftrightarrow\neg\varphi$ 也是 **PUDT** 可证的。根据公理模式 PUDT 有，$\mathbf{PUDT}\vdash T\ulcorner\neg\varphi\urcorner\leftrightarrow\neg\varphi$。故而

$$\mathbf{PUDT}\vdash T\ulcorner\neg\varphi\urcorner\leftrightarrow\neg Val^{+}(\ulcorner\varphi\urcorner)。$$

验证 PWKF3：对任意的 $\mathcal{L}_{T}$ 语句 $\varphi\in PTS$，可以证明 $\neg\neg\varphi\in PTS$。于是根据公理模式 PUDT 分别有，$T\ulcorner\neg\neg\varphi\urcorner\leftrightarrow\neg\neg\varphi$ 和 $T\ulcorner\varphi\urcorner\leftrightarrow\varphi$。再由 $\neg\neg T\ulcorner\varphi\urcorner\leftrightarrow\neg\neg\varphi$ 可以推出，$\mathbf{PUDT}\vdash T\ulcorner\neg\neg\varphi\urcorner\leftrightarrow T\ulcorner\varphi\urcorner$。

验证 PWKF5：对任意的 $\neg\varphi$，$\neg\psi\in PTS$，可以证明 $\neg(\varphi\wedge\psi)\in PTS$。根据

公理模式 PUDT 有，$T_{\dot{\neg}}\ulcorner\varphi\wedge\psi\urcorner\leftrightarrow\neg(\varphi\wedge\psi)$。由于$\neg(\varphi\wedge\psi)\leftrightarrow(\neg\varphi\vee\neg\psi)$，因此推得 $T_{\dot{\neg}}\ulcorner\varphi\wedge\psi\urcorner\leftrightarrow(\neg\varphi\vee\neg\psi)$。又因为 $T\ulcorner\neg\varphi\urcorner\leftrightarrow\neg\varphi$和 $T\ulcorner\neg\psi\urcorner\leftrightarrow\neg\psi$ 也是公理模式 PUDT 的代入实例。由此不难推出

$$T_{\dot{\neg}}\ulcorner\varphi\wedge\psi\urcorner\leftrightarrow(T\ulcorner\neg\varphi\urcorner\vee T\ulcorner\neg\psi\urcorner)。$$

同理可验证 PWKF7。

验证 PWKF9：对任意$\mathcal{L}_T$公式$\neg\varphi(x)\in PTF$，由逻辑公理 Ax12，可以很容易地从 $\forall x(T\ulcorner\neg\varphi(\dot{x})\urcorner\leftrightarrow\neg\varphi(x))$推出$\exists xT\ulcorner\neg\varphi(\dot{x})\urcorner\leftrightarrow\exists x\neg\varphi(x)$。可以证明$\neg\forall x\varphi(x)\in PTF$，所以根据公理 PUDT 的代入实例可知

$$T_{\dot{\neg}}\ulcorner\forall x\varphi(x)\urcorner\leftrightarrow\neg\forall x\varphi(x),$$

二者结合不难得到

$$T_{\dot{\neg}}\ulcorner\forall x\varphi(x)\urcorner\leftrightarrow\exists xT\ulcorner\neg\varphi(\dot{x})\urcorner。$$

同理可验证 PWKF11。证毕。

尽管哈尔巴赫证明 **PUDT** 能够定义 **KF** 的真谓词，[①] 但他同时断言这并不意味着 **PUDT** 的真谓词满足 **KF** 的组合公理，因为 **PUDT** 的弱演绎力使得它无法证明涉及谓词 T 的全称概括语句。[②]这是所有单纯以塔尔斯基双条件句或其推广为真公理的公理化真理论的共同缺点。但是定理 12.16 表明，**PUDT** 能够在埃德尔弱组合原则的意义上证明 **KF** 的正真弱组合公理。所以 **PUDT** 可以看作是一种关于正真的无类型弱公理化真理论。但是这在直觉主义逻辑背景下并不成立。

根据定理 12.4 的证明不难验证，**IPUDT** 虽然可以证明有些弱组合公理，但是由于基础逻辑是直觉主义逻辑，其中的 WKF3，WKF5，WKF9 在 **IPUDT** 中是不可证的。以 WKF5 为例。

事实 12.17　IPUDT $\nvdash$PWKF5。

---

① V. Halbach. *Axiomatic Theories of Truth*. Cambridge: Cambridge University Press, 2014, pp. 266-268.

② V. Halbach. Reducing Compositional to Disquotational Truth. *The Review of Symbolic Logic*, 2009(2): 794.

假设 **IPUDT** $\vdash$PWKF5，那么根据公理模式 **PUDT**，下式也是可证的，

$$\neg(\varphi \wedge \psi) \leftrightarrow (\neg\varphi \vee \neg\psi)。 \tag{12-4}$$

现将式(12-4)简记为 DeM。如果 DeM 是 **IPUDT** 可证的，那就说明 **IPUDT** 的任何模型都能满足 DeM。令$\mathcal{M}=\langle\mathcal{K}, \mathfrak{T}\rangle$是 **IPUDT** 的模型，其中$\mathcal{K}$是 **HA** 的算术标准模型。因为$\neg\varphi$和$\neg\psi$必须是正真语句，所以完全可以只考虑$\mathcal{L}_{\mathrm{HA}}$语句(皆为正真语句)。这样一来，DeM 中就不包含任何谓词 T，因此无论$\mathfrak{T}$是什么，从$\langle\mathcal{K}, \mathfrak{T}\rangle\vDash$DeM，都能直接推出$\mathcal{K}\vDash$DeM。而这对于 **HA** 来说是不可能的。

事实 12.17 表明，不存在 **IKF** 意义上的直觉主义无类型正真弱组合理论；根据此前对事实 12.12 的说明，**IFS** 意义上的直觉主义无类型正真弱组合理论也不存在。所以不存在与 **PUDT** 相对应的直觉主义的无类型正真弱公理化真理论。

直觉主义的无类型弱公理化真理论的困难主要在于：由定义 12.15 所给出的无类型正真弱组合性并不是一种真正意义上的直觉主义的组合性。正如我们多次强调的，我们所研究的乃是经典的真谓词及其规律，并非直觉主义的真谓词。所以在直觉主义的背景下，存在一些无法证明的正真组合公理并不意外。

定理 12.16 支持了埃德尔的观点，组合性的强弱的确可以作为区分不同公理化真理论的标准。①尽管对 **UDT** 和 **PUDT** 的讨论已经非常具体，但它们的弱组合性却显然是被忽视了。现在，可以用“组合”与“类型”将经典公理化真理论与直觉主义公理化真理论的若干系统分别表示成表 12.1 和表 12.2。

表 12.1　经典公理化真理论的分类

	非组合	弱组合	强组合
类型	**DT**	**UDT**	**CT**
无类型	**PDT**	**PUDT**	**FS**，**KF**

① G. Eder. Remarks on Compositionality and Weak Axiomatic Theories of Truth. *Journal of Philosophical Logic*, 2014(43): 541.

表 12.2　直觉主义公理化真理论的分类

	非组合	弱组合	强组合
类型	**IDT**	**IUDT**	**SICT**
无类型	**IPDT**	无	**IFS，IKF**

注意，我们并未专门讨论 **PDT** 和 **IPDT**，它们是将公理模式 **PUDT** 限制到 $\mathcal{L}_T$ 正真语句所得，故而分别是 **PUDT** 和 **IPUDT** 的子理论。易验证它们也都是非组合理论。

因为 **IPUDT** 并非无类型正真弱组合理论，所以可以很自然想到：当 **PUDT** 的某个不相容性的结论依赖于正真弱组合性时，**IPUDT** 的相同结论是否可以相容呢？我们的回答将是否定的。因为 **PUDT** 和 **IPUDT** 都是正真理论，所以二者均不具备产生说谎者悖论及其变体的条件。**PUDT** 和 **IPUDT** 的相容性很好地说明了这一点。因此，只能考虑 **PUDT** 和 **IPUDT** 的扩张理论。

12.3.2　IPUDT 的一个相容扩张

考虑由以下两条真之规律组成的真公理集：

ST1：$\forall x(\mathrm{T}\ulcorner\varphi(\dot{x})\urcorner\leftrightarrow\varphi(x))$，$\varphi(x)\in\mathrm{PTF}$；

ST2：$\mathrm{T}\ulcorner\varphi\vee\psi\urcorner\leftrightarrow\mathrm{T}\ulcorner\varphi\urcorner\vee\mathrm{T}\ulcorner\psi\urcorner$，$\varphi$和$\psi$是$\mathcal{L}_T$语句。

很明显，ST1 即为公理模式 PUDT；ST2 是 **FS** 和 **KF** 的析取词真公理的模式版本。下面定义两种新的公理化真理论。

定义 12.18(CST)　基于经典逻辑的公理化真理论 **CST** 是在算术理论 **PAT** 的基础上添加 ST1 和 ST2 所得。

定义 12.19(IST)　基于直觉主义逻辑的公理化真理论 **IST** 是在算术理论 **HAT** 的基础上添加 ST1 和 ST2 所得。

不难看出，**CST** 与 **IST** 分别是对 **PUDT** 和 **IPUDT** 的扩张，并且二者的区别仅在于逻辑基础。

引理 12.20 **CST** 是相容的。

证明 首先，因为 **PUDT** 是 **KF** 的子理论,① 所以公理模式 ST1 是 **KF** 可证的；其次，公理模式 ST2 是对 **KF** 公理的直接弱化，因而也能够为 **KF** 证明。所以，**CST** 是相容的。证毕。

引理 12.21 **IST** 是相容的。

证明 因为 **IST** 显然是 **CST** 的子理论，所以由引理 12.20 可证。证毕。

定理 12.22 **CST**+NEC+CONEC 是不相容的。

证明 因为 **CST** 是以经典逻辑为基础，所以在 **CST** 中有

$$\mathbf{CST}\vdash\gamma\vee\neg\gamma。\tag{12-5}$$

其中，γ是根据引理 10.4 构造的说谎者语句。于是由 NEC 规则有

$$\mathbf{CST}\vdash T\ulcorner\gamma\vee\neg\gamma\urcorner。\tag{12-6}$$

根据公理模式 ST2，从式(12-6)可以推出

$$\mathbf{CST}\vdash T\ulcorner\gamma\urcorner\vee T\ulcorner\neg\gamma\urcorner。\tag{12-7}$$

因为$\gamma\leftrightarrow\neg T\ulcorner\gamma\urcorner$，所以代入式(12-7)可得到

$$\mathbf{CST}\vdash T\ulcorner\gamma\urcorner\vee T\ulcorner T\ulcorner\gamma\urcorner\urcorner。\tag{12-8}$$

又因为 $T\ulcorner T\ulcorner\gamma\urcorner\urcorner\leftrightarrow T\ulcorner\gamma\urcorner$ 是 ST1 的代入实例，所以式(12-8)等值于

$$\mathbf{CST}\vdash T\ulcorner\gamma\urcorner。\tag{12-9}$$

根据 CONEC 规则，从式(12-9)可以推出γ，也即推出 $\mathbf{CST}\vdash\neg T\ulcorner\gamma\urcorner$。这很明显与式(12-9)矛盾。证毕。

定理 12.23 **IST** +NEC +CONEC 是相容的。

证明 哈尔巴赫证明了 **PUDT** 对 NEC 规则和 CONEC 规则封闭的相容性,② 那么作为 **PUDT** 子理论的 **IPUDT**，也是可以对 NEC 规则和 CONEC 规则封闭的。如果将所得理论简记为 **SIPUDT**，同时令$\mathcal{M}=\langle\mathcal{K},\mathfrak{T}\rangle$是 **SIPUDT** 的模

---

① 其证明，可参见本书定理 4.34。

② V. Halbach. *Axiomatic Theories of Truth*. Cambridge: Cambridge University Press，2014，pp. 271-272.

型，那么只需使得在每个$\mathfrak{T}(k)$中，$\ulcorner\varphi\vee\psi\urcorner\in\mathfrak{T}(k)$当且仅当 **SIPUDT** $\vdash\varphi$或 **SIPUDT** $\vdash\psi$。由此得到的$\mathcal{M}$即为 **IST** ＋NEC ＋CONEC 的模型。证毕。

在《直觉主义逻辑上的 Friedman-Sheard 方案》一文[①]中，利和拉特延认为真之规律的不相容组合在很大程度上是由于使用了经典逻辑，倘若削弱经典逻辑基础，比如采用直觉主义逻辑，则很可能不再矛盾。

一般说来，为了提供一个无矛盾的真概念，哲学家们需要对真理论做一些限制。通常有三种方式：限制语言、限制真之规律、限制逻辑。限制语言的典型代表是塔尔斯基的语言层次理论，但其局限性也是十分明显的；限制真之规律最为有效，但是在弄清矛盾产生的根源之前，急于限制真之规律并不利于真理论的发展；限制逻辑的做法比较少见，因为其代价往往比较沉重。正如费弗曼所认为的，除了经典逻辑和直觉主义逻辑，其他逻辑恐怕“连普通的推理都难以维系”[②]，更何况经典逻辑才是理想真理论的标准。利和拉特延的工作是限制逻辑的一次尝试，但他们并没能真正给出一个在经典逻辑上不相容而在直觉主义逻辑上相容的组合。

本章通过讨论弱公理化真理论，发现了一组真公理(ST1，ST2)。当它们以经典逻辑为基础(即 **CST**)，如果对 NEC 规则和 CONEC 规则封闭，那么它们是不相容的；而在直觉主义逻辑基础上(即 **IST**)却并非如此。造成这项差别的原因仅在于逻辑基础。这说明确实存在经典逻辑上不相容而直觉主义逻辑上相容的组合，从而说明限制逻辑的确是一条克服说谎者悖论的有效途径。

我们认为，相容性不同于保守性。前者是一种逻辑性质，而后者是一种真理论性质。保守与否在于对真概念的理解和处理，倘若是在一种非保守的理解下处理真谓词，那么无论逻辑基础是什么，都不能得到保守的结论。而相容与

---

① G. E. Leigh and M. Rathjen. The Friedman-Sheard Programme in Intuitionistic Logic. *The Journal of Symbolic Logic*, 2012, 77(3): 777-806.

② S. Feferman. Toward Useful Type-Free Theories I. *The Journal of Symbolic Logic*, 1984, 49(1): 95.

否则在于能否推出矛盾，一种强的逻辑基础可以推出的矛盾，换为弱的逻辑基础则未必也能推出。所以相容性是相对于逻辑基础的选择而言，并非本质地关涉真之规律本身。当然这并不意味着可以不对真之规律进行限制，事实上公理ST1已经将真之规律的作用范围限制到了PTF，这同样关乎限制真之规律。

然而，尽管**CST**和**IST**确实说明可以存在经典逻辑上不相容而直觉主义逻辑上相容的组合，但我们却并不认为**CST**或**IST**是理想的公理化真理论。因为**CST**或**IST**的真公理都未能完整地刻画组合性。如果仅从正真弱组合性的角度来理解，虽然**CST**足以证明正真弱组合性，但是就像类型理论一样，将塔尔斯基双条件模式的作为范围限制在正真语句是很不自然的，这会使很多明显成立的非正真语句被排除在**CST**之外。例如，$\mathrm{T}\ulcorner\neg\mathrm{T}\ulcorner\mathbf{0}=\mathrm{S}(\mathbf{0})\urcorner\urcorner$。当然，如果使**CST**对NEC规则和CONEC规则封闭，那么$\mathrm{T}\ulcorner\neg\mathrm{T}\ulcorner\mathbf{0}=\mathrm{S}(\mathbf{0})\urcorner\urcorner$是可证的，但这时理论本身又将不相容。而**IST**尽管可以相容，但却无法保证正真弱组合性。事实上，**IST**能够相容只是"偶然"，若是换为同类型的其他扩充，则**IST**将是不相容的。

定义12.24(IST′) 基于直觉主义逻辑的公理化真理论**IST′**是在算术理论**HAT**的基础上添加下列真公理所得

ST1：$\forall x(\mathrm{T}\ulcorner\varphi(\dot{x})\urcorner\leftrightarrow\varphi(x))$，$\varphi(x)\in\mathrm{PTF}$；

ST2：$\mathrm{T}\ulcorner\varphi\vee\psi\urcorner\leftrightarrow\mathrm{T}\ulcorner\varphi\urcorner\vee\mathrm{T}\ulcorner\psi\urcorner$，$\varphi$和$\psi$是$\mathcal{L}_{\mathrm{T}}$语句；

ST3：$\mathrm{T}\ulcorner\neg\neg\varphi\urcorner\leftrightarrow\neg\neg\mathrm{T}\ulcorner\varphi\urcorner$，$\varphi$是$\mathcal{L}_{\mathrm{T}}$语句；

ST4：$\mathrm{T}\ulcorner\neg(\varphi\wedge\psi)\urcorner\leftrightarrow\mathrm{T}\ulcorner\neg\varphi\urcorner\vee\mathrm{T}\ulcorner\neg\psi\urcorner$，$\varphi$和$\psi$是$\mathcal{L}_{\mathrm{T}}$语句。

事实12.25 **IST′**+NEC+CONEC是不相容的。

因为**IST′**是以直觉主义逻辑为基础的，所以在**IST′**中有

$$\mathbf{IST}'\vdash\neg(\gamma\wedge\neg\gamma)。\tag{12-10}$$

其中γ是说谎者语句。于是由NEC规则有

$$\mathbf{IST}'\vdash\mathrm{T}\ulcorner\neg(\gamma\wedge\neg\gamma)\urcorner。\tag{12-11}$$

根据公理模式ST4，从式(12-11)可以推出

$$\mathbf{IST}' \vdash T\ulcorner\neg\gamma\urcorner \vee T\ulcorner\neg\neg\gamma\urcorner。\tag{12-12}$$

因为$\gamma\leftrightarrow\neg T\ulcorner\gamma\urcorner$，所以代入式(12-12)可得到

$$\mathbf{IST}' \vdash T\ulcorner\neg\neg T\ulcorner\gamma\urcorner\urcorner \vee T\ulcorner\neg\neg\gamma\urcorner。\tag{12-13}$$

由于 $T\ulcorner\neg\neg T\ulcorner\gamma\urcorner\urcorner \leftrightarrow\neg\neg T\ulcorner\gamma\urcorner$ 是 ST1 的代入实例，而 $T\ulcorner\neg\neg\gamma\urcorner \rightarrow\neg\neg T\ulcorner\gamma\urcorner$ 是 ST3 的代入实例，所以从式(12-13)可以推出

$$\mathbf{IST}' \vdash\neg\neg T\ulcorner\gamma\urcorner。\tag{12-14}$$

很明显，根据 ST3，$\neg\neg T\ulcorner\gamma\urcorner$ 等值于 $T\ulcorner\neg\neg\gamma\urcorner$。于是由 CONEC 规则可以推出$\neg\neg\gamma$，也即推出 $\mathbf{IST}' \vdash\neg T\ulcorner\gamma\urcorner$。这显然与式(12-14)矛盾。

虽然从形式上看，**IST**′的真公理确实比 **IST** 更丰富，但 **IST**′同样不能完整地刻画组合性，所以 **IST**′与 **IST** 实际上是对 **IPUDT** 的同类型扩充。由此不难想到，如果一组真公理能够具备组合充分性，也即能够完整地刻画组合性，那么无论这组真公理是以经典逻辑为基础，还是以直觉主义逻辑为基础，都将取得关于相容性的相同结论。这也就能说明为什么在利和拉特延的工作中，虽然二人给出了 15 个基于直觉主义逻辑的极大相容组合，却并没有最终找出一个能在经典逻辑上不相容而在直觉主义逻辑上相容的组合。①原因就在于，无论是弗里德曼和希尔德的 9 个相容组合，还是利和拉特延的 15 个相容组合，它们所囊括的真之规律全都具备组合充分性。

定义 12.26(真理论的否定性转换)　真理论的否定性转换是在定义 8.27 的基础上，增添如下一条关于谓词 T 原子语句的转换条款。

(8)$(Tt)^{*}:\equiv\neg\neg Tt$。

下面说明经典的和直觉主义的公理化真理论的关系。以 **FS** 和 **IFS** 为例。

定理 12.27　**FS** $\vdash\varphi$当且仅当 **IFS** $\vdash\varphi^{*}$。

证明　只需从两个方向验证该结论对任意逻辑公理、算术公理及真公理都

① 利和拉特延之所以能给出更多的极大相容组合，乃是因为在削弱逻辑基础之后，原本等价的组合不再等价，而不是因为原本不相容的组合可以相容。参见：G. E. Leigh and M. Rathjen. The Friedman-Sheard Programme in Intuitionistic Logic. *The Journal of Symbolic Logic*, 2012, 77(3): 777-806。

成立。从右向左是显然的，下面只证明从左向右。因为已知定理 8.28，所以只需证明该结论对真公理成立。

验证 IFS2*，**IFS** $\vdash\neg\neg T\ulcorner\neg\varphi\urcorner\leftrightarrow\neg\neg\neg T\ulcorner\varphi\urcorner$。

(1)$T\ulcorner\neg\varphi\urcorner\rightarrow\neg T\ulcorner\varphi\urcorner$； (公理 IFS2)

(2)$\neg\neg T\ulcorner\varphi\urcorner\rightarrow\neg T\ulcorner\neg\varphi\urcorner$； (**IQC** 可证)

(3)$\neg\neg T\ulcorner\neg\varphi\urcorner\rightarrow\neg\neg\neg T\ulcorner\varphi\urcorner$； (**IQC** 可证)

(4)$\neg T\ulcorner\varphi\urcorner\rightarrow T\ulcorner\neg\varphi\urcorner$； (公理 IFS2)

(5)$\neg T\ulcorner\neg\varphi\urcorner\rightarrow\neg\neg T\ulcorner\varphi\urcorner$； (**IQC** 可证)

(6)$\neg\neg\neg T\ulcorner\varphi\urcorner\rightarrow\neg\neg T\ulcorner\neg\varphi\urcorner$。 (**IQC** 可证)

故，**IFS** $\vdash\neg\neg T\ulcorner\neg\varphi\urcorner\leftrightarrow\neg\neg\neg T\ulcorner\varphi\urcorner$。

验证 IFS4*，**IFS** $\vdash\neg\neg T\ulcorner\varphi\vee\psi\urcorner\leftrightarrow\neg(\neg\neg\neg T\ulcorner\varphi\urcorner\wedge\neg\neg\neg T\ulcorner\psi\urcorner)$。

(1)$T\ulcorner\varphi\vee\psi\urcorner\rightarrow T\ulcorner\varphi\urcorner\vee T\ulcorner\psi\urcorner$； (公理 IFS4)

(2)$\neg(T\ulcorner\varphi\urcorner\vee T\ulcorner\psi\urcorner)\rightarrow\neg T\ulcorner\varphi\vee\psi\urcorner$； (**IQC** 可证)

(3)$\neg T\ulcorner\varphi\urcorner\wedge\neg T\ulcorner\psi\urcorner\rightarrow\neg T\ulcorner\varphi\vee\psi\urcorner$； (**IQC** 可证)

(4)$\neg\neg T\ulcorner\varphi\vee\psi\urcorner\rightarrow\neg(\neg T\ulcorner\varphi\urcorner\wedge\neg T\ulcorner\psi\urcorner)$； (**IQC** 可证)

(5)$\neg\neg T\ulcorner\varphi\vee\psi\urcorner\rightarrow\neg(\neg\neg\neg T\ulcorner\varphi\urcorner\wedge\neg\neg\neg T\ulcorner\psi\urcorner)$。 (**IQC** 可证)

同理可证，**IFS** $\vdash\neg(\neg\neg\neg T\ulcorner\varphi\urcorner\wedge\neg\neg\neg T\ulcorner\psi\urcorner)\rightarrow\neg\neg T\ulcorner\varphi\vee\psi\urcorner$。

验证 IFS7*，**IFS** $\vdash\neg\neg T\ulcorner\exists x\varphi(x)\urcorner\leftrightarrow\neg\forall x\neg\neg\neg T\ulcorner\varphi(\dot{x})\urcorner$。

(1)$T\ulcorner\exists x\varphi(x)\urcorner\rightarrow\exists xT\ulcorner\varphi(\dot{x})\urcorner$； (公理 IFS7)

(2)$\neg\exists xT\ulcorner\varphi(\dot{x})\urcorner\rightarrow\neg T\ulcorner\exists x\varphi(x)\urcorner$； (**IQC** 可证)

(3)$\forall x\neg T\ulcorner\varphi(\dot{x})\urcorner\rightarrow\neg T\ulcorner\exists x\varphi(x)\urcorner$； (**IQC** 可证)

(4)$\forall x\neg\neg\neg T\ulcorner\varphi(\dot{x})\urcorner\rightarrow\neg T\ulcorner\exists x\varphi(x)\urcorner$； (**IQC** 可证)

(5)$\neg\neg T\ulcorner\exists x\varphi(x)\urcorner\rightarrow\neg\forall x\neg\neg\neg T\ulcorner\varphi(\dot{x})\urcorner$。 (**IQC** 可证)

同理可证，**IFS** $\vdash\neg\forall x\neg\neg\neg T\ulcorner\varphi(\dot{x})\urcorner\leftrightarrow\neg\neg T\ulcorner\exists x\varphi(x)\urcorner$；

其余真公理可类似验证。证毕。

定理 12.27 虽然只是证明了 **FS** 和 **IFS** 的关系，但实际上对于其他公理化真理论，也不难证明类似结论成立。因此定理 12.27 意味着，经典的公理化真理论可以通过某种适当的转换嵌入直觉主义的公理化真理论。所以，除非放弃组合充分性，否则不可能得到只在直觉主义逻辑上相容的公理化真理论。

如果说保守性是一种真理论性质，而相容性是一种逻辑性质，那么组合充分性就既是真理论性质，也是逻辑性质。因为一方面，组合充分性以刻画组合性的真之规律作为真公理，从而规定了真理论；而另一方面，组合充分性所刻画的真谓词对逻辑联结词和量词的交换方式，乃是以逻辑规则为基础。

20 世纪初，弗雷格就认识到："正像'美'这个词为美学、'善'这个词为伦理学指引方向一样，'真'这个词为逻辑指引方向。尽管所有科学都以真为目标，逻辑却以完全不同的方式研究真。它对待真有些像物理学对待重力或热。发现真是所有科学的任务，逻辑却是要认识实真的规律。"①虽然弗雷格在这里谈到的只是"真"对逻辑的意义，但反过来也不难理解"真"对逻辑的依赖。特别是到哲学的"语言学转向"之后，由于真理论以语言为基础，更是加深了对逻辑的依赖。正如霍斯顿所概括的那样，真理论的研究是"站在了逻辑学和语言学的十字路口上"②。对组合性的要求，不仅是真概念在日常语言使用中的实践需要，也是真理论研究的理论需要，莱特戈布视之为理想真理论的必要条件。③所以，公理化真理论不能以牺牲组合充分性作为相容性的代价。

由此可见，经典逻辑在真理论中所起的作用，主要是为后者提供一套关于组合充分性的可实现依据，而并非只是作为一种推理的机制。例如，在经典逻辑中，联结词和量词可以相互定义，因此经典公理化真理论的真公理集往往比较简洁；而直觉主义逻辑不允许相互定义，故本编所研究的组合理论都包含了完备的组合真公理。所以从这种意义上说，直觉主义逻辑的作用与经典逻辑的作用是完全一致的。

---

① 〔德〕弗雷格:《弗雷格哲学论著选辑》，王路译，商务印书馆，1994，第 113 页。

② L. Horsten. *The Tarskian Turn: Deflationism and Axiomatic Truth.* Cambridge: MIT Press，2011，p. 17.

③ H. Leitgeb. What Theories of Truth Should be Like (but Cannot be). *Philosophy Compass,* 2007，2(2):280-281.

参考文献

[1]ANDREW B. A New Conditional for Naive Truth Theory. *Notre Dame Journal of Formal Logic*, 2013, 54 (1): 87-104.

[2]BARRIO E. Theories of Truth without Standard Models and Yablo's sequences. *Studia Logica*, 2010, 96 (3): 375-391.

[3]BARRIO E, PICOLLO L. Notes on ω-Inconsistent Theories of Truth in Second-Order Languages. *The Review of Symbolic Logic*, 2013, 6 (4): 733-741.

[4]BEALL J, BRADLEY A. *Deflationism and Paradox*. Oxford: Clarendon Press, 2005.

[5]BOOLOS G S, BURGESS J P, JEFFREY R C. *Computability and Logic*. Cambridge: Cambridge University Press, 5th edition, 2007.

[6]BRADLEY A. A Minimalist Theory of Truth. *Metaphilosophy*, 2013, 44 (1-2): 53-57.

[7]BRADLEY A. Challenges to Deflationary Theories of Truth. *Philosophy Compass*, 2012, 7(4): 256-266.

[8]BURGESS J P. The Truth is Never Simple. *The Journal of Symbolic Logic*, 1986, 51: 663-881.

[9]BURR W. The Intuitionistic Arithmetical Hierarchy. In EIJCK J van, OOSTROM V van, VISSER A. (eds) *Logic Colloquium* '99 (Lecture Notes in

Logic 17), Wellesley, MA: ASL and A. K. Peters, 2004: 51-59.

[10] CANTINI A. A Theory of Truth Formally Equivalent to ID_1. *The Journal of Symbolic Logic*, 1990, 55: 244-258.

[11] CANTINI A. *Logical Frameworks for Truth and Abstraction*. Amsterdam: Elsevier Science Publisher, 1996.

[12] CANTINI A. Paradoxes, Self-Reference and Truth in the 20th Century. In GABBAY D M, WOODS J. *Handbook of the History of Logic*. Amsterdam: Elsevier Science Publisher, 2009: 875-1 013.

[13] DALEN D van. Intuitionistic Logic. In GABBAY D M, GUENTHNER F. (eds) *Handbook of Philosophical Logic*. vol. 5, Berlin: Springer, 2002: 1-114.

[14] DAVIDSON D. The Structure and Content of Truth. *The Journal of Philosophy*, 1990, 87(6): 279-328.

[15] DAVIDSON D. The Folly of Trying to Define Truth. *The Journal of Philosophy*, 1996, 93: 263-278.

[16] DEVLIN K. *Constructibility*. Berlin: Springer, 1984.

[17] DOUVEN I, HORSTEN L, ROMEIJN J W. Probabilist Anti-Realism. *Pacific Philosophical Quarterly*, 2010, 91(3): 38-63.

[18] EDER G. Remarks on Compositionality and Weak Axiomatic Theories of Truth. *Journal of Philosophical Logic*, 2014, 43: 541-547.

[19] FEFERMAN S. Toward Useful Type-Free Theories I. *The Journal of Symbolic Logic*, 1984, 49(1): 75-111.

[20] FEFERMAN S. Reflecting on Incompleteness. *The Journal of Symbolic Logic*, 1991, 56: 1-49.

[21] FEFERMAN S. Axioms for Determinateness and Truth. *The Review*

of Symbolic Logic, 2008, 1(2): 204-217.

[22] FIELD H. Disquotational Truth and Factually Defective Discourse. *Philosophical Review*, 1994, 103: 405-452.

[23] FIELD H. *Saving Truth from Paradox*. New York: Oxford University Press, 2008.

[24] FIELD H. Minimal Truth and Interpretability. *The Review of Symbolic Logic*, 2009, 2(4): 799-815.

[25]FIELD H. Naive Truth and Restricted Quantification: Saving Truth a Whole Lot Better. *The Review of Symbolic Logic*, 2014, 7(1): 147-191.

[26] FISCHER M. Truth and Speed-up. *The Review of Symbolic Logic*, 2014, 7(2): 319-340.

[27]FISCHER M, HALBACH V, KRIENER J, STERN J. Axiomatizing Semantic Theories of Truth? *The Review of Symbolic Logic*, 2015, 8(2): 257-278.

[28]FRIEDMAN H, SHEARD H. The Disjunction and Existence Properties for Axiomatic Systems of Truth. *Annals of Pure and Applied Logic*, 1988, 40: 1-10.

[29]FRIEDMAN H, SHEARD H. An Axiomatic Approach to Self-referential Truth. *Annals of Pure and Applied Logic*, 1987, 33: 1-21.

[30]FUJIMOTO K. Relative Truth Definability of Axiomatic Theories of Truth. *Bulletin of Symbolic Logic*, 2010, 33: 1-21.

[31]FUJIMOTO K. Autonomous Progression and Transfinite Iteration of Self-Applicable Truth. *The Journal of Symbolic Logic*, 2011, 76: 914-945.

[32]FUJIMOTO K. Classes and Truths in Set Theory. *Annals of Pure and Applied Logic*, 2012, 163: 1 484-1 523.

[33]GAIFMAN H. Pointers to Truth. *The Journal of Philosophy*，1992，89：223-262.

[34] GUPTA A. Truth and Paradox. *Journal of Philosophical Logic*，1982，11：1-60.

[35]GUPTA A，BELNAP N. *The Revision Theory of Truth*. Cambridge：MIT Press，1993.

[36] HALBACH V. A System of Complete and Consistent Truth. *Notre Dame Journal of Formal Logic*，1994，35：311-327.

[37] HALBACH V. Tarskian and Kripkean Truth. *Journal of Philosophical Logic*，1997，26：69-80.

[38] HALBACH V. Conservative Theories of Classical Truth. *Studia Logica*，1999，62：353-370.

[39]HALBACH V. Disquotational Truth and Analyticity. *The Journal of Symbolic Logic*，2001，66：1 959-1 973.

[40]HALBACH V. Reducing Compositional to Disquotational Truth. *The Review of Symbolic Logic*，2009 (2)：794.

[41]HALBACH V. *Axiomatic Theories of Truth*. Cambridge：Cambridge University Press，2014.

[42] HALBACH V，HORSTEN L. Axiomatizing Kripke's Theory of Truth. *The Journal of Symbolic Logic*，2006，2(71)：677-712.

[43]HECK R. Truth and Disquotation. *Synthese*，2004，142：317-352.

[44]HERZBERGER H. Notes on Naïve Semantics. *Journal of Philosophical Logic*，1982，11：61-102.

[45] HOFWEBER T. Proof-Theoretic Reduction as a Philosopher's Tool. *Erkenntnis*，2000，53：127-146.

[46] HORSTEN L. *The Tarskian Turn: Deflationism and Axiomatic Truth*. Cambridge: MIT Press, 2011.

[47]HORSTEN L, LEIGH G E, LEITGEB H, WELCH P. Revision Revisited. *The Review of Symbolic Logic*, 2012, 5(4): 642-664.

[48]HORWICH P. *Truth*. Oxford: Clarendon Press, 2nd edition, 1998.

[49]KIRKHAM R L. *Theories of Truth: A Critical Introduction*. Cambridge: MIT Press, 1992.

[50]KREMER P. The Revision Theory of Truth. *Stanford Encyclopedia of Philosophy*, 2015: http: //plato. stanford. edu/entries/truth-revision(访问日期: 2023-03-12).

[51]KRIPKE S. Outline of a Theory of Truth. *The Journal of Philosophy*, 1975, 72: 690-716.

[52] KUNNE W. *Conceptions of Truth*. Oxford: Oxford University Press, 2003.

[53] LEIGH G E. A Proof-Theoretic Account of Classical Principles of Truth. *Annals of Pure and Applied Logic*, 2013, 164: 1 009-1 024.

[54]LEIGH G E, NICOLAI C. Axiomatic Truth, Syntax and Metatheoretic Reasoning. *The Review of Symbolic Logic*, 2013, 4(6): 613-636.

[55]LEIGH G E, RATHJEN M. An Ordinal Analysis for Theories of Self-Referential Truth. *Archive for Mathematical Logic*, 2010, 49(2): 213-247.

[56]LEIGH G E, RATHJEN M. The Friedman-Sheard Programme in Intuitionistic Logic. *The Journal of Symbolic Logic*, 2012, 77(3): 777-806.

[57] LEITGEB H. What Truth Depends on. *Journal of Philosophical Logic*, 2005, 34: 155-192.

[58] LEITGEB H. What Theories of Truth Should be Like (but Cannot

be). *Philosophy Compass*, 2007, 2(2): 276-290.

[59]MARTIN R L, WOODRUFF P W. On Representing "true-in-L" in L. *Philosophia*, 1975, 5: 217-221.

[60]MCGEE V. How Truthlike Can a Predicate Be? A Negative Result. *Journal of Philosophical Logic*, 1985, 14: 399-410.

[61]MCGEE V. *Truth, Vagueness, and Paradox: An Essay on the Logic of Truth*. Indianapolis, Cambridge: Hackett, 1991.

[62]MINTS G. *A Short Introduction to Intuitionistic Logic*. Berlin: Springer, 2000.

[63]NEGRI S, Plato J von. *Structural Proof Theory*. Cambridge: Cambridge University Press, 2001.

[64]NEGRI S, Plato J von. *Proof Analysis: A Contribution to Hilbert's Last Problem*. Cambridge: Cambridge University Press, 2011.

[65]PATTERSON D. *Alfred Tarski: Philosophy of Language and Logic*. Palgrave NewYork: Macmillan, 2012.

[66]POHLERS W. *Proof Theory: The First Step into Impredicativity*. Berlin: Springer, 2009.

[67]SANDU G, HINTIKKA J. Aspects of Compositionality. *Journal of Logic, Language, and Information*, 2001, 10: 49-61.

[68]SHEARD M. A Guide to Truth Predicates in the Modern Era. *The Journal of Symbolic Logic*, 1994, 59: 1 032-1 054.

[69]SHEARD M. Weak and Strong Theories of Truth. *Studia Logica*, 2001, 68: 89-101.

[70]SIMPSON S. *Subsystems of Second Order Arithmetic*. Berlin: Springer, 2009.

[71]STERN J. Modality and Axiomatic Theories of Truth I: Friedman-Sheard. *The Review of Symbolic Logic*, 2014, 7(2): 273-298.

[72]STERN J. Modality and Axiomatic Theories of Truth II: Kripke-Feferman. *The Review of Symbolic Logic*, 2014, 7(2): 299-318.

[73]TAKEUTI G. *Proof Theory*. Amsterdam: North-Holland, 2nd edition, 1987.

[74]TARSKI A. The Semantic Concept of Truth and the Foundations of Semantics. *Philosophy and Phenomenological Research*, 1944, 4(3): 341-375.

[75]TARSKI A. The Concept of Truth in Formalized Languages. In WOODGER J H. *Logic*, *Semantics*, *Metamathematics*. Oxford: Clarendon, 1956: 152-278.

[76]TARSKI A. The Establishment of Scientific Semantics. In WOODGER J H. *Logic*, *Semantics*, *Metamathematics*. Oxford: Clarendon, 1956: 401-408.

[77]TROELSTRA A S. *Metamathematical Investigation of Intuitionistic Arithmetic and Analysis*. Berlin: Springer, 1973.

[78]TROELSTRA A S, DALEN D van. *Constructivism in Mathematics*. Amsterdam: North-Holland, 1998.

[79]TROELSTRA A S, SCHWICHTENBERG H. *Basic Proof Theory*. Cambridge: Cambridge University Press, 2nd edition, 2000.

[80]WELCH P D. The Complexity of the Dependence Operator. *Journal of Philosophical Logic*, 2015, 44(3): 337-340.

[81]WOODRUFF P. Paradox, Truth and Logic I: Paradox and Truth. *Journal of Philosophical Logic*, 1984, 13: 867-896.

[82]YOUNG J O. The Coherence Theory of Truth. *Stanford Encyclopedia of Philosophy*, 2018: http: //plato. stanford. edu/entries/truth-coherence. (访

问日期：2023-03-12）

[83][美] 戴维森：《真与谓述》，王路译，上海：上海译文出版社，2007 年。

[84][德] 弗雷格：《弗雷格哲学论著选辑》，王路，译，北京：商务印书馆，2013 年。

[85][英] 哈克：《逻辑哲学》，罗毅，译，北京：商务印书馆，2003 年。

[86]李娜、刘大为：《公理化真理论研究述评》，《哲学动态》2012 年第 8 期，第 91-95 页。

[87]李娜、李晟：《公理化真理论研究新进展》，《哲学动态》2014 年第 9 期，第 91-95 页。

[88]刘大为、李娜：《真理论的转向：由定义到公理化》，《哲学研究》2013 年第 5 期，第 118-125 页。

[89]熊明：《塔尔斯基定理与真理论悖论》，北京：科学出版社，2014 年。

[90]熊明：《算术、真与悖论》，北京：科学出版社，2017 年。

第 3 编

基于集合论的公理化真理论

引　言

真理论的公理化研究始于费弗曼的开创性文章[10]，在这篇文章中他主要研究了基于算术上表达的真理论系统。随后大量的研究(例如，文献[4，5，11，16～21])也是在相同的背景下进行的。①因此，到目前为止，真理论的公理化研究主要集中在那些用算术表达的系统，并且公理化真理论系统已经成为传统证明论和序数分析的一个目标。

然而，自然地我们也可以取集合论的系统来代替那些用算术表达的真理论系统。更确切地说，由于集合论通常被看作数学的基础，因而人们认为集合论甚至更适合于研究数学真这个概念。尽管如此，目前对这一方向的研究还没有予以足够的重视，就我们所知，也没有公开发表的关于这一论题的研究成果。

当然，把集合论置于公理化真理论的研究之外也有一些似乎真的原因。首先，从基础的观点看，尽管集合论通常被认为是一个足够丰富的框架，从中我们能发展出当代的数学，但有时也怀疑它是否太强并且怀疑它作为整个数学的框架是否必要。因此，有些人并不接受强集合论，例如 Zermelo-Fräenkel 集合论 **ZF**。然而，也有很多人接受 **ZF** 或它的等价系统并且取它作为数学的基础，因此在集合论之上研究公理化真理论系统(truth systems)以及研究由此给集合论带来了什么是很有意义的。其次，从实践和技术的观点看，在 **ZF** 之上的公理化真理论系统的研究包含在低于不可达基数研究范围之内(但在 **ZF** 之上)，

① 尽管费弗曼在［10］中主要研究的是算术之上的真理论系统，但事实上他已经提出了一种集合论上的真理论系统的可能表达。

这一领域还没有得到足够的重视并且尚未发展出足够的证明论技术。就我们所见，目前任何已有的(自然的)真理论系统，当它可以在 **ZF** 中重新表达时，它都达不到存在不可达基数假设的强度。由于这种算术的真理论系统具备$\mathbb{N}$上的“标准”模型(也有一些例外，像弗里德曼和希尔德的 **FS**[16，19])，因此当其在 **ZF** 上表达时，我们可以在 V_κ(对一个不可达κ)上用完全平行的方法，构造它的“标准”模型。但是，正如下面将要解释的，在低于不可达基数范围内的一些新的观点和研究最近已经提出，并且多种证明论技术也由雅格尔(G. Jäger)及其他逻辑学家得到了相应的发展，这使得我们能够更好地分析集合论上的公理化真系统。

在这样的背景下，开展集合论上的公理化真理论的研究是一个好的时机。这正是本文写作的原因，而本文也试图迈出研究集合论上的公理化真理论的第一步。同时，藤本也希望本文能对低于不可达基数但在 **ZF** 之上领域的研究有所裨益。

藤本的这篇文章，介绍和研究三个最基本的真理论系统：**TC**，$\mathbf{RT}_\alpha$ 和 **KF**，以及它们的一些子系统和一个附加系统 **FS**，然后把它们同 Morse-Kelley 的类理论 **MK** 联系起来。我们强调 **MK** 和它的子系统同样要归入到 **ZF** 和不可达之间，因为对于某个不可达基数κ，$(V_\kappa, V_{\kappa+1})$是 **MK** 的一个模型。藤本认为，在早期的数理逻辑取得若干重要的和基本的成果之后，人们对于类理论的研究兴趣相对较小。然而，由雅格尔和他的同事[22～24，26]最近从一个新的基础观点出发所做的工作，使得人们对 **MK** 子系统(或简称类理论)的研究近来已经复兴。① 他们的研究为我们分析集合论上的公理化真理论系统提供了有益的多种

① 雅格尔研究的最初动因似乎来自他对费弗曼运算集合论 OST 的分析。雅格尔在［23］中证明了：OST 的某个扩充等价于 MK 的一个子系统 $\mathrm{NBG}_{<E_0}$（参看本书 § 15. 4）。雅格尔及其同事的工作，使得沿着这条线索进行的类理论研究一直保持着蓬勃的发展。除了费弗曼、雅格尔以及其他人的研究，佐藤（K. Sato）在对系统 SF［38］的最新研究中提出了关于类理论的另一种观点。他提出系统 SF 作为覆盖数理逻辑广阔范围的一般框架，这一范围是从约束算术到集合论甚至超出了 ZF。他证明了 SF 加上一个不可达基数（Inacc）的存在等价于 ZF（通过私人交流）。在 SF 里，公理模式都限制了固定的约束复杂性；于是，如果我们通过接受更为复杂的公式来强化这些公理模式，那么所得到的系统连同不可达基数一起就成为强于 ZF 的系统，而且相当于 MK 的某些子系统。

框架和证明论技术，本编在很大程度上将使用这些框架和技术。本编除包含真理论方面的结果之外，还包含类理论方面的若干结果，因此我们期待我们的结果也能对类理论的这一新趋势做一些贡献。

我们看到二阶算术 **SOA**(second-order arithmetic)(参见§13.1)与类理论之间的关系分别类似于一阶算术与集合论之间的关系。在 **SOA** 与类理论之间，有许多概念和技术都是直接平行的，但在它们之间也存在着一些不对称性和不同点，研究它们之间的这些差异又有它自身的意义。例如，藤本在这篇文章[43, p. 1 485]中指出的，这些差异中的一些是由下面几点引起的：

(1)集合全域$\mathbb{V}$缺乏一种良序。

(2)除归纳公理模式之外，还要求满足分离公理模式和替换公理模式。

(3)良基可以用一个初等公式(不包含二阶量词)表达事实。

尽管自然数具有它们缺少的良序关系$<$，但我们通常只把归纳公理模式看作算术"缺少的公理模式"，并且良基在算术中是一个$\prod_1^1$-完全的概念，参见§15.2，§15.4和§18.4。

最后，藤本给出了全文的结构。除引言外，藤本的文章共分八章，本编删除了它的最后一章中给出的一些进一步研究的建议。按照本编的编排是第14～18章和第19章的部分内容。本编在第14章中，介绍他关于集合论语言的一种确定的"编码"，并将$\mathbb{V}$中的所有元素都作为该语言的常项，这种编码将用在用公式表达的真理论系统中。在第15章中，介绍他使用的 **MK** 的几个子系统(或是 von Neumann-Bernays-Gödel 类理论 **NBG** 的超系统)，这些系统将与真理论系统相互关联；本章中，还介绍了他给出的一些有用的事实。然后，在第16至第18章中，连续地介绍了他的经典类型的塔尔斯基真理论系统 **TC**(第16章)，迭代类型的塔尔斯基真理论系统 $\mathbf{RT}_\alpha$(第17章)以及 Kripke-Feferman 自指真理论系统 **KF**(第18章)，在那里还考虑了它们的一些子系统。在上面提到的每一章中，藤本证明了真理论系统与 **MK** 的子系统之间的一些等价的结果。最后，在第 19 章中，藤本将丘瓦基(R. B. Chuaqui)的力迫法移植到类理论中并证明了关于整体选择公理的一些保守性结果；这些结果在一些带有或一些不带整体选择公理的真理论与类理论系统之间导致了保守性(集合论结论的)；它们还使我们能够将关于带有整体选择公理的类理论中的一些已知的等价结果推广到不带整体选择公理的类理论中。除此之外，本章在最后给出了我们的一个重要结论。

第 13 章
基础知识

§13.1　二阶算术的形式系统

二阶算术的形式系统习惯上记作 Z_2，有时也记作 **SOA**。它的形式语言$\mathcal{L}_{SOA}$是一个二层的语言。也就是说，存在两种不同种类的变项。它们涉及两种不同种类的对象。第一种变项称作数字变项，用i，j，k，m，n，…表示，它们的取值范围是所有自然数的集合$\mathbb{N}=\omega=\{0, 1, 2, \cdots\}$。第二种变项称作集合变项，用$X$，$Y$，$Z$，…表示，它们的取值范围是所有$\omega$的子集。

定义 13.1（$\mathcal{L}_{SOA}$-项）　$\mathcal{L}_{SOA}$-项是由数字变项、常项符号 0 和 1 以及当 t_1和t_2是数字变项时，t_1+t_2和$t_1 \cdot t_2$也是，这里的$+$和$\cdot$是二元运算符号，表示自然数的加法和乘法。（数字的项表示自然数。）

定义 13.2（$\mathcal{L}_{SOA}$-原子公式）　$\mathcal{L}_{SOA}$-原子公式是$t_1=t_2$，$t_1<t_2$和$t_1\in X$。这里t_1和 t_2是数字的项，X是任意的集合变项。（这些原子公式分别表示的意义是：t_1 等于t_2，t_1小于t_2，t_1是X的一个元素。）

定义 13.3（$\mathcal{L}_{SOA}$-公式）　$\mathcal{L}_{SOA}$-公式是从原子公式用联结词$\exists$，$\vee$，$\neg$，$\rightarrow$，$\leftrightarrow$，数量量词$\forall n$，$\exists n$（对所有的n，存在n）和集合量词$\forall X$，$\exists X$（对所有的X，存在X）逐步建立的。一个语句是一个没有自由变项的公式。

定义 13.4（二阶序算术语言）　如上描述的二阶语言$\mathcal{L}_{SOA}$被称为一个二阶序算术语言。

定义 13.5(二阶算术 Z_2)　二阶算术 Z_2 的公理是由如下的$\mathcal{L}_{SOA}$-公式的全称闭包组成的。

(1)基本公理：

$$n+1\neq 0;$$
$$m+1=n+1\rightarrow m=n;$$
$$m+0=m;$$
$$m+(n+1)=(m+n)+1;$$
$$m\cdot 0=0;$$
$$m\cdot(n+1)=m\cdot n+m;$$
$$\neg m<0;$$
$$m<n+1\leftrightarrow(m<n\vee m=n)。$$

(2)归纳公理：

$$(0\in X\wedge\forall n(n\in X\rightarrow n+1\in X))\rightarrow\forall n(n\in X)。$$

(3)概括模式：

$$\exists X\forall n(n\in X\leftrightarrow\varphi(n))。$$

这里$\varphi(n)$是$\mathcal{L}_{SOA}$的任意公式并且在$\varphi(n)$中，X没有自由出现。(参见[45])

§13.2　公理集合论系统 ZF

ZF 是 Zermelo-Fräenkel 集合论的缩写。它的语言是一个带有等词还包含一个二元谓词符号$\in$(表示“隶属”)的一阶语言$\mathcal{L}_{\in}=\{\in\}$。**ZF** 的表现形式较多，下面是它的一种表现形式。为了方便，我们在文献[44，p6]的基础上增加了对集公理：

外延公理：$\forall x\forall y(\forall z(z\in x\leftrightarrow z\in y)\rightarrow x=y)$；

无序对公理：$\forall x\forall y\exists z(\forall u(u\in z\leftrightarrow u=x\vee u=y))$；

并集公理：$\forall u \exists v \forall x(x \in v \leftrightarrow \exists y \in u(x \in y))$；

幂集公理：$\forall u \exists v \forall x(x \in v \leftrightarrow \forall y \in x(y \in u))$；

无穷公理：$\exists u(\emptyset \in u \wedge \forall x \in u \exists y \in u(x \in y))$；

分离公理：$\forall u \exists v \forall x(x \in v \leftrightarrow x \in u \wedge \psi(x))$，其中$v$在公式$\psi(x)$中不自由；

替换公理：$\forall u((\forall x \in u) \exists y \phi(x, y) \rightarrow \exists v(\forall x \in u)(\exists y \in v) \phi(x, y))$，其中$v$在公式$\phi(x, y)$中不自由；

正则公理：$\forall x((\forall y \in x) \phi(y) \rightarrow \phi(x)) \rightarrow \forall x \phi(x)$，其中$y$在公式$\psi(x)$中不自由。

选择公理(AC)：

$$\forall u \exists x \exists f(\mathrm{Ord}(x) \wedge \mathrm{Fun}(f) \wedge \mathrm{Dom}(f)=x \wedge u \subset \mathrm{Ran}(f))。$$

ZF＋AC 记作 ZFC。(参见文献[44])

§13.3　公理集合论系统 NBG

NBG 是 von Neumann-Bernays-Gödel 类理论的缩写。它的语言$\mathcal{L}_2$是一种带有第一层(或“一阶”)变元x，y，z，…和第二层(或“二阶”)变元X，Y，Z，…，而非逻辑符号是一阶的$\in_1$和一阶与二阶之间的$\in_2$的二层语言。假定$\mathcal{L}_2$具有一个作为逻辑符号但仅适用于集合的等词符号＝。因此，$\mathcal{L}_2$的原子公式具有下列形式之一：

$$x=y，x \in_1 y \text{或} x \in_2 X。$$

为了简便，当不引起混淆时，后面我们将把$\in_1$和$\in_2$看成相同的。集合x和类X，Y之间的相等定义如下：

$$x=X :\Leftrightarrow \forall z(z \in x \leftrightarrow z \in X) \Leftrightarrow: X=x,$$

并且　$$X=Y :\Leftrightarrow \forall z(z \in X \leftrightarrow z \in Y)。$$

因此，关系$X=Y$是一个全等关系：如果$X=Y$，那么在任何语境中X和Y都是互相可替换的。$\forall n\in\mathbb{N}$，我们用与 **SOA** 类似的方式定义$\mathcal{L}_2$-公式的收集 $\prod_n^1$ 和 $\sum_n^1$：我们最初用初等公式(即不含二阶量词，但可能含有二阶参数的公式)的收集确定 $\prod_0^1$ 和 $\sum_0^1$。然后，用通常的方式分别从 $\prod_n^1$ 和 $\sum_n^1$ 定义 $\prod_{n+1}^1$ 和 $\sum_{n+1}^1$。最后，令 $\prod_\infty^1=\bigcup_n\prod_n^1$ 和 $\sum_\infty^1=\bigcup_n\sum_n^1$。

NBG 包括标准的一阶集合论 ZF 的外延公理、对集公理、并集公理、幂集公理、无穷公理和如下的公理。

Aus：$\forall X\forall x\exists z(z=X\cap x)$(即，$\forall X\forall x\exists z\forall w(w\in z\leftrightarrow(w\in x\wedge w\in X)))$；

CFA：$\forall X(X\neq\emptyset\rightarrow(\exists x\in X)(\forall y\in x)(y\notin X))$；

ECA：$\exists X\forall x(x\in X\leftrightarrow\Phi(x))$，$\Phi$是任意的初等公式，并且它可能带有其他参数，但$X$不自由；

REPL：$\forall X(\mathrm{Fun}(X)\rightarrow\forall x\exists y(X''x\subset y))$。

这里 $\mathrm{Fun}(X)$表示“X是一个函数”并且$X''x:=\{y|\exists z\in x(\langle z, y\rangle\in X)\}$(即，$X$在$x$下的像)，首字母缩略词 Aus，CFA，ECA 和 REPL 分别代表“类的分离公理”“类的基础公理”“类的基本概括公理”“类的替换公理”。在 **NBG** 中，既不包括选择公理(AC)，也不包括整体选择公理(GC)。(参见文献[43])

整体选择公理(GC)：

GC：$\exists X(\mathrm{Fun}(X)\wedge\mathrm{Dom}(X)=\mathbb{V}\wedge\mathrm{Ran}(X)=On\wedge\mathrm{Bij}(X))$，

其中，$\mathrm{Dom}(X):=\{x|\exists y(\langle x, y\rangle\in X)\}$($X$的定义域)，

$\mathrm{Ran}(X):=\{x|\exists y(\langle y, x\rangle\in X)\}$($X$的值域)，

$\mathrm{Bij}(X)$表示“X是双射”。

我们分别用 **NBGC** 和 **NBGGC** 表示 **NBG**＋AC 和 **NBG**＋GC，众所周知 **NBGC** $\subset$**NBGGC** 和 **NBGGC** $\subset_{\mathcal{L}_\in}$ **NBGC**(参见文献[12])，但 **NBGGC** $\not\subset$**NBGC**(参见文献[13])。

§13.4　公理集合论系统 KP

KPω 是带有无穷公理的 Kripke-Platek 集合论的缩写。Kripke-Platek 集合论是 Zermelo-Fräenkel 集合论的一个奇特的子系统。它起源于 20 世纪 60 年代。**KP** 集合论的公理由 **ZF** 集合论的外延公理、对集公理、并集公理和无穷公理(断言：ω是最小的无穷序数)及以下的公理组成：

基础公理：$\exists x\phi(x)\to\exists x(\phi(x)\wedge(\forall y\in x)\neg\phi(y))$，对所有的公式$\phi$；

Δ_0分离公理：$\exists x(x=\{y\in a|\Psi(y)\})$，对所有的$\Delta_0$-公式$\Psi$，$x$在$\Psi$中不自由；

Δ_0收集公理：$(\forall x\in a)\exists y\theta(x,y)\to\exists z(\forall x\in a)(\exists y\in z)\theta(x,y)$，对所有的$\Delta_0$-公式$\theta$($z$在$\theta$中不自由)。

由于这样的 Kripke-Platek 集合论包含无穷公理，所以，有时也将带有无穷公理的 Kripke-Platek 集合论记作 **KP**ω。

对于一个Δ_0公式，我们指一个集合论公式的所有量词的出现都是受囿的。即它具有$(\forall x\in b)$或者$(\exists x\in b)$的形式之一。

KPω 由 **ZF** 去掉幂集公理并且把分离公理和收集公理都限制到绝对谓词上，即：Δ_0公式。众所周知，**KP**ω与费弗曼的正的、非迭代归纳定义的系统 **ID**$_1$ 能够证明相同的算术语句。换句话说，**KP**ω和 **ID**$_1$ 有相同的算术定理。它的证明论序数是所谓的 Bachmann-Howard 序数$\theta\varepsilon_{\Omega+1}0$。(参见文献[42])

§13.5　直觉主义的公理集合论系统 IZF

直觉主义的公理集合论系统 **IZF**(参见文献[47，第 8 章])是在带等词的直觉主义逻辑 **IQL** 的基础上增加相应的集合论公理得到的。

带等词的直觉主义逻辑 **IQL** 的公理如下：

IQL1：$\varphi \to (\psi \to \varphi)$；

IQL2：$(\varphi \to (\psi \to \theta)) \to ((\varphi \to \psi) \to (\varphi \to \theta))$；

IQL3：$\varphi \to (\psi \to \varphi \wedge \psi)$；

IQL4：$\varphi \wedge \psi \to \varphi$；

IQL5：$\varphi \wedge \psi \to \psi$；

IQL6：$\varphi \to \varphi \vee \psi$；

IQL7：$\psi \to \varphi \vee \psi$；

IQL8：$(\varphi \vee \psi) \to ((\varphi \to \theta) \to ((\psi \to \theta) \to \theta))$；

IQL9：$(\varphi \to \psi) \to ((\varphi \to \neg\psi) \to \neg\varphi)$；

IQL10：$\neg\varphi \to (\varphi \to \psi)$；

IQL11：$\forall x\varphi(x) \to \varphi(t)$，其中项$t$对$\varphi$中的$x$是自由的，$\varphi(t)$是用$t$替换$\varphi(x)$中$x$的每一次自由出现所得到的公式；

IQL12：$\varphi(t) \to \exists x\varphi(t)$，其中项$t$对$\varphi$中的$x$是自由的，$\varphi(t)$是用$t$替换$\varphi(x)$中$x$的每一次自由出现所得到的公式。

等词公理 IA：

IA1：$x = x$；

IA2：$x = y \to y = x$；

IA3：$x = y \wedge y = z \to x = z$；

IA4：$x = y \wedge y \in z \to x \in z$；

IA5：$x = y \wedge z \in x \to z \in y$。

直觉主义的公理集合论 **IZF** 的集合论公理如下：

IZF1：外延公理：$S(x) \wedge S(y) \to (\forall z(z \in x \leftrightarrow z \in y) \to x = y)$；

IZF2：空集公理：$\exists u(S(u) \wedge \forall z \neg(z \in u))$；

IZF3：配对公理：$\exists u(x \in u \wedge y \in u)$；

IZF4：无穷公理：$\exists u(S(u) \wedge \forall z(z \in u \leftrightarrow \mathrm{N}(z)))$；

IZF5：并集公理：$\exists u(S(u) \wedge \forall z(z \in u \leftrightarrow \exists y \in x(z \in y)))$；

IZF6：分离公理：$\exists u(S(u) \wedge \forall z(z \in u \leftrightarrow z \in x \wedge \mathrm{A}(z)))$（$u$在 A 中不自由）；

IZF7：幂集公理：$\exists u(S(u) \wedge \forall z(z \in u \leftrightarrow S(z) \wedge (\forall y \in z) y \in x))$；

IZF8：$\in$-归纳公理：$\forall x(((\forall y \in x)\mathrm{A}(y)) \to \mathrm{A}(x)) \to \forall x \mathrm{A}(x)$；

IZF9：收集公理：$(\forall y \in)x \exists z \mathrm{A}(x,y) \to \exists u(S(u) \wedge (\forall y \in x) \exists z \in u \mathrm{A}(y,z))$。

§ 13.6　直觉主义的公理集合论系统 INBG

直觉主义的 von Neumann-Bernays-Gödel 集合论系统 **INBG** 的逻辑公理也是建立在带等词的直觉主义逻辑 **IQL** 的基础上，它的集合论公理由以下四组公理构成：

(1)组

$\forall x \mathcal{E}(x)$；

$\forall X \exists Y(X \in Y \to \mathcal{M}(X))$；

$\forall X \exists Y(\forall x(x \in X \leftrightarrow x \in Y) \to X=Y)$；

$\forall x \forall y \exists z \forall u(u \in z \leftrightarrow u=x \vee u=y)$。

(2)组

$\exists X \forall x \forall y(\langle x, y\rangle \in X \leftrightarrow x \in y)$；

$\forall X \forall Y \exists Z \forall u(u \in Z \leftrightarrow u \in X \wedge u \in Y)$；

$\forall X \exists Y \forall x(x \in Y \leftrightarrow \neg x \in X)$；

$\forall X \exists Y \forall x(x \in Y \leftrightarrow \exists y(\langle x, y\rangle \in X))$；

$\forall X \exists Y \forall x \forall y(\langle x, y\rangle \in Y \leftrightarrow x \in X)$；

$\forall X \exists Y \forall x \forall y(\langle x, y\rangle \in Y \leftrightarrow \langle y, x\rangle \in X)$；

$\forall X \exists Y \forall x \forall y \forall z(\langle x, y, z\rangle \in Y \leftrightarrow \langle z, x, y\rangle \in X)$；

$\forall X \exists Y \forall x \forall y \forall z(\langle x, y, z\rangle \in Y \leftrightarrow \langle x, z, y\rangle \in X)$。

(3)组

$\exists X(\varnothing \in X \wedge \forall x(x \in X \rightarrow (x \cup \{x\} \in X)))$；

$\forall x \exists y \forall z(z \in y \leftrightarrow z \subseteq x)$；

$\forall x \exists y \forall z(z \in y \leftrightarrow \exists u \in x(z \in u))$；

$\forall X \forall x \exists y \langle x, y\rangle \in X \rightarrow \forall x \exists y \forall z(z \in y \leftrightarrow \exists w(w \in x \wedge \langle w, z\rangle \in X))$。

(4)组

$\forall X(\forall y(y \in X \rightarrow \varphi(y)) \rightarrow \varphi(X)) \rightarrow \forall X \varphi(X)$。

第 14 章
具有集合常项的集合论的形式化句法

§14.1　集合论的扩充语言

正如我们在前一章介绍的，$\mathcal{L}_{\in}=\{\in\}$表示具有隶属关系“$\in$”作为它的唯一的非逻辑符号的一阶集合论的语言。首字母缩写词 **ZF** 表示 Zermelo-Fräenkel 集合论；**ZFC** 表示 **ZF** 加上选择公理(AC)。我们偶尔也会考虑一个较弱的理论 **KP**ω，即：具有无穷公理的 Kripke-Platek 集合论。令$\mathcal{L}_2$是在$\mathcal{L}_{\in}$中添加二阶变元和二阶量词得到的二阶集合论(或类理论)的语言，它的严格定义将在第 15 章中给出。本编中，我们将处理$\mathcal{L}_{\in}$或$\mathcal{L}_2$的某些有穷扩充上的 **ZF** 的一阶和二阶扩充。

令$\mathcal{L}_W=\mathcal{L}_{\in}\cup\{W\}$，其中$W$是一个新的二元谓词符号。$\mathcal{L}_W$上的系统 **ZFW** 是从 **ZF** 并允许这个新的谓词符号W出现在 **ZF** 的每个公理模式(即：分离公理模式和替换公理模式)中，并且增加如下的整体良序公理(GW)得到的：

GW：$\forall x(\exists!\alpha\in On)W(x,\alpha)\wedge(\forall\alpha\in On)\exists!xW(x,\alpha)$。

其中 On 是序数类；即W是$\mathbb{V}$与 On 之间的一个双射。在$\mathcal{L}_W$的扩充的分离公理存在的情况下，我们可以很容易地证明 **ZFC** $\subset$**ZFW**。为了真理论的原因，我们还将介绍另外两种语言：$\mathcal{L}_T:=\mathcal{L}_{\in}\cup\{T\}$和$\mathcal{L}_{WT}:=\mathcal{L}_W\cup\{T\}$，其中$T$是一个新的一元谓词，表示集合论的真谓词。

在本编中，用来陈述各种真理论系统的“正式”的基础理论是 **ZFC**①。但是当不需要 AC 时，我们偶尔也在 **ZF** 中工作，或是当需要 GW 的时候，我们就在 **ZFW** 中工作。于是，我们将把可能没有 AC 或者有 GW 的真理论系统与可能没有 AC 或者有整体选择公理 GC 的类理论联系起来。为了易读，在下文中，我们总是先在基础理论 **ZF** 上表达一个真理论系统(例如，**TC**)，并且它的语言是$\mathcal{L}_T$；然后以“C”结尾的系统(例如，**TCC**)是对第一个系统增加 AC 得到的；当我们把“W”添加到系统名的最后(例如，**TCW**)时，我们得到的是$\mathcal{L}_{WT}$上包含 GW 作公理并允许W在其公理模式和真公理中出现的系统(在 § 17.1 中，我们将更严格地说明这一点)，而不是$\mathcal{L}_T$上包含 GW 作为公理的系统。由于我们将在各种不同的系统中工作，贯穿全编，我们做如下的约定：如果定理、引理、命题和推论的编号后括有一个系统的名字(例如，命题 16.4(**ZF**))，那么它表示我们在那个系统中工作并且该陈述在那里是可推出的。

§ 14.2　带有常项的集合论语言

对$\mathcal{L}_\in$的一个给定的(一阶或二阶的)有穷扩充$\mathcal{L}$，我们需要把由$\mathcal{L}$和全域$\mathbb{V}$中的每个元素x确定的常项符号c_x组成的语言$\mathcal{L}^\infty$形式化；我们将不考虑对二阶元素(例如，类)加常项。特别地，这种形式化对于表达集合论的真理论系统是必要的；例如，我们要表达“c_x是c_y的一个元素”是真的当且仅当在全域$\mathbb{V}$中x确实是y的元素；为了表达前面的条款，我们需要利用x和y的常项。

语言$\mathcal{L}^\infty$与真类的大小相同，但这个事实不会对我们的目标引起任何严重的问题。在算术上表达真理论系统，我们在算术里对递归的(典型地，原始递归)

---

① 我们对于 ZFC 的选择是暂时的，其原因是出于实用性的考虑。首先，我们通常并不把 GW 作为集合论的初始公理。其次，为了实现集合论的“Jäger-Sch ü tte”型无穷证明论，我们需要一种整体良序，而且在对我们即将研究的集合论系统的分析中，这种无穷证明论技术非常有用，通过它能得出很多结论。最后，正如我们将要看到的，虽然在既不带 AC 又不带 GW 的真理论系统和带 GW 的真理论系统之间，我们只是得到了为数不多的相同一致性的结论，但是在很多情况下，带 GW 的真理论系统是在只带 AC 的真理论系统之上保守的，这一事实可用于说明我们为什么有时候要使用 GW。

形式系统的语法算术化。在这样的语法算术化中，各种语法概念和运算都可以用递归关系和递归函数表示(在一个相当弱但又合理的强算术系统中是可证明的)；之所以用递归的原因是因为我们要求在形式化的各种算术系统之间，语法概念和运算应具有固定的意义(在某些适当的意义下是“绝对的”)。与此类似，我们将对$\mathcal{L}^{\infty}$的语法概念和运算进行形式化，使得它们在充分强的集合论中是绝对的。为了我们现在的目的，我们将注意力限制到包含 $\mathbf{KP}\omega$ 的集合论中，因此我们只需通过 $\Delta_1^{\mathrm{KP}\omega}$-关系或函数来对它们形式化；实际上，$\Delta_1^{\mathrm{ZF}}$ 就已满足本文的讨论了。该项技术已经是非常著名的，例如，参见文献[1，8，30]。其具体细节比较烦琐，建议读者阅读文献[8]和文献[30]以获取更多细节。①

下面，我们列出将要用到的一些语法概念和运算的表示。首先，对每个$x\in\mathbb{V}$，我们用$\dot{x}$表示x的集合常项c_x。给定$\mathcal{L}_{\in}$的一个有穷扩张$\mathcal{L}$，固定一种$\mathcal{L}$的(有穷多的)非逻辑符号和逻辑符号的哥德尔编码；于是我们定义每个$\mathcal{L}^{\infty}$-表达式的编码，用$\ulcorner e\urcorner$ 表示一个表达式e的编码；例如，第 j 个变元的编码记作$\ulcorner v_j\urcorner$ 。令

Var_i：$=\{z|z$是第 i 阶变元的一个编码$\}$；

CT：$=\{\dot{x}|x\in\mathbb{V}\}$；

Tm_1：$=\mathrm{Var}_1\cup\mathrm{CT}$；

Tm_2：$=\mathrm{Var}_2$；

其中$i=1$，2。即：当$\mathcal{L}$只有谓词符号时，CT 是集合常项的类，Tm_i 是$\mathcal{L}^{\infty}$的第 i 阶项的类。

我们已经完成了$\mathcal{L}^{\infty}$-项的形式化，下面是$\mathcal{L}^{\infty}$(和$\mathcal{L}$)的公式和语句的形式化。

① 德福林（K. J. Devlin）的文章［8］的研究是在一个相当弱的系统 BS 中进行的，他试图用Δ_1^{BS}关系和函数将该系统中的语法（以及语义）概念和运算形式化，但是他的论证有错误。马赛厄斯（A. Mathias）的文章［30］修正了这些错误，并最终证明除一些语义概念外，如可满足关系 Sat，我们在本编所使用的所有语法概念和运算都是Δ_1^{BS} 的。由于在本编中我们只需要这些句法概念和运算是$\Delta_1^{\mathrm{KP}\omega}$的（事实上$\Delta_1^{\mathrm{ZF}}$就足够了），所以我们基本采用德福林的论证，只做一些简单的修改，用“$\Delta_1^{\mathrm{KP}\omega}$”去替换他的书中“$\Delta_0$”和“$\Delta_1^{\mathrm{BS}}$”的每一处出现，而且这样做不会对本编的初衷带来实质性的改变。

§14.3 带集合常项的集合论的形式句法

令

$$\mathrm{AtFml}_{\mathcal{L}}^{(\infty)}:=\{z\mid z\text{是一个}\mathcal{L}^{(\infty)}\text{-原子公式的一个编码}\};$$

$$\mathrm{Fml}_{\mathcal{L}}^{(\infty)}:=\{z\mid z\text{是一个}\mathcal{L}^{(\infty)}\text{-公式的一个编码}\};$$

$$\mathrm{AtSt}_{\mathcal{L}}^{(\infty)}:=\{z\mid z\text{是一个闭}\mathcal{L}^{(\infty)}\text{-原子公式的一个编码}\};$$

$$\mathrm{St}_{\mathcal{L}}^{(\infty)}:=\{z\mid z\text{是一个}\mathcal{L}^{(\infty)}\text{-闭公式的一个编码}\}。$$

令 V_ξ 和 L_ξ 分别表示累积层和可构成层(即：$\bigcup_{\xi\in On}V_\xi=\mathbb{V}$ 且 $\bigcup_{\xi\in On}L_\xi=\mathbb{L}$)；$\forall x\in\mathbb{V}$，$\rho(x)(\in On)$ 是 x 的秩，即：$\rho(x)=\min\{\alpha\mid x\in V_\alpha\}$。然后，由于 $\mathrm{Var}_i(i=1,\ 2)$，$\mathrm{AtFml}_{\mathcal{L}}$，$\mathrm{Fml}_{\mathcal{L}}$，$\mathrm{AtSt}_{\mathcal{L}}$ 和 $\mathrm{St}_{\mathcal{L}}$ 都不包含集合常项，因此，假设它们都包含在 $L_\omega=V_\omega$ 中。下面的语法运算后面将会用到：

对$\mathcal{L}^\infty$-项t和s，$\ulcorner t\urcorner\underset{\cdot}{=}\ulcorner s\urcorner:=\ulcorner t=s\urcorner$。

对$\mathcal{L}^\infty$-项t和s，$\ulcorner t\urcorner\underset{\cdot}{\in}\ulcorner s\urcorner:=\ulcorner t\in s\urcorner$。

对$\mathcal{L}$的每个n元谓词符号 R 和$\mathcal{L}^\infty$-项t_1，t_2，…，t_n，

$$\underset{\cdot}{R}(\ulcorner t_1\urcorner,\ulcorner t_2\urcorner,\cdots,\ulcorner t_n\urcorner):=\ulcorner Rt_1t_2\cdots t_n\urcorner。$$

对$\mathcal{L}^\infty$-公式ϕ和ψ，$\underset{\cdot}{\neg}\ulcorner\phi\urcorner(\ulcorner\phi\urcorner\underset{\cdot}{\wedge}\ulcorner\psi\urcorner):=\ulcorner\neg\phi\urcorner(\ulcorner\phi\wedge\psi\urcorner)$。

对一个一阶或二阶变元v和一个$\mathcal{L}^\infty$-公式$\phi(v)$，$\underset{\cdot}{\forall}\ulcorner v\urcorner\cdot\ulcorner\phi(v)\urcorner:=\ulcorner\forall v\phi(v)\urcorner$。

对一个一阶或二阶变元v，一个$\mathcal{L}^\infty$-项t和$\mathcal{L}^\infty$-公式ϕ，

$$\mathrm{Sub}(\ulcorner\phi\urcorner,\ulcorner v\urcorner,\ulcorner t\urcorner):=\ulcorner\phi[t/v]\urcorner。$$

其中$\phi[t/v]$是用t替换v在ϕ中的每一个自由出现的结果。利用$\underset{\cdot}{\neg}$，$\underset{\cdot}{\wedge}$和$\underset{\cdot}{\forall}$，我们还可以标准地定义$\underset{\cdot}{\vee}$，$\underset{\cdot}{\rightarrow}$，$\underset{\cdot}{\exists}$。① 给定具有一个一阶或二阶自由变元$v$的$\mathcal{L}^\infty$-公式

---

① 算子符号 $\underset{\cdot}{=}$，$\underset{\cdot}{\in}$，$\underset{\cdot}{\neg}$，$\underset{\cdot}{\wedge}$，$\underset{\cdot}{\exists}$ 的图形在文献[8]中的记法分别是 $F_=(x,\ y,\ z)$，$F_\in(x,\ y,\ z)$，$F_\neg(x,\ y,\ z)$，$F_\wedge(x,\ y,\ z)$和 $F_\exists(x,\ y,\ z)$，在文献[8]中，德福林断言它们都是Δ_0-可定义的。然而，$F_\wedge$ 不是Δ_0 的，并且马赛厄斯的文章[30]给出了 $F_\wedge$ 的另一个充分的定义，该定义以一个相当弱的系统(甚至弱于 BS)为模是Δ_1 的。不过正如我们已经提到的，只要我们的研究是在包含 KPω 的系统中进行的，这些问题就是无关紧要的。

$\phi(v)$，我们用$\ulcorner\phi(\widetilde{z})\urcorner$表示 Sub($\ulcorner\phi\urcorner$，$\ulcorner v\urcorner$，$z$)；对于$x\in\mathbb{V}$，当$z=\dot{x}$时，我们用$\ulcorner\phi(\dot{x})\urcorner$表示$\ulcorner\phi(\widetilde{\dot{x}})\urcorner$=Sub($\ulcorner\phi\urcorner$，$\ulcorner v\urcorner$，$\dot{x}$)(即，所谓 Fefeman 的点约定)。

为了阅读方便，我们对一些记法的使用有时会不太严格。我们用$\forall\ulcorner\phi\urcorner$和$\exists\ulcorner\phi\urcorner$表示公式的编码被量化，例如：我们写成$\forall\ulcorner\phi\urcorner\in\mathrm{Fml}^{\infty}_{\mathcal{L}}$。在这样的情形中，我们常常略去语法算子，例如，

$$(\forall\ulcorner\phi\urcorner\in\mathrm{Fml}^{\infty}_{\mathcal{L}})(\forall\ulcorner\psi\urcorner\in\mathrm{Fml}^{\infty}_{\mathcal{L}})(T\ulcorner\phi\wedge\psi\urcorner\leftrightarrow\cdots)$$

的确切含义是$\forall x$，$y\in\mathrm{Fml}^{\infty}_{\mathcal{L}}(T(x\underset{\cdot}{\wedge}y)\leftrightarrow\cdots)$。我们用$\forall\ulcorner\phi(v_0\cdots v_k)\urcorner$表示“对所有至多含有所示自由变元的公式的编码”，这能够在 **KP**ω 中被适当地表达；对存在量词而言，$\exists\ulcorner\phi(v_0, v_1, \cdots, v_k)\urcorner$具有对偶意义。令$H:\omega\to L_\omega$是一个函数并使得$H(n)$是第$n$个二阶变元的编码。接下来，我们用$\ulcorner\dot{x}\in X_n\urcorner$表示$\dot{x}\underset{\cdot}{\in}H(n)$；这个公式以$n$为参数，因此我们可以量化$n$。类似地，我们用$\ulcorner\forall X_n\phi(X_n)\urcorner$表示$\underset{\cdot}{\forall}H(n).\ulcorner\phi\urcorner$，并且我们有时也对$n$进行量化。

为了避免混淆，我们用$k\in\mathbb{N}$表示k遍历元语言层中的自然数，用$k\in\omega$表示k是对象语言层中全域$\mathbb{V}$的自然数。

对$\mathcal{L}\supset\mathcal{L}_\in$，我们可以标准地定义$\sum_n$和$\prod_n$($n\in\mathbb{N}$)的 Lévy 层：$\mathcal{L}$-公式的类$\sum^{\mathcal{L}}_0=\prod^{\mathcal{L}}_0$是由$\mathcal{L}$-原子公式经布尔组合和约束量词构成的；那么，$\sum^{\mathcal{L}}_n(\prod^{\mathcal{L}}_n)$是一个公式类，而$\sum^{\mathcal{L}}_n(\prod^{\mathcal{L}}_n)$中的每个公式等价于形如$\exists x_1\forall x_2\cdots x_n\phi$(对应于$\forall x_1\exists x_2\cdots x_n\phi$)的一个公式，其中$\phi$是一个$\sum^{\mathcal{L}}_0$-公式。

引理 14.1(对角化引理)　令$\mathcal{L}$是$\mathcal{L}_\in$的一个一阶有穷扩充，并且对$\forall n\in\mathbb{N}^*$，$\phi(x,\vec{z})$是$\sum^{\mathcal{L}}_n$-公式(或$\prod^{\mathcal{L}}_n$-公式)。那么，存在一个$\sum^{\mathcal{L}}_n$-公式(对应于$\prod^{\mathcal{L}}_n$-公式)$\psi(\vec{z})$使得

$$\mathrm{KP}\omega\vdash\forall\vec{z}(\psi(\vec{z})\leftrightarrow\phi(\ulcorner\psi(\vec{z})\urcorner,\vec{z}))。$$

特别地，如果ϕ是$\sum$-公式(参见文献[1]第Ⅰ章)，那么我们也可以把ψ取作一

个 $\sum$ -公式。

命题 14.2(部分真谓词)　$\forall n\in\mathbb{N}^*$，我们可以在 **KP**ω 中为自身是 $\sum_n$($\prod_n$)的 $\sum_n$-公式($\prod_n$-公式)定义一个部分真谓词 Tr_n。即：一个部分真谓词是一个满足塔尔斯基真公理 T1～T4(参见§16.1)限制到有界复杂性的谓词。

$\mathcal{L}_T$上最简单的(大概也是最古老的)公理化真理论系统 **TB**$^-$ 和 **UTB**$^-$ 是在 **ZF** 上分别加上如下的模式：对每个$\mathcal{L}_\in$-语句σ和$\mathcal{L}_\in$-公式$\phi(\vec{x})$，

$$\mathrm{TB}:\ T\ulcorner\sigma\urcorner\leftrightarrow\sigma,\qquad \mathrm{UTB}:\ \forall\vec{x}(T\ulcorner\phi(\dot{\vec{x}})\urcorner\leftrightarrow\phi(\vec{x}))。$$

并且我们约定：**TBC**$^-$（$\forall^-$）表示 **TB**$^-$ ＋AC(**UTB**$^-$ ＋AC)，并且对扩充语言$\mathcal{L}_W$而言，**TBW**$^-$（**UTBW**$^-$）表示 **ZFW**＋TB(UTB)。①

定义 14.3　令$\mathcal{L}$是一个给定的语言(或者令Γ是一个给定的公式类)，一个系统 S 在另一个系统 T 上是$\mathcal{L}$-保守的(或者Γ-保守的)，当且仅当对于每个$\mathcal{L}$-语句ϕ(或者对Γ中的每个语句)，如果 $\mathrm{S}\vdash\phi$，那么 $\mathrm{T}\vdash\phi$。在下文中，如果 S 在 T 上是$\mathcal{L}$-保守的，记作 $\mathrm{S}\subset_{\mathcal{L}}\mathrm{T}$；如果 $\mathrm{S}\subset_{\mathcal{L}}\mathrm{T}$ 并且 $\mathrm{T}\subset_{\mathcal{L}}\mathrm{S}$，记作 $\mathrm{S}=_{\mathcal{L}}\mathrm{T}$。

下面著名的定理(归功于塔尔斯基，参见文献[41])可由命题 14.2 推出。

定理 14.4　**ZF** $=_{\mathcal{L}_\in}$ **TB**$^-$ $=_{\mathcal{L}_\in}$ **UTB**$^-$，**ZFC** $=_{\mathcal{L}_\in}$ **TBC**$^-$ $=_{\mathcal{L}_\in}$ **UTBC**$^-$，并且 **ZFW**$=_{\mathcal{L}_\in}$ **TBW**$^-$ $=_{\mathcal{L}_\in}$ **UTBW**$^-$。对语言$\mathcal{L}_\in$而言，将语言$\mathcal{L}_T$的分离公理模式和替换公理模式添加到以上的系统中，也不会产生任何新的$\mathcal{L}_\in$-定理。

给定一个类U，令${}^\omega U$表示从ω到U内的函数类。对于$\ulcorner\phi(v_0, v_1, \cdots, v_k)\urcorner\in\mathrm{Fml}_{\mathcal{L}}^{\infty}$和$s\in{}^\omega\mathbb{V}$，我们引入算子$\ulcorner\phi(v_0, v_1, \cdots, v_k)\urcorner[s]=\ulcorner\phi(\dot{s}_0, \dot{s}_1, \cdots, \dot{s}_k)\urcorner$，这里的$s_i$是$s$的第$i$个分量(即：$s(i)$)；在这里，$\forall k\in\omega$，$k[s]$被一致地定义。我们有时候也(在 **KP**$\omega$ 中)考虑集合常项仅仅来自一个给定集合M的$\mathcal{L}^\infty$-公式集 $\mathrm{Fml}_{\mathcal{L}}^M$ 和 $\mathcal{L}^\infty$-语句的集合 $\mathrm{St}_{\mathcal{L}}^M$；这些集合 $\mathrm{Fml}_{\mathcal{L}}^M$ 与 $\mathrm{St}_{\mathcal{L}}^M$ 都是 $\Delta_1^{\mathrm{KP}\omega}$-可

① 从历史的角度看，系统 TB$^-$ 和 UTB$^-$ 可以追溯到塔尔斯基的论文［41］。

定义的并且可以证明对于 **KP**ω 中的任意集合M，$\mathrm{Fml}_{\mathcal{L}}^{M}$ 与 $\mathrm{St}_{\mathcal{L}}^{M}$ 都存在；我们可以假设 $\mathrm{St}_{\mathcal{L}}^{M}=\{x|\exists y\in \mathrm{Fml}_{\mathcal{L}}\exists s\in {}^{\omega}M(x=y[s])\}$，并注意到：

如果M是 **KP**ω 的一个传递模型，那么 $\mathrm{St}_{\mathcal{L}}^{M}=(\mathrm{St}_{\mathcal{L}}^{\infty})^{M}=\mathrm{St}_{\mathcal{L}}\cap M$，其中$(\mathrm{St}_{\mathcal{L}}^{\infty})^{M}$是 $\mathrm{St}_{\mathcal{L}}$ 对M的通常的相对化。

令$\mathcal{L}$是一个在$\mathcal{L}_{\in}$的基础上仅添加了$m_i(i\leqslant m)$元谓词符号R_0，R_1，…，R_n扩充的有穷语言，令 S 是一个包含 **ZF** 以及$\mathcal{L}$扩充后的分离公理模式和替换公理模式的系统。用标准的方法，我们能够在 S 中证明$\mathcal{L}$的递归定理。然后通过ω-递归，我们可以定义可满足关系 $\mathrm{Sat}_{\mathcal{L}}(M,\ulcorner\sigma\urcorner)$，该关系表示一个$\mathcal{L}^{\infty}$-语句$\sigma$在结构$(M, \in\cap M^2, R_0\cap M^{m_0}, \cdots, R_n\cap M^{m_n})$中是可满足的，其中$\in$和$R_0$，$R_1$，…，$R_n$在定义域$M$中都是标准解释。当语言$\mathcal{L}$在上下文中是清楚的时候(特别是当$\mathcal{L}$是$\mathcal{L}_{\in}$，$\mathcal{L}_W$，$\mathcal{L}_T$或$\mathcal{L}_{WT}$时)，我们把 $\mathrm{Sat}_{\mathcal{L}}(M,\ulcorner\phi\urcorner)$简写为$M\vDash_s\ulcorner\phi\urcorner$(下标“$s$”表示“标准的”)。[①]当 S 是一个递归的$\mathcal{L}$-理论(比如说在 KP$\omega$ 中可证)时，我们就能绝对地定义一个一些 S-公理编码的集合a；出于易读性，对这样的a，我们用$M\vDash_s$ S 表示$\forall x\in a(M\vDash_s x)$。

从现在起，我们将用 $\mathrm{Fml}_{\in}^{(\infty)}$ ($\mathrm{Fml}_{W}^{(\infty)}$)和 $\mathrm{St}_{\in}^{(\infty)}$ ($\mathrm{St}_{W}^{(\infty)}$)分别表示 $\mathrm{Fml}_{\mathcal{L}_{\in}}^{(\infty)}$ ($\mathrm{Fml}_{\mathcal{L}_W}^{(\infty)}$)和 $\mathrm{St}_{\mathcal{L}_{\in}}^{(\infty)}$ ($\mathrm{St}_{\mathcal{L}_W}^{(\infty)}$)；并且用 $\mathrm{Fml}_{T}^{(\infty)}$ ($\mathrm{Fml}_{WT}^{(\infty)}$)和 $\mathrm{St}_{T}^{(\infty)}$ ($\mathrm{St}_{WT}^{(\infty)}$)分别表示 $\mathrm{Fml}_{\mathcal{L}_T}^{(\infty)}$ ($\mathrm{Fml}_{\mathcal{L}_{WT}}^{(\infty)}$)和 $\mathrm{St}_{\mathcal{L}_T}^{(\infty)}$ ($\mathrm{St}_{\mathcal{L}_{WT}}^{(\infty)}$)。

最后，对集合论的真理论系统和二阶系统，我们基本上采用相同的名字和首字母缩写作为算术之上对应的系统。因此，对于一个给定的系统 S，我们将用 S[**PA**]表示基于标准基础系统 **PA**(参见 1.3.1)之上的对应的系统。例如，$\sum_1^1$-AC[**PA**]或者 $\mathbf{RT}_{<\varepsilon_0}$[**PA**]。

---

① 事实上，对于 $\mathrm{Sat}_{\mathcal{L}}(M,\ulcorner\phi\urcorner)$的定义来说，带扩充的$\in$-归纳的 KP$\omega$，$\Delta_0$-分离和恰当容纳了所有$\mathcal{L}$-符号的$\Delta_0$-收集就足够了。对于$\mathcal{L}=\mathcal{L}_{\in}$这种情形，德福林的文章［8］试图用一个$\Delta_1^{BS}$谓词来定义它，但是他的证明有问题，而马赛厄斯的文章［30］证明了$\mathcal{L}=\mathcal{L}_{\in}$确实不是$\Delta_1^{BS}$的。然而，马赛厄斯证明了它实际上是$\Delta_1$模一个比 BS 稍强的系统但（真地）包含在 Z 或 KPω 中。

第 15 章

Morse-Kelley 类理论 MK 和它的子系统

§15.1 Morse-Kelley 类理论 MK

我们有时会考虑给 **NBG** 添加一些额外的公理，在有 ECA 的情况下，我们定义

$\sum_{n}^{1}$-CA：$\exists X \forall x(x \in X \leftrightarrow \Phi(x))$；

Δ_{n}^{1}-CA：$\forall x(\Phi(x) \leftrightarrow \Psi(x)) \rightarrow \exists X \forall x(x \in X \leftrightarrow \Phi(x))$；

$\sum_{n}^{1}$-AC：$\forall x \exists X \Phi(x, X) \rightarrow \exists X \forall x \Phi(x, (X)_{x})$；

$\sum_{n}^{1}$-Coll：$\forall x \exists X \Phi(x, X) \rightarrow \exists X \forall x \exists y \Phi(x, (X)_{y})$；

$\sum_{n}^{1}$-Sep：$\forall x \exists y \forall z(z \in y \leftrightarrow z \in x \wedge \Phi(z))$；

$\sum_{n}^{1}$-Repl：$\forall z((\forall x \in z) \exists! y \Phi(x, y) \rightarrow \exists w(\forall x \in z)(\exists y \in w) \Phi(z, w))$；

$\sum_{n}^{1}$-Ind：$\forall x((\forall y \in x) \Phi(y) \rightarrow \Phi(x)) \rightarrow \forall x \Phi(x)$，

这里Φ和Ψ分别是任意的 $\sum_{n}^{1}$-公式和 $\prod_{n}^{1}$-公式并且$(X)_{x} := \{z | \langle x, z\rangle \in X\}$。后三个公理模式在本文中将会起到重要的作用。

命题 15.1 1. $\sum_{n}^{1}$-Sep($\sum_{n}^{1}$-CA)和 $\prod_{n}^{1}$-Sep($\prod_{n}^{1}$-CA)在 **NBG** 中是等价的。

2. 在 **NBG** 中 $\sum_{n}^{1}$-Sep 蕴涵 $\sum_{n}^{1}$-Ind。

3. $\sum_{n+1}^{1}$-AC 和 $\prod_{n}^{1}$-AC 在 **NBG** 中是等价的。

4. $\sum_{1}^{1}$-AC 和 $\sum_{1}^{1}$-Coll 在 **NBGGC** 中是等价的。

5. 在 **NBG** 中 $\sum_{1}^{1}$-Coll 蕴涵 Δ_1^1-CA。①

证明

2 的证明。用 Aus，CFA 和传递闭包 TC(x)即可证明：在 **NBG** 中 $\sum_{n}^{1}$-Sep 蕴涵 $\sum_{n}^{1}$-Ind。

4 的证明由下面三个事实可得。

事实 1：NBG 是 **ZFC** 的保守扩张(参见 Lévy 的文章[46])。即：语言$\mathcal{L}_1$的一个语句在 **NBGGC** 中是可证的，当且仅当它在 **ZFC** 中也可证。

事实 2： 如果$\Phi(u, V)$是$\mathcal{L}_2$的一个初等公式，那么 **ZFC** 中的良序定理并利用整体选择公理得

$$\mathbf{NBG}+\sum_{1}^{1}\text{-Coll}\vdash\forall x\exists X\Phi(x, X)\to\exists X\forall x\Phi(x, (X)_x)。$$

证明　我们在 **NBG**+ $\sum_{1}^{1}$-Coll 中证明。由 **ZFC** 中的良序定理通常的证明方式并利用整体选择公理，易证：存在一个从 On 到所有集合的收集的双射的类函数。用W^{-1}表示W的逆。

假设$\forall x\exists X\Phi(x, X)$，这里的$\Phi(v, V)$是一个初等的$\mathcal{L}_2$-公式，那么由 $\sum_{1}^{1}$-Coll 可得：存在一个类X使得

$$\forall x\exists y\Phi(x, (X)_y)。\tag{15-1}$$

现在为了把任意的x，存在唯一的y和$\Phi(x, (X)_y)$联系起来，利用函数W^{-1}即可。即，由初等概括和式(15-1)可得

$$Sel:=\{\langle x, y\rangle|\Phi(x, (X)_y)\wedge\forall z(\Phi(x, (X)_z)\to W^{-1}(y)\leqslant W^{-1}(z))\}$$

① 这个事实是由佐藤为藤本指出的（通过私人交流），并且下面该命题的证明也属于佐藤。

是一个函数，它的定义域是所有集合的收集。最后，令

$$S:=\{\langle x,\ y\rangle|y\in(X)_{Sel(x)}\},$$

其存在性由初等概括保证，并且对所有的集合x，我们有$(S)_x=(X)_{Sel(x)}$。因此，$\forall x\Phi(x,\ (S)_x)$，即S是 $\sum_1^1$-AC 要求的实例。由此可得下面的

事实 3：NBG+ $\sum_1^1$-AC 和 **NBG+** $\sum_1^1$-Coll 可证相同的公式。

5 的证明。令$\exists X\Phi(x,\ X)$和$\forall Y\Psi(x,\ Y)$分别是 $\sum_1^1$-公式和 $\prod_1^1$-公式，这里Φ和Ψ是初等的并满足条件

$$\forall x(\exists X\Phi(x,\ X)\leftrightarrow\forall Y\Psi(x,\ Y))。\tag{15-2}$$

于是，我们有$\forall x\exists X(\Phi(x,\ X)\vee\neg\Psi(x,\ Y))$。由 $\sum_1^1$-Coll 可得：存在一个类X满足

$$\forall x\exists z(\Phi(x,\ (X)_z)\vee\neg\Psi(x,\ (X)_z))。$$

那么，令$Z:=\{x|\exists z\Phi(x,\ (X)_z)\}$，显然，若$x\in Z$，则$\exists z\Phi(x,\ (X)_z)$成立，这就蕴涵了$\exists X\Phi(x,\ X)$。假定$x\notin Z$，那么$\forall z\neg\Phi(x,\ (X)_z)$成立。由式(15-2)可得$\exists z\neg\Psi(x,\ (X)_z)$。而$\exists z\neg\Psi(x,\ (X)_z)$蕴涵$\exists Y\neg\Psi(x,\ Y)$，于是再利用式(15-2)可得$\neg\exists X\Phi(x,\ X)$。因此，我们得到$\forall x(x\in Z\leftrightarrow\exists X\Phi(x,\ X))$。证毕。

引理 15.2　NBG+ $\sum_1^1$-AC $\vdash$GC。

证明　我们将在 **NBG+** $\sum_1^1$-AC 中工作。在有 CFA 的情况下，只要证明存在一个类函数 F 使得对所有非空的x都有 $\mathrm{F}(x)\in x$就足够了。[①]我们很容易地有

$$\forall x(x\neq\emptyset\rightarrow\exists y(y\in x))。$$

因此，由 ECA，我们有

---

① 整体选择公理的这种形式有时被称为哥德尔的选择公理 E，众所周知在没有 CFA 的情况下这个 E 和我们的 GC 是不等价的，对于类理论中的各种选择公理的更多讨论，参见文献［14］。

$$\forall x \exists Y(x \neq \emptyset \rightarrow \exists y(\forall z(z \in y \leftrightarrow z \in Y) \wedge y \in x))。$$

那么，由 $\sum_1^1$-AC 可得：存在一个类X使得

$$\forall x(x \neq \emptyset \rightarrow \exists y(\forall z(z \in y \leftrightarrow z \in (X)_x) \wedge y \in x)) \tag{15-3}$$

成立。由 ECA，我们令

$$\mathrm{F}:=\{\langle x, y\rangle \mid \forall z(z \in y \leftrightarrow z \in (X)_x)\}。$$

由外延公理和(15-3)可得：F 是一个整体选择函数。证毕。

Morse-Kelley 类理论 **MK** 是通过添加 $\sum_\infty^1$-CA 到 NBG 得到的。如果κ是不可达的，那么$(V_\kappa, V_{\kappa+1})$是 **MK** 的一个模型；因此，一个不可达基数的存在证明了 **MK**(在 **ZF** 中)的一致性。由于丘瓦基的文献[7]证明了 GC 是无法从 **MK**+AC(**MK**+AC 是一致的)中导出的，因此，我们有下面的推论。

推论 15.3　**MK**+AC $\nvdash \sum_1^1$-AC(如果 **MK**+AC 是一致的)。

这与众所周知的事实，$\prod_1^1$-CA_0[**PA**]在算术上可以导出 $\sum_1^1$-AC 相反。

§15.2　MK 的子系统

定义 15.4　我们定义 **MK** 的一些子系统如下：

$\sum_n^1$-CA_0 :≡**NBG**+ $\sum_n^1$-CA,

$\sum_n^1$-CA :≡**NBG**+ $\sum_n^1$-CA+ $\sum_\infty^1$-Sep+ $\sum_\infty^1$-Repl,

$\sum_n^1$-AC_0 :≡**NBG**+ $\sum_n^1$-AC,

$\sum_n^1$-AC :≡**NBG**+ $\sum_n^1$-AC+ $\sum_\infty^1$-Sep+ $\sum_\infty^1$-Repl,

$\sum_n^1$-Coll_0 :≡**NBG**+ $\sum_n^1$-Coll,

$\sum_n^1$-Coll :≡**NBG**+ $\sum_n^1$-Coll+ $\sum_\infty^1$-Sep+ $\sum_\infty^1$-Repl,

Δ_n^1-CA_0 :≡**NBG**+ Δ_n^1-CA，

Δ_n^1-CA :≡**NBG**+ Δ_n^1-CA+ $\sum_\infty^1$-Sep+ $\sum_\infty^1$-Repl。

我们还会考虑只有 $\sum_\infty^1$-Ind 并且没有 $\sum_\infty^1$-Sep 和 $\sum_\infty^1$-Repl 的系统。

注意 1 在 **SOA** 中，系统 S_0 通常表示从 S 通过用一阶归纳公理 $\forall n(n\in X\rightarrow n+1\in X)\rightarrow\forall n(n\in X)$替换全部的二阶归纳模式得到的系统。但是，$\in$-归纳法和$\omega$-归纳法通常都不被当作(一阶)集合论的一条初始的公理模式，并且我们宁愿用分离公理模式和替换公理模式作为初始的公理模式。当我们考虑让分离公理模式和替换公理模式作为集合论的“初始的”公理模式时，Aus 和 REPL 在类理论中扮演着和 **SOA** 中的归纳公理模式类似的角色，因此，上面的定义可以被视作 **SOA** 的相应的子系统(具有相同的名称)的自然的集合论的对应部分。

有时假定上面的系统具有一种作为一个初始谓词(或一个类常项)的整体良序是方便的，这些系统的语言是$\mathcal{L}_2\cup\{W\}$，得到的系统含有整体良序公理 GW 并且在它们的公理模式中允许W出现。按照我们对真系统已经采用的习惯记法，给定一个系统 S，SW(“W”加在名字的末尾)表示在系统 S 上加上 GW 并允许W在 S 的每个公理模式中出现(使得$\mathcal{L}_2\cup\{W\}$的“初等”公式可以随意含有W并且W根本不会增加复杂性)，例如，用我们记法的 **NBGW** 同雅格尔和克莱亨布尔(J. Krähenbühl)的文章[26，p. 13]中对应的系统 **NBGW**(具有相同的名字)完全一样。我们注意到 SW 和 S+GC 对包含 **NBG** 的每个系统 S 都有相同的$\mathcal{L}_\in$-定理。对由$\mathcal{L}_2\cup\{W\}$扩展的那些模式我们也记作

$$\sum_n^1\text{-Ind}^W,\ \sum_n^1\text{-Sep}^W \text{ 和 } \sum_n^1\text{-Repl}^W。$$

§ 15.3 $\sum_1^1$ 范式定理

用类似于算术中的方法，我们引入$\mathcal{L}_2$-公式的类 $\sum_n^0$ 和 $\prod_n^0$：令 $\sum_0^0=$

$\prod_0^0$ 是仅带有约束的一阶量词(并且可能带有二阶参数)的$\mathcal{L}_2$-公式的类；对某个 $\sum_0^0$-公式Φ，$\sum_n^0$ 和 $\prod_n^0$ 分别是形式$\exists x_1 \forall x_2 \cdots x_n \Phi$和$\forall x_1 \exists x_2 \cdots x_n \Phi$的$\mathcal{L}_2$-公式的类。给定一个系统 S，当$\mathcal{L}_2$-公式$\Phi$等价于某个在 S 中可证的 $\sum_n^0$-公式和 $\prod_n^0$-公式时，称Φ在 S 中是 Δ_n^0 的。

对于一个给定的$k\in\mathbb{N}$，用一种平行于算术的方式，在 **NBG** 中，对 $\sum_0^0$-公式我们可以构造一个可满足谓词$\pi(e, s, X_1, \cdots, X_k)$：对于每个给定 $\sum_0^0$-公式$\phi(x_1, \cdots, x_j, X_1, \cdots, X_k)$，并且$\phi$中只有所列出的变项是自由的，那么在 **NBG** 中可以证明下面的结论：

$$(\forall s\in{}^{\omega}\mathbb{V})\forall X_1\cdots\forall X_k(\pi(\ulcorner\phi\urcorner, s, X_1, \cdots, X_k)\leftrightarrow\phi(s_0, \cdots, s_j, X_1, \cdots, X_k))。$$

在 **NBG** 中，这个谓词π可以取成 Δ_1^0-公式。因此，对于每个给定的k，$n\in\mathbb{N}$和每个自由二阶参数都在$X_1, \cdots, X_k$之中的 $\sum_n^0$-公式，我们可以构造一个$(k+2)$-元的部分可满足谓词 $\mathrm{Sat}_{n,k}^0$，使得对于每个只有$x_1, \cdots, x_j, X_1, \cdots, X_k$是自由的 $\sum_n^0$-公式ϕ，在 **NBG** 中可以证明

$$\forall s\in{}^{\omega}\mathbb{V}\forall X_1\cdots\forall X_k(\mathrm{Sat}_{n,k}^0(\ulcorner\phi\urcorner, s, X_1, \cdots, X_k)\leftrightarrow\phi(s_0, \cdots, s_j, X_1, \cdots, X_k))。$$

我们可以假设 $\mathrm{Sat}_{n,k}^0$ 本身就是 $\sum_n^0$-公式(除$n=0$之外)。在下文中，我们规定变项$\mathcal{F}$，$\mathcal{G}$和$\mathcal{H}$(可能带有下标)是任意的类函数。接下来的对应是所谓的 **SOA** 中的 $\sum_1^1$-范式定理。

定理 15.5 令$\phi(\vec{x}, X_1, \cdots, X_l)$是一个 $\sum_1^1$-公式。我们能够找到一个 Δ_0^0-公式Ψ使得

$$\mathrm{NBGGC}\vdash\forall\vec{x}\,\forall X_1\cdots\forall X_l(\phi(X_1, \cdots, X_l)\leftrightarrow\exists\mathcal{F}(\forall m\in\omega)\Psi(\vec{x},$$

X_1，…，X_l，$\mathcal{F}$))。

证明 我们首先证明ϕ是初等公式这种特殊情况。由于可以利用一个配对函数，所以我们假设$l=1$并且ϕ是如下的前束范式形式：

$$\forall x_1 \exists z_1 \cdots \forall x_k \exists z_k \chi(X, x_1, \cdots, x_k, z_1, \cdots, z_k),$$

这里χ是无量词的。接下来，我们可以在 **NBGGC** 中证明

$$\phi(X) \leftrightarrow \exists \mathcal{G}_1 \cdots \exists \mathcal{G}_k \forall \vec{x}\, \chi(X, x_1, \cdots, x_k, \mathcal{G}_1(x_1), \cdots, \mathcal{G}_k(x_1, \cdots, x_k))。\tag{15-4}$$

由k上的元-归纳可以证明式(15-4)，其中我们可以以标准的方式归纳获得 Skolem 函数；注意，这里我们需要用 GC 选取那些 Skolem 函数。给定式(15-4)，我们的断言可以用与普通算术的 $\sum_1^1$ 范式定理相同的方法证明(参见文献[39]的引理 V. 1. 4)。证毕。

推论 15. 6 $\forall k \in \mathbb{N}$ 并且 $n \in \mathbb{N}^*$，存在一个 $\sum_n^1$-公式 $\mathrm{Sat}_{n,k}^1(z, x, X_0, \cdots, X_k)$使得

$$\mathbf{NBGGC} \vdash (\forall s \in {}^{\omega}\mathbb{V})\ \forall X_1 \cdots \forall X_k (\mathrm{Sat}_{n,k}^1(\ulcorner \phi \urcorner, s, \vec{X}) \leftrightarrow \phi(s_0, \cdots, s_j, \vec{X})),$$

对每个 $\sum_n^1$-公式$\phi(x_1, \cdots, x_j, X_1, \cdots, X_k)$而言，它只有已列出的自由变元。

推论 15. 7 对于$n \geqslant 1$，$\sum_n^1$-CA_0+ $\sum_\infty^1$-Ind +GC 可证 $\sum_n^1$-CA_0+GC 的一致性。

证明 用(有穷)部分切割消法，用一个部分可满足谓词，然后施归纳证明每个具有限制复杂性的定理都为真。证毕。

§ 15. 4 类理论中的良序

在二阶算术的研究中，尽管算术本质上不包含ω上的序数，我们有时也会考虑在算术里ω上的超穷归纳或者超穷递归。为了这个目的，我们利用自然数

的递归良序。我们称一个带有一些运算(例如加法，ω-幂，基本序列，等等)的递归良序<是一个符号系统并且带有序数 otyp(<)。最典型的例子是序数ε_0和它的符号系统(参见文献[34，§3])。根岑(G. K. E. Gentzen)的开创性的工作告诉我们 **PA** 的一致性是用超穷归纳到ε_0导出的，前提是ε_0能被表示在一个“适当的”或者“自然的”符号系统中，并且能用它恰当地阐述超穷归纳。

与算术相反，集合论中每个序数都是本质上可得到的。然而，仍存在没有形成集合的良序类；例如，序数类 On 或者 $On^{<\omega}$ 的字典序。该良序的(真)类可以被看作是比由一个序数表达的任意良序更大的良序。那么，Δ_1-可定义的良序自然可以被看作算术中的递归序数集合论的对应部分，并且他们给我们提供了序数概念的一种自然的和绝对的扩张。在大多情况下，我们可以在算术中从对应的情况下通过直接类推构造出一个适当和类一样大小的良序的符号系统。

本节，我们将介绍ε_0的集合论部分和它的符号系统。对于接下来要进行的证明论的论证，还需要一些性质和运算。也许不止一个这样的符号系统，但这些符号系统彼此是同构的；藤本认为，首次给出这样的符号系统的明确定义并进行研究的是雅格尔的文章[23，26]。①本文将采用他的符号系统$\langle\pi, \mathrm{E}_0\rangle$；注意我们用符号“$\pi$”替代最初在[23，26]中的序“<”。我们将不重复它的定义细节，仅请读者参阅文献[26](注：实际上，文献[26，p288]中的符号系统是$(E_0, <)$)。有一点要特别注意，雅格尔和克莱亨布尔[26]没有明确说明他们的符号系统$\langle\pi, E_0\rangle$是$\Delta_1^{\mathrm{KP}\omega}$-可定义的：更准确地说，关系 π 和它的域E_0是$\Delta_1^{\mathrm{KP}\omega}$-可定义的。纵观全文，我们将用欧拉小写(加粗)字母 **a**，**b**，**c**，…表示E_0 的元素。下面，我们将简要列出符号系统$\langle\pi, E_0\rangle$的一些基本性质。

- 对每个序数$\alpha\in On$，E_0包含一个代表$\bar{\alpha}$；$\forall\,\alpha$，$\beta\in On$，$\bar{\alpha}\ \pi\ \bar{\beta}$ 当且仅当 $\alpha<\beta$。为了简单起见，在下文中我们将每个序数α和它的代表$\bar{\alpha}$认为是

① 拉特延［35］也用到了集合论的ε_0版本，基于同样的思想，在他的证明论中分析了 KPω 的片段。

相同的。

· 在E_0中，一个特别的元素Ω是序数的最小上界：即，对于所有的 $\mathbf{a}\in E_0$，$\mathbf{a}\prec\Omega$当且仅当对某个序数$\alpha\in On$，$\mathbf{a}=\alpha$。因此，Ω对应良序类 On。

雅格尔和克莱亨布尔在E_0上定义了加法 $\mathbf{a}+\mathbf{b}$ 和ω-取幂$\omega^{\mathbf{a}}$；特别地，我们说$\omega^{\Omega}=\Omega$。然而，根据加法和ω-取幂，E_0中的每个元素 $\mathbf{a}\neq 0$ 都可以由类似 Cantor 范式唯一地表示(事实上，这仅仅是根据E_0的定义)：即，对每个 $\mathbf{a}\neq 0$，存在 $\mathbf{b}_0\geqslant\mathbf{b}_1\geqslant\cdots\geqslant\mathbf{b}_n$ 使得 $\mathbf{a}=\omega^{\mathbf{b}_0}+\omega^{\mathbf{b}_1}+\cdots+\omega^{\mathbf{b}_n}$。

· 如果 $\mathbf{a}\in E_0$，那么$\omega^{\mathbf{a}}\in E_0$。对于 $\mathbf{b}\succeq\mathbf{a}_0\succeq\cdots\succeq\mathbf{a}_n$，

$$\omega^{\mathbf{a}_0}+\omega^{\mathbf{a}_1}+\cdots+\omega^{\mathbf{a}_n}\in E_0\text{，且}\omega^{\mathbf{a}_0}+\omega^{\mathbf{a}_1}+\cdots+\omega^{\mathbf{a}_n}\prec\omega^{\mathbf{b}}\text{。}$$

· $\forall k\in\mathbb{N}$，E_0包含一个如下递归定义的特别元素Ω_k：

$$\Omega_0=\Omega+1,$$

并且
$$\Omega_{k+1}=\omega^{\Omega_k}\text{。}$$

那么$E_0=\sup\limits_{k\to\infty}\Omega_k$；换句话说，对于所有的 $\mathbf{a}$，存在$k\in\mathbb{N}$使得 $\mathbf{a}\prec\Omega_k$。注意Ω_k的定义是绝对的，因此对于 KPω 的任意标准传递模型M，都有$\Omega_k\in M$。下面定义两个类：

$$\mathrm{Lim}:=\{\mathbf{a}\in \mathrm{E}_0\mid \mathbf{a}\neq 0\wedge(\forall\mathbf{b}\in E_0)(\mathbf{a}\neq\mathbf{b}+1)\},$$

$$\mathrm{SLim}:=\{\mathbf{a}\in\mathrm{Lim}\mid(\forall\mathbf{b}\in E_0)(\mathbf{a}\neq\mathbf{b}+\omega)\}\text{。}$$

于是，对于每个 $\mathbf{a}$ 和 $\mathbf{b}\succeq 1$，都有 $\mathbf{a}+\omega\in\mathrm{Lim}$ 并且 $\mathbf{a}+\omega^{\mathbf{b}}\in\mathrm{Slim}$；特别地，

$$\forall k\in\mathbb{N}^*,\ \Omega_k\in\mathrm{Slim}\text{。}$$

与加法和ω-取幂同样，我们将使用E_0上的乘法 $\mathbf{a}\cdot\mathbf{b}$。它可以由算术中的类似方法递归定义为(参见文献[2])：

$$\mathbf{a}\cdot 0=0,$$

并且

$$(\omega^{\mathbf{a}_0}+\omega^{\mathbf{a}_1}+\cdots+\omega^{\mathbf{a}_n})\cdot\omega^{\mathbf{b}}=\begin{cases}\omega^{\mathbf{a}_0}+\omega^{\mathbf{a}_1}+\cdots+\omega^{\mathbf{a}_n}, & \text{如果 }\mathbf{b}=0,\\ \omega^{\mathbf{a}_0+\mathbf{b}}, & \text{如果 }\mathbf{b}\succ 0,\end{cases}$$

$$\mathbf{a}\cdot(\omega^{\mathbf{b}_0}+\omega^{\mathbf{b}_1}+\cdots+\omega^{\mathbf{b}_m})=\mathbf{a}\cdot\omega^{\mathbf{b}_0}+\mathbf{a}\cdot\omega^{\mathbf{b}_1}+\cdots+\mathbf{a}\cdot\omega^{\mathbf{b}_m};$$

这个定义也是$\Delta_1^{\mathrm{KP}\omega}$-可定义的。实际上，我们能够推导出类似于算术中的那些乘法性质；例如，

$\mathbf{a}\cdot(\mathbf{b}\cdot\mathbf{c})=(\mathbf{a}\cdot\mathbf{b})\cdot\mathbf{c}$，$(\forall\mathbf{b}\in\mathrm{Lim})\forall\mathbf{c}(\mathbf{c}\prec\mathbf{a}\cdot\mathbf{b}\to\mathbf{c}+\mathbf{a}\prec\mathbf{a}\cdot\mathbf{b})$，

$(\forall\mathbf{a}\in\mathrm{Lim})(\mathbf{a}\cdot\omega\in\mathrm{SLim})$，$\forall\mathbf{b}(\mathbf{b}\cdot\omega\in\mathrm{Lim})$，

$\forall\mathbf{a}\forall\mathbf{b}(\mathbf{b}\prec\mathbf{a}\cdot\omega\to(\exists n<\omega)(\mathbf{b}\prec\mathbf{a}\cdot n))$，并且$\mathbf{b}\in\mathrm{Lim}\cup\{0\}$当且仅当对于某个$\mathbf{c}$，$\mathbf{b}=\omega\cdot\mathbf{c}$。

接下来，我们将定义雅格尔的系统$\mathbf{NBG_a}$，这个系统在本文中起着重要作用。

定义 15.8　令$\mathbf{a}\prec E_0$。系统$\mathbf{NBG_a}$($\mathbf{NBGC_a}$，$\mathbf{NBGGC_a}$)被定义为$\mathbf{NBG}$($\mathbf{NBGC}$，$\mathbf{NBGGC}$)加上下列模式$\mathrm{ECA}_\mathbf{a}$：对每个初等公式$A(X, Y, x, y)$，

$$\mathrm{ECA}_\mathbf{a}:\ \forall U\exists V(\forall\mathbf{b}\prec\mathbf{a})((V)_\mathrm{b}=\{x|A(U,(V)^\mathbf{b},x,\mathrm{b})\}),$$

其中
$$(V)^\mathbf{b}:=\{\langle\mathbf{c},x\rangle\in V|\mathbf{c}\prec\mathbf{b}\}。$$

系统$\mathbf{NBG}_{<E0}$被定义为$\bigcup_{k\in\mathbb{N}}\mathbf{NBG}_{\Omega_\mathrm{k}}$。

注意 2　在E_0中，大的-真-类中还存在许多不可表达的元素。因此，我们不能说对于“任意的”$\mathbf{a}$，$\mathbf{NBG_a}$是一个“形式系统”。严格地说，每当我们谈论的一个系统提到$\mathbf{a}\prec E_0$时，例如$\mathbf{NBG_a}$，$\mathbf{a}$暗含假设是Δ_1^{ZF}-可定义的(事实上，下面许多语句将都寻求得到任意$\sum_\infty^{\mathrm{ZF}}$-可定义的$\mathbf{a}$)；或者，特别地当我们在任意$\mathbf{a}$上断言一般地语句时，$\mathbf{a}$可以被认为涉及$E_0$上的一个变元，例如，“$\mathbf{NBG_a}\vdash\phi$”可以被看作陈述“$\forall k\in\mathbb{N}$，$\mathbf{NBG}\vdash(\forall\mathbf{a}\prec\Omega_k)(\bigwedge\Gamma\to\phi)$”，其中$\Gamma$是$\mathrm{ECA}_\mathbf{a}$的由$\mathbf{a}$作为一个参数的一个适当的有穷子模式。为了增加可读性，我们把它们处理成$\mathbf{a}$遍历E_0中的任意元素并且在有穷结构内好像我们将涉及许多大小为真类的系统。

类似于算术，我们引入如下的“超穷”归纳概念：

$\mathrm{Prog}(\Phi):\equiv\forall\mathbf{a}((\forall\mathbf{b}\prec\mathbf{a})\Phi(\mathbf{b})\to\Phi(\mathbf{a}))$；

$TI(\mathbf{a};\Phi):\equiv\mathrm{Prog}(\Phi)\to(\forall\mathbf{b}\prec\mathbf{a})\Phi(\mathbf{b})$；

$\Phi*(\mathbf{a}):\equiv\forall\mathbf{b}(((\forall\mathbf{c}\prec\mathbf{b})\Phi(\mathbf{c}))\to((\forall\mathbf{c}\prec\mathbf{b}+\omega^{\mathbf{a}})\Phi(\mathbf{c})))$。

前两个公式分别表示关于$\prec$公式Φ的逐步累加与对Φ沿着$\prec$直到 **a** 的超穷归纳。$\Phi*$是Φ的跳跃。对于任意的标准自然数k，直到Ω_k的良序证明的核心，由下面两个跳跃算子的性质提供。

引理 15.9(文献[26]，引理 3.7)　对于语言$\mathcal{L}$的任意公式$\Phi(\mathbf{a})$，在 **NBG** 中，我们可以证明：

1. $\mathrm{Prog}_{\prec}(\Phi)\to\mathrm{Prog}_{\prec}\Phi*(\mathbf{a})$；

2. $TI_{\prec}(\mathbf{a};\ \Phi^{*})\to TI_{\prec}(\omega^{\mathbf{a}};\ \Phi)$。

定理 15.10　对于任意标准的自然数k和语言$\mathcal{L}$的任意公式$\Phi(\mathbf{a})$，我们有

$$\mathbf{NBG}+\sum\nolimits_{n}^{1}\text{-Ind}\vdash TI_{\prec}(\Omega_k;\ \Phi)。$$

证明　我们非形式地在 **NBG**$+\sum_{n}^{1}$-Ind 中工作并用元-归纳施归纳于k证明这个定理。

假设$k=0$，那么$\Omega_k=\Omega_0+1$并且在序数上，$\in$-归纳产生：对$\mathcal{L}$的任意公式$\Phi(\mathbf{a})$，$\mathrm{Prog}_{\prec}(\Phi)\to(\forall\mathbf{a}\prec\Omega)\Phi(\mathbf{a})$。由逐步累加的定义可得

$$\mathrm{Prog}_{\prec}(\Phi)\to(\forall\mathbf{a}\prec\Omega+1)\Phi(\mathbf{a})，即，TI_{\prec}(\Omega_0;\ \Phi)。$$

$\forall k\in\mathbb{N}^{*}$，假设对任意的$\mathcal{L}$公式$\Phi(\mathbf{a})$，有

$$TI_{\prec}(\Omega_{k-1};\ \Phi^{*})。$$

用引理 15.9 的 2 可得：$TI_{\prec}(\Omega_k;\ \Phi)$。证毕。

如果对每个语言$\mathcal{L}\supset\mathcal{L}_{\in}$，$TI_{\mathcal{L}}(\mathbf{a})$表示：$\forall\Phi\in\mathcal{L}$，由$TI(\mathbf{a};\ \Phi)$构成的模式。那么由定理 15.10 可得下面的结论。

引理 15.11　令 S$\supset$**KP**ω 是$\mathcal{L}\supset\mathcal{L}_{\in}$上的一个系统，并且对于所有的$\mathcal{L}$-公式，S 包含$\in$-归纳模式，那么 S 可推出$TI_{\mathcal{L}}(\prec E_0):\equiv\bigcup_{k\in\mathbb{N}}TI_{\mathcal{L}}(\Omega_k)$。

现在，将文献[26]的主要定理重述如下：

定理 15.12([26])　$\mathbf{NBGGC}_{<E_0}+\sum_{\infty}^{1}$-Ind 和 $\sum_{1}^{1}$-$\mathrm{Coll}_0+\sum_{\infty}^{1}$-Ind $+$GC

有相同的$\mathcal{L}_{\in}$-定理。①

§ 15.5 一些结论

我们沿用文献[26]中的一些术语。首先，令 SC 是$\mathcal{L}_2^{\infty}$-公式的闭集合的$\Delta_1^{\mathrm{KP}\omega}$-可定义类：即，SC 是包含$\ulcorner\phi(\vec{X})\urcorner\in\mathrm{Fml}_{\mathcal{L}_2}^{\infty}$ 的 $\mathrm{Fml}_{\mathcal{L}_2}^{\infty}$ 的子类，其中 SC 仅包含集合常项作为它的一阶项，但可能包含二阶自由变元$\vec{X}$。其次，令 Elm 是初等的$\mathcal{L}_2^{\infty}$-公式的$\Delta_1^{\mathrm{KP}\omega}$-可定义类，其中 Elm 至多包含一个固定的一阶自由变元：即，$\mathrm{Elm}\subset\mathrm{Fml}_{\mathcal{L}_2}^{\infty}$ 包含$\ulcorner\phi(v,\vec{X})\urcorner\in\mathrm{Fml}_{\mathcal{L}_2}^{\infty}$，其中只有$v$是它的自由的一阶变元并且无二阶量词。

现在，我们定义一个初等公式$\mathcal{A}(U, V, f, \ulcorner\phi\urcorner)$如下。

$\ulcorner\phi\urcorner\in\mathrm{SC}\wedge f\in{}^{\omega}\mathbb{V}\wedge(\exists x\exists y((\ulcorner\phi\urcorner=\ulcorner\dot{x}=\dot{y}\urcorner\wedge x=y)\vee(\ulcorner\phi\urcorner=\ulcorner\dot{x}\in\dot{y}\urcorner\wedge x\in y))$

$\vee(\exists n\in\omega)\exists x(\ulcorner\phi\urcorner=\ulcorner\dot{x}\in X_n\urcorner\wedge x\in(U)_{f(n)})$

$\vee(\exists\ulcorner\psi\urcorner\in\mathrm{SC})(\ulcorner\phi\urcorner=\ulcorner\neg\psi\urcorner\wedge\langle\ulcorner\psi\urcorner, f\rangle\notin V)$

$\vee(\exists\ulcorner\psi\urcorner\in\mathrm{SC})(\exists\ulcorner\theta\urcorner\in\mathrm{SC})(\ulcorner\phi\urcorner=\ulcorner\psi\wedge\theta\urcorner\wedge\langle\ulcorner\psi\urcorner, f\rangle\in V)\wedge\langle\ulcorner\theta\urcorner, f\rangle\in V)$

$\vee(\exists\ulcorner\psi(w)\urcorner\in\mathrm{Fml}_2^{\infty})(\ulcorner\phi\urcorner=\ulcorner\forall w\psi(w)\urcorner\wedge\forall x(\langle\ulcorner\psi(\dot{x})\urcorner, f\rangle\in V))$

$\vee(\exists n\in\omega)(\ulcorner\psi\urcorner\in\mathrm{Fml}_{\mathcal{L}2}^{\infty})(\ulcorner\phi\urcorner=\ulcorner\forall X_n\psi(X_n)\urcorner\wedge\forall x(\langle\ulcorner\psi\urcorner, f_{(x|n)}\rangle\in V))),$

---

① 事实上，雅格尔和克莱亨布尔的证明得到了$\sum_1^1$-保守性；这可从他们的谓词 TR 的$\sum_1^1$-可靠性推出，参见§ 14.4。事实上，我们甚至可以证明$\prod_2^1$-保守性。这可以通过应用弗里德曼的在$(\prod_0^1\text{-CA})_{<\varepsilon_0}$[PA]上$\sum_1^1$-AC[PA]的$\prod_2^1$-保守性的证明，参见文献[15]；雅格尔对类理论中证明论的发展(在 GC 存在的情况下)使我们能够在类理论中完成与弗里德曼一样的论证。

其中，$f_{(x|n)}:=\{\langle m, z\rangle\in f|m\neq n\}\cup\{\langle n, x\rangle\}$；由于$\ulcorner \dot{x}\in X_n\urcorner$和$\ulcorner\forall X_n\phi(X_n)\urcorner$分别表示$\dot{x}\underset{\bullet}{\in}H(n)$和$\underset{\bullet}{\forall}H(n).\ulcorner\phi\urcorner$，因此它们包含$n$作为一个参数。我们注意到上面的函数$f\in{}^{\omega}\mathrm{V}$起着指派二阶变元的作用。然后，接着[26]，我们令：

$$Sat(U, V, u, n):\equiv(\exists\ulcorner\psi\urcorner\in\mathrm{SC})(\exists f\in{}^{\omega}\mathbb{V})(u=\langle\ulcorner\theta\urcorner, f\rangle \wedge Lh(\ulcorner\phi\urcorner)=n\wedge\mathcal{A}(U, V, f, \ulcorner\phi\urcorner));$$

$$SH(U, V):\equiv(\forall n\in\omega)((V)_n=\{x|Sat(U, \bigcup\{(V)_i|i<n\}, x, n)\});$$

$$Tr(U,f,\ulcorner\phi\urcorner):\equiv\ulcorner\phi\urcorner\in\mathrm{SC}\wedge f\in{}^{\omega}\mathbb{V}\wedge\exists V(SH(U,V)\wedge\langle\ulcorner\phi\urcorner,f\rangle\in(V)_{Lh(\ulcorner\phi\urcorner)}),$$

其中，$Lh(\ulcorner\phi\urcorner)$是$\phi$的长度，即，在$\phi$中出现的逻辑联结词和量词的个数。这些记号被雅格尔和克莱亨布尔用在文献[26]中建构他们的可构成层。

引理 15.13 1. $\mathbf{NBG}_\omega\vdash\forall U\forall VSH(U, V)$。

2. $\mathbf{NBG}\vdash\forall U\forall V\forall V'(SH(U,V)\wedge SH(U,V')\rightarrow(\forall n\in\omega)((V)_n=(V')_n))$。

从[26]的引理 5.13 中可以看出：对某个U，任何满足$SH(U, V)$的V都将导致$\mathcal{L}_\in$的完全可满足类；严格地，令$V'=\bigcup_{i<\omega}(V)_i$，并且$\forall f\in{}^{\omega}\mathbb{V}$，$x$，$y\in\mathbb{V}$，$\ulcorner\sigma\urcorner$，$\ulcorner\tau\urcorner$，$\ulcorner\forall v\phi(v)\urcorner\in\mathrm{St}_\in^\infty$，那么

$$\langle\ulcorner\dot{x}=\dot{y}\urcorner, f\rangle\in V'\leftrightarrow x=y,$$

$$\langle\ulcorner\dot{x}\in\dot{y}\urcorner, f\rangle\in V'\leftrightarrow x\in y,$$

$$\langle\ulcorner\neg\sigma\urcorner, f\rangle\in V'\leftrightarrow\langle\ulcorner\sigma\urcorner, f\rangle\notin V',$$

$$\langle\ulcorner\sigma\wedge\tau\urcorner, f\rangle\in V'\leftrightarrow(\langle\ulcorner\sigma\urcorner, f\rangle\in V'\wedge\langle\ulcorner\tau\urcorner, f\rangle\in V'),$$

$$\langle\ulcorner\forall v\phi(v)\urcorner, f\rangle\in V'\leftrightarrow\forall x(\langle\ulcorner\phi(\dot{x})\urcorner, f\rangle\in V');$$

由定义，我们还有

$$\langle\ulcorner\dot{x}\in X_n\urcorner, f\rangle\in V'\text{当且仅当}x\in(U)_{f(n)},$$

并且 $\langle\ulcorner\forall X_n\phi(X_n)\urcorner, f\rangle\in V'$当且仅当$\forall x(\langle\ulcorner\phi(X_n)\urcorner, f_{(x|n)}\rangle\in V')$。

因此，类似于 **SOA** 中已编码的ω-模型的概念，我们可以称$(\mathbb{V}, U)$为一个已编码的$\mathbb{V}$-模型并且类V满足$SH(U, V)$，可以被称为$(\mathbb{V}, U)$上的一个完全赋值。正如在已编码的ω-模型的情况下，对于每一个$\mathcal{L}_2$-公式(甚至带有二阶量词)，可

满足关系$(\mathbb{V}, U)\models\phi$，可由初等公式表达。

正如已经被证明的，在 GC 成立的条件下，在类理论中，$\sum_1^1$范式定理的集合论部分是容易得到的，并且借助 GC，我们还可以定义：$\forall n\in\mathbb{N}$，典范的$\sum_n^1$可满足谓词。然而，在已证明的范式定理那样的形式中，似乎 GC 是必不可少的。而且，在没有 GC(或 AC)的条件下，是否有一个平行的定理在 **NBG** 中还能够被证明仍然是未解决的。幸运的是，我们至少在 $\mathbf{NBG}_\omega$ 内可以为$\sum_1^1$-公式定义一个$\sum_1^1$可满足谓词。显然，对于每一个长度为n并且参数是$\vec{x}$和Z_1，Z_2，…，Z_m的$\sum_1^1$-公式$\exists X\Phi(\vec{x}, X, \vec{Z})$，由 NBG_ω 可得

$$\exists U\exists f((U)_{f(1)}=Z_1\wedge\cdots\wedge(U)_{f(m)}=Z_m\wedge Tr(U, f, \ulcorner\exists X_0\Phi(\overrightarrow{\dot{x}}, X_0, X_1, \cdots, X_m)\urcorner))$$

$$\Leftrightarrow\exists U\exists V\exists f\in{}^{\omega}\mathbb{V}((U)_{f(1)}=Z_1\wedge\cdots\wedge(U)_{f(m)}=Z_m\wedge SH(U, V)\wedge$$
$$\langle\ulcorner\exists X_0\Phi(\overrightarrow{\dot{x}}, \vec{X})\urcorner, f\rangle\in(V)_n)$$

$$\Leftrightarrow\exists U\exists V\exists f\in{}^{\omega}\mathbb{V}((U)_{f(1)}=Z_1\wedge\cdots\wedge(U)_{f(m)}=Z_m\wedge SH(U, V)\wedge$$
$$\exists z\Phi(\vec{x}, (U)_z, Z_1, \cdots, Z_m))$$

$$\Leftrightarrow\exists X\Phi(\vec{x}, X, \vec{Z}). \tag{15-5}$$

最后一个等价式由引理 15.13 的条款 1 可得。这个事实在 § 18.4 中将用到。

定理 15.14　在 **NBG** 上，$\sum_1^1$-Coll_0 是$\prod_2^1$-保守的；Δ_1^1-CA_0 也是$\prod_2^1$-保守的。

证明　这个证明平行于文献[39]的定理Ⅸ4.4。假设 $\mathbf{NBG}\nvdash\forall X\exists Y\Phi(X, Y)$，其中$\Phi(X, Y)$是一个只含自由变元$X$和$Y$的初等公式。那么，$\mathbf{NBG}\cup\{\exists X\forall Y\neg\Phi(X, Y)\}$是一致的。取$\mathbf{NBG}\cup\{\exists X\forall Y\neg\Phi(X, Y)\}$的任意模型$\mathfrak{M}$并且在$\mathfrak{M}$中固定一个类$C$，使得在$\mathfrak{M}$中，$\forall Y\neg\Phi(C, Y)$成立。在$\mathfrak{M}$中，我们递

归地构造类A_n和B_n($n\in\mathbb{N}$)如下：

$$A_0:=C$$

并且$B_0:=\{x|Sat(\mathbb{V}\times A_0, \emptyset, x, 0)\}$，$B_{n+1}:=\{x|Sat(\mathbb{V}\times A_0, B_n, x, n+1)\}$，

$$A_{n+1}:=\{\langle\langle\ulcorner\phi(v)\urcorner, f\rangle, z\rangle|\ulcorner\phi(v)\urcorner\in Elm\wedge f\in{}^{\omega}\mathbb{V}\wedge\langle\ulcorner\phi(\dot{z})\urcorner, f\rangle\in B_n\},\tag{15-6}$$

非形式地讲，A_{n+1}(用B_n)收集了由一个长度为n并且只包含C作为参数的初等公式的可定义类。注意，由于$\forall x\in\mathbb{V}$，$(\mathbb{V}\times A_0)_x=C$，每个(自由的)类变元在$B_n$的构建中由任意的$f\in{}^{\omega}\mathbb{V}$被指派到$C$。因此，对于任何固定的可定义的

$$g\in{}^{\omega}\mathbb{V}, (A_1)_{\langle\ulcorner v\in X_0\urcorner, g\rangle}=C$$

并且$\forall n\in\mathbb{N}$，

$$\forall x\neg\Phi((A_1)_{\langle\ulcorner v\in X_0\urcorner, g\rangle}, (A_{n+1})_x)$$

在模型$\mathfrak{M}$中。(为了证明这个定理，我们可以采用A_n和B_n更清晰的定义，但我们还是使用已经引入的记法。)

现在，令 **NBG**$'$是一个中间系统，它的语言$\mathcal{L}_{\mathrm{A}}$是$\mathcal{L}_{\in}\cup\{A_i|i\in\mathbb{N}\}\cup\{B_i|i\in\mathbb{N}\}$，这里的每个$A_i$和$B_i$都是一元谓词并且它的公理是将 ZF 的每个公理模式扩展到$\mathcal{L}_{\mathrm{A}}$，并且那些公理断言的每个A_{i+1}和B_i都满足上面的条件(15-6)。那么，由$\mathfrak{M}$的存在性，我们知道

$$\mathrm{T}:=\mathbf{NBG}'\cup\{\forall x\neg\Phi((A_1)\langle\ulcorner v\in X_0\urcorner\ g\rangle, (A_n)_x)|n\in\mathbb{N}\}$$

是一致的。取 T 的一个递归饱和模型$\mathfrak{N}'$。令$\mathfrak{M}'$是从$\mathfrak{N}'$获得的“有关”的$\mathcal{L}_2$-结构：即，$\mathfrak{M}'$的集合部分与$\mathfrak{N}'$的集合部分相同，而$\mathfrak{M}'$的类的部分又满足条件：对$\mathfrak{N}'$中的某个集合x和$n\in\mathbb{N}$使得$X=(A_{n+1})_x$的$\mathfrak{N}'$的子集构成。那么，$\mathfrak{M}'$是 **NBG** 和$\exists X\forall Y\neg\Phi(X, Y)$的一个模型；NBG 的所有一阶公理和$\exists X\forall Y\neg\Phi(X, Y)$成立是微不足道的；Aus 和 Repl 分别由在$\mathfrak{N}'$中对$\mathcal{L}_{\mathrm{A}}$扩张后的分离公理和替换公理推出；$\mathfrak{M}'$中的 CFA 可由$\mathfrak{N}'$中的基础公理 FA 和扩张后的分离公理获得；最后，$\mathfrak{M}'$中的 ECA 是由$\mathfrak{N}'$中假设(15-6)得到的，由于每个A_{i+1}和

B_i 唯一确定一个类并且仅仅根据 $A_0\in\mathfrak{M}'$可得：它们是初等可定义的；这也蕴涵了 $\forall i\in\mathbb{N}$，$A_i\in\mathfrak{M}'$。

现在只需证明$\mathfrak{M}'$是 $\sum_1^1$-Coll 的一个模型。假设在模型$\mathfrak{M}'$中，$\forall x\exists X\Psi(x, X)$成立；由此，$\forall x\exists y$和$n\in\mathbb{N}$使得在$\mathfrak{N}'$中$\Psi(x, (A_{n+1})_y)$成立。为了找出矛盾，我们假定在模型$\mathfrak{M}'$中，$\forall X\exists x\forall y\neg\Psi(x, (X)_y)$成立；那么，特别地，在$\mathfrak{N}'$中$\forall n\in\mathbb{N}$，$\exists x\forall y\neg\Psi(x, (A_{n+1})_y)$成立。由递归饱和，在$\mathfrak{N}'$中存在$a$使得$\forall n\in\mathbb{N}$，$\forall y\neg\Psi(a, (A_{n+1})_y)$成立；矛盾！

由命题 15.1 和引理 15.2 可得：Δ_1^1-CA_0也是 $\prod_2^1$-保守的。证毕。

推论 15.15　$\sum_1^1$-Coll_0＋AC(或者 $\sum_1^1$-Coll_0＋GC)在 **NBGC**(分别地，在 **NBGGC**)上是 $\prod_2^1$-保守的。

证明　因为 AC 是 $\sum_0^1$ 的并且 GC 是 $\sum_1^1$ 的。证毕。

推论 15.16　$\sum_1^1$-AC_0＋AC(＝ $\sum_1^1$-AC_0)在 $\sum_1^1$-Coll_0＋AC 和 Δ_1^1-CA_0＋AC 上不是 $\sum_1^1$-保守的；并且 $\sum_1^1$-AC_0 在 $\sum_1^1$-Coll_0 和 Δ_1^1-CA_0 上不是 $\sum_0^1$-保守的。然而，$\sum_1^1$-AC_0＋AC 在 $\sum_1^1$-Coll_0＋AC 和 Δ_1^1-CA_0＋AC 上是 $\sum_0^1$-保守的。

证明　如果 $\sum_1^1$-AC_0＋AC 在 $\sum_1^1$-Coll_0＋AC 或者 Δ_1^1-CA_0＋AC 上是 $\sum_1^1$-保守的，那么由引理 15.2 和推论 15.15 可得：**NBGC** $\vdash$GC；但已知**NBGC** $\nvdash$GC [13]。矛盾。类似地，第二个断言可以从事实 **NBG** $\nvdash$AC 由文献[13]推出。最后一个断言可以从推论 15.15 和事实 **NBGC**$=_{\mathcal{L}_\in}$ **NBGGC**[12]推出。证毕。

因此，除非我们假设 GC 成立，否则在 **SOA** 中，$\sum_1^1$-AC_0[**PA**]，$\sum_1^1$-Coll_0[**PA**]，Δ_1^1-CA_0[**PA**]和 $\mathbf{ACA}_0$ 之间著名的 $\prod_2^1$-保守性的证明在类理论中不能完成，尽管后三个理论在类理论中相互之间都是 $\prod_2^1$-保守的。上面的证明表明这种不类似情况的发生是由在全域$\mathbb{V}$ 中缺乏良序引起的。

定理 15.17 $\mathbf{NBG}_{<E_0}$ 是 $\sum_1^1$-$\mathrm{Coll}_0+\sum_\infty^1$-Ind 和 Δ_1^1-$\mathrm{CA}_0+\sum_\infty^1$-Ind 的一个子理论。

证明 由 $TI_{\mathcal{L}_2}(\Omega_k)$，在 Δ_1^1-$\mathrm{CA}_0+\sum_\infty^1$-Ind 中只需证明：$\forall k\in\mathbb{N}$，

$$(\forall\mathbf{a}\prec\Omega_k)\exists V(\forall\mathbf{b}\prec\mathbf{a})((V)_{\mathbf{b}}=\{x|A(U,(V)^{\mathbf{b}},x,\mathbf{b})\})。$$

假设对所有的 $\mathbf{a}\prec\Omega_k$ 上面的结论成立。因此，现在我们有

$$(\forall\mathbf{b}\prec\mathbf{a})\exists V(\forall\mathbf{c}\prec\mathbf{b})((V)_{\mathbf{c}}=\{x|A(U,(V)^{\mathbf{c}},x,\mathbf{c})\})。\quad(15\text{-}7)$$

由 $TI_{\mathcal{L}_2}(\Omega_k)$，一般地，我们还可以得到

$$(\forall\mathbf{c}\prec\Omega_k)\forall X\forall Y((\forall\mathbf{d}\prec\mathbf{c})((X)_{\mathbf{d}}=\{x|A(U,(X)^{\mathbf{d}},x,\mathbf{d})\}\wedge(Y)_{\mathbf{d}}=\{x|A(U,(Y)^{\mathbf{d}},x,\mathbf{d})\})\rightarrow(X)^{\mathbf{c}}=(Y)^{\mathbf{c}})。\quad(15\text{-}8)$$

由(15-7)和(15-8)可得：$\forall\mathbf{b}\prec\mathbf{a}$ 和 $x\in\mathrm{V}$，

$$\exists V((\forall\mathbf{c}\prec\mathbf{b})((V)_{\mathbf{c}}=\{z|A(U,(V)^{\mathbf{c}},z,\mathbf{c})\})\wedge A(U,(V)^{\mathbf{b}},x,\mathbf{b}))$$
$$\Leftrightarrow\forall V((\forall\mathbf{c}\prec\mathbf{b})((V)_{\mathbf{c}}=\{z|A(U,(V)^{\mathbf{c}},z,\mathbf{c})\})\rightarrow A(U,(V)^{\mathbf{b}},x,\mathbf{b}))。\quad(15\text{-}9)$$

因此，由 Δ_1^1-CA，我们可以取一个类 Z 满足

$$Z:=\{\langle\mathbf{b},x\rangle|\mathbf{b}\prec\mathbf{a}\wedge\exists V((\forall\mathbf{c}\prec\mathbf{b})((V)_{\mathbf{c}}=\{z|A(U,(V)^{\mathbf{c}},z,\mathbf{c})\})\wedge A(U,(V)^{\mathbf{b}},x,\mathbf{b}))\};$$

然后，用(15-9)，我们施归纳于 $\mathbf{b}$ 能够证明这个类 Z 是一个所要求的 $\mathbf{a}$-层。证毕。

第 16 章
塔尔斯基真

§16.1　系统 TC

本节，我们研究最基本的真理论系统 **TC**。对语言$\mathcal{L}_{\in}^{\infty}$来说，**TC** 的真以塔尔斯基条款类型的真为特征。其算术部分 **TC**[**PA**] 等值于熟悉的证明论的算术概括系统 **ACA**①，也等值于$\alpha(<\varepsilon_0)$-次迭代一致反射原理的并的系统 $\mathbf{REF}_{<\varepsilon_0}$（参见文献[3]对于它的定义）。

定义 16.1　系统 **TC** 被定义为 **ZF** 加上如下的公理和模式：

T0：$\forall x(Tx\rightarrow x\in \mathrm{St}_{\in}^{\infty})$；

T1：$\forall x\forall y((T\ulcorner \dot{x}=\dot{y}\urcorner\leftrightarrow x=y)\wedge(\ulcorner \dot{x}\in \dot{y}\urcorner\leftrightarrow x\in y))$；

T2：$(\forall \ulcorner\sigma\urcorner\in \mathrm{St}_{\in}^{\infty})(T\ulcorner\neg\sigma\urcorner\leftrightarrow\neg T\ulcorner\sigma\urcorner)$；

T3：$(\forall \ulcorner\sigma\urcorner\in \mathrm{St}_{\in}^{\infty})(\forall \ulcorner\tau\urcorner\in \mathrm{St}_{\in}^{\infty})(T\ulcorner\sigma\wedge\tau\urcorner\leftrightarrow(T\ulcorner\sigma\urcorner\wedge T\ulcorner\tau\urcorner))$；

T4：$(\forall \ulcorner\phi(v)\urcorner\in \mathrm{Fml}_{\in}^{\infty})(T\ulcorner\forall v\phi(v)\urcorner\leftrightarrow\forall xT\ulcorner\phi(\dot{x})\urcorner)$；

Sep^{+}：$\forall a\exists b\forall x(x\in b\leftrightarrow x\in a\wedge\phi(x))$，对每个$\mathcal{L}_T$-公式$\phi$；

Repl^{+}：$\forall a((\forall x\in a)\exists!\, y\phi(x,y)\rightarrow\exists b(\forall x\in a)(\exists y\in b)\phi(x,y))$，对每个$\mathcal{L}_T$-公式$\phi$。

由第 14 章的约定，我们令 **TCC**＝**TC**＋AC。类似地，$\mathcal{L}_{WT}$上的系统 **TCW**

① **TC**［**PA**］即塔尔斯基组合理论 **CT**，参见§3.2。**CT** 与 **ACA** 的等价性证明，参见§6.1。

被定义为 **ZFW** 加上对于扩充后语言$\mathcal{L}_{WT}$（在它的实例中承认W）的 Sep^+ 和 Repl^+以及如下的公理。

$\mathrm{T0}^W$：$\forall x(Tx \to x \in \mathrm{St}_W^\infty)$；

$\mathrm{T1}^W$：$\forall x \forall y((T\ulcorner \dot{x} = \dot{y} \urcorner \leftrightarrow x = y) \wedge (\ulcorner \dot{x} \in \dot{y} \urcorner \leftrightarrow x \in y) \wedge (T\ulcorner W(\dot{x}, \dot{y})\urcorner \leftrightarrow W(x, y)))$；

$\mathrm{T2}^W$：$(\forall \ulcorner\sigma\urcorner \in \mathrm{St}_W^\infty)(T\ulcorner\neg\sigma\urcorner \leftrightarrow \neg T\ulcorner\sigma\urcorner)$；

$\mathrm{T3}^W$：$(\forall \ulcorner\sigma\urcorner \in \mathrm{St}_W^\infty)(\forall \ulcorner\tau\urcorner \in \mathrm{St}_W^\infty)(T\ulcorner\sigma\wedge\tau\urcorner \leftrightarrow (T\ulcorner\sigma\urcorner \wedge T\ulcorner\tau\urcorner))$；

$\mathrm{T4}^W$：$(\forall \ulcorner\phi(v)\urcorner \in \mathrm{Fml}_W^\infty)(T\ulcorner\forall v\phi(v)\urcorner \leftrightarrow \forall x T\ulcorner\phi(\dot{x})\urcorner)$。

§ 16.2　TC 的子系统

令 **TC**$\restriction$，**TCC**$\restriction$和 **TCW**$\restriction$分别表示 **ZF**＋T0＋…＋T4，**ZFC**＋T0＋…＋T4和 **ZFW**＋$\mathrm{T0}^W$＋…＋$\mathrm{T4}^W$：即，在它们的公理模式中都不承认真值谓词T。藤本认为，下面的结果（最初的陈述是用完全可满足类的术语）由 Krajewski 的文章[27]用一种模型论的方法第一次证明。

定理 16.2　**TC**$\restriction$＋$\mathrm{Sep}^+ \subset_{\mathcal{L}_\in}$ **ZF**，**TCC**$\restriction$＋$\mathrm{Sep}^+ \subset_{\mathcal{L}_\in}$ **ZFC** 并且 **TCW**$\restriction$＋$\mathrm{Sep}^+ \subset_{\mathcal{L}_\in}$ **ZFW**。

证明　我们将只证明第一个断言，其余的可用完全类似的方法证明。令c是一个新的常项符号并且令$\mathcal{L} := \mathcal{L}_\in \cup \{c\}$。将扩张后的（对$\mathcal{L}$而言）分离公理模式和替换公理模式加到 **ZF** 上，我们得到$\mathcal{L}$上的一个新系统 **T**，一个新假设$\exists\alpha(c = V_\alpha)$和下面的新模式：

$$\text{对每个}\mathcal{L}_\in\text{-公式}\phi(\vec{x})，(\forall \vec{x} \in c)(\phi^c(\vec{x}) \leftrightarrow \phi(\vec{x}))。\qquad (16\text{-}1)$$

由反射原理，我们可以证明：对$\mathcal{L}_\in$来说，**T** 是 **ZF** 的一个保守扩张。我们给出一个$\mathcal{L}_T$到$\mathcal{L}$的翻译

$$\forall x \mapsto (\forall x \in c),\ \exists x \mapsto (\exists x \in c),\ x \in y \mapsto x \in y,\ Tx \mapsto (c \vDash_s x)。$$

我们将证明：在 **T** 中，这是 **TC**$\upharpoonright$+Sep$^+$的一个相对解释。由式(16-1)，对 **ZF** 的每个公理σ，我们都有 **T**$\vdash \sigma^c$。由于对某个极限序数α，$c=V_\alpha$，又由于$\mathcal{L}$扩张的分离公理模式，所以 Sep$^+$的翻译被自动地验证。我们将验证在 **T** 中真公理 T0～T4 的翻译。从 **ZF** 的有穷多的公理我们首先注意到出现在 T0～T4 中的所有相关的(有穷多)语法概念和运算都被证明是绝对的，因此对c而言也是绝对的。例如，由于我们有$(\mathrm{Fml}_\in^\infty)=\mathrm{Fml}_\in^c=\mathrm{Fml}_\in^\infty\cap c$，T4 的翻译等价于

$$(\forall \ulcorner \phi(v) \urcorner \in \mathrm{Fml}_\in^c)(c \vDash_s \ulcorner \forall v \phi(v) \urcorner \leftrightarrow (\forall x \in c)(c \vDash_s \ulcorner \phi(\dot{x}) \urcorner));$$

由可满足关系$\vDash_s$的性质，这是真的。其他情况可以类似地被验证。现在，假设对于$\sigma \in \mathcal{L}_\in$，**TC**+Sep$^+\vdash\sigma$，那么我们有 **T**$\vdash\sigma^c$，因此 **T**$\vdash\sigma$。故 **ZF**$\vdash\sigma$。证毕。

为了可读性的需要，在下文中我们将只处理 **TC**，除非我们特别地提及其他系统。然而，所有的结论应用于 **TCC** 和 **TCW** 没有显著的改变，建议读者继续记住这些事实。

我们有时考虑下面的模式 Ind$^+$和公理 Ind$_\in$，Sep$_\in$ 和 Repl$_\in$：

Ind$^+$：对每个$\mathcal{L}_T$-公式ϕ，$\forall x((\forall y \in x)\phi(y) \to \phi(x)) \to \forall x \phi(x)$；

Ind$_\in$：$(\forall \ulcorner \phi(v) \urcorner \in \mathrm{Fml}_\in^\infty)(\forall x((\forall y \in x) T \ulcorner \phi(\dot{y}) \urcorner \to T \ulcorner \phi(\dot{x}) \urcorner) \to$
$\forall x T \ulcorner \phi(\dot{x}) \urcorner)$；

Sep$_\in$：$(\forall \ulcorner \phi(v) \urcorner \in \mathrm{Fml}_\in^\infty) \forall a \exists b \forall x (x \in b \leftrightarrow x \in a \wedge T \ulcorner \phi(\dot{x}) \urcorner)$；

Repl$_\in$：$(\forall \ulcorner \phi(u,\ v) \urcorner \in \mathrm{Fml}_\in^\infty) \forall a((\forall x \in a) \exists!\ y T \ulcorner \phi(\dot{x},\ \dot{y}) \urcorner \to$
$\exists b (\forall x \in a)(\exists y \in b) T \ulcorner \phi(\dot{x},\ \dot{y}) \urcorner)$。

容易看出在基础公理 FA 存在的条件下，下面的结论成立。

TC$\upharpoonright$+Sep$_\in\vdash$Ind$_\in$　　和　　**ZF**+Sep$^+\vdash$Ind$^+$。

我们建立一个中间的系统 **TC**$_0$:=**TC**$\upharpoonright$+Sep$_\in$+Repl$_\in$。

命题 16.3　**TC**$_0$ +Ind$^+\vdash \forall x(x \in \mathrm{Prv}_{\mathrm{ZF}} \to Tx)$，其中 Prv$_\mathrm{S}$ 是系统 S 的一个

典范可证谓词。

证明 从 $\text{Sep}_\in$ 和 $\text{Repl}_\in$ 以及 T1～T4 可以推出：$\mathcal{L}_\in$的分离模式和替换模式的所有实例都是真的。由元-归纳法可以证明 **TC** $\upharpoonright\!\vdash$TB。因此，**ZF** 的剩余的有穷多公理的真可由模式 TB 得到。因此，我们已经证明了 **ZF** 的所有公理都是真的(其实在 $\mathbf{TC}_0$ 中)。最后，这个断言在导出的长度上由ω-归纳得到。证毕。

从证明论的观点看，这个命题告诉我们 $\mathbf{TC}_0+\text{Ind}^+$已经比 **ZF** 强了。作为它的推论，我们可以证明，经由算术语言到$\mathcal{L}_\in$的典范翻译，在任何包含了 $\mathbf{TC}_0+\text{Ind}^+$的系统 Q 中都能够推出从 **ZF** 开始的证明论一致反射原则的自控级数；参阅文献[9，3]①。然而，$\mathbf{TC}_0+\text{Ind}^+$仍然不足以证明 **ZF** 的一个标准模型存在的断言。

命题 16.4(ZF) 令M是一个传递集合并且$M\vDash_s$ **ZF**。那么存在$N\subset M$使得$(M,\in,N)\vDash\mathbf{TC}_0+\text{Ind}^+$。如果$M$具有 V_α 的形式，那么$(M,\in,N)\vDash\mathbf{TC}_0+\text{Sep}^+$；在这个情况下，$\alpha$是一个极限序数并且 Repl^+在其中成立。

证明 我们取$N:=\{\ulcorner\sigma\urcorner\in\text{St}_\in^M\mid M\vDash_s\ulcorner\sigma\urcorner\}$；注意：由于$M$是 **ZF** 的一个传递模型，那么 $\text{St}_\in^M=(\text{St}_\in^\infty)^M=\text{St}_\in^M\cap M$并且$N\subset M$。由定理 16.2，显然有$(M,\in,N)\vDash\mathbf{TC}\upharpoonright$和 Ind^+ 在任意的传递模型M中自动地满足。为了证明 $\text{Sep}_\in$，取任意的$\ulcorner\phi(v)\urcorner\in\text{Fml}_\in^M$，我们有

$$\begin{aligned}&(M,\in,N)\vDash\forall a\exists b\forall x(x\in b\leftrightarrow x\in a\wedge T\ulcorner\phi(\dot{x})\urcorner)\\&\Leftrightarrow(\forall a\in M)(\exists b\in M)(\forall x\in M)(x\in b\leftrightarrow x\in a\wedge\ulcorner\phi(\dot{x})\urcorner\in N)\\&\Leftrightarrow(\forall a\in M)(\exists b\in M)(\forall x\in M)(x\in b\leftrightarrow x\in a\wedge M\vDash_s\ulcorner\phi(\dot{x})\urcorner)\\&\Leftrightarrow M\vDash_s\ulcorner\forall a\exists b\forall x(x\in b\leftrightarrow x\in a\wedge\phi(x))\urcorner。\end{aligned}$$

---

① 在这里我们简要地概述它的证明。当一个递归线性序是可证良基时，我们在 On 上用所谓的公理β就可以获得它的传递坍塌。由于我们有 Ind^+，而序数的超穷归纳对任意的$\mathcal{L}_T$公式都成立。因此，TC_0+Ind^+ 对扩张的$\mathcal{L}_T$推出所谓的杠归纳。最后，命题 16.3 按照递归良序产生迭代反射级数。因此，我们就可以沿着任何可证的递归良序证明那些结论。这个论证也可以在较弱的基本系统，例如 KPL 完成；参见文献［33，§3］。

最后的公式从假设 $M \vDash_s \mathbf{ZF}$ 推出。对于 $\mathrm{Repl}_{\in}$ 的情况可以类似地证明。故，$(M, \in, N) \vDash \mathbf{TC}_0 + \mathrm{Ind}^+$。证毕。

因此，**ZF** 的任意标准模型也是一个从 **ZF** 开始的一致反射原则的自控级数的模型①。另一方面，稍后我们将看到存在一个非空类 $C \subset \{\alpha \in On \mid V_\alpha \vDash_s \mathbf{ZF}\}$，它在 On 中是可证(在 **TC**)闭无界的。再从“证明论”的观点看，由这个事实，人们可能会充分地论证塔尔斯基真增加了集合论的强度。

给定一个类 M 和一个公式 $\phi \in \mathcal{L}_T$，我们用与 $\mathcal{L}_{\in}$ 的情形相同的方法递归定义 ϕ 到 M 的相对化 ϕ^M 如下，除非 T 是由 T 自身标准地解释的。

$(x=y)^M :\equiv x=y$，$(x \in y)^M :\equiv x \in y$，$(Tx)^M :\equiv Tx$，$(\neg\psi)^M :\equiv \neg\psi^M$，

$(\psi \wedge \theta)^M :\equiv \psi^M \wedge \theta^M$，$(\exists x \psi(x))^M :\equiv (\exists x \in M)\psi^M(x)$。

给定一个集合 M，将每个 $\ulcorner\phi\urcorner \in \mathrm{Fml}_T^\infty$ 映射到 $\ulcorner\phi^{\dot{M}}\urcorner \in \mathrm{Fml}_T^\infty$ 的运算 $\cdot^M$ 是 Δ_1^{ZF}-可定义的(实际是 $\Delta_1^{\mathrm{KP}\omega}$)。

定理 16.5(内在化反射原理)　在 **TC** 中可以证明②：

$$\forall \alpha (\exists \beta > \alpha)(\forall \ulcorner\sigma\urcorner \in \mathrm{St}_{\in}^{V_\beta})(T\ulcorner\sigma^{\dot{V}_\beta}\urcorner \leftrightarrow T\ulcorner\sigma\urcorner)。$$

证明　我们定义一个类函数 $\mathcal{F}: \mathrm{St}_{\in}^\infty \to On$ 如下：

如果 $z \in \mathrm{St}_{\in}^\infty$ 形如 $\ulcorner \exists v \phi(v) \urcorner$，令

$$\mathcal{F}(z) := \begin{cases} \min\{\gamma \mid (\exists w \in V_\gamma) T\ulcorner\phi(\dot{w})\urcorner\}, & \text{如果} \exists w\, T\ulcorner\phi(\dot{w})\urcorner, \\ 0, & \text{如果} \neg\exists w\, T\ulcorner\phi(\dot{w})\urcorner。 \end{cases}$$

如果 z 不具有 $\ulcorner \exists v \phi(v) \urcorner$ 的形式，我们令 $\mathcal{F}(z)=0$。通过递归，我们定义一个

---

① 在算术的语境下，从 PA 开始的一致反射原则的自控级数等于它们超穷迭代到 $\phi_2 0$ 次。如果我们从 ZF 开始，产生的自控级数将等于迭代到一个非常大的递归序数，然而还不知道它有多大。

② 莫肖瓦基斯（Y. Moschovakis）的文章［32］表明本质上相同的断言在 $\Delta_1^1\text{-CA}_0 + \sum_1^1\text{-Ind} + \prod_1^1\text{-Ind}$ 中（用我们的术语）是可证的；我们注意到 Moschovakis 结构不包含 Aus，但是 Aus 可以从 REPL 的较强形式导出。这个系统比 TC 更强；实际上，它至少和 $\bigcup_{k \in \mathrm{N}} \mathrm{NBG}_{\Omega k}$ 一样强，其中 $\Omega^k = \omega^{\Omega \cdot k} = \Omega \cdot \cdots \cdot \Omega$（$k$-次），虽然 TC 甚至弱于 NBG_ω；参见 § 17. 5。因此，这里我们的结果给出了 “内在化反射原理”（关于基本系统 ZF）的一个较弱的上界。

ω-序列$\alpha_n(n\in\omega)$使得

$$\alpha_0=\alpha$$

并且 $$\alpha_{k+1}=sup\{\mathcal{F}(z)|z\in \mathrm{St}_{\in}^{V_{\alpha_k}}\}\cup\alpha_k+1。$$

由于每个 $\mathrm{St}_{\in}^{V_{\alpha_k}}$ 都是一个集合，由 Sep^+ 和 Repl^+ 我们可以取这样的一个序列；注意到对扩张的语言$\mathcal{L}_T$而言，递归公理(必要形式)在 $\mathbf{ZF}+\mathrm{Sep}^+ +\mathrm{Repl}^+$(甚至不依赖 T0～T4)中可导出。然后，我们取 $\sup\limits_{n\to\infty}\alpha_n$是希望得到的$\beta$。我们将通过对$\ulcorner\sigma\urcorner\in\mathrm{St}_{\in}^{V_\beta}$的表面复杂性的$\omega$-归纳(运用 Ind^+)证明β实际上满足这个断言。这里基本的情况是$\ulcorner\sigma\urcorner=\ulcorner\exists v\phi(v)\urcorner\in\mathrm{St}_{\in}^{V_{\alpha_k}}$。那么我们有

$$T\ulcorner(\exists v\in\dot{V}_\beta)\phi^{\dot{V}_\beta}(v)\urcorner$$

$$\Leftrightarrow(\exists x\in V_\beta)T\ulcorner\phi^{\dot{V}_\beta}(\dot{x})\urcorner$$

$$\overset{\mathrm{IH}}{\Leftrightarrow}(\exists x\in V_\beta)T\ulcorner\phi(\dot{x})\urcorner$$

$$\Leftrightarrow\exists xT\ulcorner\phi(\dot{v})\urcorner$$

$$\Leftrightarrow T\ulcorner\sigma\urcorner。$$

倒数第二个等值式依据对于某个$k\in\omega$和β的选取从$\ulcorner\sigma\urcorner\in St_{\in}^{V_{\alpha_k}}$推出。证毕。

引理 16.6 $\mathbf{TC}\upharpoonright+\mathrm{Ind}^+\vdash\forall M(\forall\ulcorner\sigma\urcorner\in\mathrm{St}_{\in}^{M})(T\ulcorner\sigma^{\dot{M}}\urcorner\leftrightarrow M\vDash_s\ulcorner\sigma\urcorner)$。

证明 施归纳于表面复杂性即可证明，详细证明略。证毕。

推论 16.7 $\mathbf{TC}\vdash\forall\alpha(\exists\beta>\alpha)V_\beta\vDash_s\mathbf{ZF}$。

证明 由命题 16.3 可得所要的结论。证毕。

推论 16.8 $\mathbf{TC}\vdash\forall\alpha(\exists\beta>\alpha)(\exists X\subset V_\beta)((V_\beta, \in, X)\vDash\mathbf{TC}_0+\mathrm{Ind}^+)$。

证明 由命题 16.4 可得。证毕。

推论 16.9

$$\mathbf{TC}\vdash(\forall\ulcorner\sigma\urcorner\in\mathrm{St}_{\in}^{\infty})T\ulcorner\forall\alpha(\exists\beta>\alpha)((V_\beta\vDash_s\mathbf{ZF})\wedge(\sigma\leftrightarrow\sigma^{V_\beta}))\urcorner。$$

证明　利用 $\mathrm{St}_{\in}^{\infty}=\mathrm{St}_{\in}^{V_\xi}$ 即可。证毕。

注意 1　推论 16.9 表达了在 **TC** 中，集合论反射原理的较强的形式是可证真的。对任意序数我们可以确切地表达反射原理较强形式的迭代；而且事实上，对任意的序数，我们能够证明 **TC** 可导出这样的迭代。然后，我们就能沿雅格尔良序 $\prec$，用巴威斯(J. Barwise)的第二递归定理，更进一步确切地表达迭代反射原理；事实上，对任意的 $\mathbf{a}\prec E_0$，**TC** 导出了这样的迭代。在本章中，我们将不讨论这些问题，但是这些事实却表明 **TC** 是一个非常强的系统，并且表明$\{\alpha|V_\alpha\vDash_s \mathbf{ZF}\}$的无界性决不会削弱 **TC** 的完全强度。

给定一个集合M，我们用$M\prec_0\mathbb{V}$表示$(\forall\ulcorner\sigma\urcorner\in\mathrm{St}_{\in}^{M})(T\ulcorner\sigma^{\dot{M}}\urcorner\leftrightarrow T\ulcorner\sigma\urcorner)$。注意，对任意的集合$M$和$N$，由引理 16.6，$(M,\in)$是$(N,\in)$的初等子结构，当且仅当$M\subset N$并且$(\forall\ulcorner\sigma\urcorner\in\mathrm{St}_{\in}^{M})(T\ulcorner\sigma^{\dot{M}}\urcorner\leftrightarrow T\ulcorner\sigma^{\dot{N}}\urcorner)$。因此，记号$M\prec_0\mathbb{V}$自然地可以看作表达了$(M,\in)$是$(\mathbb{V},\in)$的一个初等子结构，然而，在$\mathcal{L}_\in$中，这不是形式可表达的。

引理 16.10(**TC**$\restriction$+Ind^+)　令λ是一个极限序数并且$\langle M_\alpha|\alpha<\lambda\rangle$是一个传递集的$\lambda$-序列并满足：$\forall\alpha\leqslant\beta<\lambda$，$M_\alpha\subset M_\beta$，并且$\forall\alpha<\lambda$，$M_\alpha\prec_0\mathbb{V}$。那么，我们有$M_\lambda:=\bigcup_{\beta<\lambda}M_\beta\prec_0\mathbb{V}$。

证明　由定义，对$\alpha\leqslant\beta<\lambda$，显然$M_\alpha\prec_0 M_\beta$。现在只需证明：$\forall\alpha<\lambda$，$M_\alpha\prec_0 M_\lambda$。这可由施归纳于表面复杂性证明。由于该证明是简单地并且是引理 17.18 的一种子情形，所以我们省略这个证明。证毕。

由引理 16.10 和定理 16.5 可得：$\{\alpha\in On|\mathrm{V}_\alpha\prec_0\mathbb{V}\}$在$On$中是闭无界的并且在 **TC** 中是可证的。因此，$\forall\beta\in On$，$\exists\gamma\in On$，使得$V_\gamma\vDash_s\mathbf{ZF}$并且$cf(\gamma)=cf(\beta)$，其中$cf(\delta)$表示$\delta$的共尾性。

按照在 **ZF** 中同样的方法，我们能在 **ZF**+Sep^++Repl^+ 中证明扩充语言$\mathcal{L}_T$的集合论的反射原理，即：对有穷多的$\mathcal{L}_T$-公式$\phi_0(\vec{x}_0)$，$\phi_0(\vec{x}_1)$，…，$\phi_n(\vec{x}_n)$，

$$\mathbf{ZF}+\mathrm{Sep}^{+}+\mathrm{Repl}^{+}\vdash\forall\alpha(\exists\beta>\alpha)\bigwedge_{i\leqslant n}(\forall\vec{x}_i\in V_\beta)(\phi_i^{V_\beta}(\vec{x}_i)\leftrightarrow\phi_i(\vec{x}_i))。\tag{16-2}$$

在 T0～T4 存在的情况下，我们可以证明下面较强的形式。

引理 16.11 对于公式$\phi_0(\vec{x}_0)$，$\phi_1(\vec{x}_1)$，…，$\phi_n(\vec{x}_n)$的每个有穷集，在 **TC** 中可以证明

$$\forall\alpha(\exists\beta>\alpha)(V_\beta\prec_0\mathbb{V}\wedge(\bigwedge_{i\leqslant n}\vec{x}_i\in V_\beta)(\phi_i^{V_\beta}(\vec{x}_i)\leftrightarrow\phi_i(\vec{x}_i)))；$$

注意这里 $V_\beta\prec_0\mathbb{V}$ 蕴涵 $V_\beta\vDash_s\mathbf{ZF}$。

证明 不失一般性，假设ϕ_0，ϕ_1，…，ϕ_n是闭的子公式，固定一个任意的α并且根据定理 16.5，取$\alpha'>\alpha$使得 $V_{\alpha'}\prec_0\mathbb{V}$。对每一公式$\phi_i(x_0, x_1, \cdots, x_{m_i})(i\leqslant n)$，我们用下面的(标准)方式定义一个(类)函数$\mathcal{G}_i:\mathbb{V}^{m_i}\to On$：如果$\phi_i$形如$\exists x\,\psi(x, \vec{z})$，令

$$\mathcal{G}_i(\vec{z}):=\begin{cases}\min\{\gamma\mid(\exists x\in V_\gamma)\psi(x,\vec{z})\}, & \text{如果}\exists x\psi(x,\vec{z}),\\ 0, & \text{如果}\neg\exists x\psi(x,\vec{z})。\end{cases}$$

如果ϕ_i不是形如$\exists x\psi(x, \vec{z})$，$\forall\vec{z}$，令$\mathcal{G}_i(\vec{z})=0$。然后，令$\mathcal{F}_i:On\to On(i\leqslant n)$是由$\mathcal{F}_i(\xi)=\sup\{\mathcal{G}_i(\vec{z})\mid\vec{z}\in V_\xi\}$定义的另一个类函数。

由内在化反射原理，我们就可以定义一个ω-序列$\alpha_n(n\in\omega)$使得

$$\alpha_0=\alpha', \quad \alpha_{k+1}=\min\{\gamma\mid\bigcup_{i\leqslant n}\mathcal{F}_i(\alpha_k)\leqslant\gamma\wedge\alpha_k<\gamma\wedge V_\gamma\prec_0\mathbb{V}\}。$$

由定义，我们有 $V_{\alpha_k}\prec_0\mathbb{V}$；因此我们得到一个初等链

$$V_{\alpha'}=V_{\alpha_0}\prec_0 V_{\alpha_1}\prec_0\cdots\prec_0 V_{\alpha_k}\prec_0\cdots\mathbb{V}。$$

于是，我们取 $\sup\limits_{n\to\infty}\alpha_n$为所需的$\beta$。从引理 16.10 可以推出：$V_\beta\prec_0\mathbb{V}$。该证明的其余部分(证明反射的部分)是标准证明。证毕。

引理 16.12(TC) 令$\phi(\vec{x})$是一个任意的$\mathcal{L}_T$-公式。对于集合M和$\vec{a}\in M$，有

$$\phi^M(\vec{a})\leftrightarrow M\vDash_s\ulcorner\phi(\dot{\vec{a}})\urcorner\ (\text{即：}\mathrm{Sat}_{\mathcal{L}_T}(M,\ulcorner\phi(\dot{\vec{a}})\urcorner)\text{或}(M,\in,T)\vDash\phi(\vec{a}))。$$

推论 16.13(TC)　令 S 是 **TC** 的一个有穷的定理集。那么，

$$\forall\alpha(\exists\beta>\alpha)(V_\beta\vDash_s \mathrm{TC}\upharpoonright+\mathrm{Sep}^++\mathrm{S})。$$

证明　令 S′是 S 加上 T0～T4，并且将引理 16.11 用于 S′即可。　　证毕。

注意 2　到目前为止，所有的结论都可以在有 AC 和 GW 的假设中稍做修改得到。因此，在 **TCC** 或 **TCW**(或者它们的子系统)中相应的命题也都可以用平行的方式证明。例如，推论 16.13 的相应结论是：

对 **TCW** 的每一有穷的定理集 S，我们有

$$\mathbf{TCW}\vdash\forall\alpha(\exists\beta>\alpha)(V_\beta\vDash_s\mathbf{TCW}\upharpoonright+\mathrm{Sep}^++\mathrm{S})。$$

§16.3　TC 与 MK 的子系统

用与算术相同的方法(参见[40])，我们可以构造 $\sum_1^1$-公式$\Theta(x)$ 使得它满足 **TC** 的所有真公理 T0～T4 并在 **NBG**+ $\sum_1^1$-Ind 中可证(事实上，对 $\sum_1^1$-公式的ω-归纳就足够了)；或者，用 §15.4 已经引入的记号，我们可以取$\Theta(x)$如下：

$$\exists X\exists n(\exists f\in{}^{\omega}\mathbb{V})(x\in\mathrm{St}_{\in}^{\infty}\wedge Lh(x)=n\wedge(\forall m\leqslant n)((X)_m=$$
$$\{z|\mathrm{Sat}(\emptyset,\ \textstyle\bigcup_{i<m}(X)_i,\ z,\ m)\})\wedge\langle x,\ f\rangle\in(X)_n)；$$

由于$x\in\mathbf{St}_{\in}^{\infty}$ 不包含二阶项，所以，上面的函数$f\in{}^{\omega}\mathbb{V}$ 是一个“虚设物”，它对于我们现在的目的没有作用。因此，我们立刻得到

$$\mathbf{TC}\subset_{\mathcal{L}_\in}\mathbf{NBG}+\sum\nolimits_\infty^1\text{-Sep}+\sum\nolimits_\infty^1\text{-Repl}。$$

由于 AC 是$\mathcal{L}_\in$-语句，对于 **TCC** $\subset_{\mathcal{L}_\in}$ **NBGC**+ $\sum_\infty^1$-Sep+ $\sum_\infty^1$-Repl 的嵌入做法也一样。用相同的方法，我们还能证明

$$\mathbf{TCW}\subset_{\mathcal{L}_\in}\mathbf{NBGW}+\sum\nolimits_\infty^1\text{-Sep}^W+\sum\nolimits_\infty^1\text{-Repl}^W。$$

关于逆，我们考虑如下的翻译：二阶量词“$\forall X$”和“$\exists X$”分别被翻译为

“$(\forall \ulcorner\phi(v)\urcorner \in \mathrm{Fml}_{\in}^{\infty})$”(或者“$(\forall \ulcorner\phi(v)\urcorner \in \mathrm{Fml}_{W}^{\infty})$”)和“$(\exists \ulcorner\phi(v)\urcorner \in \mathrm{Fml}_{\in}^{\infty})$”(或者“$(\exists \ulcorner\phi(v)\urcorner \in \mathrm{Fml}_{W}^{\infty})$”)；$\mathcal{L}_2$的原子公式$x \in X$被翻译为$T\ulcorner\phi(\dot{x})\urcorner$；其他原子公式保持不变并且逻辑联结词和量词也不变。那么，用类似于在 **TC**[**PA**]中对 **ACA** 的嵌入方法(参见文献[21，§8.6])，我们能够证明这个翻译在 **TC**(**W**)中是 **NBG**(**W**)$+\sum_{\infty}^{1}$-$\mathrm{Sep}^{(W)}+\sum_{\infty}^{1}$-$\mathrm{Repl}^{(W)}$的一种相对翻译。简单地说，由于$T$转换为$\mathcal{L}_{\in}(\mathcal{L}_W)$的语句，联结词和量词按 $\mathrm{T1}^{(W)}\sim\mathrm{T4}^{(W)}$进行交换，所以，给定参数$\vec{X}$，一个初等公式$A(\vec{x}, \vec{X})$被翻译为

$$A(\vec{x}, \lambda u_0.\ T\ulcorner\phi_0(\dot{u}_0)\urcorner, \cdots, \lambda u_j.\ T\ulcorner\phi_j(\dot{u}_j)\urcorner),$$

它等值于

$$T\ulcorner A(\overrightarrow{\dot{x}}, \lambda u_0.\ \phi_0(u_0), \cdots, \lambda u_j.\ \phi_j(u_j))\urcorner。$$

定理 16.14 $\mathbf{TC}(\mathbf{C}) =_{\mathcal{L}_{\in}} \mathbf{NBG}(\mathbf{C}) + \sum_{\infty}^{1}\text{-Sep} + \sum_{\infty}^{1}\text{-Repl}$，

并且 $\mathbf{TCW} =_{\mathcal{L}_{\in}} \mathbf{NBGGC} + \sum_{\infty}^{1}\text{-Sep} + \sum_{\infty}^{1}\text{-Repl}$。

注意 3 $\mathcal{L}_2$的一个标准结构由一个有序对(M, N)构成，这里M和N分别是集合和类的定义域并且隶属关系$\in_1$和$\in_2$，二者采用$\in$的标准解释。我们可以把在 **KP**ω 中的一个标准结构和一个$\mathcal{L}_2$-语句ϕ之间的可满足关系(即，$(M, N, \in\cap M^2, \in\cap(M\times N))\models\phi$)形式化，并且将其记作$(M, N)\models_s\ulcorner\phi\urcorner$。当 S 是一种可证递归的$\mathcal{L}_2$-理论时，比如，在 **KP**$\omega$ 中，我们有一个 S-公理的编码的绝对定义的集合a；为了可读性，对这样的a和$\forall x\in a((M, N)\models_s x)$我们记作$(M, N)\models_s$S(参见§14.3 倒数第三段中的约定)。

令$(M, N)\models_s$**NBG**，我们应该注意N的一个元素可能含有M之外的一个元素，并且这种可能性并未被我们排除在对 **NBG** 的二层形式化的陈述中。然而，定义引入的关系$X=Y$(即，$\forall x(x\in X\leftrightarrow x\in Y)$)是一个全等关系(对$\mathcal{L}_2$上的任意系统)，并且如果我们从$N$中的每个“类”中去掉$M$之外的部分，得到的结构初等等价于原始的结构。更确切地说，令$N' := \{X\cap M | X\in N\}\subset\wp(M)$；那么$(M,$

N')初等等价于(M，N)，得到的结构(M，N')具有更好的性质：

(1)由定义引入的类之间的相等关系实际上是N'的元素之间的恒等关系；

(2)如果M是传递的，那么$M\subset N'$(用$(\forall x\in M)(\{z\in M|z\in x\}\in N')$)，因此$N'$也是传递的；

(3)与第 19 章有关，单个集合N'是 **NBG** 的一层语句的一个模型(因为$x\in M\leftrightarrow(\exists X\in N)(x\in X)$)。

利用上面的相互可嵌入性，我们可以证明甚至对类理论也成立的一种特殊形式的集合论的反射原理。

定理 16.15　令 S 是 **NBG**(**C**)$+\sum_{\infty}^{1}$-Sep$+\sum_{\infty}^{1}$-Repl 的一个有穷子理论，对任意有穷多的$\mathcal{L}_{\in}$-公式$\phi_0(\vec{x}_0)$，$\phi_1(\vec{x}_1)$，…，$\phi_n(\vec{x}_n)$，在 **NBG**(**C**)$+\sum_{\infty}^{1}$-Sep$+\sum_{\infty}^{1}$-Repl 中，我们可以证明

$$\forall\alpha(\exists\beta>\alpha)\exists X\subset V_{\beta+1}(\bigwedge_{i\leqslant n}(\forall\vec{x}_i\in V_\beta)(\phi_i^{V_\beta}(\vec{x}_i)\leftrightarrow\phi_i(\vec{x}_i))\wedge$$

$$V_\beta\models_s \mathbf{ZF(C)}\wedge(V_\beta,X)\models_s \mathrm{S}+\sum\nolimits_{\infty}^{1}\text{-Sep})。$$

证明　固定任意的α，**NBG**(**C**)$+\sum_{\infty}^{1}$-Sep$+\sum_{\infty}^{1}$-Repl 在 **TC**(**C**)中的嵌入告诉我们在不改变集合部分的前提下，存在 **TC**(**C**)的一个子理论 S′使得 S′的一个模型可以被翻译成 S 的一个模型。那么，由引理 16.11，存在$\beta>\alpha$使得

$$\bigwedge_{i\leqslant n}(\forall\vec{x}_i\in V_\beta)(\phi_i^{V_\beta}(\vec{x}_i)\leftrightarrow\phi_i(\vec{x}_i))\wedge V_\beta\models_s\mathbf{ZF(C)}\wedge V_\beta\models_s \mathrm{S}',$$

因此，将$T\cap V_\beta$翻译成由前面提到的嵌入，从而诱导出一个适当X使得

$$(\exists X\subset V_\beta)(\bigwedge_{i\leqslant n}(\forall\vec{x}_i\in V_\beta)(\phi_i^{V_\beta}(\vec{x}_i)\leftrightarrow\phi_i(\vec{x}_i))\wedge V_\beta\models_s\mathbf{ZF(C)}\wedge(V_\beta,X)\models_s \mathrm{S})。\tag{16-3}$$

在 **TC**(**C**)中。最后，由于式(16-3)是一个$\mathcal{L}_{\in}$-语句，由定理 16.14，它在 **NBG**(**C**)$+\sum_{\infty}^{1}$-Sep$+\sum_{\infty}^{1}$-Repl 中也成立。证毕。

注意 4　对于 **NBGW**$+\sum_{\infty}^{1}$-$\mathrm{Sep}^W$$+\sum_{\infty}^{1}$-$\mathrm{Repl}^W$(因此，**NBGGC**$+\sum_{\infty}^{1}$-

Sep+ $\sum_{\infty}^{1}$-Repl)，对应的陈述也成立并且它的证明完全平行于定理 16.15 的证明。

最后，在 AC 的假设下，我们可以证明下面的推论，这个推论对于第 18 章中用力迫验证我们的保守性证明是十分有用的。

推论 16.16 （**NBGC**+ $\sum_{\infty}^{1}$-Sep+ $\sum_{\infty}^{1}$-Repl) 令σ_0，σ_1，…，σ_n是$\mathcal{L}_{\in}$-语句并且 S 是 **NBGC**+ $\sum_{\infty}^{1}$-Sep+ $\sum_{\infty}^{1}$-Repl 的一个有穷子理论，那么，存在可数传递集M和N满足$M \subset N \subset \wp(M)$，使得

$$(M,\ N) \vDash_s \text{S 并且}(M,\ N) \vDash_s \bigwedge_{i \leqslant n}(\sigma^M \leftrightarrow \sigma)。$$

证明 令 S′是 S 加上外延公理和 ECA 的实例$\forall x \exists X \forall z(z \in X \leftrightarrow z \in x)$。从定理 16.15 和通常的 Löwenheim-Skolem 论句(这里我们使用 AC)和 § 16.2 注意 2 中描述的步骤，我们可以构造一个满足$N \subset \wp(M)$和$M \subset N$的 S′的可数标准模型$(M,\ N)$，并且$(M,\ N)$也满足那些$\sigma_i(i \leqslant n)$。因为根据我们对 S′的选择$\in \cap (M \times M)$是外延的，我们首先选择集合部分M的 Mostowski 坍塌M'；其次，$\forall X \in N$，我们以X的 Mostowski 坍塌$(\in M')$代替它的每个元素并且得到$N' \subset \wp(M')$；那么$(M,\ N)$和$(M',\ N')$是同构的并且M是传递的。由于$M \subset N$，所以$M' \subset N'$并且N'也是传递的。证毕。

第 17 章
迭代塔尔斯基真

§ 17.1　系统 $\mathbf{RT}_{\mathbf{a}}$

本节，我们对 $\mathbf{a} \prec E_0$ 引入 $\mathbf{a}$-迭代类型的塔尔斯基真系统 $\mathbf{RT}_{\mathbf{a}}$，它是算术中(对 ε_0 下的一个递归序数 α)系统 $\mathbf{RT}_{\alpha}$ 的集合论的相应部分。在算术的情况下，众所周知 $\mathbf{RT}_{<\varepsilon_0}[\mathbf{PA}] \equiv \sum_1^1\text{-AC}[\mathbf{PA}]$，$\mathbf{RT}_{<\omega}[\mathbf{PA}] \equiv \mathbf{ACA}_0^+$($\mathbf{ACA}_0^+$ 的定义参见[39])，并且 $\mathbf{RT}_{<\Gamma_0}[\mathbf{PA}] \equiv \mathbf{ATR}_0$，这里我们用符号"≡"表示证明论中的等价；在集合论中一些类似的东西成立但也有一些不成立。

非正式地说，对每个 $\mathbf{b} \prec \mathbf{a}$，$\mathbf{RT}_{\mathbf{a}}$ 含有谓词 $T_{\mathbf{b}}$ 并且这个公理表达了 $T_{\mathbf{b}}$ 是语言 $\mathcal{L}_{\mathbf{b}} := \mathcal{L}_{\in} \cup \{T_{\mathbf{c}} | \mathbf{c} \prec \mathbf{b}\}$ 的塔尔斯基真谓词。语言 $\mathcal{L}_{\mathbf{a}}$(甚至没有集合常项)可以具有真类的大小并且 $\forall \mathbf{b} \prec \mathbf{a}$ 我们不添加这样多的谓词 $T_{\mathbf{b}}$，而是通过一个单个的谓词 T，用 $T(\langle \mathbf{b}, x\rangle)$ 表示 $T_{\mathbf{b}}x$。因此，$\mathbf{RT}_{\mathbf{a}}$ 的语言与 $\mathbf{TC}$，即 $\mathcal{L}_T$ 的语言相同。在下文中，对 $T(\langle \mathbf{b}, x\rangle)$，我们总是记作 $T_{\mathbf{b}}x$。那么，$\forall \mathbf{a} \prec E_0$，从 $\mathcal{L}_{\mathbf{a}}$ 通过 $\forall x \in \mathbb{V}$ 添加集合常项 c_x 得到的(真类大小的)语言 $\mathcal{L}_{\mathbf{a}}^{\infty}$ 可以用一个 $\Delta_1^{\mathrm{KP}\omega}$ 谓词适当地表达：对某个 x，$y \in \mathrm{Tm}_1$ 和 $\mathbf{b} \prec \mathbf{a}$，它的原子公式具有形式 $\ulcorner \tilde{x} \in \tilde{y} \urcorner$，$\ulcorner \tilde{x} = \tilde{y} \urcorner$ 或 $\ulcorner T_{\dot{\mathbf{b}}}(\tilde{x}) \urcorner$；那么，复合公式用 $\dot{\neg}$，$\dot{\wedge}$ 和 $\dot{\forall}$ 归纳地定义；因此，由于 $\prec$ 是 $\Delta_1^{\mathrm{KP}\omega}$-可定义的，我们可以从 $\mathrm{Fml}_{\in}^{\infty}$ 和 $\mathrm{St}_{\in}^{\infty}$ 用一种直接的推广恰当地定义($\mathcal{L}_{b}^{\infty}$-公式和 $\mathcal{L}_{b}^{\infty}$-语句的编码的)类 Fml_{b}^{M} 和 St_{b}^{M} 为 $\Delta_1^{\mathrm{KP}\omega}$-谓词。对每个集合 M，我们还定义

$$\mathrm{Fml}_{\mathrm{a}}^{M} := \mathrm{Fml}_{T}^{M} \cap \mathrm{Fml}_{\mathrm{a}}^{M} \quad 和 \quad St_{\mathrm{a}}^{M} := \mathrm{St}_{T}^{M} \cap \mathrm{St}_{\mathrm{a}}^{M};$$

即，在M是传递的并且对有序对封闭的条件下，$\ulcorner\sigma\urcorner\in\mathrm{St}_{\mathbf{a}}^{M}$是(由联结词和量词)从$M$中带集合常项的$\mathcal{L}_{\in}$-原子公式和$\ulcorner T_{\mathbf{b}}\dot{x}\urcorner$构成，其中某个$\mathbf{b}\in M$并满足$\mathbf{b}\prec\mathbf{a}$和$x\in M$。

定义 17.1 系统 $\mathbf{RT_a}$ 被定义为 $\mathbf{ZF}+\mathrm{Sep}^{+}+\mathrm{Repl}^{+}$ 加上下面的公理。

$\mathrm{R0}_{\mathbf{a}}$：$(\forall\mathbf{b}\prec\mathbf{a})\forall x(T_{\mathbf{b}}x\rightarrow x\in\mathrm{St}_{\mathbf{b}})$；

$\mathrm{R1}_{\mathbf{a}}$：$(\forall\mathbf{b}\prec\mathbf{a})\forall x\forall y((T_{\mathbf{b}}\ulcorner\dot{x}=\dot{y}\urcorner\leftrightarrow x=y)\wedge(T_{\mathbf{b}}\ulcorner\dot{x}\in\dot{y}\urcorner\leftrightarrow x\in y))$；

$\mathrm{R2}_{\mathbf{a}}$：$(\forall\mathbf{b}\prec\mathbf{a})(\forall\ulcorner\sigma\urcorner\in\mathrm{St}_{\mathbf{b}}^{\infty})(T_{\mathbf{b}}\ulcorner\neg\sigma\urcorner\leftrightarrow\neg T_{\mathbf{b}}\ulcorner\sigma\urcorner)$；

$\mathrm{R3}_{\mathbf{a}}$：$(\forall\mathbf{b}\prec\mathbf{a})(\forall\ulcorner\sigma\urcorner\in\mathrm{St}_{\mathbf{b}}^{\infty})(\forall\ulcorner\tau\urcorner\in\mathrm{St}_{\mathbf{b}}^{\infty})(T_{\mathbf{b}}\ulcorner\sigma\wedge\tau\urcorner\leftrightarrow(T_{\mathbf{b}}\ulcorner\sigma\urcorner\wedge T_{\mathbf{b}}\ulcorner\tau\urcorner))$；

$\mathrm{R4}_{\mathbf{a}}$：$(\forall\mathbf{b}\prec\mathbf{a})(\forall\ulcorner\phi(v)\urcorner\in\mathrm{Fml}_{\mathbf{b}}^{\infty})(T_{\mathbf{b}}\ulcorner\forall v\phi(v)\urcorner\leftrightarrow\forall xT_{\mathbf{b}}\ulcorner\phi(\dot{x})\urcorner)$；

$\mathrm{R5}_{\mathbf{a}}$：$(\forall\mathbf{b}\prec\mathbf{a})(\forall\mathbf{c}\prec\mathbf{b})\forall x(T_{\mathbf{b}}\ulcorner T_{\mathbf{c}}\dot{x}\urcorner\leftrightarrow T_{\mathbf{c}}x)$。

我们可以通过匹配T_0x和Tx自然地识别 $\mathbf{RT}_1$ 和 **TC**；因此上一章中，在 **TC** 内的所有论证也都可以在 $\mathbf{RT}_1$ 内通过明显的修正实现。在下文中，我们假定$\mathbf{a}\in\mathbb{N}^{*}$。我们令 $\mathbf{RTC_a}\equiv\mathbf{RT_a}+\mathrm{AC}$。我们也用一种从 **TC** 定义 **TCW** 的类似的方法在$\mathcal{L}_{WT}$上定义 $\mathbf{RTW_a}$：我们首先用

$\mathrm{R1}_{\mathrm{a}}^{W}$：$(\forall\mathbf{b}\prec\mathbf{a})\forall x\forall y((T_{\mathbf{b}}\ulcorner\dot{x}=\dot{y}\urcorner\leftrightarrow x=y)\wedge(T_{\mathbf{b}}\ulcorner\dot{x}\in\dot{y}\urcorner\leftrightarrow x\in y)\wedge(T_{\mathbf{b}}\ulcorner W(\dot{x},\dot{y})\urcorner\leftrightarrow W(x,y)))$；

替换 $\mathrm{R1}_{\mathbf{a}}$，然后我们用 $\mathrm{St}_{W\mathbf{b}}^{\infty}$ 和 $\mathrm{Fml}_{W\mathbf{b}}^{\infty}$(它们分别表示带有集合常项的语言$\mathcal{L}_{W\mathbf{b}}:=\mathcal{L}_{W}\cup\{T_{\mathbf{c}}|\mathbf{c}\prec\mathbf{b}\}$的语句类和公式类)替换在 $\mathrm{R0}_{\mathbf{a}}$ 和 $\mathrm{R2}_{\mathbf{a}}$～$\mathrm{R4}_{\mathbf{a}}$ 中 $\mathrm{St}_{\mathbf{b}}^{\infty}$ 和 $\mathrm{Fml}_{\mathbf{b}}^{\infty}$ 的每一次出现，替换后新的公理分别用 $\mathrm{R0}_{\mathbf{a}}^{W}$ 和 $\mathrm{R2}_{\mathbf{a}}^{W}$～$\mathrm{R4}_{\mathbf{a}}^{W}$ 表示；$\mathrm{R5}_{\mathbf{a}}$ 不变；最后，对于$\mathcal{L}_{WT}$，我们允许W出现在 Sep^{+} 和 Repl^{+} 的实例来扩展 Sep^{+} 和 Repl^{+}。

§ 17.2　$\mathbf{RT_a}$ 的子系统

正如§16.2那样，我们定义 $\mathbf{RT_a}\restriction \equiv \mathbf{ZF}+\mathrm{R0_a}+\cdots+\mathrm{R5_a}$；$\mathbf{RTC_a}\restriction$ 和 $\mathbf{RTW_a}\restriction$ 可类似地定义。下一个定理告诉我们，正如在非迭代型塔尔斯基真的情况下一样，迭代型真公理在没有扩展公理模式的帮助下不会增加强度。

定理 17.2　令 $\mathbf{a}\prec E_0$ 是 Δ_1^{ZF} 可定义的，那么 $\mathbf{RT_a}\restriction+\mathrm{Sep}^+\subset_{\mathcal{L}_\in}\mathbf{ZF}$；类似地，如果 $\mathbf{a}$ 分别是 Δ_1^{ZFC} 和 Δ_1^{ZFW} 可定义的，那么

$$\mathbf{RTC_a}\restriction+\mathrm{Sep}^+\subset_{\mathcal{L}_\in}\mathbf{ZFC}\text{ 且 }\mathbf{RTW_a}\restriction+\mathrm{Sep}^+\subset_{\mathcal{L}_\in}\mathbf{ZFW}。$$

证明　取与定理16.2中相同的 $\mathbf{T}$ 并且令 $\mathbf{T}':=\mathbf{T}+\{\mathbf{a}\in c\}$；注意对 $\mathbf{ZF}$ 的某个有穷的子理论 S 而言，$\mathbf{a}$ 是 Δ_1^{S}-可定义的并且在 $\mathbf{T}'$ 中 c 是 S 的一个传递模型，所以，在 T' 中 $\mathbf{a}^c=\mathbf{a}$。由反射原理，对 $\mathcal{L}_\in$ 而言，$\mathbf{T}'$ 在 $\mathbf{ZF}$ 上是保守的，正如在定理16.2的证明中那样，在 $\mathbf{T}'$ 中只需给出 $\mathbf{RT_a}\restriction+\mathrm{Sep}^+$ 的一个适当的相对解释即可。令 $r:=\{\langle y, z\rangle\in c\times c\mid y\prec z\prec \mathbf{a}\}\subset c$。$\forall\,\mathbf{b}$，$\mathbf{c}\in c$，由绝对性我们得到：$\mathbf{c}\prec{}^c\mathbf{b}\prec{}^c\mathbf{a}$ 当且仅当 $\langle\mathbf{c}, \mathbf{b}\rangle\in r$。由推论15.11可得：$\mathbf{T}'\vdash TI_{\mathcal{L}}(\mathbf{a})$ 并且它蕴涵 r 的良序性。因此，我们可以得出关于 r 通常的递归定义，并且我们定义一个函数 f 满足：

$$f(\mathbf{b})=\{\ulcorner\sigma\urcorner\in\mathrm{St}_{\mathrm{b}}^{c}\mid(c, \in, \cup_{\langle c, \mathbf{b}\rangle\in r}(\{\mathbf{c}\}\times f(\mathbf{c})))\models\ulcorner\sigma\urcorner\}；$$

在结构 $\mathfrak{M}_{\mathbf{b}}:=(c, \in, \cup_{\langle\mathbf{c}, \mathbf{b}\rangle\in r}(\{\mathbf{c}\}\times f(\mathbf{c})))$ 中，隶属关系是标准地解释并且真谓词 T 由 $\cup_{\langle\mathbf{c}, \mathbf{b}\rangle\in r}(\{\mathbf{c}\}\times f(\mathbf{c}))$ 解释，因此，对 $\mathbf{c}$，$x\in c$，$\mathfrak{M}_{\mathbf{b}}\models\ulcorner T_{\dot{c}}\dot{x}\urcorner$ 当且仅当 $\langle\mathbf{c}, \mathbf{b}\rangle\in r$ 并且 $x\in f(\mathbf{c})$。那么所断言的相对解释由

$$\forall x\mapsto(\forall x\in c),\ \exists x\mapsto(\exists x\in c),\ x\in y\mapsto x\in y,\ T_x y\mapsto y\in f(x)。$$

给出。我们只需检查真公理。例如，$\mathrm{T5_a}$ 的翻译等价于

$$(\forall\,\mathbf{b}\in c)(\forall\,\mathbf{c}\in c)(\forall x\in c)(\langle\mathbf{c}, \mathbf{b}\rangle\in r\to(\ulcorner T_{\dot{c}}\dot{x}\urcorner\in f(\mathbf{b})\leftrightarrow x\in f(\mathbf{c})))；$$

这可以从我们对 f 的定义得到；其他情况可以直接证明。证毕。

为了阅读，正如在上一章那样，我们将只处理 $\mathbf{RT_a}$ 和它的子系统，但下面的所有结论不需要任何大的修正都适用于 $\mathbf{RTC_a}$ 和 $\mathbf{RTW_a}$。

我们有时也会考虑下面的公理：

$\mathrm{Ind}_{\mathbf{a}}$：$(\forall \mathbf{b} \prec \mathbf{a})(\forall \ulcorner \phi(v) \urcorner \in \mathrm{Fml}_{\mathbf{b}}^{\infty})(\forall x((\forall y \in x) T_{\mathbf{b}} \ulcorner \phi(\dot{y}) \urcorner \rightarrow T_{\mathbf{b}} \ulcorner \phi(\dot{x}) \urcorner) \rightarrow \forall x T_{\mathbf{b}} \ulcorner \phi(\dot{x}) \urcorner)$；

$\mathrm{Sep}_{\mathbf{a}}$：$(\forall \mathbf{b} \prec \mathbf{a})(\forall \ulcorner \phi(v) \urcorner \in \mathrm{Fml}_{\mathbf{b}}^{\infty}) \forall x \exists y \forall z(z \in y \leftrightarrow z \in x \wedge T_{\mathbf{b}} \ulcorner \phi(\dot{z}) \urcorner)$；

$\mathrm{Repl}_{\mathbf{a}}$：$(\forall \mathbf{b} \prec \mathbf{a})(\forall \ulcorner \phi(u, v) \urcorner \in \mathrm{Fml}_{\mathbf{b}}^{\infty}) \forall a((\forall x \in a)(\exists ! y) T_{\mathbf{b}} \ulcorner \phi(\dot{x}, \dot{y}) \urcorner \rightarrow \exists b(\forall x \in a)(\exists y \in b) T_{\mathbf{b}} \ulcorner \phi(\dot{x}, \dot{y}) \urcorner)$。

正如 $\mathrm{Sep}_{\in}$ 和 $\mathrm{Ind}_{\in}$ 的情况，我们可以证明 $\mathbf{RT_a} \restriction + \mathrm{Sep}_{\mathbf{a}} \vdash \mathrm{Ind}_{\mathbf{a}}$。

下面的引理将是有用的。

引理 17.3 $\mathbf{RT_a} \restriction + \mathrm{Ind}^{+} \vdash (\forall \mathbf{b} \prec \mathbf{a})(\forall \mathbf{c} \prec \mathbf{b})(\forall x \in \mathrm{St}_{\mathbf{c}}^{\infty})(T_{\mathbf{b}} x \leftrightarrow T_{\mathbf{c}} x)$。

证明 施归纳于x的表面复杂性，开始的基本步骤是$x \in \mathrm{AtSt}_{\in}^{\infty}$或者对某个 $\mathbf{d} \prec \mathbf{c}$，$x = \ulcorner T_{\dot{d}} \dot{z} \urcorner$（用 $\mathrm{R1}_{\mathbf{a}}$ 或 $\mathrm{R5}_{\mathbf{a}}$）。

正如在 **TC** 和 **ZF** 的情况下，我们只需证明，$\mathbf{RT_{a+1}}$ 的确强于 $\mathbf{RT_a}$。事实上这是真的，除非 $\mathbf{a} \in \mathrm{Lim}$，但这个证明不可能像前面的情况那样直接；这是因为在我们的陈述中，$T_{\mathbf{a}}$是用$T(\langle \mathbf{a}, \cdot \rangle)$表示的，因此 $\mathbf{RT_a}$ 的公理不一定是$\mathcal{L}_{\mathbf{a}+1}$-公式。

给定 $\mathbf{a}$，我们定义一个类函数$h_{\mathbf{a}}(x)$如下

$$h_{\mathbf{a}}(x) = \begin{cases} z, & \text{如果} x = \langle \mathbf{a}, z \rangle, \\ \ulcorner T_{\dot{\mathbf{b}}} \dot{z} \urcorner, & \text{如果对某个 } \mathbf{b} \prec \mathbf{a}, x = \langle \mathbf{b}, z \rangle, \\ \ulcorner 0 = 1 \urcorner, & \text{否则。} \end{cases}$$

那么我们定义一个从$\mathcal{L}_T$到$\mathcal{L}_{\mathbf{a}}$的翻译$\mathcal{T}_{\mathbf{a}}$如下

$$\mathcal{T}_{\mathbf{a}}(x = y) :\equiv x = y, \ \mathcal{T}_{\mathbf{a}}(x \in y) :\equiv x \in y, \ \mathcal{T}_{\mathbf{a}}(Tx) :\equiv T_{\mathbf{a}}(h_{\mathbf{a}}(x))。$$

逻辑联结词和量词，也用$\mathcal{T}_{\mathbf{a}}$作用。注意$\mathcal{T}_{\mathbf{a}}(T_{\mathbf{a}} x) \equiv T_{\mathbf{a}} x$并且对于 $\mathbf{b} \prec \mathbf{a}$，$\mathcal{T}_{\mathbf{a}}(T_{\mathbf{b}} x) \equiv T_{\mathbf{a}} \ulcorner T_{\dot{\mathbf{b}}} \dot{x} \urcorner$。另外，非正式地说，$\forall \phi \in \mathcal{L}_T$，$\mathcal{T}_{\mathbf{a}}(\phi) \in \mathcal{L}_{\mathbf{a}+1}$。证毕。

命题 17.4　$\mathcal{T}_{\mathbf{a}}$是 $\mathbf{RT}_{\mathbf{a}+1}$ 本身的一个相对解释并且也是 $\mathbf{RT}_{\mathbf{a}+1}\restriction$本身的一个相对解释。

证明　Sep^{+} 和 Repl^{+} 保持这种翻译是微不足道的。现在只需证明$\mathcal{T}_{\mathbf{a}}$是 $\mathbf{RT}_{\mathbf{a}+1}\restriction$的一个相对解释。对于真公理，固定 $\mathbf{b}\prec\mathbf{a}+1$。由于$\mathcal{T}_{\mathbf{a}}(T_{\mathbf{a}}x)\equiv T_{\mathbf{a}}x$，因此 $\mathbf{b}=\mathbf{a}$ 的情况是微不足道的。令 $\mathbf{b}\prec\mathbf{a}$。对于 R1，取$x$，$y\in\mathbb{V}$。那么，

$\mathcal{T}_{\mathbf{a}}(T_{\mathbf{b}}\ulcorner\dot{x}\in\dot{y}\urcorner)\leftrightarrow T_{\mathbf{a}}(h_{\mathbf{a}}(\langle\mathbf{b},\ulcorner\dot{x}\in\dot{y}\urcorner\rangle))\leftrightarrow T_{\mathbf{a}}\ulcorner T_{\dot{\mathbf{b}}}(\overbrace{\ulcorner\dot{x}\in\dot{y}\urcorner}^{\bullet})\urcorner\leftrightarrow$ $T_{\mathbf{b}}\ulcorner\dot{x}\in\dot{y}\urcorner\leftrightarrow x\in y$。

对于 R2，取$x\in\mathrm{St}_{\mathbf{b}}^{\infty}$。那么，$\mathcal{T}_{\mathbf{a}}(T_{\mathbf{b}}\underset{\bullet}{\neg}x)$，即$T_{\mathbf{a}}\ulcorner T_{\dot{\mathbf{b}}}(\overbrace{\underset{\bullet}{\neg}x}^{\bullet})\urcorner$等价于$\neg T_{\mathbf{b}}x$，因而有$\neg T_{\mathbf{a}}\ulcorner T_{\dot{\mathbf{b}}}\dot{x}\urcorner$。对于 R3 和 R4 可类似地证明。

最后，对于 R5，取 $\mathbf{c}\prec\mathbf{b}$ 和任意的$x\in\mathbb{V}$，那么，我们有

$\mathcal{T}_{\mathbf{a}}(T_{\mathbf{b}}\ulcorner T_{\dot{\mathbf{c}}}\dot{x}\urcorner)\leftrightarrow T_{\mathbf{a}}(h_{\mathbf{a}}(\langle\mathbf{b},\ulcorner T_{\dot{\mathbf{c}}}\dot{x}\urcorner\rangle))\leftrightarrow T_{\mathbf{a}}\ulcorner T_{\dot{\mathbf{b}}}(\overbrace{\ulcorner T_{\dot{\mathbf{c}}}\dot{x}\urcorner}^{\bullet})\urcorner\leftrightarrow T_{\mathbf{b}}\ulcorner T_{\dot{\mathbf{c}}}\dot{x}\urcorner\leftrightarrow$ $T_{\mathbf{c}}x\leftrightarrow T_{\mathbf{a}}\ulcorner T_{\dot{\mathbf{c}}}\dot{x}\urcorner\leftrightarrow\mathcal{T}_{\mathbf{a}}(\mathrm{T}_{\mathbf{c}}\,x)$。　证毕。

如果$\phi(\vec{x},\vec{z})$是由$T_{x_i}(i\leqslant k)$和$\mathcal{L}_{\in}$-原子公式通过逻辑联结词和量词构成的，并且它的不同变元仅有x_0，x_1，…，x_k(即：x_0，x_1，…，x_k在ϕ中不是量化的)，那么具有不同变元x_0，x_1，…，x_k的一个$\mathcal{L}_T$-公式$\phi(x_0, x_1, \cdots, x_k, \vec{v})$被称为$x_0$，$x_1$，…，$x_k$型的。于是，当$\vec{b}\prec\mathbf{a}$并且$\phi(\vec{x},\vec{v})$是$\vec{x}$型的，我们有$\ulcorner\vec{\dot{\mathrm{b}}},\vec{v}\urcorner\in\mathrm{Fml}_{\mathbf{a}}^{\infty}$；非形式地说，$\phi(\vec{\dot{\mathrm{b}}},\vec{v})$是一个$\mathcal{L}_{\mathbf{a}}$-公式；我们称这些$\vec{\dot{\mathrm{b}}}$为(类)型参数。对于一个(类)型为$\vec{x}$的公式，记作$\phi_{\vec{x}}(\vec{z})$。

引理 17.5　对每个(类)型公式$\phi_{\vec{x}}(\vec{z})$，

$$\mathbf{RT}_{\mathbf{a}}\restriction\vdash(\forall\,\mathbf{b}\prec\mathbf{a})(\forall\,\vec{\mathrm{c}}\prec\mathbf{b})\forall\,\vec{z}(T_{\mathbf{b}}\ulcorner\phi_{\vec{\dot{\mathrm{c}}}}(\vec{\dot{z}})\urcorner\leftrightarrow\phi_{\vec{\mathrm{c}}}(\vec{z}))；$$

这表示 $\mathbf{RT}_{\mathbf{a}}\restriction$推导出$T$-双条件：

对所有的 $\mathbf{b}\prec\mathbf{a}$ 和$\mathcal{L}_{\mathbf{b}}$-公式$\phi(\vec{v})$，$\forall\vec{z}(T_{\mathbf{b}}\ulcorner\phi(\vec{\dot{z}})\urcorner\leftrightarrow\phi(\vec{z}))$。

证明 用元-归纳在ϕ上证明即可。证毕。

引理 17.6 $\mathbf{RT}_{\mathbf{a}+1}\subset_{\mathcal{L}_\in}\mathbf{RT}_{\mathbf{a}+2}\upharpoonright+\mathrm{Sep}_{\mathbf{a}+2}+\mathrm{Repl}_{\mathbf{a}+2}$。

证明 为了简便，令 $\mathbf{T}$ 是 $\mathbf{RT}_{\mathbf{a}+2}\upharpoonright+\mathrm{Sep}_{\mathbf{a}+2}+\mathrm{Repl}_{\mathbf{a}+2}$。对于某个$\sigma\in\mathcal{L}_\in$，假设 $\mathbf{RT}_{\mathbf{a}+1}\vdash\sigma$。由于$\mathcal{T}_{\mathbf{a}}$是一个相对解释并且保留了$\mathcal{L}_\in$-部分，所以我们有$\mathcal{T}_{\mathbf{a}}(\mathbf{RT}_{\mathbf{a}+1})\vdash\sigma$。因此只需证明$\mathcal{T}_{\mathbf{a}}(\mathbf{RT}_{\mathbf{a}+1})$是 T 的一个子理论即可。首先，从命题 17.4 可以推出 $\mathbf{T}\vdash\mathcal{T}_{\mathbf{a}}(\mathbf{RT}_{\mathbf{a}+1}\upharpoonright)$。其次，对于 Sep^+，取任意$\phi(v)\in\mathcal{L}_T$。$\mathcal{T}_{\mathbf{a}}(\phi)$是 $\mathbf{a}$ 型的并且令$\psi_{\mathbf{a}}(v)$是$\mathcal{T}_{\mathbf{a}}(\phi)\in\mathcal{L}_{\mathbf{a}+1}$。对于 $\mathrm{Sep}_{\mathbf{a}+2}$，我们有

$$\forall a\exists b\forall x(x\in b\leftrightarrow T_{\mathbf{a}+1}\ulcorner\psi_{\mathrm{a}}(\dot{x})\urcorner\wedge x\in a)。\tag{17-1}$$

那么，由引理 17.5，(17-1)蕴涵了关于ϕ的分离的$\mathcal{T}_{\mathbf{a}}$-翻译。最后，对于 Repl^+ 情况可类似证明。证毕。

引理 17.7 由 $\mathbf{RT}_{\mathbf{a}+2}\upharpoonright+\mathrm{Ind}^++\mathrm{Sep}_{\mathbf{a}+2}+\mathrm{Repl}_{\mathbf{a}+2}$ 可以证明

$$(\forall\ulcorner\phi\urcorner\in\mathrm{Fml}_T)(\mathrm{Prv}_{\mathbf{RTa}+1}(\ulcorner\phi\urcorner)\rightarrow(\forall s\in{}^{\omega}\mathbb{V})\ T_{\mathbf{a}+1}(\ulcorner\mathcal{T}_{\mathbf{a}}(\phi)\urcorner[s]))。$$

证明 为了简单，令 $\mathbf{T}'$是 $\mathbf{RT}_{\mathbf{a}+2}\upharpoonright+\mathrm{Ind}^++\mathrm{Sep}_{\mathbf{a}+2}+\mathrm{Repl}_{\mathbf{a}+2}$。我们首先证明：在 $\mathbf{T}'$中对每个 $\mathbf{RT}_{\mathbf{a}+1}$-公理$\sigma$，$\mathrm{T}_{\mathbf{a}+1}\ulcorner\mathcal{T}_{\mathbf{a}}(\sigma)\urcorner$ 成立。令σ是 $\mathrm{R0}_{\mathbf{a}+1}\sim\mathrm{R5}_{\mathbf{a}+1}$ 之一。由命题 17.4，$\mathcal{T}_{\mathbf{a}}(\sigma)$在 $\mathbf{RT}_{\mathbf{a}+1}\upharpoonright$中是可推出的；因而由引理 17.5 可得 $\mathbf{T}\vdash T_{\mathbf{a}+1}\ulcorner\mathcal{T}_{\mathbf{a}}(\sigma)\urcorner$。这里$\sigma$是 Sep^+ 的一个实例的情况由观察得出，我们还可以从(17-1)以及真公理推出

$$T_{\mathbf{a}+1}\ulcorner\forall a\exists b\forall x(x\in b\leftrightarrow\psi_{\mathrm{a}}(x)\urcorner\wedge x\in a)\urcorner;$$

Repl^+ 的情况与此类似。该断言最终通过施归纳于证明的长度而获得。证毕。

推论 17.8 $\mathbf{RT}_{\mathbf{a}+2}\vdash\mathrm{Con}(\mathrm{RT}_{\mathbf{a}+1})$。

确切地说，虽然我们在 §15.3 中已经规定，当 $\mathbf{a}$ 是$\mathcal{L}_\in$-可定义的(譬如说在 **ZF** 中)时候，最后的引理和推论才有意义，因为典范可证谓词不能从$\mathbb{V}$ 中取一个任意参数。下面的引理表明，当 $\mathbf{a}$ 是一个极限序数时，上述的所有情况都不成立。

引理 17.9 令 $\mathbf{a}\in\mathrm{Lim}$，那么 $\mathbf{RT}_{\mathbf{a}+1}$ 语法可嵌入 $\mathbf{RT}_{\mathbf{a}}$ 中。这里语法嵌入意味着一个相对解释保留了基础语言($\mathcal{L}_\in$或$\mathcal{L}_W$)的词汇。

证明　在 $\mathbf{RT_a}$ 中，我们用 $(x=\mathbf{a}\wedge(\exists\,\mathbf{b}\prec\mathbf{a})(y\in \mathrm{St}_{\mathbf{b}}\wedge T_{\mathbf{b}}y))\vee(x\prec\mathbf{a}\wedge T_x y)$ 来翻译 $\mathbf{RT_{a+1}}$ 的 $T_x y$。Sep^+ 和 Repl^+ 被保留是微不足道的。利用引理 17.3 和事实 $\ulcorner\sigma\urcorner\in \mathrm{St}_{\mathbf{a}}^{\infty}\rightarrow(\exists\,\mathbf{b}\prec\mathbf{a})(\ulcorner\sigma\urcorner\in \mathrm{St}_{\mathbf{b}}^{\infty})$ 还可以直接证明 $\mathrm{R1}_{\mathbf{a}+1}\sim\mathrm{R5}_{\mathbf{a}+1}$ 都被保留。证毕。

对于 $\mathbf{RT_a}$，我们需要证明一个类似的内在化反射原理。对一个 $\mathcal{L}_{\mathbf{a}}$-公式 ϕ 到集合 M 上的一个适当的可定义的"相对化" ψ，该陈述包含了一个在 $T_{\mathbf{a}}\ulcorner\phi(\overrightarrow{\dot{x}})\urcorner$ 和 $T_{\mathbf{a}}\ulcorner\psi(\overrightarrow{\dot{x}},\dot{M})\urcorner$ 二者之间等价的断言。前面使用过的通常的相对化 $\psi\equiv\phi^M$ 不能满足我们的目的；因为，给定任意的 $\mathbf{c}\prec\mathbf{b}\prec\mathbf{a}$ 和 $\ulcorner\theta(v)\urcorner\in \mathrm{Fml}_{\mathbf{c}}$，$T_{\mathbf{b}}\ulcorner T_{\mathbf{c}}^{\dot{M}}\ulcorner\forall x\,\theta(x)\urcorner\urcorner$ 和 $\forall x\theta(x)$ 在 $\mathbf{RT_a}\restriction$ 中是等价的，但后者的量词是不受集合 M 约束的，这是因为 $T^M x\equiv Tx$。这个问题是由于在 $\mathbf{RT_a}$ 中我们可以迭代地应用真谓词 $T_{\mathbf{b}}$ 引起的。为了克服这一问题，我们同样沿着 π 的方向迭代相对化过程。即，我们将在公式 $\phi\in\mathcal{L}_{\mathbf{a}}$ 上构造一个运算 $\phi\restriction_{\mathbf{a}}^{M}$ 使得

$T_{\mathbf{b}}(\ulcorner\forall v\phi(v)\urcorner\restriction_{\mathbf{a}}^{M})$ 当且仅当 $(\forall x\in M)T_{\mathbf{b}}\ulcorner\phi\restriction_{\mathbf{a}}^{M}(\dot{x})\urcorner$，

并且 $T_{\mathbf{b}}(\ulcorner T_{\mathbf{c}}\ulcorner\sigma\urcorner\urcorner\restriction_{\mathbf{a}}^{M})$ 当且仅当 $T_{\mathbf{c}}(\ulcorner\sigma\urcorner\restriction_{\mathbf{a}}^{M})$。

然而，现在仍然存在一个技术障碍。如果 $\mathbf{a}$ 只涉及序数，我们可以用 $\in$-递归简单的定义这样一个相对化。然而在我们现在的约定中，$\mathbf{a}$ 可能比 Ω 还"大"并且涉及 E_0。好在我们可以求助于 $\mathbf{KP}\omega$ 中的巴威斯的第二递归定理的一个版本(参见文献[1，Ch. V])就可以克服这个障碍。

按照巴威斯的技术，令 $\sum$-Sat_4 是 $\sum$-可满足谓词(对四种变元)；$\sum$-Sat_4 可以取 $\sum_1^{\mathrm{KP}\omega}$。我们初步令 $\Phi(a,b,\mathbf{a},M,\ulcorner\phi\urcorner)$ 是如下仅带有已显示了参数的 $\mathcal{L}_{\in}$-公式，其中 ϕ 是一个恰好有四个自由变元的 $\mathcal{L}_{\in}$-公式：

$$\exists x,\ y\in \mathrm{Tm}_1((a=\ulcorner\tilde{x}=\tilde{y}\urcorner\vee a=\ulcorner\tilde{x}\in\tilde{y}\urcorner)\wedge a=b)$$

$$\vee(\exists x\in \mathrm{Tm}_1)(\exists\,\mathbf{b}\prec\mathbf{a})(a=\ulcorner T_{\dot{b}}\,\tilde{x}\urcorner\wedge b=\ulcorner\forall w(\phi(\tilde{x},w,\dot{b},\dot{M})\rightarrow T_{\dot{b}}\,w)\urcorner)$$

$$\vee\exists x\exists y(a\in \mathrm{Fml}_{\mathbf{a}}^{\infty}\wedge a=\underset{\bullet}{\neg}x\wedge\textstyle\sum\text{-}\mathrm{Sat}_4(\ulcorner\phi\urcorner,x,y,\mathbf{a},M)\wedge b=\underset{\bullet}{\neg}y)$$

$\vee \exists x \exists y \exists z \exists w(a \in \mathrm{Fml}_{\mathrm{a}}^{\infty} \wedge a = x \underset{\bullet}{\wedge} y \wedge \sum\text{-Sat}_4(\ulcorner \phi \urcorner, x, z, \mathbf{a}, M)$

$\wedge \sum\text{-Sat}_4(\ulcorner \phi \urcorner, y, w, \mathbf{a}, M) \wedge b = z \underset{\bullet}{\wedge} w)$

$\vee \exists w \exists x \exists y(a \in \mathrm{Fml}_{\mathrm{a}}^{\infty} \wedge a = \underset{\bullet}{\forall} w.\ x \wedge \sum\text{-Sat}_4(\ulcorner \phi \urcorner, x, y, \mathbf{a}, M)$

$\wedge b = \underset{\bullet}{\forall} w.(\ulcorner \widetilde{w} \in \dot{M} \urcorner \underset{\bullet}{\rightarrow} y))$

$\vee((a \notin \mathrm{Fml}_{\mathrm{a}}^{\infty} \vee \mathbf{a} \not\prec \mathrm{E}_0) \wedge b = \ulcorner 0 = 1 \urcorner)$。

由对角化引理(引理14.1)，我们有一个仅带有已显示了参数的公式$\Psi(x, y, \mathbf{a}, M)$使得

$$\forall a \forall b \forall \mathbf{a} \forall M(\Phi(a, b, \mathbf{a}, M, \ulcorner \Psi \urcorner) \leftrightarrow \Psi(a, b, \mathbf{a}, M));$$

给定固定的$\mathbf{a} \prec E_0$和M，我们用$\Psi_{\mathbf{a}}^M(x, y)$来代替$\Psi(x, y, \mathbf{a}, M)$；由$\Psi_{\mathbf{a}}^M(x, y)$，我们打算定义一个带有参数$\mathbf{a}$和$M$的函数，并且这个函数将$x$映射到$y$。由于上面的$\Phi$是一个$\sum$-公式，根据它的标准构造，我们可以假设$\Psi$也是一个$\sum$-公式(因此是$\sum_1^{\mathrm{KP}\omega}$-公式)(参见引理14.1)。证毕。

命题17.10(KPω) $\lambda a \lambda \mathbf{a} \lambda M.\ \Psi(a, b, \mathbf{a}, M)$是一个从$\mathbb{V}^3$到$\mathbb{V}$的(类)函数。

证明 用ω-Ind施归纳于$\mathbf{a} \in \mathrm{Fml}_{\mathrm{a}}^{M}$的表面复杂性证明。

因此，给定$\mathbf{a} \prec E_0$和M，由于Ψ_{a}^M是一个$\sum_1^{\mathrm{KP}\omega}$函数，我们得到一个从$\mathbb{V}$到$\mathbb{V}$的绝对函数$\Psi_{\mathbf{a}}^M$：实际上，这个函数是一个从$\mathbb{V}$到$\mathrm{Fml}_{\mathbf{a}}$内的函数。那么，对满足$\Psi_{\mathbf{a}}^M(x, y)$的唯一的$y$，我们用$x\restriction_{\mathbf{a}}^M$表示唯一。那么，$\forall \mathbf{a} \prec E_0$，我们有

$$x\restriction_{\mathbf{a}}^M = \begin{cases} x, & \text{如果} x \in \mathrm{Fml}_{\in}^{\infty}, \\ \ulcorner \forall w(\Psi_{\dot{\mathrm{b}}}^{\dot{\mathrm{M}}}(\widetilde{t}, w) \rightarrow T_{\dot{\mathrm{b}}}\ w) \urcorner, & \text{如果} a = \ulcorner T_{\dot{\mathrm{b}}}\ \widetilde{\mathrm{t}} \urcorner \text{，对于某个} t \in Tm_1 \text{ 且 } \mathbf{b} \prec \mathbf{a}, \\ \underset{\bullet}{\neg}(y\restriction_{\mathbf{a}}^{\mathrm{M}}), & \text{如果} x \in \mathrm{Fml}_{\mathbf{a}}^{\infty} \text{ 并且} x = \underset{\bullet}{\neg} y, \\ y\restriction_{\mathbf{a}}^M \underset{\bullet}{\wedge} z\restriction_{\mathbf{a}}^M, & \text{如果} x \in \mathrm{Fml}_{\mathbf{a}}^{\infty} \text{ 并且} x = y \underset{\bullet}{\wedge} z, \\ \underset{\bullet}{\forall} y.(y \underset{\bullet}{\in} \dot{M} \underset{\bullet}{\rightarrow} z\restriction_{\mathbf{a}}^M), & \text{如果} x \in \mathrm{Fml}_{\mathbf{a}}^{\infty} \text{ 并且} x = \underset{\bullet}{\forall} y.z, \\ \ulcorner 0 = 1 \urcorner, & \text{如果} a \notin \mathrm{Fml}_{\mathbf{a}}^{\infty}\text{。} \end{cases}$$

证毕。

命题 17.11（**KP**ω）　运算$x\restriction^M_{\mathbf{a}}$有如下的性质：

(1)对于 $\mathbf{c}\prec\mathbf{b}\preceq\mathbf{a}$ 和$\ulcorner\phi\urcorner\in\mathrm{Fml}^{\infty}_{\mathbf{b}}\setminus\mathrm{Fml}^{\infty}_{\mathbf{c}}$，我们同样有

$$\ulcorner\phi\urcorner\restriction^M_{\mathbf{a}}\in\mathrm{Fml}^{\infty}_{\mathbf{b}}\setminus\mathrm{Fml}^{\infty}_{\mathbf{c}}。$$

(2)$\mathrm{Sub}(\ulcorner\phi(v)\urcorner\restriction^M_{\mathbf{a}},\ulcorner v\urcorner,\dot{x})=\ulcorner\phi(\dot{x})\urcorner\restriction^M_{\mathbf{a}}$。

(3)对于 $\mathbf{b}\preceq\mathbf{a}$，如果$\ulcorner\phi\urcorner\in\mathrm{Fml}^{\infty}_{\mathbf{b}}$，那么$\ulcorner\phi\urcorner\restriction^M_{\mathbf{b}}=\ulcorner\phi\urcorner\restriction^M_{\mathbf{a}}$。

(4)对于 $\mathbf{c}\preceq\mathbf{b}\prec\mathbf{a}$，用 $\mathbf{RT_a}\restriction$可以证明：$\forall x$，$T_{\mathbf{c}}(x\restriction^M_{\mathbf{b}})\leftrightarrow T_{\mathbf{c}}(x\restriction^M_{\mathbf{c}})$。

证明　用ω-Ind 施归纳于$\ulcorner\phi\urcorner$的表面复杂性证明(1)～(3)。

对于(4)，其中$x\in\mathrm{Fml}_{\mathbf{c}}$的情况可以从(3)推出。假设$x\notin\mathrm{Fml}_{\mathbf{c}}$。如果$x\notin\mathrm{Fml}_{\mathbf{b}}$，那么$x\restriction^M_{\mathbf{c}}=x\restriction^M_{\mathbf{b}}=\ulcorner 0=1\urcorner$；否则，由(1)可得$x\restriction^M_{\mathbf{b}}\in\mathrm{Fml}_{\mathbf{b}}\setminus\mathrm{Fml}_{\mathbf{c}}$并且由 $\mathrm{R0_a}$ 可得$\neg T(x\restriction^M_{\mathbf{b}})$。因此，无论如何我们都有$\neg T_{\mathbf{c}}(x\restriction^M_{\mathbf{b}})$和$\neg T_{\mathbf{c}}(x\restriction^M_{\mathbf{c}})$。证毕。

从上面的(2)可得：$\forall\ulcorner\phi(v)\urcorner\in\mathrm{Fml}^{\infty}_{\mathbf{b}}$，在 $\mathbf{RT_a}(\mathbf{b}\prec\mathbf{a})$中，

$T_{\mathbf{b}}(\ulcorner\forall v\phi(v)\urcorner\restriction^M_{\mathbf{b}})$当且仅当$(\forall x\in M)T_{\mathbf{b}}(\ulcorner\phi(\dot{x})\urcorner\restriction^M_{\mathbf{b}})$。

我们注意到，由于Ψ是$\mathcal{L}_{\in}$-公式，对任意的 $\mathbf{c}\prec\mathbf{b}\prec\mathbf{a}$，在 $\mathrm{RT_a}\restriction$中可证明：

$$
\begin{aligned}
&T_{\mathbf{b}}(\ulcorner T_{\dot{\mathbf{c}}}\dot{x}\urcorner\restriction^M_{\mathbf{b}})\\
\Leftrightarrow&T_{\mathbf{b}}\ulcorner\forall w(\Psi^{\dot{M}}_{\dot{\mathbf{c}}}(\dot{x},w)\to T_{\dot{\mathbf{c}}}w)\urcorner\\
\Leftrightarrow&\forall w(\Psi^M_{\mathbf{c}}(x,w)\to T_{\mathbf{b}}\ulcorner T_{\dot{\mathbf{c}}}\mathrm{w}\urcorner)\\
\Leftrightarrow&T_{\mathbf{b}}(\ulcorner T_{\dot{\mathbf{c}}}(\overset{\bullet}{\overbrace{x\restriction^M_{\mathbf{c}}}})\urcorner)。
\end{aligned}
\tag{17-2}
$$

在适当的场合中，我们有时将$\ulcorner T_{\mathbf{c}}(x\restriction^M_{\mathbf{c}})\urcorner$写作$\ulcorner T_{\mathbf{c}}(\overset{\bullet}{\overbrace{x\restriction^M_{\mathbf{c}}}})\urcorner$。

在 Sep^+存在的情况下，对每个集合M和 $\mathbf{b}\prec E_0$，我们可以定义集合$T^M_{\mathbf{b}}\subset M$为

$$T^M_{\mathbf{b}}:=\{\langle\mathbf{c},x\rangle|\mathbf{c}\prec\mathbf{b}\wedge T_{\mathbf{c}}(x\restriction^M_{\mathbf{c}})\}。$$

对每个 $\mathbf{b}\preceq\mathbf{a}$，在 $\mathbf{RT_a}$ 中对于$\ulcorner\sigma\urcorner\in\mathrm{St}^M_T$我们可以定义满足关系$(M,T^M_{\mathbf{b}})\models_s\ulcorner\sigma\urcorner$，

其中$(M, T^M_{\mathbf{b}}) \vDash_s \ulcorner T_{\dot{\mathbf{c}}}\dot{x}\urcorner$当且仅当$\langle \mathbf{c}, x\rangle \in T^M_{\mathbf{b}}$，并且$\ulcorner \in \urcorner$是标准解释。下面的引理说当$\ulcorner\sigma\urcorner \in \mathrm{St}^M_{\mathbf{b}}$时，$T_{\mathbf{b}}(\ulcorner\sigma\urcorner \restriction^M_{\mathbf{b}})$和$(M, T^M_{\mathbf{b}}) \vDash_s \ulcorner\sigma\urcorner$是相同的。证毕。

引理 17.12（$\mathbf{RT_a}$） 令M是一个集合。$\forall\, \mathbf{b} \in M$并满足$\mathbf{b} \prec \mathbf{a}$，

$$(\forall \ulcorner\sigma\urcorner \in \mathrm{St}^M_{\mathbf{b}})(T_{\mathbf{b}}(\ulcorner\sigma\urcorner \restriction^M_{\mathbf{b}}) \leftrightarrow (M, T^M_{\mathbf{b}}) \vDash_s \ulcorner\sigma\urcorner)。$$

证明 这个断言的证明可以通过施归纳于$\ulcorner\sigma\urcorner \in \mathrm{St}^M_{\mathbf{b}}$的表面复杂性完成。假设对某个$z$和满足$\langle \mathbf{c}, z\rangle \in M$和$\mathbf{c} \prec \mathbf{b}$的$\mathbf{c}$，有$\ulcorner\sigma\urcorner := \ulcorner T_{\dot{\mathbf{c}}}\dot{z}\urcorner$；那么

$$T_{\mathbf{b}}\ulcorner T_{\dot{\mathbf{c}}}\dot{z}\urcorner \restriction^M_{\mathbf{b}} \overset{(17\text{-}2)}{\Leftrightarrow} T_{\mathbf{b}}\ulcorner T_{\dot{\mathbf{c}}}\dot{z} \restriction^M_{\mathbf{c}}\urcorner \overset{\mathrm{RTa}}{\Leftrightarrow} T_{\mathbf{c}}(z\restriction^M_{\mathbf{c}}) \Leftrightarrow (M, T^M_{\mathbf{b}}) \vDash_s \ulcorner T_{\dot{\mathbf{c}}}\dot{z}\urcorner。$$

其他原子公式的情况可类似地证明。下面，假设$\ulcorner\sigma\urcorner := \ulcorner\neg\tau\urcorner$；那么$\ulcorner\neg\tau\urcorner \in \mathrm{St}^M_{\mathbf{b}}$且

$$T_{\mathbf{b}}(\ulcorner\neg\tau\urcorner)\restriction^M_{\mathbf{b}} \Leftrightarrow \neg T_{\mathbf{b}}(\ulcorner\tau\urcorner \restriction^M_{\mathbf{b}}) \overset{\mathrm{IH}}{\Leftrightarrow} (M, T^M_{\mathbf{b}}) \nvDash_s \ulcorner\tau\urcorner \Leftrightarrow (M, T^M_{\mathbf{b}}) \vDash_s \ulcorner\sigma\urcorner。$$

合取的情况可类似地证明。

令$\ulcorner\sigma\urcorner := \ulcorner\forall v\phi(v)\urcorner$；那么$\forall x \in M$，$\ulcorner\phi(\dot{x})\urcorner \in \mathrm{St}^M_{\mathbf{b}}$并且

$$T_{\mathbf{b}}(\ulcorner\forall v\phi(v)\urcorner \restriction^M_{\mathbf{b}})$$

$$\Leftrightarrow (\forall z \in M) T_{\mathbf{b}}(\ulcorner\phi(\dot{z})\urcorner \restriction^M_{\mathbf{b}})$$

$$\overset{\mathrm{IH}}{\Leftrightarrow} (\forall z \in M)((M, T^M_{\mathbf{b}}) \vDash_s \ulcorner\phi(\dot{z})\urcorner)$$

$$\Leftrightarrow (M, T^M_{\mathbf{a}}) \vDash_s \ulcorner\sigma\urcorner。$$

证毕。

引理 17.13（$\mathbf{RT_a}$） 令$\mathbf{b} \preceq \mathbf{a}$并且$M$是$\mathbf{KP}\omega$的并且$\mathbf{b} \in M$的一个传递（标准）集模型。那么，我们有$(M, T^M_{\mathbf{b}}) \vDash_s \mathrm{R0}_{\mathbf{b}} \wedge \cdots \wedge \mathrm{R5}_{\mathbf{b}}$。

证明 首先我们注意到M的传递性和绝对性，$M \vDash_s \mathbf{KP}\omega$蕴涵$\mathrm{St}^M_{\mathbf{b}} = (\mathrm{St}^\infty_{\mathbf{b}})^M = \mathrm{St}^\infty_{\mathbf{b}} \cap M$。我们只证明$\mathrm{R4}_{\mathbf{b}}$和$\mathrm{R5}_{\mathbf{b}}$的情况。对$\mathrm{R5}_{\mathbf{b}}$，取$x$，$\mathbf{c}$，$\mathbf{d}$使得$\mathbf{d} \prec \mathbf{c} \prec \mathbf{b}$（回想$\prec$在$\mathrm{KP}\omega$中是绝对的）并且令$\ulcorner\sigma\urcorner = \ulcorner T_{\dot{\mathbf{c}}} \ulcorner T_{\mathbf{d}}\ddot{x}\urcorner\urcorner \in (\mathrm{St}^\infty_{\mathbf{b}})^M = \mathrm{St}^M_{\mathbf{b}}$。那么，我们有

$$(M, T^M_{\mathbf{b}}) \vDash_s \ulcorner\sigma\urcorner \Leftrightarrow T_{\mathbf{c}}(\ulcorner T_{\dot{\mathbf{d}}}\dot{x}\urcorner \restriction^M_{\mathbf{c}}) \overset{(17\text{-}2),\ \mathrm{R5_a}}{\Leftrightarrow} T_{\mathbf{d}}(x\restriction^M_{\mathbf{d}}) \Leftrightarrow (M, T^M_{\mathbf{b}}) \vDash_s \ulcorner T_{\dot{\mathbf{d}}}\dot{x}\urcorner。$$

对于$\mathrm{R4}_{\mathbf{b}}$，取满足条件$\mathbf{c} \prec \mathbf{b}$的$\mathbf{c} \in M$和$\ulcorner\phi(v)\urcorner \in (\mathrm{Fml}^\infty_{\mathbf{c}})^M = \mathrm{Fml}^M_{\mathbf{c}}$，那么有

$$(M,\ T_{\mathbf{b}}^{M})\vDash_{s}\ulcorner T_{\dot{\mathbf{c}}}\ulcorner\forall v\phi(v)\urcorner\urcorner\Leftrightarrow T_{\mathbf{c}}(\ulcorner\forall v\phi(v)\urcorner\restriction_{\mathbf{c}}^{M})$$

$$\Leftrightarrow(\forall x\in M)T_{\mathbf{c}}(\ulcorner\phi(\dot{x})\urcorner\restriction_{\mathbf{c}}^{M})\Leftrightarrow(M,\ T_{\mathbf{b}}^{M})\vDash_{s}\ulcorner\forall xT_{\dot{\mathbf{c}}}\ulcorner\phi(\dot{x})\urcorner\urcorner。$$

证毕。

引理 17.14（$\mathbf{RT_a}$）　令 $\mathbf{b}\prec\mathbf{a}$。对于每个集合$M$和$N$并且$M\subset N$，如果$(\forall\ulcorner\sigma\urcorner\in\mathrm{St}_{\mathbf{b}}^{M})(T_{\mathbf{b}}(\ulcorner\sigma\urcorner\restriction_{\mathbf{b}}^{M})\leftrightarrow T_{\mathbf{b}}(\ulcorner\sigma\urcorner\restriction_{\mathbf{b}}^{N}))$，那么$T_{\mathbf{b}}^{M}=T_{\mathbf{b}}^{N}\cap M$。

证明　对每个 $\mathbf{c}$ 和x并满足$\langle\mathbf{c},\ x\rangle\in M$和 $\mathbf{c}\prec\mathbf{b}$，有$\ulcorner T_{\dot{\mathbf{c}}}(\dot{x})\urcorner\in\mathrm{St}_{\mathbf{b}}^{M}$，并且这个假设蕴涵

$$\langle\mathbf{c},\ x\rangle\in T_{\mathbf{b}}^{M}\Leftrightarrow T_{\mathbf{c}}(x\restriction_{\mathbf{c}}^{M})\Leftrightarrow T_{\mathbf{b}}(\ulcorner T_{\dot{\mathbf{c}}}(\dot{x})\urcorner\restriction_{\mathbf{b}}^{M})\Leftrightarrow T_{\mathbf{b}}(\ulcorner T_{\dot{\mathbf{c}}}(\dot{x})\urcorner\restriction_{\mathbf{b}}^{N})$$

$$\Leftrightarrow T_{\mathbf{c}}(x\restriction_{\mathbf{c}}^{N})\Leftrightarrow\langle\mathbf{c},\ x\rangle\in T_{\mathbf{b}}^{N}。$$

给定集合M和N以及 $\mathbf{b}\prec E_0$，我们用$M\prec_{\mathbf{b}}N$表示

$$M\subset N\wedge(\forall x\in\mathrm{St}_{\mathbf{b}}^{M})(T_{\mathbf{b}}(x\restriction_{\mathbf{b}}^{M})\leftrightarrow T_{\mathbf{b}}(x\restriction_{\mathbf{b}}^{N}));$$

由引理 17.12 和引理 17.13，当M是传递的并且在有序对下是封闭的，$M\prec_{\mathbf{b}}N$可以被看作表达“$(M,\ T_{\mathbf{b}}^{M})$是$(N,\ T_{\mathbf{b}}^{N})$的一个$(\mathcal{L}_{\in}\cup\{T_{\mathbf{c}}|\mathbf{c}\prec\mathbf{b}\wedge\mathbf{c}\in M\})$-初等子结构”。作为它的自然推广，我们用$M\prec_{\mathbf{b}}\mathbb{V}$表示$(\forall x\in\mathrm{St}_{\mathbf{b}}^{M})(T_{\mathbf{b}}(x\restriction_{\mathbf{b}}^{M})\leftrightarrow T_{\mathbf{b}}x)$。证毕。

引理 17.15（$\mathbf{RT_a}$）　令 $\mathbf{c}\preceq\mathbf{b}\prec\mathbf{a}$，如果$M\prec_{\mathbf{b}}N$并且 $\mathbf{b}$，$\mathbf{c}\in M$，那么$M\prec_{\mathbf{c}}N$。

证明　假设$M\prec_{\mathbf{b}}N$，并且$\forall x\in\mathrm{St}_{\mathbf{c}}^{M}$。因为$x\restriction_{\mathbf{c}}^{M}\in\mathrm{St}_{\mathbf{c}}^{\infty}$，由引理 17.3 得

$$T_{\mathbf{c}}(x\restriction_{\mathbf{c}}^{M})\Leftrightarrow T_{\mathbf{b}}(x\restriction_{\mathbf{c}}^{M})\Leftrightarrow T_{\mathbf{b}}(x\restriction_{\mathbf{b}}^{M})\qquad\text{（根据命题 17.11(3)）}$$

$$\Leftrightarrow T_{\mathbf{b}}(x\restriction_{\mathbf{b}}^{N})\Leftrightarrow T_{\mathbf{b}}(x\restriction_{\mathbf{c}}^{N})\qquad\text{（根据命题 17.11(3)）}$$

$$\Leftrightarrow T_{\mathbf{c}}(x\restriction_{\mathbf{c}}^{N})。$$证毕。

定理 17.16　（内在化反射原理 2）在 $\mathbf{RT_a}$ 中可以证明

$$(\forall\mathbf{b}\prec\mathbf{a})\ \forall\alpha(\exists\beta>\alpha)(\mathbf{b}\in V_{\beta}\wedge V_{\beta}\prec\mathbb{V})。$$

证明　固定 $\mathbf{b}\prec\mathbf{a}$ 和α。取$\alpha'\geqslant\alpha$使得 $\mathbf{b}\in V_{\alpha'}$ 且 $V_{\alpha'}\prec_{0}\mathbb{V}$（我们已假定 $\mathbf{a}\succeq 1$）。我们定义一个类函数$\mathcal{F}_{\mathbf{b}}$：$\mathrm{St}_{\mathrm{b}}^{\infty}\to On$ 如下：如果$z\in\mathrm{St}_{\mathrm{b}}^{\infty}$具有形式$\ulcorner\exists v\psi(v)\urcorner$，那么

令

$$\mathcal{F}_{\mathbf{b}}(z):=\begin{cases}\min\{\gamma|(\exists x\in V_\gamma)T_{\mathbf{b}}\ulcorner\psi(\dot{x})\urcorner\}, & \text{如果}\exists xT_{\mathbf{b}}\ulcorner\psi(\dot{x})\urcorner,\\ 0, & \text{如果}\forall x\neg T_{\mathbf{b}}\ulcorner\psi(\dot{x})\urcorner,\end{cases}$$

如果z是其他形式，令$\mathcal{F}_{\mathbf{b}}(z)=0$。那么，我们递归地定义一个$\omega$-序列$\alpha_n(n\in\omega)$如下

$$\alpha_0=\alpha',\ \alpha_{k+1}=\sup\{\mathcal{F}_{\mathbf{b}}(z)|z\in\mathrm{St}_{\mathbf{b}}^{V_{\alpha_k}}\}\cup\{\alpha_k+1\}。$$

$\forall k\in\omega$，由于$\mathrm{St}_{\mathbf{b}}^{V_{\alpha_k}}$是一个集合，我们可以用递归的方法取这样一个序列。最后，我们取$\sup_{n\to\infty}\alpha_n$是我们希望的$\beta$。我们可以用与定理 16.5 相同的方法得到$V_\beta\prec_0\mathbb{V}$，因此$V_\beta\vDash_s\mathbf{ZF}$。

为了我们的断言，我们归纳(即，$TI_{\mathcal{L}_\mathrm{T}}<E_0$)证明：$\forall\mathbf{c}\in V_\beta$并且$\mathbf{c}\leq\mathbf{b}$，$V_\beta\prec_{\mathbf{c}}\mathbb{V}$。更确切地，关于$x$，对公式$x\in V_\beta\wedge x\leq\mathbf{b}\rightarrow V_\beta\prec_x\mathbb{V}$，应用$TI_{\mathcal{L}_\mathrm{T}}(\Omega)$ $(\alpha<\Omega)$；因此只需证明

$$\forall\mathbf{c}(\forall\mathbf{d}\prec\mathbf{c})(\mathbf{d}\in V_\beta\wedge\mathbf{d}\leq\mathbf{b}\rightarrow V_\beta\prec_{\mathbf{d}}\mathbb{V})\rightarrow(\mathbf{c}\in V_\beta\wedge\mathbf{c}\leq\mathbf{b}\rightarrow V_\beta\prec_{\mathbf{c}}\mathbb{V}))。$$

$\forall\mathbf{c}\in V_\beta$使得$\mathbf{c}\leq\mathbf{b}$并且假设$\forall\mathbf{d}\leq\mathbf{c}$的$\mathbf{d}\in V_\beta$有，$V_\beta\prec_{\mathbf{d}}\mathbb{V}$。我们将施(子)归纳于$\ulcorner\sigma\urcorner\in\mathrm{St}_{\mathbf{c}}^{V_\beta}$的表面复杂性证明$V_\beta\prec_{\mathbf{c}}\mathbb{V}$。

令$\ulcorner\sigma\urcorner\in\mathrm{St}_{\mathbf{c}}^{V_\beta}$。我们说明两个关键的情况。

首先，对$\mathbf{d}\prec\mathbf{c}$，令$\ulcorner\sigma\urcorner$具有形状$\ulcorner T_{\dot{\mathbf{d}}}(\dot{x})\urcorner$。由于$V_\beta$是传递的，所以$\mathbf{d}$，$x\in V_\beta$；因此，我们有

$$T_{\mathbf{c}}(\ulcorner\sigma\urcorner\restriction_{\mathbf{c}}^{V_\beta})\Leftrightarrow T_{\mathbf{d}}(x\restriction_{\mathbf{d}}^{V_\beta})\overset{\mathrm{IH}}{\Leftrightarrow}T_{\mathbf{d}}x\Leftrightarrow T_{\mathbf{c}}\ulcorner\sigma\urcorner。$$

第二，假定$\ulcorner\sigma\urcorner=\ulcorner\forall v\phi(v)\urcorner$，由 SIH 可得

$$T_{\mathbf{c}}(\ulcorner\sigma\urcorner\restriction_{\mathbf{c}}^{V_\beta})\Leftrightarrow(\forall x\in V_\beta)T_{\mathbf{c}}(\ulcorner\phi(\dot{x})\urcorner\restriction_{\mathbf{c}}^{V_\beta})\overset{\mathrm{SIH}}{\Leftrightarrow}(\forall x\in V_\beta)T_{\mathbf{c}}\ulcorner\phi(\dot{x})\urcorner$$

$$\Leftrightarrow(\forall x\in V_\beta)T_{\mathbf{b}}\ulcorner\phi(\dot{x})\urcorner\Leftrightarrow\neg(\exists x\in V_\beta)T_{\mathbf{b}}\ulcorner\neg\phi(\dot{x})\urcorner$$

$$\overset{\beta\text{的定义}}{\Leftrightarrow}\neg\exists xT_{\mathbf{b}}\ulcorner\neg\phi(\dot{x})\urcorner\Leftrightarrow\forall xT_{\mathbf{b}}\ulcorner\phi(\dot{x})\urcorner\Leftrightarrow\forall xT_{\mathbf{c}}\ulcorner\phi(\dot{x})\urcorner\Leftrightarrow T_{\mathbf{c}}\ulcorner\sigma\urcorner;$$

因为$\forall x\in V_\beta$，$\ulcorner\phi(\dot{x})\urcorner\in\mathrm{St}_{\mathbf{c}}^{V_\beta}$，所以这里能够应用 SIH；第五个等价关系是由$k\in$

ω，$\ulcorner\sigma\urcorner\in \mathrm{St}_{\mathbf{b}}^{V_{\alpha_k}}$ 得到的。其他的情况可类似地证明。证毕。

推论 17.17（$\mathbf{RT}_{\mathbf{a}+2}$）　$\forall\alpha$，$\exists\beta>\alpha$和$X\subset V_\beta$使得$(V_\beta, X)\vDash_s \mathrm{RT}_{\mathbf{a}+1}$。

证明　由定理 17.16 和引理 17.7，引理 17.12 可得，$\exists\beta>\alpha$使得$(V_\beta, T_{\mathbf{a}+1}^{V_\beta})\vDash_s \mathcal{T}_{\mathbf{a}}(\mathbf{RT}_{\mathbf{a}+1})$。然后，只需从$(V_\beta, T_{\mathbf{a}+1}^{V_\beta})$中取由嵌入$\mathcal{T}_{\mathbf{a}}$诱导出的结构，即我们可以取$X=\{\langle\mathbf{b}, x\rangle|(V_\beta, T_{\mathbf{a}+1}^{V_\beta})\vDash_s \ulcorner\mathcal{T}_{\mathbf{a}}(T_{\dot{\mathbf{b}}}\dot{x})\urcorner\}$。　证毕。

这个推论和定理 17.16 表明 $\mathbf{RT}_{\mathbf{a}+2}$ 比 $\mathbf{RT}_{\mathbf{a}+1}$ 强得多，与 **TC** 比 **ZF** 强得多的程度相同。

对于 $\mathbf{RT}_{\mathbf{a}}$，我们要证明一个与引理 16.11 类似的结论。这个证明的基本思想是相同的，但是我们需要证明与引理 16.10 对应的一个陈述成立，使得关系$V_\alpha\prec_{\mathbf{b}}V_\beta$具有所谓的塔尔斯基并性质。

引理 17.18（$\mathbf{RT}_{\mathbf{a}}$）　固定 $\mathbf{b}\prec\mathbf{a}$。令$\lambda$是一个极限序数并且$\langle M_\xi\rangle_{\xi<\lambda}$是集合的一个$\lambda$-序数使得 $\mathbf{b}\in M_0$，$\forall\xi\leqslant\eta<\lambda$，$M_\xi\subset M_\eta$并且对$\xi<\lambda$，$M_\xi\prec_{\mathbf{b}}\mathbb{V}$。那么，$\forall\xi<\lambda$，有$M_\xi\prec_{\mathbf{b}}M_\lambda:=\bigcup_{\xi<\lambda}M_\xi$，从而$M_\lambda\prec_{\mathbf{b}}\mathbb{V}$。

证明　容易看出：$\forall\xi\leqslant\eta<\lambda$，$M_\xi\prec_{\mathbf{b}}M_\eta$。因此由引理 17.14，$\forall\xi\leqslant\eta<\lambda$，我们有$T_{\mathbf{b}}^{M_\xi}=M_{\mathbf{b}}^{M_\eta}\cap M_\xi$。因此，可以这么说我们得到一个$\mathcal{L}_{\mathbf{b}}$-初等链

$$(M_0, T\restriction_{\mathbf{b}}^{M_0})\prec_{\mathbf{b}}\cdots\prec_{\mathbf{b}}(M_\xi, T\restriction_{\mathbf{b}}^{M_\xi})\prec_{\mathbf{b}}\cdots$$

并且对所有的$\xi<\lambda$，$M_\xi\vDash_s\mathbf{ZF}$。我们将施归纳于 $\mathbf{c}$ 证明

$$(\forall\mathbf{c}\preceq\mathbf{b})(\forall\xi<\lambda)(\mathbf{c}\in M_\xi\to\forall\ulcorner\sigma\urcorner\in \mathrm{St}_{\mathbf{c}}^{M_\xi}(T_{\mathbf{c}}(\ulcorner\sigma\urcorner\restriction_{\mathbf{c}}^{M_\xi})\leftrightarrow T_{\mathbf{c}}(\ulcorner\sigma\urcorner\restriction_{\mathbf{c}}^{M_\lambda})))。\tag{17-3}$$

假设我们已经证明了所有小于 $\mathbf{c}\preceq\mathbf{b}$ 的这个断言。现在我们将证明这个断言对 $\mathbf{c}$ 也成立。同样对所有的$\xi<\lambda$，施归纳于$\ulcorner\sigma\urcorner\in \mathrm{St}_{\mathbf{c}}^{M_\xi}$ 的表面复杂性。$\forall\xi<\lambda$并满足 $\mathbf{c}\in M_\xi$并且$\ulcorner\sigma\urcorner\in \mathrm{St}_{\mathbf{c}}^{M_\xi}$。对某个 $\mathbf{d}\in M_\xi$，其中 $\mathbf{d}\prec\mathbf{c}$，首先假设$\sigma=T_{\mathbf{d}}x$。那么，我们有

$$T_{\mathbf{c}}(\ulcorner\sigma\urcorner\restriction_{\mathbf{c}}^{M_\xi})\Leftrightarrow T_{\mathbf{d}}(x\restriction_{\mathbf{c}}^{M_\xi})\Leftrightarrow T_{\mathbf{d}}(x\restriction_{\mathbf{c}}^{M_\xi})\overset{\mathrm{IH}}{\Leftrightarrow}T_{\mathbf{d}}(x\restriction_{\mathbf{d}}^{M_\lambda})$$

$$\Leftrightarrow T_{\mathbf{d}}(x\restriction_{\mathbf{d}}^{M_\lambda})\Leftrightarrow T_{\mathbf{c}}(\ulcorner\sigma\urcorner\restriction_{\mathbf{d}}^{M_\lambda})。$$

对其他原子式、否定式和合取式的情况用 SIH 可直接证明。

最后，假设$\sigma=\exists v\phi(v)$。由 SIH 得$T_{\mathbf{c}}(\ulcorner\sigma\urcorner\restriction_{\mathbf{c}}^{M_\xi})\rightarrow T_{\mathbf{c}}(\ulcorner\sigma\urcorner\restriction_{\mathbf{c}}^{M_\lambda})$是容易的。对于逆，假设$T_{\mathbf{c}}(\ulcorner\sigma\urcorner\restriction_{\mathbf{c}}^{M_\lambda})$，即$(\exists x\in M_\lambda)T_{\mathbf{c}}(\ulcorner\phi(\dot{x})\urcorner\restriction_{\mathbf{c}}^{M_\lambda})$。那么存在$\eta$使得$\xi\leqslant\eta<\lambda$并且$(\exists x\in M_\eta)T_{\mathbf{c}}(\ulcorner\phi(\dot{x})\urcorner\restriction_{\mathbf{c}}^{M_\lambda})$。由于$\mathbf{c}\in M_\eta$并且$\ulcorner\phi(\dot{x})\urcorner\in\mathrm{St}_{\mathbf{c}}^{M_\eta}$，由 SIH 可以推出$(\exists x\in M_\eta)T_{\mathbf{c}}(\ulcorner\phi(\dot{x})\urcorner\restriction_{\mathbf{c}}^{M_\eta})$，那么，$T_{\mathbf{c}}(\ulcorner\sigma\urcorner\restriction_{\mathbf{c}}^{M_\eta})$。因此，我们由$\ulcorner\sigma\urcorner\in\mathrm{St}_{\mathbf{c}}^{M_\xi}$和$M_\xi\prec_{\mathbf{c}}M_\eta$得到$T_{\mathbf{c}}(\ulcorner\sigma\urcorner\restriction_{\mathbf{c}}^{M_\xi})$；从而我们证明了(17-3)。证毕。

作为引理 17.18 和定理 17.16 的一个推论，我们能够证明，在 On 中，一个闭无界类$C\subset\{\alpha\mid\exists X\subset V_{\alpha+1}((V_\alpha，X)\models_s\mathbf{RT}_{\mathbf{a}+1})\}$的存在性在 $\mathbf{RT}_{\mathbf{a}+2}$ 中可证。

引理 17.19 对$\mathcal{L}_T$-公式$\phi_0(\vec{x}_0)$，$\phi_1(\vec{x}_1)$，…，$\phi_n(\vec{x}_n)$的每个有穷集，在 $\mathrm{RT}_{\mathbf{a}}$ 中可以证明

$$(\forall\mathbf{b}\prec\mathbf{a})\forall\alpha(\exists\beta>\alpha)(\mathbf{b}\in V_\beta\wedge V_\beta\prec_{\mathbf{b}}\mathbb{V}\wedge\bigwedge_{i\leqslant n}\vec{x}_i\in V_\beta(\phi_i^{V_\beta}(\vec{x}_i)\leftrightarrow\phi_i(\vec{x}_i)))。$$

除了我们用$\prec_{\mathbf{b}}$替换$\prec_0$之外，这个引理的证明可以模拟引理 16.11 相同的论据来证明。

§ 17.3 $\mathbf{RT}_{<E_0}$ 的下界

我们首先提醒读者，一方面，对$\mathcal{L}_T$而言，一个一阶结构具有形式$(M，E，N)$，这里 M 是定义域，$E\subset M\times M$解释隶属关系$\in$，并且$N\subset M$解释真值谓词T；另一方面，$\mathcal{L}_2$-结构$(M_1，E_1，M_2，E_2)$由集合的定义域 M_1、类的定义域 M_2、集合之间的隶属关系$E_1\subset M_1\times M_1$以及集合与类之间的隶属关系$E_2\subset M_2\times M_2$组成。本

节的目标是证明下面的定理。

定理 17.20　$\mathbf{NBG}_{\omega\cdot\mathbf{a}} \subset_{\mathcal{L}_\in} \bigcup_{n\in\mathbb{N}} \mathbf{RT}_{\mathbf{a}\cdot n}$

并且
$$\mathbf{NBG}_{\omega\cdot\mathbf{a}} + \sum\nolimits_\infty^1\text{-Sep} + \sum\nolimits_\infty^1\text{-Repl} \subset_{\mathcal{L}_\in} \mathrm{RT}_{\mathbf{a}\cdot\omega}。$$

第一个断言可直接从下面的引理得出。

引理 17.21　令$\mathfrak{M}=(M, E, N)$是$\bigcup_{n\in\mathbb{N}}\mathbf{RT}_{\mathbf{a}\cdot\mathrm{n}}$的一个模型。那么，存在$M'$和$E'\subset M\times M'$使得$\mathfrak{N}=(M, E, M', E')$是$\mathbf{NBG}_{\omega\cdot\mathbf{a}}$的一个模型。

证明　令M'是$\mathfrak{M}$中形如$T_\mathbf{b}\ulcorner\phi(\dot{x})\urcorner$公式的$M$的可定义子集的收集，其中对某个$\mathbf{b}<\mathbf{a}\cdot n(n\in\mathbb{N})$并且在$\mathfrak{M}$中，$\ulcorner\phi(v)\urcorner\in\mathrm{Fml}_\mathbf{b}^\infty$，即：$X\subset M$是$M'$的一个元素，当且仅当对于某个$n\in\mathbb{N}$和$\ulcorner\phi(v)\urcorner\in\mathrm{Fml}_\mathbf{b}^\infty$(在$\mathfrak{M}$中)存在$\mathbf{b}<\mathbf{a}\cdot n$(在$\mathfrak{M}$中)使得，对所有的$x\in M$，

$$x\in X\leftrightarrow\mathfrak{M}\vDash T_\mathbf{b}\ulcorner\phi(\dot{x})\urcorner\ (\leftrightarrow\langle\mathbf{b}, \ulcorner\phi(\dot{x})\urcorner\rangle^{\mathfrak{M}}\in N),$$

其中对于x，$y\in M$，$\langle x, y\rangle^{\mathfrak{M}}$是$\mathfrak{M}$中$x$和$y$的有序对。那么，对$x\in M$和$X\in M'$，令$xE'X$当且仅当$x\in X$。我们将证明$\mathfrak{N}=(M, E, M', E')$是$\mathbf{NBG}_{\omega\cdot\mathbf{a}}$的一个模型。

第一，由于M已经是 **ZF** 的一个模型，外延公理、无序对公理、并集公理、幂集公理和无穷公理在$\mathfrak{N}$中都成立。

第二，对于 CFA 和 REPL，取$X\in M'$。那么，在$(\mathrm{Fml}_\mathrm{b}^\infty)^{\mathfrak{M}}$中存在$\ulcorner\phi(v)\urcorner$，对于某个$\mathbf{b}<\mathbf{a}\cdot n$在$\mathfrak{M}$中($n\in\mathbb{N}$)，使得$X=\{x\in M|\mathfrak{M}\vDash T_\mathbf{b}\ulcorner\phi(\dot{x})\urcorner\}$。因此，$\mathfrak{N}$中的 CFA 和 Repl 分别从$\mathfrak{M}$中的 $\mathrm{Ind}_{\mathbf{a}\cdot\mathrm{n}}$ 和 $\mathrm{Repl}_{\mathbf{a}\cdot\mathrm{n}}$ 推出。

第三，我们将证明 ECA。固定参数$U_0\cdots U_n\in M'$。由引理 17.3，对某个$n\in\mathbb{N}$，我们可以找到$\mathbf{b}<\mathbf{a}\cdot n$(在$\mathfrak{M}$中)，并且在$\mathfrak{M}$中$\ulcorner\phi_0(v)\urcorner$，$\ulcorner\phi_1(v)\urcorner$，…，$\ulcorner\phi_n(v)\urcorner\in\mathrm{Fml}_\mathbf{b}^\infty$使得$U_i:=\{x\in M|\mathfrak{M}\vDash T_\mathbf{b}\ulcorner\phi_i(\dot{x})\urcorner\}$。由于$\phi_0$，$\phi_1$，…，$\phi_n$和$\mathcal{L}_\in$-原子公式用联结词和一阶量词构造的任意公式也在$\mathcal{L}_\mathbf{b}$中，由真值公理 $\mathrm{R1}_{\mathbf{a}\cdot\mathrm{n}}\sim\mathrm{R4}_{\mathbf{a}\cdot n}$ 我们能够在$\mathfrak{N}$获得 ECA。

第四，对于 Aus，$\forall X\in M'$和$x\in M$。在$\mathfrak{M}$中，存在$\mathbf{b}<\mathbf{a}\cdot n(n\in\mathbb{N})$和

$\ulcorner\phi(v)\urcorner\in\mathrm{Fml}_{\mathbf{b}}^{\infty}$ 使得$z\in X$当且仅当$\mathfrak{M}\models T_{\mathbf{b}}\ulcorner\phi(\dot{z})\urcorner$。由 $\mathrm{Sep}_{\mathbf{a}\cdot\mathbf{n}}$ 和$\mathfrak{M}$中的真值公理可得：存在$y\in M$使得$\forall z\in M$，都有

$$zEy\Leftrightarrow\mathfrak{M}\models z\in y\Leftrightarrow\mathfrak{M}\models z\in x\wedge T_{\mathbf{b}}\ulcorner\phi_i(\dot{x})\urcorner\Leftrightarrow zEx\wedge z\in X。$$

第五，我们将证明 $\mathrm{ECA}_{\omega\cdot\mathrm{a}}$。这个证明多少有些冗长。我们首先说明这个证明的思想。在存在参数的情况下，我们能够证明 $\mathbf{NBG}=\bigcup_{n\in\mathbb{N}}\mathbf{NBG}_n$。这是因为，对于一个给定的$n$和初始的$A$，由 ECA 我们能够迭代地给出$A$的$n$-层的一个明确定义：我们连续构造

$(A)_0=\{x|A(U,\ \emptyset,\ x,\ 0)\}$，

$(A)_1=\{x|A(U,\ \{0\}\times(A)_0,\ x,\ 1)\}$，

$(A)_2=\{x|A(U,\ \{0\}\times(A)_0\cup\{1\}\times(A)_1,\ x,\ 2)\}$，…。

这个构造本身是在元层上实施的，但是我们可以用真值谓词在对象层上“内在化”这样一个构造。对某个 $\mathbf{b}\in\mathrm{Lim}\cup\{0\}$，给定我们用第 $\mathbf{c}$ 个真值谓词$T_{\mathbf{c}}$构造的一个 $\mathbf{b}$-层，对每个 $0<n<\omega$我们首先根据$T_{\mathbf{c}+1}$表示第$(\mathbf{b}+n)$-层。由此，用$T_{\mathbf{c}+2}$扩展这个层次直到 $\mathbf{b}+\omega$。

现在，我们讨论细节。固定一个初等公式$A(X,\ Y,\ x,\ y)$。只需证明

$\mathfrak{N}\models\forall U\exists V(\forall\mathbf{b}\prec\omega\cdot\mathbf{a})((V)_{\mathbf{b}}=\{x|A(U,\ \lambda u.\ \exists\mathbf{c}\exists z(u=\langle\mathbf{c},\ z\rangle\wedge\mathbf{c}\prec\mathbf{b}\wedge u\in\mathbf{V}),\ x,\ \mathbf{b})\})$

成立。在 ECA 存在的情况下上式等值于 $\mathrm{ECA}_{\omega\cdot\mathrm{a}}$。固定一个参数$U\in M'$。令 $\mathbf{b}$ 和$k\in\mathbb{N}$在$\mathfrak{M}$中满足 $\mathbf{b}\prec\mathbf{a}\cdot k$并且对某个$\ulcorner\phi(v)\urcorner\in(\mathrm{Fml}_{\mathrm{b}}^{\infty})^{\mathfrak{M}}$，$U=\{x\in M|\mathfrak{M}\models T_{\mathbf{b}}\ulcorner\phi_i(\dot{x})\urcorner\}$。从现在开始，我们将在$\mathfrak{M}$中工作。

给定$\theta(\mathbf{d},\ x)\in\mathcal{L}_T$和$\mathbf{c}$，$\forall n\in\mathbb{N}$，联立递归定义$\mathcal{L}_T$-公式$\theta_n(\mathbf{c},\ x)$和$\bar{\theta}_n(\mathbf{c},\ u)$，

$\bar{\theta}_n(\mathbf{c},\ u):\equiv\exists\mathbf{e}\exists z(\mathbf{e}\prec\omega\cdot\mathbf{c}\wedge u=\langle\mathbf{e},\ z\rangle\wedge T_{\mathbf{b}+2\cdot\mathbf{c}}\ulcorner\theta(\dot{\mathrm{e}},\ \dot{z})\urcorner)\vee$

$\qquad\bigvee_{i<n}\exists z(u=\langle\omega\cdot\mathbf{c}+i,\ z\rangle\wedge\theta_i(\mathbf{c},\ z))$；

$\theta_n(\mathbf{c},\ x):\equiv A(\lambda w.\ T_{\mathbf{b}}\ulcorner\phi(\dot{w})\urcorner,\ \lambda u.\bar{\theta}_n(\mathbf{c},\ u),\ x,\ \omega\cdot\mathbf{c}+n)$；

然后，给定$\ulcorner\theta\urcorner\in\mathrm{Fml}_T^{\infty}$，语法运算$n\mapsto\ulcorner\bar{\theta}_{\dot{n}}\urcorner$和$n\mapsto\ulcorner\theta_{\dot{n}}\urcorner$二者都是$\Delta_1^{\mathrm{KP}\omega}$-可表示的。由$\theta_n$和$\bar{\theta}_n$的定义，用$\omega$-归纳我们能够证明：$\forall n\in\omega$，$\ulcorner\bar{\theta}_{\dot{n}}(\dot{\mathbf{c}},u)\urcorner$和$\ulcorner\theta_{\dot{n}}(\dot{\mathbf{c}},x)\urcorner$二者都在$\mathrm{Fml}_{\mathbf{b}+2\cdot\mathbf{c}+1}^{\infty}$中。现在，由对角化引理，我们得到一个$\mathcal{L}_T$-公式$\Psi(\mathbf{d},x)$使得$\forall\mathbf{c}$和$n\in\omega$，

$$\Psi(\omega\cdot\mathbf{c},x)\leftrightarrow A(\lambda w.\ T_{\mathbf{b}}\ulcorner\phi(\dot{w})\urcorner,\ \lambda u.\ \exists\mathbf{d}\exists z(\mathbf{d}\prec\omega\cdot\mathbf{c}\wedge u=\langle\mathbf{d},z\rangle\wedge T_{\mathbf{b}+2\mathbf{c}}\ulcorner\Psi(\dot{\mathbf{d}},\dot{z})\urcorner),\ x,\ \omega\cdot\mathbf{c});$$

$$\Psi(\omega\cdot\mathbf{c}+n+1,x)\leftrightarrow A(\lambda w.\ T_{\mathbf{b}}\ulcorner\phi(\dot{w})\urcorner,\ \lambda u.\ T_{\mathbf{b}+2\cdot\mathbf{c}+1}^{\infty}\ulcorner\bar{\Psi}_{\dot{n}+1}(\dot{\mathbf{c}},\dot{u})\urcorner,\ x,\ \omega\cdot\mathbf{c}+n+1)。\tag{17-4}$$

由Ψ的标准构造，我们可以假设$\forall\mathbf{d}\prec\omega\cdot\mathbf{c}$和$\ulcorner\Psi(\dot{\mathbf{d}},x)\urcorner\in\mathrm{Fml}_{\mathbf{b}+2\cdot\mathbf{c}+1}^{\infty}$，当$\delta=\omega\cdot\mathbf{c}$时，$\ulcorner\Psi(\dot{\delta},x)\urcorner\in\mathrm{Fml}_{\mathbf{b}+2\cdot\mathbf{c}+1}^{\infty}$。由于对所有的$m\in\omega$，$\ulcorner\Psi_{\dot{m}}(\dot{\delta},x)\urcorner\in\mathrm{Fml}_{\mathbf{b}+2\cdot\mathbf{c}+1}^{\infty}$，因此，$T_{\mathbf{b}+2\cdot\mathbf{c}+1}$自由地与(17-4)中公式$\Psi(\omega\cdot\mathbf{c}+n+1,x)$的每个组成交换；因此我们得到，$\forall\mathbf{c}\prec\mathbf{a}$，$n\in\omega$和$x\in M$，

$$\Psi(\omega\cdot\mathbf{c}+n,x)\leftrightarrow T_{\mathbf{b}+2\cdot\mathbf{c}+1}\ulcorner\Psi_{\dot{n}}(\dot{\mathbf{c}},\dot{x})\urcorner;$$

注意$n=0$的情况是单独地由定义和引理 17.5 得到的。那么，对每个给定的$\mathbf{c}$，上式和$\bar{\Psi}_n$的定义，我们能够用n上的ω-归纳证明

$$(\forall n\in\omega)(\exists\mathbf{d}\exists z(u=\langle\mathbf{d},z\rangle\wedge\mathbf{d}\prec\omega\cdot\mathbf{c}+n+1\wedge\Psi(\mathbf{d},z))\leftrightarrow T_{\mathbf{b}+2\cdot\mathbf{c}+1}\ulcorner\bar{\Psi}_{\dot{n}+1}(\dot{\mathbf{c}},\dot{u})\urcorner);$$

在归纳步骤中，我们利用$\mathcal{L}_{\mathbf{d}}$-语句的任意ω-序列$\langle\chi_i\rangle_{i\in\omega}$的一般性质

$$\forall n(T_{\mathbf{d}}\ulcorner\textstyle\bigvee_{i\leqslant\dot{n}}\chi_i\urcorner\leftrightarrow(T_{\mathbf{d}}\ulcorner\bigvee_{i<\dot{n}}\chi_i\urcorner\vee T_{\mathbf{d}}\ulcorner\chi_{\dot{n}}\urcorner))。$$

那么，我们能够得到$\forall n\in\mathbb{N}^*$和x，

$$\Psi(\omega\cdot\mathbf{c}+n,x)\leftrightarrow A(\lambda w.\ T_{\mathbf{b}}\ulcorner\phi(\dot{w})\urcorner,\ \lambda u.\ \exists\mathbf{d}\exists z(u=\langle\mathbf{d},z\rangle\wedge\mathbf{d}\prec\omega\cdot\mathbf{c}+n\wedge\Psi(\mathbf{d},z)),\ x,\ \omega\cdot\mathbf{c}+n)。\tag{17-5}$$

现在，所要求的类V可以取作

$$V=\{\langle\mathbf{c},x\rangle^{\mathfrak{M}}\in M\mid\mathfrak{M}\vDash T_{\mathbf{b}+2\cdot\mathbf{a}}\ulcorner\Psi(\dot{\mathbf{c}},\dot{x})\urcorner\}\in M';$$

注意$\mathbf{b}+2\cdot\mathbf{a}\prec\mathbf{a}\cdot(k+3)$并且$(\forall\mathbf{c}\prec\mathbf{a})(\mathbf{b}+2\cdot\mathbf{c}\prec\mathbf{b}+2\cdot\mathbf{a})$。在$\mathfrak{M}$中只需验证如下式子：

$$(\forall\mathbf{c}\prec\omega\cdot\mathbf{a})\forall x(T_{\mathbf{b}+2\cdot\mathbf{a}}\ulcorner\Psi(\dot{\mathbf{c}},\dot{x})\urcorner\leftrightarrow A(\lambda w.\,T_{\mathbf{b}}\ulcorner\phi(\dot{w})\urcorner,\lambda u.\,\exists\mathbf{d}\exists z(u=\langle\mathbf{d},z\rangle\wedge\mathbf{d}\prec\mathbf{c}\wedge T_{\mathbf{b}+2\cdot\mathbf{a}}\ulcorner\Psi(\dot{\mathbf{d}},\dot{z})\urcorner),x,\mathbf{c}));$$

由于$\forall\mathbf{d}\prec\omega\cdot\mathbf{a}$，$\Psi(\mathbf{d},x)\in\mathcal{L}_{\mathbf{b}+2\cdot\mathbf{a}}$，所以上式可由（17-4）(17-5)和引理17.3得出。证毕。

定理17.20的第二个断言可由下面的引理推出。

引理17.22 $\mathbf{NBG}_{\omega\cdot\mathbf{a}}+\sum_{\infty}^{1}$-Sep$+\sum_{\infty}^{1}$-Repl是语法可嵌入在$\mathbf{RT}_{\mathbf{a}\cdot\omega+1}$中。因此，也是语法可嵌入在$\mathbf{RT}_{\mathbf{a}\cdot\omega}$中的。

证明 二阶量词被解释如下

$$\forall X\mapsto\forall\ulcorner\phi(v)\urcorner\in\mathrm{Fml}_{\mathbf{a}\cdot\omega}\text{并且}\exists X\mapsto\exists\ulcorner\phi(v)\urcorner\in\mathrm{Fml}_{\mathbf{a}\cdot\omega};$$

然后谓词$x\in X$用$T_{\mathbf{a}\cdot\omega}\ulcorner\phi(\dot{x})\urcorner$解释。那么，$\sum_{\infty}^{1}$-Sep和$\sum_{\infty}^{1}$-Repl由这种嵌入是微不足道地保持着。从上面最后引理的证明可以直接看出如何继续证明其他公理的保持性是简单的。证毕。

§17.4 $\mathbf{RT}_{<E_0}$的上界

下面我们将通过$\mathbf{NBG}_{<E_0}$给出$\mathbf{RT}_{<E_0}$的上界；结合上一节的结果，本节建立这些系统两两之间的等价性。在最后一节中，我们将研究迭代塔尔斯基真与迭代初等概括二者之间相互关系的好结构。

定理17.23 $\mathbf{RT}_{\mathbf{a}\cdot\omega}$语法可嵌入到$\mathbf{NBG}_{\omega\cdot\mathbf{a}}+\sum_{\infty}^{1}$-Sep$+\sum_{\infty}^{1}$-Repl中。

因此，我们立刻有下面的引理。

引理17.24 $\mathbf{NBG}_{\mathbf{a}}+\sum_{\infty}^{1}$-Ind$\vdash(\forall n\in\omega)\mathrm{ECA}_{\mathbf{a}\cdot n}$；这里$(\forall n\in\omega)\mathrm{ECA}_{\mathbf{a}\cdot n}$是一个模式。

现在，首先令$\mathcal{B}(U, V, \mathbf{a}, \mathbf{b})$是如下的初等公式：

$$\mathbf{a} \in \mathrm{St}_{\mathbf{b}}^{\infty} \wedge (\exists x \exists y((\mathbf{a} = \ulcorner \dot{x} \in \dot{y} \urcorner \wedge x \in y) \vee (\mathbf{a} = \ulcorner \dot{x} = \dot{y} \urcorner \wedge x = y)) \vee$$

$$\exists \mathbf{c} \exists x(\mathbf{c} \prec \mathbf{b} \wedge \mathbf{a} = \ulcorner T_{\dot{\mathbf{c}}} \dot{x} \urcorner \wedge x \in (U)_{\omega \cdot (\mathbf{c}+1)}) \vee$$

$$(\exists \ulcorner \sigma \urcorner \in \mathrm{St}_T^{\infty})(\exists \ulcorner \tau \urcorner \in \mathrm{St}_T^{\infty})((\mathbf{a} = \ulcorner \neg \sigma \urcorner \wedge \ulcorner \sigma \urcorner \notin V) \vee (a = \ulcorner \sigma \wedge \tau \urcorner \wedge \ulcorner \sigma \urcorner \in V \wedge \ulcorner \tau \urcorner \in V)) \vee (\exists \ulcorner \phi(v) \urcorner \in \mathrm{Fml}_T^{\infty})(\mathbf{a} = \ulcorner \forall v \phi(v) \urcorner \wedge \forall x(\ulcorner \phi(\dot{x}) \urcorner \in V)))。$$

然后，我们将初等公式$Sat_T(U, V, \mathbf{a}, k, \mathbf{b})$和$SH_T(U, V, \mathbf{b})$定义为：

$$Sat_T(U, V, \mathbf{a}, k, \mathbf{b}) :\equiv a \in \mathrm{St}_T^{\infty} \wedge Lh(\mathbf{a}) = k \wedge k \in \omega \wedge \mathcal{B}(U, V, \mathbf{a}, \mathbf{b})。$$

$$SH_T(U, V, \mathbf{b}) :\equiv (\forall n \in \omega)((V)_n = \{x \mid \mathrm{Sat}_T(U, \textstyle\bigcup_{i<n}(V)_i, x, n, \mathbf{b})\});$$

非形式地说，对于满足$SH_T(U, V, \mathbf{b})$的类U和V以及一个语句$\sigma \in \mathcal{L}_{\mathrm{b}}^{\infty}$，$\ulcorner \sigma \urcorner \in \bigcup_{n<\omega}(V)_n$ iff σ 在大类$\mathcal{L}_{\mathbf{b}}$-结构$(\mathbb{V}, \in, \{\langle \mathbf{c}, z \rangle \mid z \in (U)_{\omega \cdot (\mathbf{c}+1)} \wedge \mathbf{c} \prec \mathbf{b}\})$中为真。令$U$，$V$和 $\mathbf{b}$ 满足$SH_T(U, V, \mathbf{b})$，并且令$V' = \bigcup_{i<\omega}(V)_i$。那么，正如$Sat$和$SH$的情形[43，p11]，我们有下面的结果：

$$\forall x, y \in \mathbb{V}, \ulcorner \sigma \urcorner, \ulcorner \tau \urcorner \in \mathrm{St}_{\mathbf{b}}, \ulcorner \forall v \phi(v) \urcorner \in \mathrm{St}_{\mathbf{b}}, \ulcorner \dot{x} = \dot{y} \urcorner \in V' \leftrightarrow x = y,$$

$$\ulcorner \dot{x} \in \dot{y} \urcorner \in V' \leftrightarrow x \in y, \ulcorner T_{\mathrm{c}} \dot{x} \urcorner \in V' \leftrightarrow x \in (U)_{\omega \cdot (c+1)}, \ulcorner \neg \sigma \urcorner \in V' \leftrightarrow \ulcorner \sigma \urcorner \notin V',$$

$$\ulcorner \sigma \wedge \tau \urcorner \in V' \leftrightarrow (\ulcorner \sigma \urcorner \in V' \wedge \ulcorner \tau \urcorner \in V'),$$

$$\ulcorner \forall v \phi(v) \urcorner \in V' \leftrightarrow \forall x(\ulcorner \phi(\dot{x}) \urcorner \in V');$$

注意，建立这些结论，我们只需用ω-归纳在初等公式的表面复杂性。

现在，我们将用一种类似于雅格尔和克莱亨布尔可构造层[26]的方式，构造 $\mathbf{NBG}_{\omega \cdot \mathrm{a}}$ 中类型真的一个 $\mathbf{a}$-层V。一个类V被称作一个 $\mathbf{b}$-真层，记作$TH(\mathbf{b}, V)$，当且仅当对每个 $\mathbf{c}$ 并满足$\omega \cdot (\mathbf{c}+1) \leqslant \mathbf{b}$，$\forall \mathbf{d} \in \mathrm{Lim}$ 并满足$\omega \cdot \mathbf{d} \leqslant \mathbf{b}$ 及$\forall n \in \omega$并满足$\omega \cdot \mathbf{c} + n + 1 \leqslant \mathbf{b}$，下面的式子成立。

$$(V)_{\omega \cdot \mathbf{c}+(\mathrm{n}+\mathrm{i})} = \{\ulcorner \sigma \urcorner \mid Sat_{\mathrm{T}}((V)^{\omega \cdot \mathbf{c}+1}, \textstyle\bigcup\{(V)_{\omega \cdot \mathbf{c}+k} \mid 0 < k < n+1\}, \ulcorner \sigma \urcorner, n, \mathbf{c})\};$$

$$(V)_{\omega \cdot \mathbf{c}+\omega} = \{\ulcorner \sigma \urcorner \mid \ulcorner \sigma \urcorner \in \textstyle\bigcup\{(V)_{\omega \cdot \mathbf{c}+i} \mid 0 < i < \omega\}\};$$

$$(V)_{\omega \cdot \mathbf{d}} = \{\ulcorner \sigma \urcorner \mid \exists \mathbf{e}(\mathbf{e} \notin \mathrm{Lim} \wedge \langle \omega \cdot \mathbf{e}, \ulcorner \sigma \urcorner \rangle \in (V)^{\omega \cdot \mathbf{d}})\}。$$

即$(V)_{\omega\cdot \mathbf{c}+\omega}$囊括了前面提到的$\mathcal{L}_{\mathbf{c}}$-结构中所有真的$\mathcal{L}_{\mathbf{c}}$-语句(注意：$\forall \mathbf{d}<\mathbf{c}$，$\omega\cdot(\mathbf{d}+1)\prec\omega\cdot\mathbf{c}+1$)。于是，由引理 17.24，$\mathbf{NBG}_{\omega\cdot\mathbf{a}}+\sum_1^1$-Ind 能得到

$$(\forall n\in\omega)(\exists V)TH(\omega\cdot\mathbf{a}\cdot n, V)。$$

在$\sum_\infty^1$-Ind 存在的情况下，我们有$TI_{\mathcal{L}_2}(<E_0)$，因此，对每个$k\in\mathbb{N}$，

$$\mathbf{NBG}+\sum\nolimits_\infty^1\text{-Ind}\vdash(\forall\mathbf{a}\prec\Omega_k)\forall V\forall V'(TH(\mathbf{a}, V)\wedge TH(\mathbf{a}, V')\to (\forall\mathbf{b}\leq\mathbf{a})((V)_{\mathbf{b}}=(V')_{\mathbf{b}}))。\quad(17\text{-}6)$$

现在，$\mathbf{RT}_{\mathbf{a}\cdot\omega}$在$\mathbf{NBG}_{\omega\cdot\mathbf{a}}+\sum_\infty^1$-Sep $+\sum_\infty^1$-Repl 中的嵌入*被定义为

$$(T_x y)^*\mapsto\exists V(TH(\omega\cdot(x+1), V)\wedge y\in(V)_{\omega\cdot(x+1)});$$

注意，如果$\mathbf{b}\prec\mathbf{a}\cdot\omega$，那么$\exists n\in\omega$使得$\mathbf{b}\prec\mathbf{a}\cdot n$，并且$\omega\cdot(\mathbf{b}+1)\leqslant\omega\cdot(\mathbf{a}\cdot n)$。于是，按照惯例证明这个*实际上是一个嵌入，而且只需说明如下的关键步骤。

定理 17.23 的证明　为了证明 $R5_{\mathbf{a}\cdot\omega}$，取$\mathbf{b}\prec\mathbf{a}\cdot\omega$，$\mathbf{c}\prec\mathbf{b}$并且$x\in\mathbb{V}$。首先，假设$(T_{\mathbf{b}}\ulcorner T_{\mathbf{c}}\dot{x}\urcorner)^*$，即

$$\exists V(TH(\omega\cdot(\mathbf{b}+1), V)\wedge\ulcorner T_{\mathbf{c}}\dot{x}\urcorner\in(V)_{\omega\cdot(\mathbf{b}+1)})。$$

取任意这样的V。由定义，$\ulcorner T_{\mathbf{c}}\dot{x}\urcorner\in(V)_{\omega\cdot(\mathbf{b}+1)}$蕴涵$x\in((V)^{\omega\cdot\mathbf{b}+1})_{\omega\cdot(\mathbf{c}+1)}$。由于$\mathbf{c}<\mathbf{b}$，有$((V)^{\omega\cdot\mathbf{b}+1})_{\omega\cdot(\mathbf{c}+1)}=(V)_{\omega\cdot(\mathbf{c}+1)}$，因此$x\in(V)_{\omega\cdot(\mathbf{c}+1)}$；我们得到$(T_{\mathbf{c}}x)^*$。

反之，假设$(T_{\mathbf{c}}x)^*$，即$\exists V(TH(\omega\cdot(\mathbf{c}+1), V)\wedge x\in(V)_{\omega\cdot(\mathbf{c}+1)})$。由$\mathbf{c}+1\leq\mathbf{b}$和(17-6)，对任意$W$并满足$TH(\omega\cdot(\mathbf{b}+1), W)$，我们有$\ulcorner T_{\mathbf{c}}\dot{x}\urcorner\in(W)_{\omega\cdot(\mathbf{b}+1)}$；因此，我们得到$(T_{\mathbf{b}}\ulcorner T_{\mathbf{c}}\dot{x}\urcorner)^*$。证毕。

引理 17.25　令$\mathfrak{M}=(M, E, M', E')$是$\mathbf{NBG}_{\omega\cdot\mathbf{a}}$的一个模型。那么$\forall n\in\mathbb{N}$，存在$N\subset M$使得$\mathfrak{N}=(M, E, N)$是$\mathbf{RT}_{\mathbf{a}\cdot n}+\text{Sep}_{\mathbf{a}\cdot n}+\text{Repl}_{\mathbf{a}\cdot n}$的一个模型。

证明　因为$\mathbf{NBG}_{\omega\cdot\mathbf{a}}$中没有$\sum_\infty^1$-Ind，所以$\mathbf{NBG}_{\omega\cdot\mathbf{a}}$既推不出引理 17.24，也推不出 $\mathbf{a}$-真层的唯一性(17-6)(对于一个大的 $\mathbf{a}$ 来说)；因此，上面的证明不能作为它的证明。然而，对每个$n\in\mathbb{N}$，$\mathbf{NBG}_{\omega\cdot\mathbf{a}}\vdash\text{ECA}_{\omega\cdot\mathbf{a}\cdot(n+1)}$(由元-归纳)。所

以，对每个固定的$n\in\mathbb{N}$，$\mathfrak{M}$包含了一个$(\omega\cdot\mathbf{a}\cdot(n+1))$-真层$V$。尽管这样的一个层不是唯一给定的，但是我们能够选出$\mathfrak{M}$中任意的这种层，并且借助这种层我们能够把迭代塔尔斯基真一直解释到$\mathbf{a}\cdot n$；证明的其余部分显然平行于引理 17.24 的证明，所不同的是，由于在这种情形中T被解释为一个单独的类，所以借助于 ECA，$\mathrm{Sep}_{\mathbf{a}\cdot n}$ 和 $\mathrm{Repl}_{\mathbf{a}\cdot n}$ 可分别从 Aus 和 REPL(而不是 $\sum_{\infty}^{1}$-Sep 和 $\sum_{\infty}^{1}$-Repl)推出。证毕。

定理 17.26　$\mathbf{RT}_{\mathbf{a}\cdot\omega}=_{\mathcal{L}_{\in}}\mathbf{NBG}_{\omega\cdot\mathbf{a}}+\sum_{\infty}^{1}\text{-Sep}+\sum_{\infty}^{1}\text{-Repl}$

并且
$$\bigcup_{n\in\mathbb{N}}\mathrm{RT}_{\mathbf{a}\cdot n}=_{\mathcal{L}_{\in}}\mathbf{NBG}_{\omega\cdot\mathbf{a}}。$$

证明　用引理 17.6 即可证明。证毕。

推论 17.27　$\mathbf{NBG}_{<E_0}=_{\mathcal{L}_{\in}}\mathbf{NBG}_{<E_0}+\sum_{\infty}^{1}\text{-Sep}+\sum_{\infty}^{1}\text{-Repl}=_{\mathcal{L}_{\in}}\mathbf{RT}_{<E_0}$。

现在我们提醒读者，当我们相应地假定了类理论中的 AC 和 GC(GW)时，到目前为止的所有论证都可用于 $\mathbf{RTC_a}$ 和 $\mathbf{RTW_a}$，而不做任何大的修改。因此，用平行的方法，我们能够证明下面的定理。

定理 17.28　1. $\mathbf{RTC}_{\mathbf{a}\cdot\omega}=_{\mathcal{L}_{\in}}\mathbf{NBGC}_{\omega\cdot\mathbf{a}}+\sum_{\infty}^{1}\text{-Sep}+\sum_{\infty}^{1}\text{-Repl}$

并且
$$\bigcup_{n\in\mathbb{N}}\mathbf{RTC}_{\mathbf{a}\cdot n}=_{\mathcal{L}_{\in}}\mathbf{NBGC}_{\omega\cdot\mathbf{a}}。$$

2. $\mathbf{RTW}_{\mathbf{a}\cdot\omega}=_{\mathcal{L}_{\in}}\mathbf{NBGW}_{\omega\cdot\mathbf{a}}+\sum_{\infty}^{1}\text{-Sep}^{W}+\sum_{\infty}^{1}\text{-Repl}^{W}$

并且
$$\bigcup_{n\in\mathbb{N}}\mathbf{RTW}_{\mathbf{a}\cdot n}=_{\mathcal{L}_{\in}}\mathbf{NBGW}_{\omega\cdot\mathbf{a}}。$$

推论 17.29　1. $\mathbf{NBGC}_{<E_0}=_{\mathcal{L}_{\in}}\mathbf{NBGC}_{<E_0}+\sum_{\infty}^{1}\text{-Sep}+\sum_{\infty}^{1}\text{-Repl}=_{\mathcal{L}_{\in}}\mathbf{RTC}_{<E_0}$。

2. $\mathbf{NBGGC}_{<E_0}=_{\mathcal{L}_{\in}}\mathbf{NBGGC}_{<E_0}+\sum_{\infty}^{1}\text{-Sep}^{W}+\sum_{\infty}^{1}\text{-Repl}^{W}=_{\mathcal{L}_{\in}}\mathbf{RTW}_{<E_0}$。

用这些匹配，对 $\mathbf{NBG}_{<E_0}$ 我们能够证明反射原理的一种特殊形式。

定理 17.30　从 $\mathbf{NBG}_{<E_0}$ 可以推出如下形式的一个反射原理：对$\mathcal{L}_{\in}$-公式 $\phi_0(\vec{x}_0)$，$\phi_1(\vec{x}_1)$，…，$\phi_n(\vec{x}_n)$和 $\mathbf{NBG}_{<E_0}$ 的有穷子理论 **S**

$$\forall\alpha(\exists\beta>\alpha)(\exists X\subset V_\beta)(\bigwedge_{i\leqslant n}(\forall\vec{x}_i\in V_\beta)(\phi_i^{V_\beta}(\vec{x}_i)\leftrightarrow\phi_i^{V_\beta}(\vec{x}_i))\wedge(V_\beta,X)\vDash_s\mathrm{S})。$$

证明 存在$k\in\mathbb{N}$使得$\mathbf{S}\subset\mathbf{NBG}_{\Omega_k}$。根据推论17.17，现在我们能够在$\mathbf{RT}_{\Omega_{k+1}}$中证明存在$\mathbf{RT}_{\Omega_k\cdot\omega}$的一个标准模型$(V_\beta, X)$。由引理17.21，我们能够在集合部分$V_\beta$不变的情况下，把$(V_\beta, X)$转化成$\mathbf{NBG}_{\Omega_k}$的一个模型。因此，从$\mathbf{RT}_{\Omega_{k+1}}$可以得到已断言的公式。然而，由于$\mathbf{RT}_{\Omega_{k+1}}\subset_{\mathcal{L}_\in}\mathbf{NBG}_{\Omega_{k+1}}$，并且已断言的公式是$\mathcal{L}_\in$-语句，它在$\mathbf{NBG}_{\Omega_{k+1}}$中也是可以得到的。证毕。

注意1 对定理17.30的证明做一点小小的改动(给出比上述Ω_{k+1}更锐利的界)，对$\bigcup_{k\in\mathbb{N}}\mathbf{NBG}_{\omega\cdot a_k}$，对任意可定义的$\mathbf{a}_k$并满足$\forall k\in\mathbb{N}$都有$\mathbf{a}_k\cdot\omega\leqslant a_{k+1}$，我们就能证明相同的断言；例如，对$\bigcup_{k\in\mathbb{N}}\mathbf{NBG}_{\omega^k}$，我们就有同样断言。

现在我们假定AC成立，用类似推论15.16的方法，就能证明下面的推论。

推论17.31($\mathbf{NBGC}_{<E_0}$) 对任意的$\mathcal{L}_\in$-语句σ_0，σ_1，…，σ_n和$\mathbf{NBGC}_{<E_0}$的有穷子理论S，存在可数传递集M和N且$M\subset N\subset\mathcal{P}(M)$使得$(M, N)\vDash_s\mathbf{S}$和$\bigwedge_{i\leqslant n}(\sigma^M\leftrightarrow\sigma)$都成立。

对$\mathbf{NBGC}_{<E_0}$而言，该推论在后面力迫法的使用中是非常有用的。

§17.5 Friedman-Sheard系统FS

弗里德曼和希尔德的文章[16]为自指真列出了各种公理和推理规则，然后考虑将它们添加到某个基础理论(称作Base_T)中，这种基础理论对算术定理而言既是**PA**上的扩充，又是在**PA**上保守的。他们的结论非常全面，而且能够完全判定出哪些公理和规则结合在一起是一致的，哪些公理和规则结合在一起是不一致的。所以，从他们列出的这些公理和规则中可以得到九个极大一致的组合。每个极大系统的证明论强度已由坎蒂尼(A. Cantini)的文章[5]、哈尔巴赫的文章[19]、利和拉特延的文章[29]确定了。

本节，我们简要地讨论由哈尔巴赫重新表述的九个形式系统之一的**FS**系统，并证明**FS**和$\mathbf{NBG}_\omega$的等价性，以此作为最后一节的结果的直接结论。

定义 17.32　$\mathcal{L}_T$上的系统 **FS** 是由 **ZF**$+\mathrm{Sep}^+ + \mathrm{Repl}^+$和下面的公理和规则组成的：

F0：$\forall x(Tx \to x \in \mathrm{St}_T^\infty)$；

F1：$\forall x \forall y((T\ulcorner \dot{x} = \dot{y} \urcorner \leftrightarrow x = y) \wedge (T\ulcorner \dot{x} \in \dot{y} \urcorner \leftrightarrow x \in y))$；

F2：$(\forall \ulcorner \sigma \urcorner \in \mathrm{St}_T^\infty)(T\ulcorner \neg\sigma \urcorner \leftrightarrow \neg T\ulcorner \sigma \urcorner)$；

F3：$(\forall \ulcorner \sigma \urcorner \in \mathrm{St}_T^\infty)(\forall \ulcorner \tau \urcorner \in \mathrm{St}_T^\infty)(T\ulcorner \sigma \wedge \tau \urcorner \leftrightarrow (T\ulcorner \sigma \urcorner \wedge T\ulcorner \tau \urcorner))$；

F4：$(\forall \ulcorner \phi(v) \urcorner \in \mathrm{Fml}_T^\infty)(T\ulcorner \forall v\phi(v) \urcorner \leftrightarrow \forall x T\ulcorner \phi(\dot{x}) \urcorner)$；

NEC：对一个$\mathcal{L}_T$-语句σ，从 **FS** $\vdash \sigma$可以推出 **FS** $\vdash \ulcorner \sigma \urcorner$；

CONEC：对一个$\mathcal{L}_T$-语句σ，从 **FS** $\vdash \ulcorner \sigma \urcorner$ 可以推出 **FS** $\vdash \sigma$。

正如前面的系统那样，我们还可以把 **FSC** 定义为 **FS** 加上 AC 并且把 **FSW** 定义为 **FS** 加上整体良序W。

定理 17.33（文献[31]）　**FS** 是ω-不一致的，即：

存在$\mathcal{L}_T$-公式ϕ使得 **FS** $\vdash \exists x \in \omega \phi(x)$，但$\forall n \in \mathbb{N}$，**FS** $\vdash \neg\phi(n)$。

注意 2　文献[31]中的 McGee 定理并不局限于算术系统，因而同样可以用于集合论系统。

定理 17.34（文献[19]）　**FS** 是证明论等价于$\bigcup_{n\in\mathbb{N}} \mathbf{RT}_n$。

证明　该定理可以用一种平行于算术情形的方法证明。　证毕。

定理 17.34 的证明也适用于有 AC 或者 GC 的情形，而没有实质性的变化。

定理 17.35　$\mathbf{FSC} =_{\mathcal{L}_\in} \bigcup_{n\in\mathbb{N}} \mathbf{RTC}_n$，并且 $\mathbf{FSW} =_{\mathcal{L}_\in} \bigcup_{n\in\mathbb{N}} \mathbf{RTW}_n$。

根据定理 17.26 可得：$\mathbf{NBG}_\omega = \mathbf{NBG}_{\omega\cdot 1} =_{\mathcal{L}_\in} \bigcup_{n\in\mathbb{N}} \mathbf{RT}_{1\cdot n}$。最后，我们就能得到下面的定理。

定理 17.36　**FS** 有与 $\mathbf{NBG}_\omega$ 相同的$\mathcal{L}_\in$-定理。用同样的方法，我们还有 $\mathbf{FSC} =_{\mathcal{L}_\in} \mathbf{NBGC}_\omega$ 并且 $\mathbf{FSW} =_{\mathcal{L}_\in} \mathbf{NBGGC}_\omega$。

第 18 章
自指的真

§18.1 系统 KF

本节，我们引入被称为集合论的自指的无类型真的 Kripke-Feferman 系统 **KF** 和它的一些子系统；对算术而言，最初的系统 **KF**[**PA**]首次出现在费弗曼的有重大影响的文章[10]中。前面的系统 **TC** 和 $\mathbf{RT_a}$ 通常被称为类型真理论，因为它们的公理没有假设真谓词T或$T_{\mathbf{a}}$对包含T或$T_{\mathbf{a}}$本身的语句的应用，因此T或$T_{\mathbf{a}}$不能被有意义地应用到这样的语句。相反，诸如T「Tt˥ 的真谓词的自指在 **KF** 中具有它想要的意义。①

在算术上，费弗曼的文章[10]证明了 **KF**[**PA**]等价于迭代到ε_0-次类型真的系统 $\mathbf{RT}_{<\varepsilon_0}$[**PA**](因此也等价于分析到$\varepsilon_0$的分支系统 $\mathbf{RA}_{<\varepsilon_0}$ 和算术上的 $\sum_1^1$-AC[**PA**])。但是，这种等价在集合论的情况下不再成立。和 **KF** 相比，它的真子系统 $\mathbf{KF}_{tc}$ $+\mathrm{Ind}^+$被证明与 $\mathbf{RT}_{<\varepsilon_0}$[**PA**]的集合论的对应部分 $\mathbf{RT}_{<\varepsilon_0}$ 等价；相反，正如下面的引理 18.4 指出的那样，**KF** 本身比 $\mathbf{KF}_{tc}$ $+\mathrm{Ind}^+$ 和 $\mathbf{RT}_{<E_0}$ 强得多。

在下面的内容中，我们将$T(\dot{\neg}x)$记作Fx并且F的意义是假谓词。

定义 18.1 系统 **KF** 由 **ZF**，Sep^+，Repl^+和下面的公理组成。

---

① 怎样严格地区分类型和无含类型的真系统并不是显然的，并且到目前为止都没有对它们一致认可的形式的区分，形式地区分它们的一种尝试可以在［21］中找到。

K0：$\forall x(Tx \to x \in \mathrm{St}_T^\infty)$；

K1：$\forall x \forall y((T\ulcorner \dot{x} = \dot{y} \urcorner \leftrightarrow x = y) \wedge (F\ulcorner \dot{x} = \dot{y} \urcorner \leftrightarrow x \neq y) \wedge$

$(T\ulcorner \dot{x} \in \dot{y} \urcorner \leftrightarrow x \in y) \wedge (F\ulcorner \dot{x} \in \dot{y} \urcorner \leftrightarrow x \notin y))$；

K2：$\forall x((T\ulcorner T\dot{x} \urcorner \leftrightarrow Tx) \wedge (F\ulcorner T\dot{x} \urcorner \leftrightarrow Fx))$；

K3：$(\forall \ulcorner \sigma \urcorner \in \mathrm{St}_T^\infty)(T\ulcorner \neg\neg\sigma \urcorner \leftrightarrow T\ulcorner \sigma \urcorner)$；

K4：$(\forall \ulcorner \sigma \urcorner \in \mathrm{St}_T^\infty)(\forall \ulcorner \tau \urcorner \in \mathrm{St}_T^\infty)((T\ulcorner \sigma \wedge \tau \urcorner \leftrightarrow (T\ulcorner \sigma \urcorner \wedge \mathrm{T}\ulcorner \tau \urcorner)) \wedge$

$(F\ulcorner \sigma \wedge \tau \urcorner \leftrightarrow (F\ulcorner \sigma \urcorner \vee F\ulcorner \tau \urcorner)))$；

K5：$(\forall \ulcorner \phi(v) \urcorner \in \mathrm{Fml}_T^\infty)((T\ulcorner \forall v\phi(v) \urcorner \leftrightarrow \forall x T\ulcorner \phi(\dot{x}) \urcorner) \wedge$

$(F\ulcorner \forall v\phi(v) \urcorner \leftrightarrow \exists x F\ulcorner \phi(\dot{x}) \urcorner))$。

那么，按照我们的约定(在第 14 章中所做的)，**KFC** 是在 **KF** 上添加 AC 得到的。

$\mathcal{L}_{WT}$上的系统 **KFW** 是从 **ZFW** 用一种平行的方法得到的：K1 被假定增加额外的原子条款 W(即，添加了条款"$(T\ulcorner W(\dot{x}, \dot{y}) \urcorner \leftrightarrow W(x, y)) \wedge (F\ulcorner W(\dot{x}, \dot{y}) \urcorner \leftrightarrow \neg W(x, y))$")；K2 保持不变；在 K0 和 K3～K5 中 St_T^∞ 和 Fml_T^∞ 的每次出现都分别被 St_{WT}^∞ 和 Fml_{WT}^∞ 替换；并且 Sep^+ 和 Repl^+ 被扩展到$\mathcal{L}_{WT}$上。

§18.2　KF 的子系统

我们定义系统 **KF**↾为在 **ZF** 加上 K0～K5，并且 **KFC**↾和 **KFW**↾可类似地定义。

定理 18.2(文献[4])　**KF**↾是证明论地归约到 **ZF**。另外，**KFC**↾和 **KFW**↾分别是证明论地归约到 **ZFC** 和 **ZFW**。

证明　坎蒂尼[4，推论 5.9]给出了一个 **KF**↾[**PA**]在 **PA** 上的保守性的一种模型论的证明，他的证明可以被简单地修改成我们的证明。证毕。

在 **KF**(**KFC** 和 **KFW** 也同样)中，否定$\neg$和T不能相互可交换：即，我们一般没有$T\ulcorner\neg\sigma\urcorner\leftrightarrow\neg T\ulcorner\sigma\urcorner$，这是 **KF** 的一个重要特征。因为如果$\neg$和$T$能交换，那么我们可以很容易地由“说谎者”论句得到一个矛盾。因此，关于否定与T可交换的语句类具有一种特殊的性质。我们令类tc(表示全部的和一致的公式)为

$$tc:=\{\ulcorner\phi(\vec{v})\urcorner\in \mathrm{Fml}_T^{\infty}\mid\forall\vec{x}\,(T\ulcorner\neg\phi(\dot{\vec{x}})\urcorner\leftrightarrow\neg T\ulcorner\phi(\dot{\vec{x}})\urcorner)\}$$

$$=\{\ulcorner\phi(\vec{v})\urcorner\in \mathrm{Fml}_T^{\infty}\mid\forall\vec{x}\,((T\ulcorner\phi(\dot{\vec{x}})\urcorner\vee T\ulcorner\neg\phi(\dot{\vec{x}})\urcorner)\wedge$$

$$\neg(T\ulcorner\phi(\dot{\vec{x}})\urcorner\wedge T\ulcorner\neg\phi(\dot{\vec{x}})\urcorner))\};$$

严格地说，在这个定义中我们需要使用一种适当的运算，比如$\ulcorner\phi(\vec{v})\urcorner[\mathrm{s}]$(参见第 14 章)，由于上面变元“$\vec{x}$”的数目不是预先限定好的；不管怎样，为了下面的论证，我们只需要考虑这些$\ulcorner\phi\urcorner$中至多包含两个自由变元的情况。

我们将考虑下面根据tc附加的真理论的公理

Ind_{tc}：$(\forall\ulcorner\phi(v)\urcorner\in tc)(\forall x((\forall y\in x)T\ulcorner\phi(\dot{y})\urcorner\rightarrow T\ulcorner\phi(\dot{x})\urcorner)\rightarrow$

$\forall xT\ulcorner\phi(\dot{x})\urcorner)$；

Sep_{tc}：$(\forall\ulcorner\phi(v)\urcorner\in tc)\forall x\exists y\forall z(z\in y\leftrightarrow z\in x\wedge T\ulcorner\phi(\dot{z})\urcorner)$；

Repl_{tc}：$(\forall\ulcorner\phi(u,v)\urcorner\in tc)\forall a((\forall x\in a)(\exists!\,y)T\ulcorner\phi(\dot{x},\dot{y})\urcorner\rightarrow$

$\exists b(\forall x\in a)(\exists y\in b)T\ulcorner\phi(\dot{x},\dot{y})\urcorner)$。

引理 18.3 **KF**$\upharpoonright+\mathrm{Sep}_{tc}\vdash\mathrm{Ind}_{tc}$。

证明 取$\ulcorner\phi(v)\urcorner\in tc$并假设对某个集合$x$，$\neg T\ulcorner\phi(\dot{x})\urcorner$，那么$T\ulcorner\neg\phi(\dot{x})\urcorner$成立。因为由 K3，$\ulcorner\phi(v)\urcorner\in tc$蕴涵$\ulcorner\neg\phi(v)\urcorner\in tc$，我们将 Sep_{tc} 应用于$\ulcorner\neg\phi(v)\urcorner$并且得到一个集合$\{z\in\mathbf{TC}(\{x\})\mid T\ulcorner\neg\phi(\dot{z})\urcorner\}(\neq\emptyset)$。最后，我们由 FA 得到$\exists z(T\ulcorner\neg\phi(\dot{z})\urcorner\wedge\forall w\in z\neg T\ulcorner\neg\phi(\dot{w})\urcorner)$，它等价于

$$\exists z(\neg T\ulcorner\phi(\dot{z})\urcorner\wedge(\forall w\in z)T\ulcorner\phi(\dot{w})\urcorner)。$$

证毕。

现在我们令 $\mathbf{KF}_{tc} :\equiv \mathbf{KF}\upharpoonright + \mathrm{Sep}_{tc} + \mathrm{Repl}_{tc}$；这个系统可以被看作算术上的坎蒂尼的 $\mathbf{KF}_{tot}$[4]的一种集合论的对应部分。①我们可以用元-归纳证明，对每个 $\mathcal{L}_{\in}$-公式 $\ulcorner\phi(\vec{z})\urcorner$，$\mathbf{KF}_{tc} \vdash \ulcorner\phi(\vec{z})\urcorner \in tc$并且

$$\mathbf{KF}_{tc} \vdash \forall \vec{z}\,(T\ulcorner\phi(\vec{z})\urcorner \leftrightarrow \phi(\vec{z})) \wedge \forall \vec{z}\,(F\ulcorner\phi(\vec{z})\urcorner \leftrightarrow \neg\phi(\vec{z}));$$

因此，$\mathbf{KF}_{tc}$($\supset$ZF)是有穷可公理化的。在下一节中我们将看到，$\mathbf{KF}_{tc}$ 在 **ZF** 上是 $\mathcal{L}_{\in}$-保守的，因此真比 **TC** 弱。我们并不能得到$(\forall \ulcorner\phi(\vec{v})\urcorner \in \mathrm{Fml}^{\infty}_{\in})(\ulcorner\phi(\vec{v})\urcorner \in tc)$。但是，只要把 Ind^{+} 添加到 $\mathbf{KF}_{tc}$ 显然就增加了强度；事实上，正如我们将在 § 18.5 中看到的那样，$\mathbf{KF}_{tc} + \mathrm{Ind}^{+}$ 等价于 $\mathbf{NBG}_{<E_0}$。

我们还将 $\mathbf{KFC}_{tc}$ 定义为 $\mathbf{KF}_{tc} + \mathrm{AC}$，而系统 $\mathbf{KFW}_{tc}$ 可用一种平行的方法获得；我们首先将tc_W定义为

$$\{\ulcorner\phi(\vec{v})\urcorner \in \mathrm{Fml}^{\infty}_{WT} \mid \forall \vec{x}\,(T\ulcorner\neg\phi(\dot{\vec{x}})\urcorner \leftrightarrow \neg T\ulcorner\phi(\dot{\vec{x}})\urcorner)\};$$

然后用tc_W(替代tc)，令 Sep^{W}_{tc} 和 Repl^{W}_{tc}；系统 $\mathbf{KFW}_{tc}$ 是将 Sep^{W}_{tc} 和 Repl^{W}_{tc} 添加到 $\mathbf{KFW}\upharpoonright$得到的。正如前节那样，为了阅读方便，我们将会在下面的内容中主要考察 **KF** 和它的子系统，但下面所有的论证在不需要任何重大修改的情况下都将适用于 **KFC**，**KFW** 和它们的子系统。

在 Ind^{+} 存在的情况下，因为 $\mathbf{KF}\upharpoonright + \mathrm{Ind}^{+}$ 能够推导出$(\forall \ulcorner\phi(x)\urcorner \in \mathrm{Fml}^{\infty}_{\in})(\ulcorner\phi(x)\urcorner \in tc)$，我们可以证明 $\mathbf{TC}\upharpoonright$是 $\mathbf{KF}\upharpoonright + \mathrm{Ind}^{+}$ 的子理论。所以，**TC** 是 **KF** 的一种子理论并且 **KF** 能够导出与引理 16. 11 相同的反射原理。因为 $\mathbf{KF}_{tc}$ 是 **KF** 的一种有穷可公理化的子理论，所以我们有下面的结论。

引理 18. 4(**KF**)　给定一个$\mathcal{L}_T$-公式$\theta(\vec{x})$和一个集合M，我们将$\forall \vec{x} \in M(\theta(\vec{x}) \leftrightarrow \theta^{M}(\vec{x}))$记作 $\mathrm{Ref}(\theta; M)$。令$\Gamma = \{\theta_0, \theta_1, \cdots, \theta_n\}$是$\mathcal{L}_T$-公式的

---

① 坎蒂尼的 [4] 在 KF 中包含有公理 Cons（见 § 18. 3）作为默认的公理，他的系统 KF_{tot} [PA] 是从我们的 KF_{tc} 的算术版本通过在它的每个公理中用类$tot := \{\ulcorner\phi(\vec{v})\urcorner \mid \forall \vec{x}(T\ulcorner\phi(\vec{x})\urcorner \vee T\ulcorner\neg\phi(\vec{x})\urcorner)\}$替换$tc$得到的。因为我们开始并不含有 Cons 作为 KF 的一条公理，并且tot和tc（的算术版本）在 Cons 存在的情况下是一致的，所以我们对 KF_{tc} 的简洁明白地陈述可以看作坎蒂尼的 KF_{tot} [PA] 的一种集合论的对应部分。

一个有穷集合，那么，我们可以找到另一个$\mathcal{L}_T$-公式的集合$\Gamma'=\{\theta'_0, \theta'_1, \cdots, \theta'_m\}$使得$\Gamma\subset\Gamma'$并且类$\{\alpha\in On \mid V_\alpha\vDash_s \mathbf{KF}_{tc} \wedge V_\alpha \prec_0 \mathbb{V} \wedge \bigwedge_{i\leqslant m}\mathrm{Ref}(\theta'_i, V_\alpha)\}$在$On$中是闭无界的。作为一个推论，特别地，我们有$\forall\alpha\exists\beta>\alpha(V_\beta\vDash_s\mathbf{KF}_{tc}+\mathrm{Sep}^+)$。

证明 固定公式$\theta_0, \theta_1, \cdots, \theta_n$。令$\theta'_0, \theta'_1, \cdots, \theta'_m$是包含$\theta_0, \theta_1, \cdots, \theta_n$和$\mathbf{KF}_{tc}$的$\mathcal{L}_T$-公式的一个子公式封闭集，由引理16.12，只要证明$\{\alpha\in On \mid V_\alpha \prec_0 \mathbb{V} \wedge \bigwedge_{i\leqslant m}\mathrm{Ref}(\theta'_i, V_\alpha)\}$在$On$中是闭无界的就足够了。无界性可以从引理16.11得到。对于封闭性，令λ是一个极限序数并取一个递增的λ-序列$\langle\alpha_\xi\rangle_{\xi<\lambda}$使得$\forall\xi<\lambda$，$V_{\alpha\xi}\prec_0\mathbb{V}$和$\bigwedge_{i\leqslant m}\mathrm{Ref}(\theta'_i, V_{\alpha\xi})$成立。令$\beta:=sup_{\xi\to\lambda}\alpha_\xi$，由引理16.10，我们得到$V_\beta\prec_0\mathbb{V}$。反射部分可由表面复杂性上的元-归纳标准地验证的；对最关键的情况，假设θ'_i具有形式$\exists z\theta'(z, \vec{x}_i)$；那么，$\forall\vec{x}_k\in V_\beta$存在$\xi<\lambda$使得$\vec{x}\in V_{\alpha\xi}$，并且我们有

$$\exists z\theta'(z, \vec{x})\Leftrightarrow(\exists z\in V_{\alpha\xi})\theta'(z, \vec{x}_k)\Rightarrow(\exists z\in V_\beta)\theta'(z, \vec{x}_k)$$

$$\overset{\mathrm{IH}}{\Leftrightarrow}(\exists z\in V_\beta)\theta'^{V_\beta}(z, \vec{x}_k)\overset{\mathrm{IH}}{\Rightarrow}\exists z\theta'(z, \vec{x})。$$ 证毕。

§18.3 $\mathbf{KF}_{tc}$的保守性

本节，我们将要证明$\mathbf{KF}_{tc}$在**NBG**是$\mathcal{L}_\in$-保守的。为了建立这种保守性，我们引入$\mathbf{KF}_{tc}$的一个超系统$\mathbf{KF}'_{tc}$并且证明$\mathbf{KF}'_{tc}\subset_{\mathcal{L}_\in}\mathbf{NBG}(\subset_{\mathcal{L}_\in}\mathbf{KF}_{tc})$。

首先，我们令

$$tot:=\{\ulcorner\phi(\vec{v})\urcorner\in\mathrm{Fml}^\infty_T \mid \forall\vec{x}(T\ulcorner\phi(\dot{\vec{x}})\urcorner\vee F\ulcorner\phi(\dot{\vec{x}})\urcorner)\}$$

是一个满(或者完全)的公式类。那么，系统$\mathbf{KF}'_{tc}$是由如下定义的一条附加公理Cons。

Cons：$(\forall\ulcorner\sigma\urcorner\in\mathrm{St}^\infty_T)\neg(T\ulcorner\sigma\urcorner\wedge F\ulcorner\sigma\urcorner)$

和用下面较强形式

Sep_{tot}：$(\forall\ulcorner\phi(v)\urcorner\in tot)\forall x\exists y\forall z(z\in y\leftrightarrow z\in x\wedge T\ulcorner\phi(\dot{z})\urcorner)$；

Col_{tot}：$(\forall\ulcorner\phi(u, v)\urcorner\in tot)\forall a((\forall x\in a)\exists yT\ulcorner\phi(\dot{x}, \dot{y})\urcorner\rightarrow$

$\exists b(\forall x\in a)(\exists y\in b)T\ulcorner\phi(\dot{x}, \dot{y})\urcorner)$；

替换 Sep_{tc} 和 Repl_{tc} 得到的，即在每个模式中真谓词T的辖域从tc扩展到了tot，并且为了使下面的证明更简单，我们假定用tot-公式的收集公理代替替换公理。注意在 Cons 存在的情况下，$\ulcorner\phi(\vec{v})\urcorner\in tot$等价于$\ulcorner\phi(\vec{v})\urcorner\in tc$。

我们的断言将用一种证明论的方法得到证明。为了这一目的，我们在 Tait 式序列演算中再用形式表达 $\mathbf{KF}'_{tc}$。

公理　所有逻辑与 **ZF** 的公理及一致性公理：对每个项t，Γ，$\neg Tt$，$\neg Ft$。

推理规则　所有通常的逻辑规则和下列的真规则：

$$\frac{\Gamma,\ s\in(=)t}{\Gamma,\ T(\ulcorner\dot{s}\in(=)\dot{t}\urcorner)},\quad \frac{\Gamma,\ s\notin(\neq)t}{\Gamma,\ \neg T(\ulcorner\dot{s}\in(=)\dot{t}\urcorner)},$$

$$\frac{\Gamma,\ s\notin(\neq)t}{\Gamma,\ F(\ulcorner\dot{s}\in(=)\dot{t}\urcorner)},\quad \frac{\Gamma,\ s\in(=)t}{\Gamma,\ \neg F(\ulcorner\dot{s}\in(=)\dot{t}\urcorner)},$$

$$\frac{\Gamma,\ Tt}{\Gamma,\ T(\ulcorner T\dot{t}\urcorner)},\quad \frac{\Gamma,\ \neg Tt}{\Gamma,\ \neg T(\ulcorner T\dot{t}\urcorner)},$$

$$\frac{\Gamma,\ Ft}{\Gamma,\ F(\ulcorner T\dot{t}\urcorner)},\quad \frac{\Gamma,\ \neg Ft}{\Gamma,\ \neg F(\ulcorner T\dot{t}\urcorner)},$$

$$\frac{\Gamma,\ T\ulcorner\sigma\urcorner\quad \Gamma,\ \mathrm{St}_T^\infty(\ulcorner\sigma\urcorner)}{\Gamma,\ T(\ulcorner\neg\neg\sigma\urcorner)},\quad \frac{\Gamma,\ \neg T\ulcorner\sigma\urcorner\quad \Gamma,\ \mathrm{St}_T^\infty(\ulcorner\sigma\urcorner)}{\Gamma,\ \neg T(\ulcorner\neg\neg\sigma\urcorner)},$$

$$\frac{\Gamma,\ T\ulcorner\sigma\urcorner\wedge T\ulcorner\tau\urcorner\quad \Gamma,\ \mathrm{St}_T^\infty(\ulcorner\sigma\urcorner)\wedge\mathrm{St}_T^\infty(\ulcorner\tau\urcorner)}{\Gamma,\ T(\ulcorner\sigma\wedge\tau\urcorner)},$$

$$\frac{\Gamma,\ \neg(T\ulcorner\sigma\urcorner\wedge T\ulcorner\tau\urcorner)\quad \Gamma,\ \mathrm{St}_T^\infty(\ulcorner\sigma\urcorner)\wedge\mathrm{St}_T^\infty(\ulcorner\tau\urcorner)}{\Gamma,\ \neg T(\ulcorner\sigma\wedge\tau\urcorner)},$$

$$\frac{\Gamma,\ F\ulcorner\sigma\urcorner\vee F\ulcorner\tau\urcorner\quad \Gamma,\ \mathrm{St}_T^\infty(\ulcorner\sigma\urcorner)\wedge\mathrm{St}_T^\infty(\ulcorner\tau\urcorner)}{\Gamma,\ F(\ulcorner\sigma\wedge\tau\urcorner)},$$

$$\frac{\Gamma,\ \neg(F\ulcorner\sigma\urcorner\vee F\ulcorner\tau\urcorner)\quad \Gamma,\ \mathrm{St}_T^\infty(\ulcorner\sigma\urcorner)\wedge\mathrm{St}_T^\infty(\ulcorner\tau\urcorner)}{\Gamma,\ \neg F(\ulcorner\sigma\wedge\tau\urcorner)},$$

$$\frac{\Gamma,\ \forall z T\ulcorner\phi(\dot{z})\urcorner\ \Gamma,\ \mathrm{Fml}_T^{\infty}(\ulcorner\phi(v)\urcorner)}{\Gamma,\ T\ulcorner\forall v\phi(v)\urcorner},$$

$$\frac{\Gamma,\ \neg\forall z T\ulcorner\phi(\dot{z})\urcorner\ \Gamma,\ \mathrm{Fml}_T^{\infty}(\ulcorner\phi(v)\urcorner)}{\Gamma,\ \neg T(\ulcorner\forall v\phi(v)\urcorner)},$$

$$\frac{\Gamma,\ \exists z F\ulcorner\phi(\dot{z})\urcorner\ \Gamma,\ \mathrm{Fml}_T^{\infty}(\ulcorner\phi(v)\urcorner)}{\Gamma,\ F(\ulcorner\forall v\phi(v)\urcorner)},$$

$$\frac{\Gamma,\ \neg\exists z T\ulcorner\phi(\dot{z})\urcorner\ \Gamma,\ \mathrm{Fml}_T^{\infty}(\ulcorner\phi(v)\urcorner)}{\Gamma,\ \neg F(\ulcorner\forall v\phi(v)\urcorner)},$$

$$\frac{\Gamma,\ulcorner\phi(v)\urcorner\in tot\quad \Gamma,\ \neg\forall x\exists y\forall z(z\in y\leftrightarrow T\ulcorner\phi(\dot{z})\urcorner\wedge z\in x)}{\Gamma},\qquad (\mathrm{Sep}_{tot})$$

$$\frac{\Gamma,\ulcorner\phi(u,\ v)\urcorner\in tot\quad \Gamma,\ \neg\forall a(\forall x\in a\exists y T\ulcorner\phi(\dot{x},\dot{y})\urcorner\rightarrow\exists b(\forall x\in a)(\exists y\in b)T\ulcorner\phi(\dot{x},\dot{y})\urcorner)}{\Gamma},$$

$$(\mathrm{Coll}_{tot})$$

在下文中，我们假设 KF'_{tc} 在这个演算中被确切地表达。

定义 18.5 $\mathcal{L}_T$-公式ϕ的真秩$rk_T(\phi)$定义如下。

1. 如果ϕ是一个$\mathcal{L}_T$-单式(literal)，那么$rk_T(\phi)=0$；

2. 如果ϕ和ψ两个都是$\mathcal{L}_{\in}$-公式，那么

$$rk_T(\phi\wedge\psi)=rk_T(\phi\vee\psi)=rk_T(\forall x\phi(x))=rk_T(\exists x\phi(x))=0;$$

3. 如果ϕ或ψ包含T，那么

$$rk_T(\phi\wedge\psi)=rk_T(\phi\vee\psi)=max\{rk_T(\phi),\ rk_T(\psi)\}+1;$$

4. 如果ϕ包含T，那么

$$rk_T\ (\forall x\phi(x)=rk_T(\exists x\phi(x))=rk_T(\phi)+1。$$

特别地，上述所有 $\mathbf{KF}'_{tc}$-公理的真秩都为 0。

5. 如果Γ是通过推导得到的，其长度和切割-秩(cut-rank)(相对于真秩)分别为m和p，那么我们记作 $\mathbf{KF}'_{tc}\left|\frac{m}{p}\right.\Gamma$。

用一个标准的部分切割-消去可以得到下面的引理。

引理 18.6 如果 $\mathbf{KF}'_{tc}\left|\dfrac{m}{1+p}\sigma\right.$，那么 $\mathbf{KF}'_{tc}\left|\dfrac{m_p}{1}\sigma\right.$，其中 $m_0=m$ 并且 $m_{j+1}=2^{m_j}$。

令 $K(x, X)$ 是如下 $\mathcal{L}_2$-公式的初等公式。

$$x\in X\vee\exists y\exists z((x=\ulcorner\dot{y}\in(=)\dot{z}\urcorner\wedge y\in(=)z)\vee(x=\ulcorner\dot{y}\notin(\neq)\dot{z}\urcorner\wedge y\notin(\neq)z))\vee$$
$$(\exists\ulcorner\sigma\urcorner\in\mathrm{St}_T^{\infty})(x=\ulcorner\neg\neg\sigma\urcorner\wedge\ulcorner\sigma\urcorner\in X)\vee$$
$$(\exists\ulcorner\sigma\urcorner,\ulcorner\tau\urcorner\in\mathrm{St}_T^{\infty})((x=\ulcorner\sigma\wedge\tau\urcorner\wedge\ulcorner\sigma\urcorner\in X\wedge\ulcorner\tau\urcorner\in X)\vee$$
$$(x=\ulcorner\neg(\sigma\wedge\tau)\urcorner\wedge(\ulcorner\neg\sigma\urcorner\in X\vee\ulcorner\neg\tau\urcorner\in X)))\vee$$
$$(\exists\ulcorner\forall v\phi(v)\urcorner\in\mathrm{St}_T^{\infty})((x=\ulcorner\forall v\phi(v)\urcorner\wedge\forall z(\phi(\dot{z})\in X))\vee$$
$$(x=\ulcorner\neg\forall v\phi(v)\urcorner\wedge\exists z(\ulcorner\neg\phi(\dot{z})\urcorner\in X)))\vee$$
$$\exists z((x=\ulcorner T\dot{x}\urcorner\wedge x\in X)\vee(x=\ulcorner\neg T\dot{x}\urcorner\wedge\dot{\neg}x\in X));$$

类 $\{x|K(x, X)\}$ 表示 X 与在 X 上应用一次强克林运算结果的并(参见文献[4, §5])。那么，在 **NBG** 中我们定义一个初等类 $\mathrm{T}_j(x)(\forall j\in\mathbb{N})$ 如下

$$\mathrm{T}_0:=\varnothing\quad\text{并且}\quad\mathrm{T}_{j+1}=\{x|K(x, \mathrm{T}_j)\};$$

注意这些初等类是由元-递归定义的。根据上面的定义，(由逻辑)我们显然有 $\forall k\leqslant m\in\mathbb{N}$，

$$\mathbf{NBG}\vdash\forall x((x\in\mathrm{T}_k\to x\in\mathrm{T}_m)\wedge(x\notin\mathrm{T}_m\to x\notin\mathrm{T}_k))。\tag{18-1}$$

对每个 $k\in\mathbb{N}$，我们还可以用元-归纳施归纳于 $k\in\mathbb{N}$ 证明

$$\mathbf{NBG}\vdash\forall x((x\in\mathrm{T}_k\to x\in\mathrm{St}_T^{\infty})\wedge\neg(x\in\mathrm{T}_k\to\dot{\neg}x\in\mathrm{T}_k));\tag{18-2}$$

也就是说，对所有的 $k\in\mathbb{N}$，T_k 是一个 $\mathcal{L}_T^{\infty}$-语句编码的一致的类。

本节为了得到我们的主要定理，我们用 T_j 来完成所谓 $\mathcal{L}_T$ 的非对称解释。给定一个 $\mathcal{L}_T$-公式 ϕ 和 $m, n\in\mathbb{N}$，我们用 $s\notin\mathrm{T}_m$ 和 $t\in\mathrm{T}_n$ 分别替换 $\neg Ts$ 和 Tt 的每一次出现得到一个 $\mathcal{L}_2$-公式 $\phi[m, n]$；那么，给定 $\Gamma:=\{\phi_0, \phi_1, \cdots, \phi_l\}\subset\mathcal{L}_T$，我们将 $\{\phi_0[m, n], \phi_1[m, n], \cdots, \phi_l[m, n]\}\subset\mathcal{L}_2$ 记作 $\Gamma[m, n]$。作为(18-1)的一个推论，我们有持续性

对任意有穷的$\Gamma\subset\mathcal{L}_T$并且$k\leqslant k'\leqslant m\leqslant m'$，

$$\mathbf{NBG}\vdash\bigvee\Gamma[k,m]\to\bigvee\Gamma[k',m']。\qquad(18\text{-}3)$$

我们还注意到，由(18-2)，$\forall k, m\in\mathbb{N}$，我们有 $\mathbf{NBG}\vdash\bigvee\Gamma[k,m]$。

引理 18.7 假设 $\mathbf{KF}'_{tc}\left|\frac{k}{1}\right.\Gamma$，那么，$\forall m$，我们有

$$\mathbf{NBG}\vdash\bigvee\Gamma[m, m+2^k]。$$

证明 我们用元-归纳施归纳于k来证明该断言。我们将重点考察三种重要的情况。

首先，假设 $\mathbf{KF}'_{tc}\left|\frac{k}{1}\right.$ 的最后一步推理是 Sep_{tot}。对某个k_0，$k_1<k$，有

$$\mathbf{KF}'_{tc}\left|\frac{k_0}{1}\right.\Gamma, \forall x(T\ulcorner\phi(\dot{x})\urcorner\vee T\ulcorner\neg\phi(\dot{x})\urcorner)$$

和 $$\mathbf{KF}'_{tc}\left|\frac{k_1}{1}\right.\Gamma, \neg\forall x\exists y\forall z(z\in y\leftrightarrow T\ulcorner\phi(\dot{z})\urcorner\wedge z\in x)。$$

由 IH 可得

$\mathbf{NBG}\vdash\bigvee\Gamma[m, m+2^{k_0}]\vee\forall x(\mathrm{T}_{m+2^{k_0}}\ulcorner\phi(\dot{x})\urcorner\vee\mathrm{T}_{m+2^{k_0}}\ulcorner\neg\phi(\dot{x})\urcorner)$；

$\mathbf{NBG}\vdash\bigvee\Gamma[m+2^{k_0}, m+2^{k_0}+2^{k_1}]\vee\exists x\forall y\exists z((z\in y\wedge(\neg\mathrm{T}_{m+2^{k_0}}\ulcorner\phi(\dot{z})\urcorner\vee z\notin x))\vee(z\notin y\wedge\mathrm{T}_{m+2^{k_0}+2^{k_1}}\ulcorner\phi(\dot{z})\urcorner\wedge z\in x))$。

因为 $2^{k_0}+2^{k_1}\leqslant 2^k$，由(18-3)的持续性可得

$\mathbf{NBG}\vdash\bigvee\Gamma[m, m+2^k]\vee\forall x(\mathrm{T}_{m+2^{k_0}}\ulcorner\phi(\dot{x})\urcorner\vee\mathrm{T}_{m+2^{k_0}}\ulcorner\neg\phi(\dot{x})\urcorner)$；

$\mathbf{NBG}\vdash\bigvee\Gamma[m, m+2^k]\vee\exists x\forall y\exists z((z\in y\wedge(\neg\mathrm{T}_{m+2^{k_0}}\ulcorner\phi(\dot{z})\urcorner\vee z\notin x))\vee(z\notin y\wedge\mathrm{T}_{m+2^k}\ulcorner\phi(\dot{z})\urcorner\wedge z\in x))$。

因此，现在只需证明在 **NBG** 中，$\forall x(\mathrm{T}_{m+2^{k_0}}\ulcorner\phi(\dot{x})\urcorner\vee\mathrm{T}_{m+2^{k_0}}\ulcorner\neg\phi(\dot{x})\urcorner)$ 蕴涵

$\forall x\exists y\forall z((z\in y\to\mathrm{T}_{m+2^{k_0}}\ulcorner\phi(\dot{z})\urcorner\wedge z\in x)\wedge(\mathrm{T}_{m+2^k}\ulcorner\phi(\dot{z})\urcorner\wedge z\in x\to z\in y))$。

固定一个任意的x。由 ECA 和 Aus，我们取一个集合$y:=\{z\in x|T_{m+2^k}\ulcorner\phi(\dot{z})\urcorner\}$。令$z$是一个任意的集合。我们得到第二个合取支：$T_{m+2^k}\ulcorner\phi(\dot{z})\urcorner\wedge z\in x\rightarrow z\in y$。对第一个合取支，假设$z\in y$；于是有$z\in x\wedge T_{m+2^k}\ulcorner\phi(\dot{z})\urcorner$。根据(18-2)可得$\neg T_{m+2^k}\ulcorner\neg\phi(\dot{z})\urcorner$。由向下的持续性可得$\neg T_{m+2^{k_0}}\ulcorner\neg\phi(\dot{z})\urcorner$；在

$$\forall x(T_{m+2^{k_0}}\ulcorner\phi(\dot{x})\urcorner\vee T_{m+2^{k_0}}\ulcorner\neg\phi(\dot{x})\urcorner)$$

的条件下可得$T_{m+2^{k_0}}\ulcorner\phi(\dot{z})\urcorner$。

其次，假设最后的推理是依据 Coll_{tot}。根据 IH 和持续性，对某个$k_0<k$，我们同样得到

$$\mathbf{NBG}\vdash\bigvee\Gamma[m,\ m+2^k]\vee\forall x\forall y(T_{m+2^{k_0}}\ulcorner\phi(\dot{x},\dot{y})\urcorner\vee T_{m+2^{k_0}}\ulcorner\neg\phi(\dot{x},\dot{y})\urcorner);$$

$$\mathbf{NBG}\vdash\bigvee\Gamma[m,\ m+2^k]\vee\neg\forall a(\forall x\in a\exists yT_{m+2^k}\ulcorner\phi(\dot{x},\ \dot{y})\urcorner$$

$$\rightarrow\exists b\forall x\in a\exists y\in bT_{m+2^{k_0}}\ulcorner\phi(\dot{x},\dot{y})\urcorner)。$$

因此，在$\forall x\forall y(T_{m+2^{k_0}}\ulcorner\phi(\dot{x},\ \dot{y})\urcorner\vee T_{m+2^{k_0}}\ulcorner\neg\phi(\dot{x},\ \dot{y})\urcorner)$的条件下，只需证明

$$\forall a((\forall x\in a)\exists yT_{m+2^k}\ulcorner\phi(\dot{x},\dot{y})\urcorner\rightarrow\exists b(\forall x\in a)(\exists y\in b)\ T_{m+2^{k_0}}\ulcorner\phi(\dot{x},\dot{y})\urcorner)。$$

取一个任意集合a并假设$\forall x\in a\exists yT_{m+2^k}\ulcorner\phi(\dot{x},\ \dot{y})\urcorner$。由 **NBG** 的收集模式，在 CFA 存在的条件下可得：存在一个集合b使得

$$(\forall x\in a)(\exists y\in b)T_{m+2^k}\ulcorner\phi(\dot{x},\dot{y})\urcorner$$

成立。对每个z和w，从(18-2)可以得

$$T_{m+2^k}\ulcorner\phi(\dot{z},\dot{w})\urcorner\text{ 蕴涵 }\neg T_{m+2^k}\ulcorner\neg\phi(\dot{z},\dot{w})\urcorner;$$

由向下持续性可得：$\neg T_{m+2^{k_0}}\ulcorner\neg\phi(\dot{z},\dot{w})\urcorner$；于是我们在上述条件下有$T_{m+2^{k_0}}\ulcorner\phi(\dot{z},\dot{w})\urcorner$。因此我们得到$(\forall x\in a)(\exists y\in b)T_{m+2^{k_0}}\ulcorner\phi(\dot{x},\ \dot{y})\urcorner$。

最后，我们假设：对于某个k_0，$k_1<k$，$\mathbf{KF}'_{tc}\left|\frac{k}{1}\right.\Gamma$是由切割$\mathbf{KF}'_{tc}\left|\frac{k_0}{1}\right.\Gamma$，$\mathrm{Tt}$和$\mathbf{KF}_{tc}\left|\frac{k_1}{1}\right.\Gamma$，$\neg\mathrm{Tt}$得到的。又因为$m+2^{k_0}+2^{k_1}\leqslant m+2^k$，根据 IH 和持续性可得

$$\mathbf{NBG}\vdash(\bigvee\Gamma[m,\ m+2^k]\vee \mathrm{T}_{m+2^{k_0}}\ t)\wedge(\bigvee\Gamma[m,\ m+2^k]\vee\neg \mathrm{T}_{m+2^{k_0}}\ t)。$$

该断言用切割从上式得到(在 **NBG** 中)。 证毕。

定理 18.8 $\mathbf{KF}'_{tc}$和 $\mathbf{KF}_{tc}$ 在 **NBG** 上是$\mathcal{L}_\in$-保守的。

用平行地论证，我们还可以得到 $\mathbf{KFC}_{tc}$ 和 $\mathbf{KFW}_{tc}$ 分别在 **NBGC** 和 **NBGW**(和 **NBGGC**)上是$\mathcal{L}_\in$-保守的。

§18.4 KF 和 $\mathbf{KF}_{tc}+\mathbf{Ind}^+$的上界

本节，我们将证明 $\mathbf{KF}_{tc}+\mathrm{Ind}^+\subset_{\mathcal{L}\in}\Delta_1^1\text{-CA}_0+\sum_\infty^1\text{-Ind}$ 和 $\mathbf{KF}\subset_{\mathcal{L}\in}\Delta_1^1\text{-CA}$。为了证明这些结论，我们基本上模拟费弗曼的文章[10]在集合论中$\mathbf{KF}[\mathbf{PA}]\subset_{\mathcal{L}\in}\sum_1^1\text{-}\mathbf{AC}[\mathbf{PA}]$的证明。如在算术中的情况一样，**KF** 真的特征是作为一种初等运算的一个固定点(参见文献[10，25，18])。因此，只需证明下面的奥采尔(J. D. Aczel)定理对类理论的扩张。

引理 18.9($\mathbf{NBG}_\omega+\sum_1^1$-Coll) 对每个含有参数 $\vec{z}$ 和 $\vec{Z}$ 的 $\sum_1^1$-公式$\Phi(x,X,\vec{z},\vec{Z})$，其中$X$只有正出现，我们能够找一个 $\sum_1^1$-公式$\Psi(x,\vec{z},\vec{Z})$使得

$$\forall\vec{z}\ \forall\vec{Z}\ \forall x(\Psi(x,\vec{z},\vec{Z})\leftrightarrow\Phi(x,\ \lambda u.\ \Psi(u),\vec{z},\vec{Z}))。$$

为了模拟奥采尔的原始证明，我们将使用 $\sum_n^1$-类的一个 $\sum_n^1$-枚举。由于在我们的假设中，不需要假设 GC，因此，我们不能用 $\sum_1^1$ 范式定理(定理 15.5)，并且我们不能借助在§15.2 中介绍的典范 $\sum_n^1$-可满足谓词。然而，特别地，当$n=1$时，我们已经在§15.4 中构造了一个 $\sum_1^1$-公式使得在没有 GC 的情况下，它枚举了 $\mathbf{NBG}_\omega$ 中的所有 $\sum_1^1$-类：令 En_j^i(⌜$\exists X\Phi(X)$⌝，x_1，x_2，…，x_j，Z_1，Z_2，…，Z_i)是(等价于) $\sum_1^1$-公式

$$\exists U\exists f((U)_{f(1)}=Z_1\wedge\cdots\wedge U_{f(i)}=Z_i\wedge Tr(U,\ f,\ ⌜\exists X_0\Phi(\dot{x}_1,\ \cdots,\ \dot{x}_j,$$

X_0，X_1，…，X_i)⌝))；

然后，由(15-5)，每一个 $\sum_1^1$-公式$\Phi(\vec{x}, \vec{Z})$都等价于

$$\mathrm{En}_j^i(\ulcorner\Phi\urcorner, \vec{x}, \vec{Z})。$$

引理 18.9 的证明　固定参数 $\vec{z} \equiv z_1, z_2, \cdots, z_j$ 和 $\vec{Z} \equiv Z_1, Z_2, \cdots, Z_i$。在 $\sum_1^1$-Coll 存在的情况下，由于X在Φ中只含正出现并且 En_{j+2}^i 就是 $\sum_1^1$，所以$\Phi(x, \lambda u.\mathrm{En}_{j+2}^i(w, w, u, \vec{z}, \vec{Z}), \vec{z}, \vec{Z})$是可证的 $\sum_1^1$-公式。令$\Theta(w, x, \vec{z}, \vec{Z})$表示与它等价的 $\sum_1^1$-公式。令

$$\Psi(x, \vec{z}, \vec{Z}) :\equiv \mathrm{En}_{j+2}^i(\ulcorner\Theta\urcorner, \ulcorner\Theta\urcorner, x, \vec{z}, \vec{Z}),$$

那么，我们有

$\Psi(x, \vec{z}, \vec{Z}) \Leftrightarrow \Theta(\ulcorner\Theta\urcorner, x, \vec{z}, \vec{Z}) \Leftrightarrow \Phi(x, \lambda u.\mathrm{En}_{j+2}^i(\ulcorner\Theta\urcorner, \ulcorner\Theta\urcorner, u, \vec{z}, \vec{Z}), \vec{z}, \vec{Z})$。

证毕。

定理 18.10　**KF(C)**可语法可嵌入 $\sum_1^1$-Coll(+AC)中。

证明　对于在引理 18.9(不含参数)中固定点公式$\Psi(x)$，我们取嵌入$Tx \mapsto \Psi(x)$使得对一个适当的Φ，$\Psi(x) \leftrightarrow \Phi(x, \lambda u.\ \Psi(u))$。证毕。

然后，我们断言 **KF(C)** $\subset_{\mathcal{L}_\in} \Delta_1^1$-CA(+AC)能够从下面的莫肖瓦基斯的定理中推出。

定理 18.11([32])　1. $\sum_1^1$-Coll_0 + $\sum_\infty^1$-Ind(+AC)在 Δ_1^1-CA_0 + $\sum_\infty^1$-Ind(+AC)上是 $\sum_1^1$-保守的。

2. $\sum_1^1$-Coll (+AC)在 Δ_1^1-CA(+AC)上是 $\sum_1^1$-保守的。

证明　莫肖瓦基斯在[32，定理 3]中证明了存在类的一个 $\sum_1^1$ 谓词 HP 使得在系统 $\mathbf{PZF}_1$ 中可证(𝕍，HP)是 $\sum_1^1$-Coll，Δ_1^1-CA，REPL，Aus 和 CFA 的

一个模型，其中 $\mathbf{PZF}_1$ 是 Δ_1^1-CA_0＋ $\sum_\infty^1$-Ind 的一个子系统。由于这个子模型的集合部分是$\mathbb{V}$，每个 $\prod_1^1$ 公理都微不足道地保持；因此，可在 Δ_1^1-CA_0＋ $\sum_\infty^1$-Ind 中证明($\mathbb{V}$，HP)是 **NBG** 中所有一阶公理的一个模型。最后，由于 HP 是一个可定义谓词并且 $\sum_\infty^1$-Ind 在 Δ_1^1-CA_0＋ $\sum_\infty^1$-Ind 的全域中成立，因此，($\mathbb{V}$，HP)也是 $\sum_\infty^1$-Ind 的一个模型；对于第二个断言，上述情况也适用于 $\sum_\infty^1$-Sep 和 $\sum_\infty^1$-Repl。证毕。

定理 18.12 $\mathbf{KF}(\mathbf{C})_{tc}$＋$\text{Ind}^+ \subset_{\mathcal{L}\in} \Delta_1^1$-$CA_0$＋ $\sum_\infty^1$-Ind (＋AC)。

证明 由定理 18.11，只需证明 $\mathbf{KF}(\mathbf{C})_{tc}$ ＋ Ind^+ 是语法可嵌入 $\sum_1^1$-Coll_0＋ $\sum_\infty^1$-Ind (＋AC)的。我们取与定理 18.10 中相同的嵌入。因此，我们现在只需考虑 Sep_{tc} 和 Repl_{tc}。为达到这个目的，我们用 Δ_1^1-CA，由命题 15.1 和引理 15.2 可得：Δ_1^1-CA 在 $\sum_\infty^1$-Coll_0 中是可证的。关系$\ulcorner\phi(v)\urcorner \in tc$被翻译为

$$\forall x(\Psi(\ulcorner\neg\phi(\dot{x})\urcorner)\leftrightarrow\neg\Psi(\ulcorner\phi(\dot{x})\urcorner))。$$

这里，Ψ与定理 18.10 证明中的Ψ相同；因此对于这样的$\ulcorner\phi(v)\urcorner$，关系$\Psi(\ulcorner\phi(\dot{x})\urcorner)$是$\Delta_1^1$ 的并且由 Δ_1^1-AC 我们可以取类$\{x|\Psi(\ulcorner\phi(\dot{x})\urcorner)\}$。然后，$\text{Sep}_{tc}$ 和 Repl_{tc} 的翻译分别从 Aus 和 Repl 推出。证毕。

平行的论证也适用 **KFW** 和 $\mathbf{KFW}_{tc}$。由于 $\sum_1^1$-$AC_0 \vdash \Delta_1^1$-CA＋ $\sum_1^1$-Coll ＋GC，我们有

定理 18.13 **KFW** 可嵌入在 $\sum_1^1$-AC 中，并且 $\mathbf{KFW}_{tc}$＋Ind^+(其中 Ind^+ 是$\mathcal{L}_{WT}$的扩张)可嵌入在 $\sum_1^1$-AC_0＋ $\sum_\infty^1$-Ind 中。

§18.5 $\mathbf{KF}_{tc}+\mathbf{Ind}^+$的下界

本节的主要定理是

定理 18.14 $\mathbf{NBG(C)}_{<E_0}$ 可语法可嵌入在 $\mathbf{KF(C)}_{tc}+\mathrm{Ind}^+$ 中。

二阶量词 $\forall X$ 被翻译成 $\forall \ulcorner \phi(v) \urcorner \in tc$，类的隶属谓词 $z\in X$ 被翻译成 $T\ulcorner \phi(\dot{x}) \urcorner$。令 ζ 表示$\mathcal{L}_2$到$\mathcal{L}_T$的这种翻译。除 $\mathbf{NBG}_{<E_0}$ 外，所有 $\mathbf{NBG}_{<E_0}$-公理都可以直接被证明在翻译 ζ 下保持不变：因为 ζ 不改变一阶的部分，所以所有的一阶公理在翻译 ζ 下都保持不变；REPL 的翻译等价于 Repl_{tc}；CFA 和 Aus 的翻译分别由 Ind_{tc} 和 Sep_{tc} 推出；**ECA** 的情况可以与我们之前将 $\mathbf{NBG}+\sum^1_\infty$-Sep$+\sum^1_\infty$-Repl 嵌入 **TC** 中的方法类似并用下面的引理来处理。

引理 18.15（**KF**↾） 令 $\psi(\vec{x})$ 是一个由 $\mathcal{L}_\in$-原子公式和 $T\ulcorner \phi_0(\vec{\dot{x}}_0) \urcorner$，$T\ulcorner \phi_1(\vec{\dot{x}}_1) \urcorner$，…，$T\ulcorner \phi_n(\vec{\dot{x}}_n) \urcorner$ 通过联结词和量词构成的$\mathcal{L}_T$-公式。假设$\ulcorner \phi_0(\vec{x}_0) \urcorner$，$\ulcorner \phi_1(\vec{x}_1) \urcorner$，…，$T\ulcorner \phi_n(\vec{x}_n) \urcorner \in tc$，那么我们有 $\forall \vec{x}\,(\Psi(\vec{x}) \leftrightarrow T\ulcorner \phi(\vec{\dot{x}}) \urcorner)$。

证明 用元-归纳并施归纳于ψ的结构证明。证毕。

现在我们已经看到 ζ 在 $\mathbf{KF}_{tc}$ 中是 **NBG** 的一个嵌入。因此，定理 18.14 表明 Ind^+ 把 $\mathbf{KF}_{tc}$ 的强度提高到了 $\mathbf{NBG}_{<E_0}$ 的强度。

下面，我们将证明剩下的公理 $\mathrm{ECA}_{<E_0}$ 在 Ind^+ 存在的情况下，确实被翻译 ζ 保持。现在，令$k\in\mathbb{N}$并且取一个任意的初始公式$A(U, V, x, \mathbf{a})$。我们需要证明，$\forall \ulcorner \psi(v) \urcorner \in tc$，$\exists \ulcorner \phi_k(u) \urcorner \in tc$，使得

$$(\forall \mathbf{a} \prec \Omega_k)\forall x(T\ulcorner \phi_k(\langle \dot{\mathbf{a}}, \dot{x} \rangle) \urcorner \leftrightarrow A(\lambda v.\ T\ulcorner \psi(\dot{v}) \urcorner,\ \lambda u.\ \exists \mathbf{b} \exists w(u= \langle \mathbf{b}, w\rangle \wedge \mathbf{b} \prec \mathbf{a} \wedge T\ulcorner \phi_k(\langle \dot{\mathbf{b}}, \dot{w} \rangle) \urcorner),\ x,\ \mathbf{a}))。\tag{18-4}$$

代替(18-4)，我们将要证明一个更一般的断言，而(18-4)可由它直接推出。

令⌜$\chi(v)$⌝$\in tc$。我们用T⌜$\chi(\langle\dot{x}, \dot{y}\rangle)$⌝定义关系$x \prec_\chi y$。$\prec_\chi$的域$\mathrm{fd}(\prec_\chi)$被定义为$\{x \mid \exists y(x \prec_\chi y \vee y \prec_\chi x)\}$。根据翻译$\zeta$，基于$\prec_\chi$的超穷归纳和$\prec_\chi$的良基性在$\mathcal{L}_T$中被分别表达如下

$TI^T(\prec_\chi; \Phi)$：$\forall x((\forall y \prec_\chi x)\Phi(y) \to \Phi(x)) \to \forall x\Phi(x)$，其中$\Phi \in \mathcal{L}_T$；

$\mathrm{Wf}^T(\prec_\chi)$：$(\forall$⌜$\phi(v)$⌝$\in tc)(\forall x((\forall y \prec_\chi x)T$⌜$\phi(\dot{y})$⌝$\to T$⌜$\phi(\dot{x})$⌝$) \to$

$\forall xT$⌜$\phi(\dot{x})$⌝)；

注意：$\mathrm{Wf}^T(\prec_\chi)$在一般情况下并不蕴涵$TI^T(\prec_\chi; \Phi)$。

引理 18.16($\mathbf{KF}_{tc}$) 给定一个初等公式$A(X, Y, x, y)$，我们可以找到一个$\mathcal{L}_T$-公式ϕ和Φ使得：$\forall$⌜$\psi(v)$⌝$\in tc$和⌜$\chi(v')$⌝$\in tc$，如果$TI^T(\prec_\chi; \Phi)$成立，那么我们有⌜ϕ⌝$\in tc$并且

$$\forall a \forall x(T\ulcorner\phi(\langle\dot{a}, \dot{x}\rangle)\urcorner \leftrightarrow A(\lambda v.\ T\ulcorner\psi(\dot{v})\urcorner, \lambda u.\ \exists b \exists w(u=\langle b, w\rangle \wedge b \prec_\chi a \wedge T\ulcorner\phi(\langle\dot{b}, \dot{w}\rangle)\urcorner), x, a))。$$

实际上，ϕ和Φ二者都包含⌜ψ⌝和⌜χ⌝作为它们的参数，但是我们没有写出来。

证明 由对角化引理，我们首先取一个公式ϕ(含有参数⌜ψ⌝和⌜χ⌝)使得

$$\phi(\langle a, x\rangle) \leftrightarrow A(\lambda v.\ T\ulcorner\psi(\dot{v})\urcorner, \lambda u.\ \exists b \exists w(u=\langle b, w\rangle \wedge b \prec_\chi a \wedge T\ulcorner\phi(\langle\dot{b}, \dot{w}\rangle)\urcorner), x, a)。$$

下面，我们令Φ为⌜$\phi(\langle\dot{a}, v\rangle)$⌝$\in tc$。现在，假设⌜$\psi$⌝，⌜$\chi$⌝$\in tc$并且$TI^T(\prec_\chi; \Phi)$成立。由$TI^T(\prec_\chi; \Phi)$，只需证明$\forall a$(⌜$\phi(\langle\dot{a}, v\rangle)$⌝$\in tc$)；因为，由对角线化公式的标准构造和引理 18.15，它蕴涵$\forall a \forall x(T$⌜$\phi(\langle\dot{a}, \dot{x}\rangle)$⌝$\leftrightarrow \phi(\langle a, x\rangle))$。

一般地，下面的结论成立：给定带有参数$\vec{z}_0, \vec{z}_1, \cdots, \vec{z}_n$的$\mathcal{L}_T$-公式$\phi_0(\vec{v}_0, \vec{z}_0), \phi_1(\vec{v}_1, \vec{z}_1), \cdots, \phi_n(\vec{v}_n, \vec{z}_n)$使得⌜$\phi_0(\vec{v}_0, \dot{\vec{z}}_0)$⌝，⌜$\phi_1(\vec{v}_1, \dot{\vec{z}}_1)$⌝，$\cdots$，⌜$\phi_n(\vec{v}_n, \dot{\vec{z}}_n)$⌝$\in tc$，如果一个$\mathcal{L}_T$-公式$\phi(\vec{v}, \vec{z})$是从$\mathcal{L}_\in$-原子公式和$\phi_0(\vec{v}_0, \vec{z}_0), \phi_1(\vec{v}_1, \vec{z}_1), \cdots, \phi_n(\vec{v}_n, \vec{z}_n)$(通过联结词和量词)构造的，

那么⌜$\phi(\vec{v}, \vec{\dot{z}})$⌝ $\in tc$成立，这可在ϕ上施元-归纳证明。现在我们由⌜$\psi(v)$⌝ $\in tc$得到⌜T⌜$\psi(\dot{v})$⌝⌝ $\in tc$。因此，(在归纳的每一步中)只需证明

$$\exists b \exists w(u = \langle b, w\rangle \wedge b \prec_{\chi} a \wedge T\ulcorner \phi(\langle \dot{b}, \dot{w}\rangle)\urcorner)$$

属于tc。因为⌜$\chi(v')$⌝ $\in tc$，因此⌜T⌜$\chi(v')$⌝⌝ $\in tc$，所以基础情况是简单的。假设我们已经建立直到$a \in \mathrm{fd}(\prec_{\chi})$的所有断言。$\forall u \in \mathbb{V}$，有

$$F\ulcorner \exists b \exists w(\dot{u} = \langle b, w\rangle \wedge b \prec_{\chi} a \wedge T\ulcorner \phi(\langle \dot{b}, \dot{w}\rangle)\urcorner)\urcorner$$

$$\Leftrightarrow \forall b \forall w(F\ulcorner \dot{u} = \langle \dot{b}, \dot{w}\rangle \wedge \dot{b} \prec_{\chi} \dot{a} \vee F\ulcorner T\ulcorner \phi(\langle \ddot{b}, \ddot{w}\rangle)\urcorner\urcorner)$$

$$\Leftrightarrow \forall b \forall w((u = \langle b, w\rangle \wedge b \prec_{\chi} a) \rightarrow F\ulcorner \phi(\langle \dot{b}, \dot{w}\rangle)\urcorner)$$

$$\overset{\mathrm{IH}}{\Leftrightarrow} \forall b \forall w((u = \langle b, w\rangle \wedge b \prec_{\chi} a) \rightarrow \neg T\ulcorner \phi(\langle \dot{b}, \dot{w}\rangle)\urcorner)$$

$$\Leftrightarrow \forall b \forall w(\neg T\ulcorner \dot{u} = \langle \dot{b}, \dot{w}\rangle \wedge \dot{b} \prec_{\chi} \dot{a}\urcorner \vee \neg T\ulcorner T\ulcorner \phi(\langle \ddot{b}, \ddot{w}\rangle)\urcorner\urcorner)$$

$$\Leftrightarrow \neg T\ulcorner \exists b \exists w(\ulcorner \dot{u} = \langle b, w\rangle \wedge b \prec_{\chi} \dot{a} \wedge T\ulcorner \phi(\langle \dot{b}, \dot{w}\rangle)\urcorner)\urcorner。$$

证毕。

从这个引理可以推出定理18.14，由于$\mathbf{KF}_{tc}+\mathrm{Ind}^{+} \vdash \mathrm{TI}_{\mathcal{L}_{\mathrm{T}}}(<E_0)$并且$(\prec, E_0)$是$\mathcal{L}_{\in}$-可定义的。由此我们有

定理18.17　$\mathbf{NBGW}_{<E_0}$ 是语法可嵌入 $\mathbf{KFW}_{tc}+\mathrm{Ind}^{+}$ 中的。

推论18.18　$\sum_1^1$-Coll(或者，加AC或GC)⊢

$$\forall \alpha \exists \beta > \alpha \exists X \subset V_{\beta}((V_{\beta}, X) \vDash_s \mathbf{NBG}(\text{分别加 C 或 GC})_{<E_0})。$$

与算术上的**KF**[**PA**]和$\mathbf{RT}_{<\varepsilon_0}$的等价相比，在**ZF**上的**KF**比$\mathbf{RT}_{<\varepsilon_0}$强。相应的非类比也同样存在于**SOA**和类型论之间；在**SOA**中，$\sum_1^1$-Coll[**PA**] (=$\sum_1^1$-AC[**PA**])和Δ_1^1-CA[**PA**]都等价于$(\prod_0^1\text{-CA})_{<\varepsilon_0}$，但是正如推论18.18表明的：它的类比在类型论中不成立。在**SOA**和类型论之间存在更加惊人的非类比，其中甚至系统的不相等(强度的)可以在两种情况间改变。例如，我们能够证明Δ_1^1-CA和$\sum_1^1$-Coll比弗里德曼的$\mathbf{ATR}_0$的类理论相应部分$\mathbf{ETR}_0$强，然而$\mathbf{ATR}_0$在**SOA**中比Δ_1^1-CA[**PA**]和$\sum_1^1$-Coll[**PA**]都强。最后，我们以这个不

等价结果的证明来结束本节。

定义 18.19 系统 $\mathbf{ETR}_0$ 被定义为 **NBG** 加上如下的初等超穷递归模式：对每个初等公式 A，

$$\text{ETR}: \forall U \forall X(\text{Wf}(\prec_X) \to \exists V \forall x((V)_x = \{z | A(U, \{\langle y, w\rangle \in V | y \prec_X x\}, z, x)\})),$$

其中$x \prec_X y :\Leftrightarrow \langle x, y\rangle \in X$和 $\text{Wf}(\prec_X)$表示关系$\prec_X$是良基的，所以$\zeta(\text{Wf}(\prec_X))$(带有参数$X$)与 $\text{Wf}^T(\prec_\chi)$(带有参数$\ulcorner\chi\urcorner$)相等。正如预期的那样从 **SOA** 的类比，我们实际上可以证明 $\mathbf{ETR}_0$ 比 $\mathbf{ECA}_{<E_0}$ 强①。

引理 18.20 $\forall \Phi \in \mathcal{L}_T$,

$$\mathbf{KF} \vdash (\forall \ulcorner\chi\urcorner \in tc)(\text{Wf}^T(\prec_\chi) \to TI^T(\prec_\chi; \Phi))。$$

根据翻译ζ，这个模式对应于算术中所谓的 Bar 归纳，因此这个引理表明"杠-归纳"在 **KF** 中是可推出的。

证明 令$\ulcorner\chi\urcorner \in tc$并且假设 $\text{Wf}^T(\prec_\chi)$成立。为了得到一个矛盾，我们假设$\neg TI^T(\prec_\chi; \Phi)$成立。那么，我们有

$$\exists x \neg\Phi(x) \wedge \forall x(\neg\Phi(x) \to (\exists y \prec_\chi x)\neg\Phi(y))。\quad (18\text{-}5)$$

由引理 16.11 可得：存在$\alpha \in On$ 使得$\ulcorner\chi\urcorner \in V_\alpha$ 并且 V_α 是(18-5)的模型。那么，关于$\prec_\chi$，$\{x \in V_\alpha | \neg\Phi^{V_\alpha}(x)\}$是一个非良基集；这与假设 $\text{Wf}^T(\prec_\chi)$矛盾。证毕。

定理 18.21(KF) $\{\alpha | (\exists X \subset V_\alpha)((V_\alpha, X) \vDash_s \text{ETR}_0 + \sum^1_\infty\text{-Sep})\}$在 On 中是无界的。

证明 用与 $\mathbf{ATR}_0$ 的情况类似的方式，我们可以证明 $\mathbf{ETR}_0$ 是有穷可公理化的，并且实际上只用 ETR 的一个单一实例就足以推出所有其他的实例都在

① 我们首先依据 § 15.5 的真值谓词 Tr 导出 NBG 的整体反射原则；E_0的良基性由此得到证明.然后我们证明了一些足够大的极限序数$\lhd$ 的良序型，而且E_0作为这样的极限序数$\lhd$ 的真始段。最后，对$\lhd$ 采用与第 17 章中类似的论证，用 ETR 和$\lhd$ 一起，我们得到了 $\text{NBG}_{<E_0}$ 的一致性。

NBG 中[用一个类似于图灵(A. M. Turing)跳跃算子和层的类理论或者用在§15.4 中的论证]。令Ψ是这样的一个 ETR-实例并且令

$\Psi :\equiv \forall U \forall X(\mathrm{Wf}(\prec_X) \to \exists V \forall x((V)_x = \{z|A(U, \{\langle y, w\rangle \in V | y \prec_X x\}, z, x)\}))$。

令$\Gamma =$ **NBG** $\cup \{\Psi\}$ $(=$ **ETR**$_0)$。$\forall \alpha \in On$。只需证明$\exists \beta > \alpha$使得$V_\beta \vDash \zeta(\Gamma)(\subset \mathcal{L}_T)$。给定上面固定的$A$，我们可以从引理 18.16 和引理 18.20 的证明看出存在一个 Sep^+ 和 Repl^+ 的有穷多实例的集合Δ使得 **KF**$_{tc} \cup \Delta \vdash \zeta(\Gamma)$；因为，由引理 18.20，如果 $\mathrm{Wf}^T(\prec_X)$，就A而言在引理 18.16 中取一个适当的Φ，我们能够推出(只用有穷多个 Sep^+ 和 Repl^+ 的实例)$TI^T(\prec_X; \Phi)$，那么由引理 18.16 我们得到$\zeta(\Psi)$。因此，由引理 18.4 我们只能取满足$V_\beta \vDash_s$ **KF**$_{tc} \cup \Delta$的β。证毕。

我们知道 **ATR**$_0$ 比 $\sum_1^1$-Coll[**PA**] $(= \sum_1^1$-AC[**PA**])强：它们的证明论序数分别是Γ_0和$\varphi_{\varepsilon_0}0$。反之，这个定理告诉我们：在类理论中 $\sum_1^1$-Coll 是“有意义地”比 **ATR**$_0$ 的类理论部分强。现在，我们还可以考虑 **ATR** 的类理论部分的一个系统 **ETR** $:=$ **ETR**$_0 + \sum_\infty^1$-Sep$+ \sum_\infty^1$-Repl。众所周知，**ATR** 比 **ATR**$_0$ 强得多并且它的序数是Γ_{ε_0}。然而，对定理 18.21 的证明稍做一下修改，我们甚至可以证明 **ETR** $\subset_{\mathcal{L}_\in} \sum_1^1$-Coll。①假设对一个$\mathcal{L}_\in$-语句$\sigma$，**ETR** $\vdash \sigma$。那么，存在一个 $\sum_\infty^1$-Sep 和 $\sum_\infty^1$-Repl 的一个有穷多实例的集合Ξ使得 **ETR**$_0 \cup \Xi \vdash \sigma$。因此，我们可以在定理 18.21 的证明中再取一个β使得$V_\beta \vDash_s$ **KF**$_{tc} \cup \Delta \cup \zeta(\Xi)$并且$V_\beta$满足$\sigma$。在 **SOA** 和类理论二者之间的这种强的不类似主要是由分离公理模式和替换公理模式的存在作为类理论中默认的公理模式引起的。

---

① 实际上，我们可以由引理 18.9 和佐藤在[37]中的一些结果证明 $\sum_1^1$-Coll $\vdash$ Con(ETR)，因此我们有 ETR $\not\subset_{\mathcal{L}_\in} \sum_1^1$-Coll。

注意 在 **SOA** 的情况下，$\mathbf{ATR}_0$ 证明了 $\sum_1^1$-Coll[**PA**]的一个编码的ω-模型的存在(参见文献[39]，Ⅷ.3)，它导致了 $\mathbf{ATR}_0 \vdash \mathrm{Con}(\sum_1^1\text{-Coll}[\mathbf{PA}])$。然而，正如我们已经证明的，$\sum_1^1$-Coll 的确比 $\mathbf{ETR}_0$ 强，因此一个类似的证明将在类理论的这种情况中不成立。在 $\mathbf{ATR}_0$ 中 $\sum_1^1$-Coll[**PA**]的一个编码的ω-模型的构造本质上用了良基的 $\prod_1^1$-完全性，并且在 **SOA** 和类理论二者之间一个关键的不同就在于这一点。在类理论中，良基性是初等可表达的。更确切地，$\mathrm{Wf}^T(\prec_X)$在 **NBG** 中等价于初等陈述$\forall a(a\neq\emptyset\rightarrow(\exists x\in a)(\forall y\in a)(y\prec_X x))$的；此外，在 AC 的假设下它等价于不存在 $\prec_X$的ω-递降链。事实上，良基的初等可表达性引起了 **SOA** 和类理论之间更多的不可类比性。①

① 佐藤的文章[37]介绍了一些初等超限递归的变种，使得它们的算术部分是等价的，并且证明了在类理论中它们的不等价。他还证明了 $\prod_1^1$-规约的系统 $\prod_1^1$-Red_0 和固定点系统 FP_0(在我的记法中)都强于所有那些变种，而双方的算术部分都是等价的。这些现象主要是由类理论中的良基的初等表达力引起的。

第 19 章
类理论的力迫和整体选择公理的保守性

本章，我们将看到把 GC 添加到一个已经带有 AC 的系统中在大多数情况下不能产生新的$\mathcal{L}_{\in}$-定理。所以，我们将得到 MK 的到目前为止提到的大多数带有 GC 的子系统在那些只有 AC(没有 GC)的子系统上都是 $\prod_0^1$-保守的。GC 的保守性对于类理论的研究具有特殊的意义，因为关于集合论的 Jäger-Schütte 型的无穷证明论的技术是非常有用的，但是在没有 GC 的情况下它们似乎不是有效的。

§19.1　类理论的力迫定理

本节，我们的主要工具是丘瓦基的文章[6]中的力迫法，而这种力迫法最初是为 **MK** 设计的；接下来，我们将取与菲尔格纳(U. Felgner)文章[12]中相同的力迫概念来证明 **NBGC**$=_{\mathcal{L}\in}$**NBGGC**。

贯穿于本节，我们固定两个可数集合M和M_1使得

(1)M是一个传递集，

(2)M和M_1都是可数的，

(3)$M_1\subset\wp(M)$，

(4)$(M, M_1)\vDash_s$**NBGC**；

注意从条件(3)和(4)可以推出$M\subset M_1$，因此M_1也是传递的。可数的标准$\mathcal{L}_2$-结构$\mathfrak{M}=(M, M_1)$将是下面力迫论证的基本模型。

丘瓦基的初始设定与我们现在的不同；他采用了类理论的一阶陈述，其中"x是一个集合"被表示为"$\exists z(x \in z)$"，本文中我们采用二阶陈述。这二者在某些方面是不同的(例如，类之间的外延性)，但是在本节我们基本上可以辨别出它们。如果$\mathfrak{M}$满足条件(1)～(4)，那么我们可以证明：$\forall X \in M_1$，$X \in M$当且仅当$\exists Y \in M(X \in Y)$。因此，当单个的集合M_1被看作对**NBGC**的一阶陈述的一个标准的$\mathcal{L}$-结构时，即：$\mathfrak{M}$的一阶部分(即M)和$\mathcal{L}_{\in}$-结构M_1的集合部分(即$\{X \in M_1 \mid \exists Y \in M_1(X \in Y)\}$)一致并且我们可以相应地识别它们。在下文中，我们将对我们当前的类理论的二阶陈述引入力迫，但是由于这种匹配，许多丘瓦基的论点和证明都能简单地修改成我们现在要建立的论点和证明，当它们能直接从文献[6]中的论点和证明直接搬过来时，我们将省略证明。

我们从常规的定义开始。

定义 19.1 一个力迫的概念是一个对$\langle \mathbb{P}, \leqslant \rangle$，其中$\leqslant$是类$\mathbb{P}$上的带有最大元$1_{\mathbb{P}}$的一个偏序类。令$p$，$q \in \mathbb{P}$。当$q \leqslant p$时，我们说$q$扩张了$p$；如果存在$r \in \mathbb{P}$使得$r \leqslant q$并且$r \leqslant p$，那么称$p$和$q$是相容的；当$p$和$q$是不相容的，我们记作$p \perp q$；如果在$\mathbb{P}$中$p$和$q$的最大下界存在，我们用$p \otimes q$表示。在下文中，我们总是假设在$\mathfrak{M}$中，$\langle \mathbb{P}, \leqslant \rangle$是一个力迫概念。

定义 19.2 一个$\mathfrak{M}$-可定义子集M是一个$\mathfrak{M}$-谓词：即，D是一个$\mathfrak{M}$-谓词当且仅当对某个$\mathcal{L}_2$-公式Φ(可能带有$\mathfrak{M}$的参数)，$D = \{x \in M \mid \mathfrak{M} \models \Phi(x)\}$；相比之下，我们称$M_1$的一个元素是一个$\mathfrak{M}$-类；注意：每个$\mathfrak{M}$-类$D \in M_1$都是一个$\mathfrak{M}$-谓词并且如果$\mathfrak{M} \models$**MK**，那么逆也成立。令$D \subset \mathbb{P}$是一个$\mathfrak{M}$-谓词并且$p \in \mathbb{P}$。$D$是稠密的(或者在$p \in \mathbb{P}$下是稠密的)当且仅当$\forall q \in \mathbb{P}$($q \leqslant p$，分别地)，存在$r \in D$扩张$q$；$D$是一个截面当且仅当$\forall p \in D$的所有扩张都包含在$D$中；$D$是一个滤子当且仅当

(1)$p \in D$并且$p \leqslant q$蕴涵$q \in D$；(2)对每个p，$q \in D$存在$r \in D$扩张p和q二者。

定义 19.3([6]) 一个滤子$G \subset \mathbb{P}$是M_1(或者$\mathfrak{M}$)上$\mathbb{P}$-兼纳的，如果对所有

非空稠密$\mathfrak{M}$-类($\mathfrak{M}$-谓词，分别地)$D\subset\mathbb{P}$，$D\cap G=\varnothing$。M_1(或者$\mathfrak{M}$)上的一个$\mathbb{P}$-兼纳滤子G是M_1(或者$\mathfrak{M}$，分别地)上强$\mathbb{P}$-兼纳的，如果对每个序数$\beta\in\mathfrak{M}$，存在$\mathbb{P}$一个子集$c_\beta\in\mathbb{V}^{\mathfrak{M}}=M$使得对每个稠密的$\mathfrak{M}$-类($\mathfrak{M}$-谓词，分别地)截面的$\beta$-序列$\langle D_\alpha\rangle_{\alpha<\beta}$，存在$q\in G$满足

$$(\forall\alpha<\beta)(\exists p_\alpha\in c_\beta\cap G)(\text{“}p_\alpha\otimes q\text{存在”}\wedge p_\alpha\otimes q\in D_\alpha),$$

其中一个“β-序列”被定义为一个$\mathfrak{M}$-类($\mathfrak{M}$-谓词，分别地)U使得$\forall\alpha<\beta$，都有$(U)_\alpha=D_\alpha$。

引理 19.4　令G是M_1(或者$\mathfrak{M}$)上的强$\mathbb{P}$-兼纳的并且$p\in G$。那么，对每个$\beta\in On^{\mathfrak{M}}$，存在$\mathbb{P}$的一个子集$c\in M$使得在$p$下的稠密的$\mathfrak{M}$-类($\mathfrak{M}$-谓词，分别地)截面的$\beta$-序列$\langle D_\alpha\rangle_{\alpha<\beta}$，存在$q\in G$满足

$$(\forall\alpha<\beta)(\exists r_\alpha\in c\cap G)(\text{“}r_\alpha\otimes q\text{存在”}\wedge r_\alpha\otimes q\in D_\alpha\wedge r_\alpha\otimes q\leqslant p)。$$

证明　对每个β取相同的c_β，其中它的存在是由对于稠密截面的β-序列的强$\mathbb{P}$-兼纳所假定的。取p下的稠密截面的任意的序列$\langle D_\alpha\rangle_{\alpha<\beta}$并且令$D'_\alpha:=\{s\in D_\alpha\mid s\leqslant p\}$；$D_\alpha$也是$p$下的稠密截面。我们考虑一个由$E_\alpha:=D'_\alpha\cup\{r\in\mathbb{P}\mid r\perp p\}$定义的新序列$\langle E_\alpha\rangle_{\alpha<\beta}$；每个$E_\alpha$都是一个稠密截面。由$c_\beta$和$G$的强$\mathbb{P}$-兼纳的选择，存在一个$q\in G$使得

$$(\forall\alpha<\beta)(\exists r_\alpha\in c_\beta\cap G)(\text{“}r_\alpha\otimes q\text{存在”}\wedge r_\alpha\otimes q\in E_\alpha),$$

因为$\alpha<\beta$，取这样的$r_\alpha\in c_\beta\cap G$。那么，$r_\alpha\otimes q\in G$与$p$是相容的；因此$r_\alpha\otimes q\in D'_\alpha$并且$r_\alpha\otimes q\leqslant p$。证毕。

由于$\mathfrak{M}$是可数的并且只存在可数多个$\mathfrak{M}$-谓词，下面的引理用标准的方法证明；但是要注意这里是我们需要用到$\mathfrak{M}$的可数性的唯一地方。

引理 19.5　对$\mathfrak{M}$中任意的力迫概念$\mathbb{P}$和$p\in\mathbb{P}$，存在$\mathfrak{M}$上一个$\mathbb{P}$-兼纳滤子G使得$p\in G$。

给定$G\subset$P，我们把关系$y\in_G x$定义为$\exists p\in G(\langle y,p\rangle\in x)$。用$\in$-递归，把$x\in M$的值$K_G(x)$被定义为$\{K_G(y)\mid y\in_G x\}$；那么$X\in M_1$的值$K_G(X)$被定义为

$\{K_G(x)|x\in_G X\}$。令G是M_1上的一个$\mathbb{P}$-兼纳滤子。我们令$M[G]=\{K_G(x)|x\in X\}$并且令$M_1[G]:=\{K_G(X)|X\in M_1\}$；我们易验证$M[G]\subset M_1[G]\subset\wp(M[G])$并且$M[G]$和$M_1[G]$都是传递的。那么，兼纳模型$\mathfrak{M}[G]$被定义为$(M[G], M_1[G])$；为了简洁，对于$x\in M$，我们用$x_G$来表示$K_G(x)$；并且对$X\in M_1$，我们用$X_G$来表示$K_G(X)$。下一步，(用$\in$-递归)对每个$x\in M$，令$\breve{x}:=\{\langle\breve{z}, 1_{\mathbb{P}}\rangle|z\in x\}$为所谓的检验函数；那么，对于每个$X\in M_1$，$\breve{X}:=\{\langle\breve{z}, 1_{\mathbb{P}}\rangle|x\in X\}$；我们能够标准地证明$\breve{x}_G=x$和$\breve{X}_G=X$。那么，由于$\mathfrak{M}\vDash$NBGC和$\breve{x}$是绝对可定义的，所以对于$x\in M$和$X\in M_1$，我们分别有$\breve{x}\in M$和$\breve{X}\in M_1$；因此，我们有$M\subset M[G]$并且$M_1\subset M_1[G]$。利用$M\subset M[G]$并且$M_1\subset M_1[G]$，我们可以标准地证明$On^{\mathfrak{M}}=On^{\mathfrak{M}[G]}$。最后，我们定义$\Gamma:=\{\langle\breve{p}, p\rangle|p\in\mathbb{P}\}\in M_1$；于是，我们有

$$\Gamma_G=G\in M_1[G]。$$

令$\phi^{\mathfrak{M}}$(或者$\phi^{\mathfrak{M}[G]}$)表示一个$\mathcal{L}_2$-公式对于标准$\mathcal{L}_2$-结构$\mathfrak{M}=(M, M_1)$(分别地，$\mathfrak{M}[G]=(M[G], M_1[G])$)的相对化，在此结构中，$\forall x$相对于$\forall x\in M$(或者$\forall x\in M[G]$)，$\forall X$相对于$\forall X\in M_1$(分别地，$\forall X\in M_1[G]$)；在下文中，我们有时也用$\mathfrak{M}\vDash\phi$和$\mathfrak{M}[G]\vDash\phi$分别代替$\phi^{\mathfrak{M}}$和$\phi^{\mathfrak{M}[G]}$。

定义 19.6 令$p\in\mathbb{P}$，$\vec{x}\in M$并且$\vec{X}\in M_1$。我们说p在M_1上(或在$\mathfrak{M}$上)力迫$\phi(\vec{x}, \vec{X})$，记作$p\Vdash_{M_1}\phi$(分别地，$p\Vdash_{\mathfrak{M}}\phi$)，当且仅当在$M_1$上(分别地，$\mathfrak{M}$上)对每个$\mathbb{P}$-兼纳滤子$G$都有$M[G]\vDash\phi(\vec{x}_G, \vec{X}_G)$并且$p\in G$。

下面，我们(按惯例)在基础模型$\mathfrak{M}$中表达力迫关系。对于每个$\mathcal{L}_2$-公式$\phi(\vec{z}, \vec{Z})$，我们(通过元-递归)定义关系$\Vdash*\phi(\vec{z}, \vec{Z})$如下。

$$\begin{aligned}p\Vdash * x=y:\Leftrightarrow\ &\forall z\forall s(\langle z, s\rangle\in x\to(\{q\leqslant p|s\geqslant q\to\\&\exists w(\exists s'\geqslant q)(\langle w, s'\rangle\in y\wedge q\Vdash * z=w)\}\text{在}p\text{下稠密}))\wedge\\&\forall w\forall s'(\langle w, s'\rangle\in y\to(\{q\leqslant p|s'\geqslant q\to\\&\exists z(\exists s\geqslant q)(\langle z, s\rangle\in x\wedge q\Vdash * z=w)\}\text{在}p\text{下稠密}));\end{aligned}$$

$p\Vdash^* x\in y:\Leftrightarrow\{q\leqslant p\mid\exists z(\exists s\geqslant q)(\langle z, s\rangle\in y\wedge q\Vdash^* x=z)\}$在$p$下稠密；

$p\Vdash^* x\in X:\Leftrightarrow\{q\leqslant p\mid\exists z(\exists s\geqslant q)(\langle z, s\rangle\in X\wedge q\Vdash^* x=z)\}$在$p$下稠密；

$p\Vdash^* \neg\psi:\Leftrightarrow(\forall q\leqslant p)(q\nVdash^* \psi)$；

$p\Vdash^* \psi_0\wedge\psi_1:\Leftrightarrow(p\Vdash^* \psi_0)\wedge(p\Vdash^* \psi_1)$；

$p\Vdash^* \forall x\psi(x):\Leftrightarrow\forall x(p\Vdash^* \psi(x))$；

$p\Vdash^* \forall X\psi(X):\Leftrightarrow\forall X(p\Vdash^* \psi(X))$。

这些定义都是针对我们当前的二阶背景，对丘瓦基最初定义的直接修改；不过我们要注意对$p\Vdash^* x=y$的定义是从文献[6]中丘瓦基最初的定义修改而来的。[①]关系$\Vdash^*$很明显满足扩充性质，即：如果$p\Vdash^* \phi$，并且$q\leqslant p$，那么$q\Vdash^* \phi$。我们可以标准地证明$p\Vdash^* \phi$当且仅当$\{q\mid q\Vdash^* \phi\}$在p下稠密。现在，我们就可以标准地证明所谓的力迫定理。

引理 19.7(力迫定理)　令ϕ是一个初等公式并且ψ是一个任意的$\mathcal{L}_2$-公式。下面的结论成立：

1. $(\forall p\in\mathbb{P})(\forall\vec{x}\in M)(\forall\vec{X}\in M_1)(p\Vdash_{M_1}\phi(\vec{x},\vec{X})\leftrightarrow$

   $(p\Vdash^* \phi(\vec{x},\vec{X}))^{\mathfrak{M}})$；

2. $(\forall p\in\mathbb{P})(\forall\vec{x}\in M)(\forall\vec{X}\in M_1)(p\Vdash_{\mathfrak{M}}\psi(\vec{x},\vec{X})\leftrightarrow$

   $(p\Vdash^* \psi(\vec{x},\vec{X}))^{\mathfrak{M}})$；

3. $(\forall\vec{x}\in M)(\forall\vec{X}\in M_1)(\phi^{\mathfrak{M}[G]}(\vec{x}_G,\vec{X}_G)\leftrightarrow(\exists p\in G)(p\Vdash_{M1}\phi(\vec{x},$

   $\vec{X})))$，对M_1上所有的$\mathbb{P}$-兼纳滤子G；

4. $(\forall\vec{x}\in M)(\forall\vec{X}\in M_1)(\psi^{\mathfrak{M}[G]}(\vec{x}_G,\vec{X}_G)\leftrightarrow(\exists p\in G)(p\Vdash_{\mathfrak{M}}\psi(\vec{x},$

   $\vec{X})))$，对$\mathfrak{M}$上所有的$\mathbb{P}$-兼纳滤子G；

需要注意的是，如果ϕ是一个初等公式，那么$p\Vdash^* \phi$也是。

---

① 丘瓦基最初在［6］中对力迫关系所下的定义是有错误的，因此这里我们采用了［28］中的“标准”定义，并针对我们当前的二层背景做了明显改动，但是在改动中，没有引入$\mathbb{P}$-名字。

丘瓦基证明了当基础模型$\mathfrak{M}$是 **MK**+GC 的一个模型并且G是M_1上的强$\mathbb{P}$-兼纳滤子时，$\mathfrak{M}[G]$是 **MK**+GC 的一个模型。从丘瓦基的证明可以看出：

(1)在$\mathfrak{M}[G]$中，AC 足以推导出除 GC 之外的所有 **MK**-公理(当然，AC 需要文献[6]中的引理 5.5～引理 5.9)；

(2)对每个初等公式ϕ而言，关系$p \Vdash * \phi$也是初等的，因此要在$\mathfrak{M}[G]$中推导 ECA，只需要 ECA 在$\mathfrak{M}$中；

(3)文献[6]中的引理 5.5 给出了$\mathfrak{M}[G] \vDash$Aus；

(4)由于只在证明$\mathfrak{M}[G] \vDash \sum_{\infty}^{1}$-CA 时才涉及非初等公式，因此，在证明$\mathfrak{M}[G]$是其他公理的一个模型，对那些初等公式才需要用到力迫定理。

所以，我们有下面的定理。

定理 19.8(文献[6])　假设$\mathfrak{M}$是 **NBGC** 的一个模型，那么，对任意的力迫概念$\mathbb{P} \in M$以及M_1上的强$\mathbb{P}$-兼纳滤子G，$\mathfrak{M}[G]$是 **NBG** 的一个模型。另外，我们可以按照[28，Ch. Ⅶ，定理 42]的标准方法证明$\mathfrak{M}[G] \vDash$AC。

下面的引理可以按照文献[6]中的方法证明。

引理 19.9　如果$\mathfrak{N}=(X, Y)$是 **NBGC** 的一个传递标准模型，并且$M \subset X$，$M_1 \subset Y$，$Y \subset \wp(X)$，以及$G \in Y$，那么在$\mathfrak{N}$中存在一个类函数K，它在$M=\mathbb{V}^{\mathfrak{M}}$上的限制$K\restriction_M$与$K_G\restriction_M$一致，所以，$\mathfrak{M}[G]$是$\mathfrak{N}$的一个子结构。

证明　在$\mathfrak{N}$中首先定义K，它的定义与K_G相同，然后用$\in$-归纳证明二者在M上一致。证毕。

在下文中，我们将不再区别$\Vdash_{M_1}$和$\Vdash_{\mathfrak{M}}$，而是简单记作$\Vdash$；这种记法不会引起混乱。

引理 19.10　令 $\mathbf{a} \prec E_0$ 并且假设 $\mathbf{a} \in M$；特别地，对于所有的$k \in \mathbb{N}$，都有$\Omega_k \in M$。对任意的力迫概念$\mathbb{P}$及M_1上的$\mathbb{P}$-兼纳滤子G，如果基础模型$\mathfrak{M}$是 **ECA$_\mathbf{a}$** 的一个模型，并且$\mathfrak{M}[G]$已经是 NBG 的一个模型，那么$\mathfrak{M}[G]$是 **ECA$_\mathbf{a}$** 的一个模型。

证明　首先，可以看出：$E_0{}^{\mathfrak{M}}=E_0{}^{\mathfrak{M}[G]}$；这一点可以通过施归纳于$E_0$的构造，用$On^{\mathfrak{M}}=On^{\mathfrak{M}[G]}$以及$E_0$的绝对性证明。我们用 $\mathbf{b}\prec^{\mathfrak{M}}\mathbf{a}$ 表示 $\mathbf{b}\in M\wedge\mathbf{b}\prec\mathbf{a}$。现在，固定一个初等公式$A(X, Y, x, y)$和参数$U\in M_1$。由$\mathfrak{M}$中的 $\mathbf{ECA_a}$ 可得：存在一个$\mathfrak{M}$-类$V\in M_1$使得

$$(\forall\mathbf{b}\prec^{\mathfrak{M}}\mathbf{a})(\forall x\in M)(\forall p\in M)(\langle x, p\rangle\in(V)_{\mathbf{b}}\leftrightarrow$$

$$((p\Vdash A(U, X, x, \check{\mathbf{b}}))[(V)^{\mathbf{b}*}/X]\wedge p\in\mathbb{P})),$$

其中$(V)^{\mathbf{b}*}:=\{\langle x, p\rangle|(\exists z\in M)(\exists\mathbf{c}\prec^{\mathfrak{M}}\mathbf{b})((p\Vdash x=\langle\check{\mathbf{c}}, z\rangle)\wedge\langle z, p\rangle\in(V)_{\mathbf{c}})\}$；在上面，我们用符号“$\Phi[Z/X]$”清楚地区分了$\mathfrak{M}$中的运算与$p\Vdash$中的运算。注意，如果$q\leqslant p$并且对 $\mathbf{b}\prec^{\mathfrak{M}}\mathbf{a}$，$\langle x, p\rangle\in(V)_{\mathbf{b}}$，那么由扩张性可得$\langle x, q\rangle\in(V)_{\mathbf{b}}$。我们从$V$定义一个新类

$$W:=\{\langle\mathbf{b}, x\rangle|(\exists z\in M)(\exists p\in G)(z_G=x\wedge\langle z, p\rangle\in(V)_{\mathbf{b}})\}\in N[G]。$$

对每个 $\mathbf{b}\prec^{\mathfrak{M}}\mathbf{a}$ 和$x\in M[G]$，我们有

$$x\in(W)_{\mathbf{b}}\Leftrightarrow(\exists z\in M)(\exists p\in G)(z_G=x\wedge\langle z, p\rangle\in(V)_{\mathbf{b}})\Leftrightarrow x\in((V)_{\mathbf{b}})_G \tag{19-1}$$

$$x\in(W)_{\mathbf{b}}\Leftrightarrow(\exists z\in M)(\exists p\in G)((p\Vdash A(U, X, x, \check{\mathbf{b}}))[(V)^{\mathbf{b}*}/X]\wedge z_G=x)$$

$$\Leftrightarrow\mathfrak{M}[G]\vDash A(U_G, (V)_G^{b*}, x, \mathbf{b})。\tag{19-2}$$

因此，由于最后的等值式(19-2)，只需证明对所有的 $\mathbf{b}\prec^{\mathfrak{M}}\mathbf{a}$ 都有$(W)^{\mathbf{b}}=(V)_G^{\mathbf{b}*}$(因为我们有$E_0{}^{\mathfrak{M}}=E_0{}^{\mathfrak{M}[G]}$)。于是，对每个$x\in M$，我们有

$$x_G\in(V)_G^{\mathbf{b}*}\Leftrightarrow(\exists p\in G)(\langle x, p\rangle\in(V)^{\mathbf{b}*})$$

$$\Leftrightarrow(\exists p\in G)(\exists z\in M)(\exists\mathbf{c}\prec^{\mathfrak{M}}\mathbf{b})((p\Vdash x=\langle\check{\mathbf{c}}, z\rangle)\wedge\langle z, p\rangle\in(V)_{\mathbf{c}})$$

$$\Leftrightarrow(\exists z\in M)(\exists\mathbf{c}\prec^{\mathfrak{M}}\mathbf{b})(\exists p, q\in G)(q\Vdash x=\langle\check{\mathbf{c}}, z\rangle\wedge\langle z, p\rangle\in(V)_{\mathbf{c}})$$

$$\Leftrightarrow(\exists z\in M)(\exists\mathbf{c}\prec^{\mathfrak{M}}\mathbf{b})(x_G=\langle\mathbf{c}, z_G\rangle\wedge z_G\in((V)_{\mathbf{c}})_G)$$

$$\overset{(19\text{-}1)}{\Leftrightarrow}(\exists z\in M)(\exists\mathbf{c}\prec^{\mathfrak{M}}\mathbf{b})(x_G=\langle\mathbf{c}, z_G\rangle\wedge z_G\in(W)_{\mathbf{c}})\Leftrightarrow\mathfrak{M}[G]\vDash x_G\in(W)^{\mathbf{b}};$$

第三个等值式是依据G的滤子性质以及前述V的性质得出的。证毕。

引理 19.11　令$\mathbb{P}$是一个力迫概念，G是$\mathfrak{M}$上的一个强$\mathbb{P}$-兼纳滤子。如果

$\mathfrak{M}$是 $\sum^1_\infty$-Sep + $\sum^1_\infty$-Repl 的一个模型，那么$\mathfrak{M}[G]$是 $\sum^1_\infty$-Repl 的一个模型。

证明 固定参数$\vec{U}\in N$以及$a,\vec{v}\in M$，并假设

$$\mathfrak{M}[G]\vDash(\forall x\in a_G)\exists!\ y\Phi(x,y,\vec{v}_G,\vec{U}_G)。$$

由力迫定理，取$p\in G$使得$p\Vdash\forall x\exists y(x\in a\to\Phi(x,y,v,U))$。对于每个$x\in\mathrm{Dom}(a)$，我们定义一个$\mathfrak{M}$-谓词$D_x$如下。

$$D_x=\{q\in\mathbb{P}\mid(\exists y\in M)(q\Vdash x\in a\to\Phi(x,y,\vec{v},\vec{U}))\}。$$

那么，对所有$x\in\mathrm{Dom}(a)$，D_x在p下是稠密的；由力迫定理和$\Vdash^*$的定义，我们有

$$p\Vdash\forall x\exists y(x\in a\to\Phi(x,y,\vec{v},\vec{U}))$$

$$\Leftrightarrow(\forall x\in M)(\forall q\leqslant p)(\exists r\leqslant q)(\exists y\in M)(r\Vdash x\in a\to\Phi(x,y,\vec{v},\vec{U}))。$$

此外，根据扩充性质，每个D_x都是p下的一个稠密截口。我们将禁止使用参数。

从引理 19.4 可以推出，在$M(=\mathbb{V}^{\mathfrak{M}})$中存在$c\subset\mathbb{P}$和$p^*\in G$使得

$$(\forall x\in\mathrm{Dom}(a))(\exists q\in c\cap G)(\text{“}q\otimes p^*\text{存在”}\wedge q\otimes p^*\in D_x\wedge q\otimes p^*\leqslant p);$$

注意，我们在此利用($\mathfrak{M}$中的)AC 来枚举 $\mathrm{Dom}(a)$。那么，我们令$d:=\{r\mid\exists q\in c(r=q\otimes p^*)\}$；由$\mathfrak{M}$中的 REPL 可得：$d$在$\mathbb{V}^{\mathfrak{M}}$中存在。在$\mathfrak{M}$中，

$$(\forall x\in\mathrm{Dom}(a))(\forall r\in d)((\exists y\in M)(r\Vdash x\in a\to\Phi(x,y)))$$

成立。由$\mathfrak{M}$中的 $\sum^1_\infty$-Repl(实际上，$\sum^1_\infty$-收集的公理模式可以在 CFA 存在的情况下推出)可得：存在一个集合$b'\in M$使得

$$(\forall x\in\mathrm{Dom}(a))(\forall r\in d)(\exists y(r\Vdash x\in a\to\Phi(x,y))\to(\exists y\in b')(r\Vdash x\in a\to\Phi(x,y)))。$$

最后，令$b:=b'\times\{1_{\mathbb{P}}\}\in M$；那么，$b_G=\{y_G\mid y\in b'\}$。$\forall x'\in a_G$；$\exists x\in M$使得$x\in_G a$并且$x_G=x'$。选择$q\in c\cap G$使得$q\otimes p^*\in d\cap D_x$；因此，对某个$y\in b'$，$q\otimes p^*\Vdash x\in a\to\Phi(x,y)$。由于$q\otimes p^*\in G$，我们最终得到，对于$y_G\in b_G$，$(x_G\in a_G\to\Phi(x_G,y_G))^{\mathfrak{M}[G]}$。证毕。

引理 19.12 令$\mathbb{P}$是一个力迫概念并且G是$\mathfrak{M}$上的一个强$\mathbb{P}$-兼纳滤子，如果$\mathfrak{M}$是 $\sum^1_\infty$-Sep+ $\sum^1_\infty$-Repl 的一个模型，那么$\mathfrak{M}[G]$也是 $\sum^1_\infty$-Sep 的一个模型。

证明　取一个 $\sum_{\infty}^{1}$-公式$\Phi(x,\vec{v},\vec{U})$，我们将要证明：对每个固定的参数 a，$\vec{v}\in M$和$\vec{U}\in M_1$，

$$(\exists b\in M)(\forall x\in M)[x_G\in b_G\leftrightarrow x_G\in a_G\wedge\mathfrak{M}[G]\vDash\Phi(x_G,\vec{v}_G,\vec{U}_G)]。$$

我们删去参数$\vec{v}$和$\vec{U}$。给定$x\in\mathrm{Dom}(a)$，我们令一个$\mathfrak{M}$-谓词D_x为

$$D_x:=\{p\in\mathbb{P}\mid(p\Vdash x\in a\wedge\Phi(x))\vee(p\Vdash\neg(x\in a\wedge\Phi(x)))\};$$

D_x是一个稠密截口。由于G是$\mathfrak{M}$上强的$\mathbb{P}$-兼纳滤子，那么在M中存在$c\subset \mathrm{P}$和$p*\in G$使得

$$(\forall x\in\mathrm{Dom}(a))(\exists q\in c\cap G)(\text{“}q\otimes p*\text{存在”}\wedge q\otimes p*\in D_x)。\quad(19\text{-}3)$$

在$\mathfrak{M}$中，由$\sum_{\infty}^{1}$-Sep，我们取

$$b:=\{\langle x,q\rangle\in\mathrm{Dom}(a)\times c\mid\exists r(r=q\otimes p*\wedge(r\Vdash x\in a\wedge\Phi(x)))\}。$$

我们将证明b_G是所求集合。一个方向，观察到$\forall x\in M$，

$$x_G\in b_G\Rightarrow(\exists q\in G)\exists z(\langle z,q\rangle\in b\wedge z_G=x_G)$$
$$\Rightarrow(\exists q\in G)\exists z(z_G=x_G\wedge\exists r(r=q\otimes p*\wedge(r\Vdash z\in a\wedge\Phi(z))));$$

由力迫定理，因为上面选取的r在G中，所以，上面最后一个公式蕴涵$x_G\in a_G$并且$\mathfrak{M}[G]\vDash\Phi(x_G)$。反之，假设$\mathfrak{M}[G]\vDash x_G\in a_G\wedge\Phi(x_G)$，由式(19-3)和$x_G\in a_G$，我们可以找到某个$z\in M$和$q\in c\cap G$使得$z_G=x_G$，$z\in\mathrm{Dom}(a)$并且$q\otimes p*\in D_z$。因为$q\otimes p*\in G$，我们有$q\otimes p*\Vdash z\in a\wedge\Phi(z)$，这蕴涵$\langle z,q\rangle\in b$，因此$x_G=z_G\in b_G$。证毕。

从现在开始，我们固定下面的力迫概念 P(在$\mathfrak{M}$中)：

$$\mathbb{P}:=\{f\mid\mathrm{Fun}(f)\wedge\exists\alpha(\mathrm{Dom}(f)=V_\alpha\wedge(\forall x\in V_\alpha)(x\neq\emptyset\to f(x)\in x))\}。\quad(19\text{-}4)$$

即，$\mathbb{P}$是$\mathfrak{M}$中$V_\alpha(\alpha\in On^{\mathfrak{M}})$的选择函数类；在这个$\mathbb{P}$上，我们定义$p\leqslant q$当且仅当$p\supset q$。那么，我们观察到$\cup G$是一个类函数并且事实上是$\mathbb{V}^{\mathfrak{M}}=M$的一个整体选择函数(在哥德尔的选择公理$E$的意义下)。

引理 19.13　每个M_1上的$\mathbb{P}$-兼纳滤子G是M_1上强$\mathbb{P}$-兼纳滤子，而且，如

果$\mathfrak{M}$也是$\sum^1_\infty$-Sep 和$\sum^1_\infty$-Repl 的一个模型，那么$\mathfrak{M}$上的每个$\mathbb{P}$-兼纳滤子G都是$\mathfrak{M}$上强的$\mathbb{P}$-兼纳滤子。

证明　我们可以简单地证明这个引理。对所有的$\beta\in On^{\mathfrak{M}}$，取$\{1_{\mathbb{P}}\}$作为所需的$c_\beta$；在这里我们需要借助类上每个长度为$\beta$的依赖选择(公理)，用文献[13，14]的术语记作$\forall\alpha(\mathrm{DCC}^\alpha)$，这可以在 CFA 存在的情况下从 AC 导出，参见下一节中$\mathbb{P}$的Ω-封闭性的讨论。该断言也能从事实：$\mathbb{P}$满足[6]的引理 6.10 的条件中简单地推出，这一点首先由 Felgner 在[13]中指出。当$\mathfrak{M}$是$\sum^1_\infty$-Sep 和$\sum^1_\infty$-Repl 的一个模型时，对$\mathcal{L}_2$-公式我们不用依赖选择公理模式，这个断言可以在$\sum^1_\infty$-Sep 和$\sum^1_\infty$-Repl 存在的情况下推出。证毕。

贯穿本节的其他内容，我们固定M_1上一个任意的(强)P-兼纳滤子G。下面的引理对$\mathcal{L}_\in$-保守性是决定的。

引理 19.14　$\mathbb{V}^{\mathfrak{M}[G]}=M[G]=M=\mathbb{V}^{\mathfrak{M}}$：即$\mathfrak{M}[G]$和$\mathfrak{M}$的集合部分一致。

证明　因为$M\subset M[G]$已经证明了。反之，$\forall z\in M[G]$并且令$x\in M$满足$x_G=z$。令$\rho^{\mathfrak{M}}(x)=\alpha\in \mathrm{V}^{\mathfrak{M}}$。那么存在$p\in G$使得$p$是$V_\alpha$的一个选择函数并且令$g:=\{q\geqslant p\mid q\in\mathbb{P}\}=\{(\cup G)\restriction_{V_\beta}{}^{\mathfrak{M}}\mid\beta\leqslant\alpha\}\in M$；$g$在$\mathfrak{M}$中带有参数$p$是可定义的，并且$g\subset G$。那么，我们可以用$\in$-归纳证明$(\forall z\in V_\alpha{}^{\mathfrak{M}})(K_G(z)=K_g(z))$；因为对$w\in V_\alpha$，有$\langle z, q\rangle\in w$且$q\in G$蕴涵$q\in g$，因此我们有$\forall z, w\in V_\alpha{}^{\mathfrak{M}}(z\in_G w\leftrightarrow z\in_g w)$。最后，因为$K_g$用$\in$-递归在$\mathfrak{M}$中从$g\in M$是绝对可定义的，所以，我们有$K_g(x)=K_G(x)\in M$。证毕。

引理 19.15　$\mathfrak{M}[G]$是 GC 的一个模型。

证明　我们将$\cup G$记作F；由于 ECA 在$\mathfrak{M}[G]$中并且$G\in\mathfrak{M}[G]$，我们有$F\in\mathfrak{M}[G]$并且F也是$M(\in M_1[G])$在$\mathfrak{M}[G]$中的一个整体选择函数(在哥德尔的E的意义上)。由引理 19.14，我们有$M[G]=M$并且F是$M[G]$在$\mathfrak{M}[G]$中的一个整体选择函数。因此，哥德尔的选择公理E在$\mathfrak{M}[G]$中可满足，因此我们的整

体选择公理 GC 也可满足，因为二者在 CFA 存在的情况下是等价的。证毕。

当我们在 $\mathbf{NBGC}+\sum_{\infty}^{1}\text{-Sep}+\sum_{\infty}^{1}\text{-Repl}$ 或者 $\mathbf{NBGC}_{<E_0}$ 中工作时，我们初始的关于它们的可数传递标准模型的存在的假设可以用推论 16.16 和推论 17.31 验证。因为对于我们的$\mathbb{P}$ 和$\mathbb{P}$-兼纳的G，$\mathbb{V}^{\mathfrak{M}}=\mathbb{V}^{\mathfrak{M}[G]}$，并且我们可以选取那些可数传递模型使得它们反映了任意固定的$\mathcal{L}_{\in}$-语句，本节的结论有

$$\mathbf{NBGC}+\sum_{\infty}^{1}\text{-Sep}+\sum_{\infty}^{1}\text{-Repl}=_{\mathcal{L}_{\in}}\mathbf{NBGGC}+\sum_{\infty}^{1}\text{-Sep}+\sum_{\infty}^{1}\text{-Repl},$$

和

$$\mathbf{NBGC}_{<E_0}=_{\mathcal{L}_{\in}}\mathbf{NBGGC}_{<E_0}\text{。}$$

到目前为止，将第 15～第 18 章中得到的结果组合在一起，这些两两等价的结果产生了许多其他等价的结果。下面是这些保守性结论的总结。

定理 19.16 为了简便，给定 **MK** 的一个子系统 S，令 S∗ 表示

$$S+\sum_{\infty}^{1}\text{-Sep}+\sum_{\infty}^{1}\text{-Repl}\text{。}$$

1. 下面所有(系统)有相同的$\mathcal{L}_{\in}$-定理：

$\mathbf{NBGC}_{<E_0}$，$\mathbf{NBGGC}_{<E_0}$，$\mathbf{NBGC}_{<E_0}+\sum_{\infty}^{1}\text{-Ind}$，

$\mathbf{NBGGC}_{<E_0}+\sum_{\infty}^{1}\text{-Ind}$，$\mathbf{NBGC}*_{<E_0}$，$\mathbf{NBGGC}*_{<E_0}$，

$\sum_{1}^{1}\text{-Coll}_0+\sum_{\infty}^{1}\text{-Ind}+\text{AC}$，$\sum_{1}^{1}\text{-Coll}_0+\sum_{\infty}^{1}\text{-Ind}+\text{GC}$，

$\mathbf{KFC}_{tc}+\text{Ind}^{+}$，$\mathbf{KFW}_{tc}+\text{Ind}^{+}$，$\Delta_1^1\text{-CA}_0+\sum_{\infty}^{1}\text{-Ind}+\text{AC}$，

$\Delta_1^1\text{-CA}_0+\sum_{\infty}^{1}\text{-Ind}+\text{GC}$，$\mathbf{RTC}_{<E_0}$，$\mathbf{RTW}_{<E_0}$，$\sum_{1}^{1}\text{-AC}_0+\sum_{\infty}^{1}\text{-Ind}$。

2. 下面的(系统)都是相互$\mathcal{L}_{\in}$-保守的：

NBGC∗，**NBGGC**∗，**TCC** 和 **TCW**。

3. 下面的(系统)都是相互$\mathcal{L}_{\in}$-保守的：

$\mathbf{NBGC}$，$\mathbf{NBGGC}$，$\mathbf{KFC}_{tc}$，$\mathbf{KFW}_{tc}$，$\sum_{1}^{1}\text{-Coll}_0+\text{AC}$，

$\sum_{1}^{1}\text{-Coll}_0+\text{GC}$，$\Delta_1^1\text{-CA}_0+\text{AC}$，$\Delta_1^1\text{-CA}_0+\text{GC}$。

这些保守性从已知的由 Felgner 文献[12]证明的 **NBGC** 上 **NBGGC** 的保守性和我们的定理 15.14 和定理 18.8 得到，不需要借助本节中的力迫论证。

§ 19.2 兼纳滤子消除

上一节中的力迫论证是基于前面提到的在推论 16.16 和推论 17.31 中借助反射原理对 **NBGC** 或者 $\mathbf{NBGC}_{<E_0}$ 的一个可数传递模型的存在假设的验证，因此，对反射原理的一种合适的形式不适用的系统，我们不能使用相同的验证。但是，一些其他种类的力迫验证是已知的，参见文献[28，第 7 章，§9]的概述。在它们中间，我们这里着手处理所谓的"兼纳滤子消去"验证，它甚至对一种合适的反射原理尚未被证明是适用有穷公理化系统 $\mathbf{NBGC}_{\omega}$ 和系统 $\sum_1^1$-Coll+AC 验证力迫论证。对力迫的这种类型的验证，我们已经有了佐藤的一种有用的参考文献[36]，用其中的许多细节我们可以对类理论的情况提出大多数想要的证明。本节，尽管我们不会涉及很多细节，我们将会描述对类理论的这种验证论证的概况，并且给出一些保守性的结论作为它的结果。在下面的内容中，我们将不会提到任何集合模型并且所有的论证都将在所讨论的系统的全域中进行。

我们将把下面的论证限制在与上一节中选取的相同的力迫概念$\mathbb{P}$（不在任何集合模型而在全域中），即(19-4)。下面的论证和事实一般不适用于任意的力迫概念并且它们依赖于我们固定的概念$\mathbb{P}$ 的一些特定的和强的性质。特别地，$\mathbb{P}$ 具有下面强的性质：对任意基数κ和$\mathbb{P}$ 中递降的κ-序列$\langle p_\alpha\rangle_{\alpha<\kappa}$（对$\alpha\leqslant\beta<\kappa$，$p_\alpha\geqslant p_\beta$），存在$p\in\mathbb{P}$ 使得对所有的$\alpha<\kappa$有$p_\alpha\geqslant p$(事实上，我们可以用并选取最小的这样的p)，让我们称这种性质为Ω-封闭，它是对λ-封闭($\lambda\in On$)概念的一种自然的推广(参见文献[28，p. 214])。

应该注意，在上一节中，我们只在证明$\mathfrak{M}$上的一个$\mathbb{P}$ -兼纳滤子的存在性中用了$\mathfrak{M}$的可数性(引理 19.5)，除这点之外，M和G可以是类并且N可以是类的一个谓词；但M和G需要是一个类，因为比如，我们用了M上的$\in$-归纳和带有一个参数G的 ECA。因此，对每个目标系统 **S**，我们只需要“验证”下面的假设。

假设(G)：存在类M，$\mathbb{P}$ 和 G 和类的一个谓词N，使得

(1)M是传递的，

(2)$\forall X(N(X)\rightarrow X\subset M)$，

(3)$\mathfrak{M}=(M, N)$是 **S** 的一个模型，

(4)G是$\mathfrak{M}$上$\mathbb{P}$-兼纳滤子，

(5)在$\mathfrak{M}$中，$N(\mathbb{P})$和$\mathbb{P}$ 满足它的定义(19-4)。

令$\mathcal{L}_2{}^{\mathbb{P}}$是$\mathcal{L}_2\cup\{\mathbb{P}, M, G, N\}$，这里$\mathbb{P}$，$M$和$G$是类常项并且$N$是一个一元类谓词，给定一个目标系统 $\mathbf{S}\supset\mathbf{NBGC}$，$\mathcal{L}_2{}^{\mathbb{P}}$上的一个新的系统 $\mathbf{S}^{\mathbb{P}}$ 是对$\mathcal{L}_2\cup\{\mathbb{P}, M, G\}$的 **S** 的每个模式(比如 ECA)的扩张得到的，尽管N在扩张的模式中不需要被承认，并且还要添加上面的条件(1)～(5)，那么，正如我们已经解释的，上一节中的力迫论证可以在 $\mathbf{S}^{\mathbb{P}}$(关于固定的概念$\mathbb{P}$)中完成。

现在，在一个给定的系统 **S** 中并且$p\in\mathbb{P}$，我们将在这个力迫语言中解释$\mathcal{L}_2{}^{\mathbb{P}}$。首先，我们在 **S** 中定义$M:=\{\langle\check{x}, 1_{\mathbb{P}}\rangle|x\in\mathbb{V}\}$；那么，对所有的$p\in\mathbb{P}$，

$$p\Vdash * \ x\in M\Leftrightarrow\{q\in\mathbb{P}\mid\exists a(q\Vdash * x=\check{a})\}在p下稠密。$$

其次，我们分别用$\check{\mathbb{P}}$ 和$\Gamma(=\{\langle p, p\rangle|p\in\mathbb{P}\})$解释$\mathbb{P}$ 和G。

再次，我们增加一个定义如下额外的谓词N到力迫语言

$$p\Vdash * \ M_1(X):\Leftrightarrow\{q\in\mathbb{P}\mid\exists A(q\Vdash * X=\check{A})\}在p下稠密，$$

那么我们显然有$p\Vdash * \ M_1(\check{\mathbb{P}})$。我们的目标是证明：对于每个$\mathcal{L}_2{}^{\mathbb{P}}$-语句$\Phi$，

$$如果\ \mathbf{S}^{\mathbb{P}}\vdash\Phi，那么\ \mathbf{S}\vdash(1_{\mathbb{P}}\Vdash * \Phi)。$$

对于一个$\mathcal{L}_2$-公式Φ，与上一节一样，令$\Phi^{\mathfrak{M}}$表示Φ对子模型$\mathfrak{M}=(M, N)$的相对化，这里M和N不再需要是集合。那么，这对于我们的目的，只需证明：$\forall p\in\mathbb{P}$，下列(A)～(E)成立。

(A)对任意的$\vec{x}$ 和 $\vec{X}$ 以及$\mathcal{L}_2$-公式Φ，$p\Vdash * \Phi^{\mathfrak{M}}(\vec{\check{x}}, \vec{\check{X}})$当且仅当$\Phi(\check{x}, \check{X})$。

(B) $p\Vdash *$(“M是传递的”)并且$p\Vdash *$(“Γ是$\mathfrak{M}$上$\check{\mathbb{P}}$-兼纳滤子”)。

(C)$p\Vdash * \forall X\forall z(M_1(X)\wedge z\in X\rightarrow z\in M)$。

(D)$p\Vdash * \mathbf{S}$。

(E)令$\psi(\vec{v})$是$\phi_0(\vec{v})$，$\phi_1(\vec{v})$，…，$\phi_n(\vec{v})$的一个逻辑后承。如果$p\Vdash * \phi_0(\vec{x})$，$p\Vdash * \phi_1(\vec{x})$，…，$p\Vdash * \phi_n(\vec{x})$，那么$p\Vdash * \psi(\vec{x})$。

注意：(A)蕴涵$p\Vdash *(\mathfrak{M}\vDash\mathbf{S})$和$p\Vdash *$(“$\check{\mathbb{P}}$ 在$\mathfrak{M}$中满足它的定义(19-4)”)。首先，(E)是标准的证明。其次，(A)和(B)的证明可以根据佐藤在文献[36]中的论证做简单的修改。由于佐藤文献[36]中并没有处理二阶结构，所以在他的论证中没有证明(C)，但(C)的证明是容易的。

(C)的证明　取任意的z，X和$p'\leqslant p$并且假设$p'\Vdash * X\in N\wedge z\in X$。只需证明$p'\Vdash * z\in M$。对每个$p''\leqslant p'$，存在$q\leqslant p''$使得对某个$Z$，$q\Vdash * X=\check{Z}$。因此$q\Vdash * z\in\check{Z}$。最后，存在$r\leqslant q$和$\check{w}$，使得$\langle\check{w},1_{\mathbb{P}}\rangle\in\check{Z}$并且$r\Vdash * z=\check{w}$。

现在，只剩下(D)需要证明。当然，这个语句依赖于我们选取的系统$\mathbf{S}$。对于我们当前的目标，我们只需考虑$\mathbf{S}$是$\mathbf{NBGC}_\omega$和$\mathbf{S}$是$\sum^1_1$-Coll+AC两种情况。那么，事实上我们可以证明下面的结论。

- 如果$\mathbf{S}$包含$\mathbf{NBGC}+\sum^1_\infty$-Sep$+\sum^1_\infty$-Repl，那么在$\mathbf{S}$中，$\forall p\in\mathbb{P}$，

$$p\Vdash * \mathbf{NBGC}+\textstyle\sum^1_\infty\text{-Sep}+\sum^1_\infty\text{-Repl}。$$

- 如果$\mathbf{S}$包含$\mathbf{NBGC}_\omega$，那么在$\mathbf{S}$中，$\forall p\in\mathbb{P}$，$p\Vdash * \mathbf{NBGC}_\omega$。
- 如果$\mathbf{S}$包含$\sum^1_1$-Coll$_0$+AC，那么在$\mathbf{S}$中，$\forall p\in\mathbb{P}$，

$$p\Vdash * \textstyle\sum^1_1\text{-Coll}_0+\text{AC}。$$

首先，$\mathbb{P}$是一个非常好的概念，我们可以用Ω-封闭性证明：$\forall x$和$p\in\mathbb{P}$，$p\Vdash * x\in M$(用CFA和AC)；这表明力迫语言中的集合与全域中的集合恰好一致，我们只需处理在力迫中形如$\check{x}$的集合。那么，由上面的(A)，$\forall p\in\mathbb{P}$和一阶语句

σ，我们有$(p\Vdash *\sigma)\leftrightarrow\sigma$；因此，所有一阶 **S**-公理是由任意$p\in\mathbb{P}$ 自动被力迫的。[①] 剩下将要证明每个系统的每个二阶公理由每个$p\in\mathbb{P}$ 力迫。不过我们不会对这里的所有情况都进行证明，而是用上一节中的一些一般的策略；我们只注意Ω-封闭性是用在力迫公理关于一个确定集合的存在性，如 Aus 的存在中。反之，当它涉及纯粹的二阶公理如 ECA 时，我们不需要用到它。下面我们仅给出断言(D)关于 $\sum_1^1$-Coll 以及 $\sum_\infty^1$-Sep 的证明(之所以选择这两个，是因为在上节中我们没有处理 $\sum_1^1$-Coll，而 $\sum_\infty^1$-Sep 的证明将说明我们如何利用Ω-封闭性)。在下面的两个引理中，我们没有固定我们的力迫概念$\mathbb{P}$ 并且证明更一般的陈述。

引理 19.17($\sum_1^1$-Coll_0)　令$\mathbb{P}$ 是任意的力迫概念。如果 $1_{\mathbb{P}}\Vdash *$ **NBG**，那么，$\forall p\in\mathbb{P}$，$p\Vdash *$ $\sum_1^1$-Coll。

证明　我们删除参数。$\forall p'\leqslant p$并且假设$p'\Vdash *\forall x\exists X\Phi(x, X)$。由定义，这等价于$(\forall q\leqslant p')\forall x\exists X(\exists r\leqslant q)(r\Vdash *\Phi(x, X))$，并且由 $\sum_1^1$-Coll，我们得到

$$\exists X(\forall q\leqslant p')\forall x\exists y(\exists r\leqslant q)(r\Vdash *\Phi(x, Z))[(X)_y/Z]。$$

固定这样的X(依赖于p')。令

$$up(u, v):=\{\langle u, 1_{\mathbb{P}}\rangle, \langle v, 1_{\mathbb{P}}\rangle\}$$

并且令
$$op(u, v):=up(up(u, u), up(u, v))。$$

那么，$\forall s\in\mathbb{P}$，我们有 $\forall u\forall v(s\Vdash *\{u, v\}=w)[up(u, v)/w]$，因此 $\forall u\forall v(s\Vdash *\langle u, v\rangle=w)[op(u, v)/w]$。现在，我们定义

$$Y:=\{\langle op(\check{y}, z), r\rangle|(r\Vdash *z\in Z)[(X)_y/Z]\}。$$

我们首先证明$(\forall s\in\mathbb{P})\forall y\forall z((s\Vdash *\langle\check{y}, z\rangle\in Y\leftrightarrow z\in Z)[(X)_y/Z])$。固定任

① 这个事实是由佐藤向作者指出的，这大大缩短了整个证明。

意的$s\in\mathbb{P}$和y，$z\in\mathbb{V}$。一方面，取任意的$s_0\leqslant s$并且假设$s_0\Vdash * \langle\breve{y}, z\rangle\in Y$；因此$(s_0\Vdash * w\in Y)[op(\breve{y}, z)/w]$。存在$s_1\leqslant s_0$，$s_2\geqslant s_1$并且$z'$，$y'\in\mathbb{V}$使得

$$(s_1\Vdash * w=u)[op(\breve{y}, z)/w, op(\breve{y}', z')/u]$$

并且

$$\langle op(\breve{y}', z'), s_2\rangle\in Y。$$

由于$1_{\mathbb{P}}\Vdash *$ **NBG** 和一个有序对在 **NBG** 中是唯一的，我们得到

$$s_1\Vdash * z=z' \text{和} s_1\Vdash * \breve{y}=\breve{y}'；$$

特别是由(A)得：$y=y'$。因此，我们有

$$(s_1\Vdash * z\in Z)[(X)_y/Z]。$$

逆是显然的。

因此，相应地我们已得到

$(\forall q\leqslant p')\forall x\exists y(\exists r\leqslant q)((r\Vdash * \Phi(x, Z))[(X)_y/Z]\wedge(r\Vdash * \forall z(\langle\breve{y}, z\rangle\in Y\leftrightarrow z\in Z'))[(X)_y/Z'])$；

于是我们建立了

$$\exists Y(\forall q\leqslant p')\forall x\exists y(\exists r\leqslant q)((r\Vdash * \Phi(x, (Y)_{\breve{y}})),$$

由此可得

$$p'\Vdash * \exists Y\forall x\exists y\Phi(x, (Y)_y)。$$

证毕。

引理 19.18 (**NBGC**+ $\sum^1_\infty$-Sep+ $\sum^1_\infty$-Repl)对于一个Ω-封闭的力迫概念$\mathbb{P}$和任意的$p\in\mathbb{P}$，$p\Vdash * \sum^1_\infty$-Sep。

证明 我们必须证明：对每个$\sum^1_\infty$-公式Φ，

$$p\Vdash * \forall\vec{U}\forall\vec{v}\forall a\exists b\forall x(x\in b\leftrightarrow x\in a\wedge\Phi(x))。$$

固定参数$\vec{U}$，$\vec{v}$和a；在下文中我们将删去参数$\vec{U}$和$\vec{v}$。

$\forall p'\leqslant p$和$x\in\mathbb{V}$，存在$q\leqslant p'$使得

$$(q\Vdash * x\in a\wedge\Phi(x))\vee(q\Vdash * \neg(x\in a\wedge\Phi(x)))$$

取一个任意的$p'\leqslant p$。令κ是 Dom(a)的基数并且 Dom$(a)=\{a_\beta\mid\beta<\kappa\}$。根据$\sum_{\infty}^{1}$-Repl 和 $\sum_{\infty}^{1}$-Sep(再加上Ω-封闭，AC 和 CFA)，存在一个来自 P 的κ-序列$\langle r_\beta\rangle_{\beta<\kappa}$使得，对每个$\beta<\kappa$，

$r_\beta\leqslant p'\wedge(\forall\gamma<\beta)(r_\beta\leqslant r_\gamma)\wedge((r_\beta\Vdash * a_\beta\in a\wedge\Phi(a_\beta))\vee(r_\beta\Vdash * a_\beta\notin a\vee\neg\Phi(a_\beta)))$。

由Ω-封闭性，存在$r\leqslant p'$使得

$$(\forall x\in\mathrm{Dom}(a))((r\Vdash * x\in a\wedge\Phi(x))\vee(r\Vdash * x\notin a\vee\neg\Phi(x)))。$$

于是，令$b:=\{\langle x,r\rangle\in\mathrm{Dom}(a)\times\{r\}\mid r\Vdash * x\in a\wedge\Phi(x)\}$。我们将证明

$$r\Vdash * \forall x(x\in b\leftrightarrow x\in a\wedge\Phi(x))。$$

取一个任意的$x\in\mathbb{V}$。一方面，假设对$r'\leqslant r$，$r'\Vdash * x\in b$。存在$r''\leqslant r'$和w使得$\langle w,r\rangle\in b\wedge r''\Vdash * w=x$。由$b$的选择，这蕴涵着$r''\Vdash * w\in a\wedge\Phi(w)$。另一方面，假设对$r'\leqslant r$，$r'\Vdash * x\in a\wedge\Phi(x)$。那么存在$r''\leqslant r'$和$w\in\mathrm{Dom}(a)$使得$r''\Vdash * w=x$。因此，我们有$r''\Vdash * w\in a\wedge\Phi(w)$并且$\langle w,r\rangle\in b$；这蕴涵着$r''\Vdash * w\in b$并且$r''\Vdash * x\in b$。证毕。

最后，给定(A)～(E)，我们已经建立了对每个$\mathcal{L}_2^{\mathbb{P}}$-语句$\Phi$，$S^{\mathbb{P}}\vdash\Phi$蕴涵 $S\vdash(1_{\mathbb{P}}\Vdash * \Phi)$。现在，令 S 是 **NBGC**$_\omega$ 或者是 $\sum_1^1$-Coll＋AC。假设对一个$\mathcal{L}_\in$-语句ϕ，S＋GC $\vdash\phi$。由M，N和G都在 $S^{\mathbb{P}}$ 中，我们取一个兼纳模型$\mathfrak{M}[G]=(M[G],N[G])$，并且对相同参数的处理同上一节。应当注意的是，根据力迫定理，引理 19.17 给出当 $\sum_1^1$-Coll$_0\subset$S 时，$\mathfrak{M}[G]\vDash\sum_1^1$-Coll。那么，因为$\mathfrak{M}[G]$是 GC 的一个模型，我们有 $S^{\mathbb{P}}\vdash\phi^{\mathfrak{M}[G]}$并且 $S^{\mathbb{P}}\vdash\phi^{\mathfrak{M}}$(由$M=M[G]$)。这蕴涵着 $S\vdash(1_{\mathbb{P}}\Vdash * \phi^{\mathfrak{M}})$，并且由(A)可得 $S\vdash\phi$。①

① 事实上，这个论证给出了 S 上，S+ GC 的 $\prod_1^1$-保守性。

所以，从命题 15.1，引理 15.2，推论 15.3，定理 17.36 以及定理 18.11 我们得到下面的定理。

定理 19.19 1. $\mathbf{FSC} =_{\mathcal{L}_\in} \mathbf{NBGC}_\omega =_{\mathcal{L}_\in} \mathbf{NBGGC}_\omega =_{\mathcal{L}_\in} \mathbf{FSW}$。

2. Δ_1^1-CA $+$ GC $=_{\mathcal{L}_\in}$ $\sum_1^1$-AC $=$ $\sum_1^1$-Coll $+$ GC $=_{\mathcal{L}_\in}$ $\sum_1^1$-Coll $+$ AC $=_{\mathcal{L}_\in}$ Δ_1^1-CA$+$AC。

注意 迄今为止所发展的“兼纳滤子消去”的论证反过来保证了“语法模型”(参见文献[28]，第 234 页)，力迫方法也是成功的。假设对一个$\mathcal{L}_2$-公式Φ，S$+$GC$\vdash\Phi$。正如我们所看到的，我们得到了 $S^{\mathbb{P}}\vdash\Phi^{\mathfrak{M}[G]}$并且 $S\vdash(1_{\mathbb{P}}\Vdash *\Phi^{\mathfrak{M}[G]})$。让我们在 S 的范围内工作。由力迫语言内的力迫定理，我们有 $1_{\mathbb{P}}\Vdash *(\exists p\in\Gamma)(p\Vdash *\Phi)^{\mathfrak{M}}$。这蕴涵了 $\forall q(\exists r\leqslant q)(\exists p\geqslant r)(r\Vdash *(\check{p}\Vdash *\Phi)^{\mathfrak{M}})$。那么由(A)和扩张性，我们有 $\forall q(\exists r\leqslant q)(r\Vdash *\Phi)$；即，$1_{\mathbb{P}}\Vdash *\Phi$。因此，尽管我们没有进行实际的计算，我们的论证也使我们确信我们在 S 中可以演绎出

$$1_{\mathbb{P}}\Vdash * \mathrm{S}+\mathrm{GC}。$$

§19.3 两个重要结论

到目前为止，我们已经看到，即使我们放弃 AC 和 GC(或 GW)，在定理 19.16 和定理 19.19 中某些类型的保守性仍然成立。关于没有 AC 和 GC 的系统之中的那些类型的保守性，我们概括在下面的定理中。

定理 19.20 以下每组中的系统都有相同的$\mathcal{L}_\in$-定理：

1. $\mathbf{NBG}_{<E_0}$，$\mathbf{NBG}_{<E_0}+\sum_\infty^1$-Ind，$\mathbf{NBG}_{<E_0}+\sum_\infty^1$-Sep$+\sum_\infty^1$-Repl 和 $\mathbf{RT}_{<E_0}$；

2. $\mathbf{NBG}_\omega$ 和 **FS**；

3. **NBG**$+\sum_\infty^1$-Sep$+\sum_\infty^1$-Repl 和 **TC**；

4. **NBG**，$\mathbf{KF}_{tc}$，$\sum_{1}^{1}$-Coll_0 和 Δ_1^1-CA_0。

证明　略。

我们将直觉主义的 von Neumann-Bernays-Gödel 的类理论的一个版本，简记作 **INBG**，它包括一阶直觉主义集合论 **IZF** 的外延公理、对集公理、并集公理、幂集公理、无穷公理和 **NBG** 的类公理：Aus，CFA，ECA 和 REPL。由于 Dianonescu1975 年证明了：用分离公理和外延公理可以证明选择公理蕴涵排中律文献[47，pp. 162-201]，而在 **INBG** 中不包含选择公理，因此，上面的定理 19.20 对于直觉主义的 von Neumann-Bernays-Gödel 的类理论 **INBG** 也成立。

定理 19.21　以下每组中的系统都有相同的$\mathcal{L}_{\in}$-定理：

1. $\mathbf{INBG}_{<E_0}$ 和 $\mathbf{RT}_{<E_0}$；
2. $\mathbf{INBG}_{\omega}$ 和 **FS**；
3. **INBG**+ $\sum_{\infty}^{1}$-Sep+ $\sum_{\infty}^{1}$-Repl 和 **TC**；
4. **INBG** 和 $\mathbf{KF}_{tc}$。

证明　略。

定理 19.16 和 19.19 表明：在涉及 AC 和 GC(或者 GW)时，若干类型的保守性成立。定理 19.20 说明：在不涉及 AC 和 GC(或者 GW)的系统之中的哪些类型的保守性仍然成立。定理 19.21 进一步说明：在不带有 AC 和 GC(或者 GW)的集合论 ZF 之上的 TC，RT_{α} 和 KF 三种最基本的真理论系统以及一个附加的系统 FS 之中与哪些直觉主义类型的保守性仍然成立。这里需要指出的是：定理 19.21 是本编作者给出的一个公理化真理论与直觉主义公理化集合论之间的一个等价性结论。

参考文献

［1］BARWISE J.，*Admissible Sets and Structures*，Berlin：Springer，1975.

［2］BEKLEMISHEV L.，Iterated Local Reflection Versus Iterated Consistency，*Annals of Pure and Applied Logic*，1995，75：25-48.

［3］BEKLEMISHEV L.，Proof-theoretic Analysis by Iterated Reflection，*Archive for Mathematical Logic*，2003，42：515-552.

［4］CANTINI A.，Notes on Formal Theories of Truth，*Zeitschrift für Mathematische Logik und Grundlagen der Mathematik*，1989，35：97-130.

［5］CANTINI A.，A Theory of Gormal Truth Arithmetically Equivalent to ID1，*The Journal of Symbolic Logic*，1990，55：244-259.

［6］CHUAQUI R.，Forcing for the Impredicative Theory of Classes，*The Journal of Symbolic Logic*，1972，37：1-18.

［7］CHUAQUI R.，Internal and Forcing Models for the Impredicative Theory of Classes，*Dissertationes Mathematicae*，1980，176.

［8］DEVLIN K. J.，*Constructibility*，Berlin：Springer，1984.

［9］FEFERMAN S.，Transfinite Recursive Progressions of Axiomatic Theories，*The Journal of Symbolic Logic*，1962，27：259-316.

［10］FEFERMAN S.，Reflecting on Incompleteness，*The Journal of Symbolic Logic*，1991，56：1-49.

[11] FEFERMAN S.，Axioms Fordeterminateness and Truth，*The Review of Symbolic Logic*，2008，1：204-217.

[12] FELGNER U.，Comparison of the Axioms of Local and Universal Choice，*Fundamenta Mathematicae*，1971，71：43-62.

[13] FELGNER U.，Choice Functions on Sets and Classes，in：G. h. Müller(Ed.)，*Sets and Classes-On the Work by Paul Bernays-*，Amsterdam：North-Holland，1976，pp. 217-255.

[14] FELGNER U.，T. Flannagan，Wellordered Subclasses of Proper Classes，in：G. h. Müller，D. S. Scott(Ed.)，Higher Set Theory ，in：*Lecture Notes in Mathematics*，vol. 669，Berlin：Springer，1978，pp. 1-14.

[15] FRIEDMAN H.，Iterated Inductive Definitions and $\sum_{2}^{1}$-AC，in：A. Kino，J. Myhill，R. Vesley(Ed.)，*Intuitionism and Proof Theory*，Amsterdam：North-Holland，1970，pp. 435-442.

[16]FRIEDMAN H.，SHEARD M.，An Axiomatic Approach to Self-referential Truth，*Annals of Pure and Applied Logic*，1987，33：1-21.

[17] FUJIMOTO K.，Relative Truth Definability of Axiomatic Theorics of Truth，*The Bulletin of Symbolic Logic*，2010，16：305-344.

[18] FUJIMOTO K.，Autonomous Progression Andtransfinite Iteration of Self-applicable Truth，*The Journal of Symbolic Logic*，2011，76：914-945.

[19] HALBACH V.，A System of Complete and Consistent Truth，*Notre Dame Journal of Formal Logic*，1994，35：311-327.

[20] HALBACH V.，Conservative Theories of Classcal Truth，*Studia Logica*，1999，62：353-370.

[21] HALBACH V.，*Axiomatic Theories of Truth*，Cambridge：Cambridge University Press，2010.

[22] JÄGER G. , On Fefeman's Operational Set Theory OST, *Annals of Pure and Applied Logic*, 2007, 150: 19-39.

[23] JÄGER G. , Full Operational Set Theory with Unbounded Existential Quantification and Power Set, *Annals of Pure and Applied Logic*, 2009, 160.

[24] JÄGER G. , Operation, Sets and Classes, in: C. Glymour, W. Wang, D. Westerstahl (Eds.), *Logic, Methodology, and Philosophy of Science: Proceedings of the Thirteenth International Congress*, Rickmansworth: College Publications, 2009.

[25] JÄGER G. , KAHLE R. , SETZER A, STRAHM T. , The Proof-theoretic Analysis of Transfinitely Iterated Fixe Point Theories, *The Journal of Symbolic Logic*, 1999, 64: 53-67.

[26] JÄGER G. , KRÄHENBÜHL J. , $\sum_1^1$ Choice in a Theory of Sets and Classes, in: R. Schindler (Ed.), *Ways of proof theory*, Frankfurt: Ontos Verlag, 2010, pp. 283-314.

[27] KRAIEWSKI S. , Non-standard Satisfaction Classes, in: W. Marek, M, Srebrny, A. Zarac (Eds.), *Set Theory and Hierarchy Theory, in: Lecture Notes in Mathematics*, vol. 537, Berlin: Springer, 1976, pp. 121-144.

[28] KUNEN K. , *Set Theory*, Amsterdam: Elsevier, 1980.

[29] LEIGH G. , RATHJEN M. , An Ordinal Analysis for Theories of Self-referential Truth, *Archive for Mathematical Logic*, 2010, 49: 213-247.

[30] MATHIAS A. , Weak Systems of Gandy, Jensen and Devlin, in: J. Bagaria, S. Todorčevič(Eds.), *Set Theory: Centre de Recerca Matematica, Barcelona* 2003-4, Basel: Birkhäuser Verlag, 2006, pp. 149-224.

[31] MCGEE V. , How Truthlike Can a Predicate Be? *Journal of Philo-*

sophical Logic，1985，14：399-410.

[32]MOSCHOVAKIS Y.，Predicative Classes，in：Proceedings of Symposia in Pure Mathematics，Vol 13，*American Mathematical Society*，Providence，pp. 247-264.

[33] POHLERS W.，Subsystems of Set Theory and Second Order Number Theory，in：S. Buss（Ed.），*Handbook of Proof Theory*，Amsterdam：Elsevier，1998，pp. 209-336.

[34] POHLERS W.，*Proof Theory*，Berlin：Springer，2009.

[35]RATHJEN M.，Fragments of Kripke-Platek Set Theory with Infinity，in：P. Aczel，H. Simmons，S. Wainer（Eds.），*Proof Theory*，Cambridge：Cambridge University Press，1992，pp. 251-273.

[36] SATO K.，Forcing under Anti-foundation Axion：An Expression of the Stalks，*Mathematical Logic Quarterly*，2006，52：295-314.

[37] SATO K.，Relative Predicativity and Dependent Recursion in Second-order Set Theory and Higher-oeder Theories，*The Journal of Symbolic Logic*，2014，79(3)：712-732.

[38] SATO K.，The Strength of Extensionality Ⅱ（weak Set Theories without Infinity），*Annals of Pure and Applied Logic*，2011，162：579-646.

[39] SIMPSON S. G. *Subsystems of Second Order Arithmetic*，Cambridge：Cambridge University Press，2009.

[40] TAKEUTI G.，*Proof Theory*，2nd Edition，Amsterdam：North-Holland，1987.

[41] TARSKI A.，The Concept of Truth in Formalized Languages，in：J. Corcoran（Ed.），*Logic*，*Semantics*，*Meta-mathematics*，2nd edition，Indianapolice：Hackett，，1983，pp. 152-278.

［42］ RATHJEN M.，Kripke-Platek Set Theory and the Anti-foundation Axiom，*Mathematical Logic Quarterly*. Nov2001，Vol. 47 Issue 4，pp. 435-440. p2.

［43］ FUJIMOTO K.，Classes and Truths in Set Theory. *Annals of Pure and Applied Logic*，2012，163：p. 1 488.

［44］ Bell J. L.，*Boolean-valued Models and Independence Proofs in Set Theory*，Oxford：Clarendon Press，1977，p. 6.

［45］ LÉVY A.，The Role of Classes in Set Theory，Sets and Classes. On the Work by Paul Bernays（G.-H. Müller，ed.），*Studies in Logic and the Foundations of Mathematics*，Amsterdam：North-Holland，1976，pp. 277-323.

［46］BEESON M. J.，*Foundations of Constructive Mathematics*，Berlin：Springer，1985，pp. 162-201.

全书符号一览表

PA：皮亚诺算术，§1.3

$\mathcal{L}_{\mathrm{PA}}$：**PA** 的形式语言，§1.3

$\mathcal{N}$：**PA** 的标准模型，§1.3

$\mathbb{N}$：全体自然数的集合，§1.3

$\ulcorner\urcorner$：哥德尔编码，§1.3

n：自然数n，§1.3

$\bar{n}$：自然数n的数字，§1.3

T：一元真谓词，§2.1

$\mathcal{L}_{\mathrm{T}}$：以谓词 T 扩充$\mathcal{L}_{\mathrm{PA}}$所得形式语言，§2.1

PAT：用$\mathcal{L}_{\mathrm{T}}$重新表达 **PA** 所得理论，§2.1

$\mathcal{E}$：真谓词的外延，§2.1

NT：朴素真理论，§2.2

DT：类型去引号理论，§3.1

$\vDash$：经典满足关系，§3.1

T_1：层级高于 T 的一元真谓词，§3.1

$\mathcal{L}_{T_1}$：以谓词 T_1 扩充$\mathcal{L}_{\mathrm{T}}$所得形式语言，§3.1

PAT$_1$：用 $\mathcal{L}_{T_1}$ 重新表达 **PA** 所得理论，§3.1

DT$_1$：基于 **PAT**$_1$ 的类型去引号理论，§3.1

CT：塔尔斯基组合理论，§3.2

UDT：弱组合理论，§3.3

WCT：弱组合性，§3.3

FS：Friedman-Sheard 理论，§4.1

FSN：**CT** 的无类型版本，§4.1

NEC：真理论的必然化规则，§4.1

CONEC：真理论的逆必然化规则，§4.1

Γ：修正算子，§4.1

Γ^n：Γ的n次迭代，§4.1

T^n：T 的n次迭代，§4.1

$\wp(\mathbb{N})$：自然数集的幂集，§4.1

FS$_n$：**FS** 的子理论，§4.1

ω：第一个极限序数，§4.1

PDT：正的去引号理论，§4.2

PUDT：**UDT** 的无类型版本，§4.2

Ψ：Ψ算子，§4.2

PTF：$\mathcal{L}_{\mathrm{T}}$的正真公式集，§4.2

PTS：$\mathcal{L}_{\mathrm{T}}$的正真语句集，§4.2

T-Cons：真之相容性原则，§4.2

T-Comp：真之完全性原则，§4.2

KF：Kripke-Feferman 理论，§4.3

PT：类型的正组合理论，§4.3

$\models_{\mathrm{SK}}$：强克林满足关系，§4.3

Θ：跳跃算子，§4.3

N：一元必然谓词，§5.1

$\mathcal{L}_{\mathrm{N}}$：以谓词 N 扩充$\mathcal{L}_{\mathrm{PA}}$所得形式语言，§5.1

PAN：用$\mathcal{L}_{\mathrm{N}}$重新表达 **PA** 所得理论，§5.1

$\mathcal{L}_{\mathrm{TN}}$：以谓词 T，N 扩充$\mathcal{L}_{\mathrm{PA}}$所得形式语言，§5.2

PATN：用$\mathcal{L}_{\mathrm{TN}}$重新表达 **PA** 所得理论，§5.2

MFS：模态 Friedman-Sheard 理论，§5.2

S5：正规模态逻辑 **S5** 系统，§5.2

IA：**MFS** 的理论特设公理，§5.2

BMFS：**MFS** 的基本模态谓词理论，§5.2

BMFS$_n$：**BMFS** 的子理论，§5.2

F：模态框架，§5.2

W：可能世界集，§5.2

w：可能世界，§5.2
R：二元可及关系，§5.2
f：框架F上的赋值函数，§5.2
val_F：框架F上的全体赋值函数的集合，§5.2
$\mathfrak{M}_w$：由F和f诱导的点模型，§5.2
$f(w)$：谓词 T 在w上的外延，§5.2
$\mathcal{Y}_w$：谓词 N 在w上的外延，§5.2
$[Rw]$：与w有可及关系的可能世界集，§5.2
Γ_F：模态修正算子，§5.2
Γ_F^n：Γ_F的n次迭代，§5.2
MKF：模态 Kripke-Feferman 理论，§5.3
P：一元可能谓词，§5.3
MKF$^-$：不含谓词 P 的 **MKF** 理论，§5.3
$\mathcal{L}_{\mathrm{TNP}}$：以谓词 T，N，P 扩充$\mathcal{L}_{\mathrm{PA}}$所得形式语言，§5.3
tc：完全且相容语句集，§5.3
RN：**MKF** 关于谓词 N 的理论特设公理，§5.3
RP：**MKF** 关于谓词 P 的理论特设公理，§5.3
BMKF：**MKF** 的基本模态谓词理论，§5.3
$\mathcal{Z}_w$：谓词 P 在w上的外延，§5.3
$\models_{\mathrm{SK}}^f$：模态强克林满足关系，§5.3
Θ_F：模态跳跃算子，§5.3
$\Box$：表示“必然”的模态算子，§5.4
$\blacksquare$：表示“真”的模态算子，§5.4
$\mathcal{L}_{\mathrm{PA}}^{\Box\blacksquare}$：在$\mathcal{L}_{\mathrm{PA}}$的基础上添加算子$\Box$和$\blacksquare$所得形式语言，§5.4
PAS5：以 $\mathcal{L}_{\mathrm{PA}}^{\Box\blacksquare}$ 表达的正规模态逻辑 **S5** 系统，§5.4
T：从$\mathcal{L}_{\mathrm{PA}}^{\Box\blacksquare}$ 到$\mathcal{L}_{\mathrm{TN}}$ 的转换，§5.4
$\mathcal{L}_2$：二阶算术的形式语言，§6.1
ACA：算术概括理论，§6.1
CA：算术概括公理模式，§6.1
$*$：经典逻辑背景下从$\mathcal{L}_2$到$\mathcal{L}_{\mathrm{T}}$的翻译函数，§6.1
RT$_\beta$：迭代组合理论，§6.2

ACA_β：迭代算术概括理论，§6.2

ε：序数集合$\{\omega, \omega^\omega, \omega^{\omega^\omega}, \cdots\}$的上确界，§6.2

HA：海廷算术，§8.1

IQC：直觉主义谓词逻辑，§8.1

LEM：排中律，§8.1

$\mathcal{L}_{HA}$：**HA** 的形式语言，§8.1

$\mathcal{F}$：$\mathcal{L}_{HA}$的标准解释，§8.1

K：非空结点集，§8.1

k：结点，§8.1

$\leqslant$：结点集上的二元偏序关系，§8.1

$\Vdash$：力迫关系，§8.1

$\mathcal{K}$：**HA** 的标准模型，§8.1

$\mathfrak{T}$：谓词 T 的外延赋值函数，§8.1

$\mathfrak{T}(k)$：谓词 T 在 k 上的外延，§8.1

CQC：经典谓词逻辑，§8.3

$*$：从 **PA** 到 **HA** 否定性转换，§8.3

IDT：直觉主义的类型去引号理论，§9.1

HAT：用$\mathcal{L}_T$重新表达 **HA** 所得理论，§9.1

PRA：原始递归算术，§9.1

SICT：直觉主义的类型组合理论，§9.2

ICT：直觉主义的塔尔斯基组合理论，§9.2

SICT$\upharpoonright$：限制归纳公理的 SICT 理论，§9.2

SICT$^-$：不含量词真公理的 **SICT** 理论，§9.2

HAS：二阶海廷算术，§9.3

WCA：弱化的算术概括公理模式，§9.3

IACA：直觉主义的算术概括理论，§9.3

g：直觉主义逻辑背景下从$\mathcal{L}_2$到$\mathcal{L}_T$的翻译函数，§9.3

IFS：直觉主义的 Friedman-Sheard 理论，§10.1

IFSN：**SICT** 的无类型版本，§10.1

IFSO：**IFS** 理论的一个等价理论，§10.1

$V_{\mathfrak{T}}$：$\mathcal{K}$上的全体$\mathfrak{T}$赋值函数的集合，§10.2

Γ_I：直觉主义修正算子，§10.2
Γ_I^n：Γ_I的n次迭代，§10.2
IFS$_n$：**IFS** 的子理论，§10.2
IRT$_{<\alpha}$：直觉主义的迭代组合理论，§10.3
IACA$_{<\alpha}$：直觉主义的迭代算术概括理论，§10.3
IKF：直觉主义的 Kripke-Feferman 理论，§11.1
IPT：**PT** 的第一种直觉主义版本，§11.1
IPTO：**PT** 的第二种直觉主义版本，§11.1
SIPT：直觉主义的类型正真理论，§11.1
$\Vdash_{SK}$：直觉主义的强克林力迫关系，§11.2
Θ_I：直觉主义跳跃算子，§11.2
WICT：直觉主义的弱组合理论，§12.2
IUDT：直觉主义的去引号理论，§12.2
IPUDT：直觉主义的无类型去引号正真理论，§12.3
Δ：直觉主义的Δ跳跃算子，§12.3
PWKF：直觉主义的无类型正真弱组合理论，§12.3
CST：**PUDT** 的扩张理论，§12.3
IST：**IPUDT** 的扩张理论，§12.3
SOA：二阶算术，§13.1
ZF：Zermelo-Fraenkel 集合论，§13.2
$\mathcal{L}_\in$：一阶集合论的形式语言，§13.2
AC：选择公理，§13.2
ZFC：带选择公理 AC 的 **ZF** 集合论，§13.2
NBG：von Neumann-Bernays-Gödel 类理论，§13.3
Aus：类的分离公理，§13.3
CFA：类的基础公理，§13.3
ECA：类的基本概括公理，§13.3
REPL：类的替换公理，§13.3
GC：整体选择公理，§13.3
NBGC：带选择公理 AC 的 **NBG** 类理论，§13.3
NBGGC：带整体选择公理 GC 的 **NBG** 类理论，§13.3

On：所有序数的类，§13.3
$\mathbb{V}$：所有集合组成的全域，§13.3
KPω：带有无穷公理的 Kripke-Platek 集合论，§13.4
IQL：带等词的直觉主义逻辑，§13.5
W：$\mathbb{V}$ 与On之间的双射谓词符号，§14.1
$\mathcal{L}_{\mathrm{W}}$：以谓词 W 扩充$\mathcal{L}_{\in}$所得形式语言，§14.1
GW：整体良序公理，§14.1
ZFW：允许W出现在 **ZF** 的每个公理模式中并增加 GW，§14.1
$\mathcal{L}$：$\mathcal{L}_{\in}$的一个(一阶或二阶)有穷扩充，§14.2
$\mathcal{L}^{\infty}$：由$\mathcal{L}$和全域$\mathbb{V}$ 中的每个元素x确定的常项符号c_x组成，§14.2
Var_i：所有第i阶变元编码的收集(i=1，2)，§14.2
Ct：集合常项的类，§14.2
Tm_1：$\mathcal{L}^{\infty}$的第 1-阶项的类，§14.2
Tm_2：$\mathcal{L}^{\infty}$的第 2-阶项的类，§14.2
$\mathrm{AtFml}_{\mathcal{L}}^{(\infty)}$：所有$\mathcal{L}^{(\infty)}$-原子公式编码的收集，§14.3
$\mathrm{Fml}_{\mathcal{L}}^{(\infty)}$：所有$\mathcal{L}^{(\infty)}$-公式编码的收集，§14.3
$\mathrm{AtSt}_{\mathcal{L}}^{(\infty)}$：所有闭$\mathcal{L}^{(\infty)}$-原子公式编码的收集，§14.3
$\mathrm{St}_{\mathcal{L}}^{(\infty)}$：所有$\mathcal{L}^{(\infty)}$-闭公式编码的收集，§14.3
${}^{\omega}U$：从ω到类U内的函数类，§14.3
S[**PA**]：基于标准基础系统 **PA** 之上对应的系统，§14.3
MK：Morse-Kelley 类理论，§15.1
ε_0：即§6.2 中的ε，§15.4
E_0：ε_0在类理论中的对应物，§15.4
π：类理论中的良序，§15.4
TC：集合论上的塔尔斯基组合理论，§16.1
TC↾：不含分离公理模式和替换公理模式的 **TC** 理论，§16.2
TCW：基于 **ZFW** 的 **TC**↾理论，§16.2
TCC：带选择公理 AC 的 **TC** 理论，§16.3
$\mathbf{RT}_{\mathrm{a}}$：a-迭代类型的塔尔斯基真系统，§17.1
$\mathcal{L}_{\mathrm{a}}$：$\mathbf{RT}_{\mathrm{a}}$ 的形式语言，§17.1
$\mathbf{RTC}_{\mathrm{a}}$：带选择公理 AC 的 $\mathbf{RT}_{\mathrm{a}}$ 理论，§17.1

$\mathbf{RT_a}$：a-迭代类型的塔尔斯基真系统，§17.1

$\mathbf{RT}_{\mathrm{a}}\restriction$：不含分离公理模式和替换公理模式的 $\mathbf{RT}_{\mathrm{a}}$ 理论，§17.2

$\mathcal{T}_{\mathrm{a}}$：从$\mathcal{L}_{\mathrm{T}}$到$\mathcal{L}_{\mathrm{a}}$的翻译函数，§17.2

$\mathbf{RT}_{<E_0}$：迭代次数不超过E_0的 **RT** 理论，§17.3

KFC：带选择公理 AC 的 **KF** 理论，§18.1

KFW：基于 **ZFW** 的 **KF** 理论，§18.1

$\mathbf{KF}\restriction$：不含分离公理模式和替换公理模式的 **KF** 理论，§18.2

$\mathbf{KT}_{tc}$：限制为完全且相容语句的 **KF** 理论，§18.2

$\mathbb{P}$：力迫概念，§19.1

G：兼纳滤子，§19.1

$p\perp q$：p和q不相容，§19.1

$p\otimes q$：p和q的最大下界，§19.1

后　记

本书由我和我的学生李晟（现任四川师范大学哲学学院副教授）共同完成。能够入选《国家哲学社会科学成果文库》，是对我们多年来在公理化真理论领域的研究工作的高度肯定，在此谨向全国哲学社会科学工作办公室及各位评审专家表示感谢和致以敬意。

本书能够顺利出版呈现读者面前，要感谢北京师范大学出版社的祁传华编辑等同志细致入微的编审。在本书写作过程中，我们还获益于不少学者的论著，在此一并表示感谢。

书中的缺点在所难免，热忱希望广大读者给予批评指正。

李娜

2023 年 2 月于天津